高等教育土木类专业系列教材

装配式混凝土结构

ZHUANGPEISHI HUNNINGTU JIEGOU

主编　白久林　杨经纬　王宇航

重庆大学出版社

内容提要

本书系统全面地介绍了装配式混凝土结构的设计与连接构造，主要内容包括装配式混凝土结构的连接、结构体系类型与设计规定、装配式混凝土叠合楼盖、装配整体式混凝土框架结构、全装配式混凝土框架结构、装配式混凝土剪力墙结构、装配式混凝土非结构构件、装配式混凝土结构预制构件生产与质量控制、装配式混凝土结构施工与质量验收、装配式混凝土结构 BIM 技术应用等。本书突出装配式结构设计的基本概念与设计方法，并与工程设计实例相结合。

本书安排的内容符合建筑工业化发展需求，可供装配式结构设计研发人员使用，也可供高等院校研究生和高年级本科生学习参考。

图书在版编目(CIP)数据

装配式混凝土结构 / 白久林，杨经纬，王宇航主编
. -- 重庆 ：重庆大学出版社，2023.6
高等教育土木类专业系列教材
ISBN 978-7-5689-3769-6

Ⅰ. ①装… Ⅱ. ①白… ②杨… ③王… Ⅲ. ①装配式混凝土结构—高等学校—教材 Ⅳ. ①TU37

中国国家版本馆 CIP 数据核字(2023)第 036143 号

高等教育土木类专业系列教材
装配式混凝土结构
主 编 白久林 杨经纬 王宇航
策划编辑：王 婷
责任编辑：王 婷 版式设计：王 婷
责任校对：邹 忌 责任印制：赵 晟
*
重庆大学出版社出版发行
出版人：饶帮华
社址：重庆市沙坪坝区大学城西路 21 号
邮编：401331
电话：(023)88617190 88617185(中小学)
传真：(023)88617186 88617166
网址：http://www.cqup.com.cn
邮箱：fxk@cqup.com.cn (营销中心)
全国新华书店经销
重庆五洲海斯特印务有限公司印刷
*
开本：787mm×1092mm 印张：19.75 字数：520 千
2023 年 6 月第 1 版 2023 年 6 月第 1 次印刷
ISBN 978-7-5689-3769-6 定价：49.00 元

前言

随着我国经济社会的高速发展，建筑业进入了高质量发展阶段。以“设计标准化、生产工厂化、施工装配化、装修一体化、管理信息化、应用智能化”为特征的装配式建筑是实现建筑业转型升级的重要抓手。装配式混凝土结构是目前我国最主要的装配式建筑形式之一，随着智能建造技术的发展，以及“碳达峰、碳中和”国家战略的纵深推进，其将会进入持久、快速的发展阶段。装配式混凝土结构的受力方式、连接类型、设计方法、构造措施等与传统现浇混凝土结构有较大差别，现行《装配式混凝土建筑技术标准》(GB/T 51231)和《装配式混凝土结构技术规程》(JGJ 1)等国家和行业标准，为装配式混凝土结构的工程设计提供了参考和依据。装配式混凝土结构等同现浇的设计理念，使得其设计时需要参考的规范类别多，构件与节点设计考虑的要素多，预制构件制作、吊装、运输和安装工序多，特别是预制构件拆分方式的灵活性与多样化，以及 BIM 等信息化技术的深度运用，这些因素制约了装配式产业化的快速发展。因此，编写一本与规范同步更新、内容系统全面、可适用于不同专业层次的装配式混凝土结构教材迫在眉睫。

全书共分为 11 章。第 1 章为绪论，主要介绍装配式混凝土结构的发展和优势。第 2 章为装配式混凝土结构的连接，包括套筒灌浆连接、浆锚搭接连接等。第 3 章简要介绍装配式混凝土结构体系与设计规定。第 4 章阐述装配式混凝土叠合楼盖，包括钢筋桁架混凝土叠合板、钢管桁架预应力混凝土叠合板、预应力混凝土空心板、预应力混凝土双 T 板 4 种类型。第 5 章介绍装配整体式混凝土框架结构，包括框架结构的拆分方案、预制柱设计、叠合梁设计和节点连接设计等。第 6 章简要介绍了全装配式混凝土框架结构体系。第 7 章阐述装配式混凝土剪力墙结构，包括装配整体式剪力墙、叠合剪力墙、多层装配式墙板结构等。第 8 章介绍装配式混凝土非结构构件，包括预制的外墙挂板、内隔墙、预制楼梯、阳台板等。第 9 章介绍装配式混凝土结构预制构件生产与质量控制。第 10 章阐述装配式混凝土结构施工与质量验收。第 11 章介绍装配式混凝土结构 BIM 技术应用。

本书的编写将党的二十大会议精神融入章节编写中，致力于建筑业“绿色、低碳、韧性”的创新发展和新时代大国工匠及拔尖创新人才的培养。得到了重庆大学周绪红院士的大力支持，全书由重庆大学白久林副教授、中建海龙科技有限公司重庆海龙设计研发总工程师杨经纬、重庆大学王宇航教授编制。本书在编写过程中,重庆大学杨彪、刘家成、梁天龙,中建海龙科技有限公司重庆海龙工程师杨成虎、莫培等对本书编写提供了支持和帮助,作者在此一并表示感谢。

由于编写时间仓促,加之作者编写水平有限,疏漏之处在所难免,敬请读者批评指正。

编　者

2022 年 10 月

目录

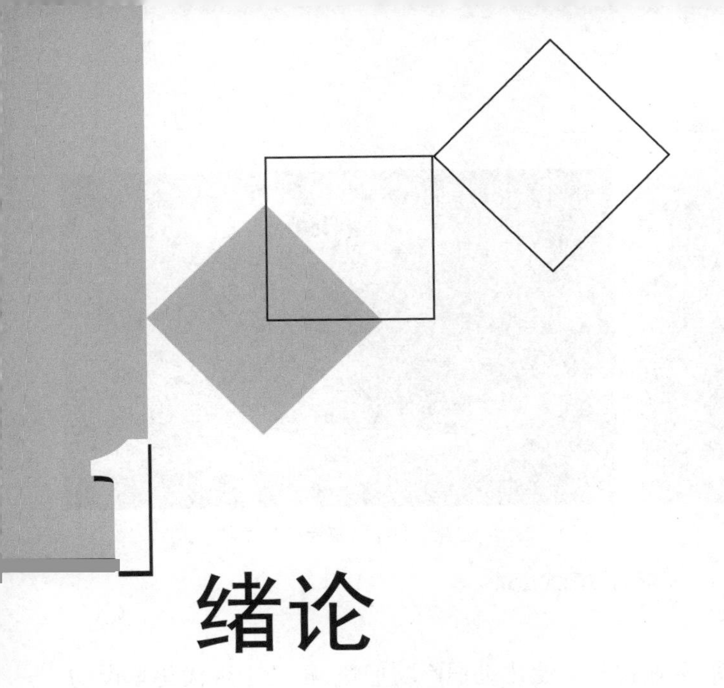

1

绪论

1.1 装配式建筑结构

1.1.1 装配式建筑的概念

装配式建筑是指把传统建造方式中的大量现场作业工作转移到工厂进行，在工厂加工制作好建筑所需的构件和配件（如楼板、墙板、楼梯、阳台等）后，运输到建筑施工现场，通过可靠的连接方式在现场装配安装而成的建筑。

装配式建筑具有数百年历史，对世界建筑行业影响深远。17 世纪北美出现的一种采用木构架拼装的房屋，可被认为是装配式建筑的雏形。19 世纪，随着近代工业技术的发展，铁成为一种新的建筑材料，铁结构出现在人们的视野中。铁构件在工厂中铸造成型并运至现场组装——这种建造方式已经具备装配式建筑施工的特点，采用这种方式建造的建筑（如伦敦"水晶宫"、巴黎埃菲尔铁塔等如图 1.1 所示），轰动一时。20 世纪初，一种新的建筑理念又引起了人们的兴趣，法国著名建筑师 Le Corbusier 在《走向新建筑》一书中写道："如果房子也像汽车底盘一样工业化地成批生产，我们将看到意想不到的、健康的、合理的形式很快出现，同时形成一种高精度的美学。"这种像汽车一样生产的、工业化的、标准化的、功能主义的建筑，在 20 世纪的西方掀起一股狂潮，英、法、美、加、苏联等国纷纷进行了研究、尝试与应用，成果丰硕。

如今，装配式建筑技术种类繁多，涉及学科门类广泛。现代装配式建筑按结构形式和施工方法主要分为 5 种，即砌块建筑、板材建筑、盒式建筑、骨架板材建筑和升板、升层建筑。其中，骨架板材建筑是由全预制或部分预制的骨架和板材连接而成的。本书着重介绍的装配式混凝土结构体系即为骨架板材建筑的一种结构形式。此外，采用钢结构、木结构的建筑，由钢材、木材预制成的梁、柱等构件组成承重骨架，并在工厂、施工现场进行组装，同样属于装配式建筑。

与传统的手工建筑业相比，装配式建筑具有许多突出的特点和优势：

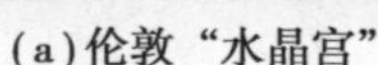
(a)伦敦“水晶宫”

(b)巴黎埃菲尔铁塔

图 1.1　早期的装配式建筑

(1)可以与城镇化形成良性互动

当前,我国已总体上步入工业化后期,工业化与城镇化进程不断加快,正处于现代化建设的关键时期。在建筑工业化与城镇化互动发展的进程中,一方面,城镇化的快速发展、建设规模的不断扩大为建筑工业化大发展提供了良好的物质基础和市场条件;另一方面,建筑工业化为城镇化带来了新的产业支撑,通过工厂化生产可有效解决大量的农民工就业问题,并促进农民工向产业工人和技术工人转型。

(2)可以提高建筑质量,减少建筑事故

装配式建筑采用工厂事先预制好的构件,在现场进行就地拼装,通过标准化的设计模数和制作工艺,减少了施工过程中由于人员专业素质低下以及施工过程中的不确定性等因素对工程安全所造成的影响,也规范了建筑物结构设计以及布局的合理性和安全性,同时简化了以前传统的建设模式,有利于政府的监督和安全责任的划分,可从法律层面更好地确保建筑质量,保障人民群众的生命财产安全。

(3)可以极大地缩短建造时间

工厂预制、就地拼装的生产方式,一般可缩短 20% 以上的建造工期,方便装配式建筑的快速投入使用,同时也有利于相关基础设施的建设,以便结合城镇规划,建设环境优美、设施配套、功能完善的现代化新型住宅。

(4)有利于提高建筑使用年限

部分装配式建筑的预制构件可以重复循环利用、拆除方便、便于保护和维修。同时,使用装配式建筑可以更方便地对建筑和结构布局进行调整,以满足更差异化、更高水平的建筑需求,如加盖层数、改变建筑空间布局等。

(5)满足人民群众的各种建筑需求

随着居民对物质生活水平和文化需求的逐步提升,其对居住环境的要求、审美也在逐步提高,对住宅建筑的要求越来越高。相较于以往的建造形式,具有精细化特点的工业化建筑构件,既可以按需求定制,又能够模拟各种细节(如仿石头外立面、柱子的雕花等);既减少了后期装修所花费的时间、费用,又减轻了对生态环境造成的污染和破坏,同时也有利于建设具有文化特色的装配式建筑。

1.1.2 装配式混凝土结构

装配式混凝土结构是指一种由预制混凝土构件通过可靠的连接方式装配而成的混凝土结构，简称装配式结构。装配式结构按连接方式分为两类，即装配整体式混凝土结构和全装配混凝土结构。我国目前多采用装配整体式混凝土结构，即由预制混凝土构件通过可靠的方式进行连接，并与现场后浇混凝土、水泥基灌浆料形成整体。该种结构类型的连接方式主要以“湿连接”为主，可使结构具有较好的整体性和抗震性能，因此多用于多层和高层装配式建筑。而全装配混凝土结构是由预制构件采用“干式连接”方式(如螺栓连接、焊接连接等)形成的结构形式，相对装配整体式混凝土结构而言，该种结构类型的整体性和抗震性能较弱一些，因此全装配混凝土结构主要在低层建筑中采用。根据国内标准，和现浇混凝土结构类似，装配式混凝土结构也可分为装配式混凝土框架、框架-核心筒、框架-剪力墙结构，以及装配式混凝土剪力墙结构(图1.2)，后面章节会详细介绍各种类型结构。

图1.2 装配式混凝土剪力墙结构住宅

装配式混凝土结构与传统现浇结构也有着根本上的不同，传统现浇结构的破坏多见于构件本身，如梁近端部剪坏或梁跨中受压区混凝土压碎、受拉钢筋屈服等。然而装配式混凝土结构的破坏常常始于构件间的连接节点，如梁柱节点局部发生混凝土压碎或钢筋连接屈服，导致结构挠度过大甚至结构整体离散而破坏。因此，在装配式混凝土结构中，预制构件的连接具有相当重要的作用。

装配式混凝土结构相对于传统现浇结构具有以下优点：①预制构件在工厂采用机械化生产，产品质量高，构件外观质量和耐久性好，构件表面质量优越，故可取消传统构件的表面抹灰作业；②可大幅减少施工现场湿作业量，减少施工现场水泥、砂石、模板及支撑体系料具使用量，减少粉尘和噪声等污染，有利于保护环境和节约资源；③可将保温、装饰部分与构件进行整体预制，可较大减少现场工作量，简化现场的施工工艺，提高工程的施工质量；④预制构件机械化程度高，可大量减少现场施工人员配备，并降低安全事故的发生率。

1.1.3 装配式钢结构

装配式钢结构是指将提前在工厂生产安装好一部分的钢结构骨架，然后运到施工现场用焊缝、螺栓或铆钉连接起来的结构。我国装配式钢结构的研究起步较晚，但在国家政策的大力推动下，钢构企业和科研院所投入了大量精力研发新型装配式钢结构体系，钢结构建筑从旧时代快速迈入了新发展阶段。旧时代的钢结构建筑仅是结构形式由混凝土结构改为钢结构，建筑布局、围护体系等一般采用传统做法；新时代的钢结构建筑实现了建筑布局、结构体系、围护体系、内装和机电设备的融合统一，从单一结构形式向专用建筑体系发展，呈现出体系化、系统化的特点。

相对于装配式混凝土结构而言，装配式钢结构具有以下优点：①没有现浇节点，安装速度更快,施工质量更容易得到保证。②钢结构是延性材料,具有更好的抗震性能。③钢结构自重更小,基础造价更低。④钢结构是可回收材料,更加绿色环保。⑤精心设计的装配式钢结构,比装配式混凝土结构具有更好的经济性。⑥梁柱截面更小,可获得更多的使用面积。但装配式钢结构还存在一些问题:①相对于装配式混凝土结构,外墙体系与传统建筑存在差别,较为复杂。②如果处理不当或者没有经验,防火和防腐问题需要引起重视。③如设计不当,钢结构比传统混凝土结构更贵,但相对装配式混凝土建筑而言,它仍然具有一定的经济性。

由于装配式钢结构具有诸多优点,目前已被广泛运用到住宅、厂房、场馆、运动场等领域,如图 1.3、图 1.4 所示。

图 1.3　装配式轻钢别墅

图 1.4　装配式钢结构体育馆

1.1.4　装配式木结构

装配式木结构是指采用工厂预制的木结构组件和部品,以现场装配为主要手段建造而成的结构,包括装配式纯木结构、装配式木混合结构等。木材具有易加工、保温隔热、吸湿透气、使用寿命长、抗震效果好、耗能小、污染少等优点,一直是我国古代建筑的主要用材,因此木结构建筑是我国古代主流的建筑形式。其后随着木材短缺和社会经济、科技的高度发展,以及中西方文化的融合以及人们审美的变化,混凝土结构逐渐取代了木结构的主导地位。但随着科技的发展、人们对生态环境的日益重视以及国家政策的支持,装配式木结构逐渐兴起。

装配式木结构具有的优势主要有:①节能环保:混凝土结构在建造过程中会产生大量的扬尘,同时相较于钢材、水泥等建筑材料而言,木材的碳排放量是最低的,对生态环境的影响最小,产生的建筑垃圾最少。此外,装配式木结构一般不需要再进行室内装修,只需要将水电、软装完成便可以直接入住,省去了大部分室内装修,建筑内部环境相较于传统混凝土结构要更加绿色环保,甲醛释放量远低于装修后的砖混结构房屋。②工期短、效率高:装配式建筑都是预先在工厂内进行生产,采用吊装、拼接等方式安装的,所以能够大大提高生产效率、缩短工期、提高施工效率,并且还能够降低安全隐患,有利于保证工程质量。传统砖混结构住房建造周期一般为 8 个月左右,而装配式木结构最快可在 3 ~7 天即可完成安装,极大地提高了施工效率,降低了人工成本。③保持地域化建筑特色:由于木材导热系数小,有较强的保温隔热和吸湿效果,装配式木结构在我国南方(如云南、贵州、湖南、广西等地)以及部分少数民族聚居区得到了广泛的应用。从近现代开始,随着科技和经济的发展,混凝土结构已经逐渐取代了木结构,但仍有部分地区现今还一直延续着建造木结构的习惯,因此很好地保留了地域文化和建筑特色。

目前装配式木结构的主要应用方向有度假中心建筑、别墅、体育馆、旅游景区接待建筑、民宿、酒店、康养中心、特色小镇、乡村民居改造等,如图 1.5、图 1.6 所示。

图 1.5 装配式木结构别墅

图 1.6 装配式木结构体育馆

1.2 国外装配式混凝土结构的发展概况

1.2.1 美国

美国有近一百年的装配式建筑发展历史。自 20 世纪 30 年代起,美国便开始探索预制混凝土的开发和应用,到 20 世纪六七十年代预制混凝土技术得到大面积发展。20 世纪 70 年代末,低松弛钢绞线的出现,使得生产更大跨度、更小截面的预制构件成为可能。目前,美国在住宅、学校、医院、办公等公共建筑,以及停车库、单层工业厂房等建筑中广泛应用预制预应力混凝土技术。在工程实践中,由于大量应用大型预应力预制混凝土构件技术,使预制装配式混凝土技术更充分地发挥其优越性,体现了其施工速度快、工程质量好、工作效率高等优势。美国 PCI (Precast/Prestressed Concrete Institute)组织完成了预制预应力装配式混凝土技术相关规范和标准的制定工作,形成了完备的使用手册,并实时更新手册,以适应技术的不断发展。

美国是较早将预制预应力技术应用于装配式混凝土结构的国家之一,20 世纪 90 年代美日联合开展了 PRESSS(Precast Seismic Structural System)项目(PRESSS 具体内容详见第 6 章),而后美国将 PRESSS 项目中的后张预应力技术投入实际应用。如图 1.7(a)所示,位于旧金山的 39 层 Paramount Building 即为高烈度地震区采用 PRESSS 技术建造的装配式混凝土建筑。

(a) 旧金山Paramount Building

(b) 怀曼街275号停车场

图 1.7 美国预制预应力混凝土建筑

除此之外,采用先张法的 SP 板和双 T 板在美国工程项目中的应用也十分普遍,其中立体停车场是美国预制预应力混凝土技术应用最广泛的建筑类型之一。以图 1.7(b)所示的怀曼街

275号多层停车场为例，该建筑采用的楼板类型为预应力双T板，停车场结构的受力部位为预制剪力墙-梁、柱体系，由预制剪力墙承担全部的水平力，梁柱铰接形成的排架部分只承担竖向力。停车楼结构中预制梁与预制柱、预应力双T板、预制剪力墙之间均采用无须布置支撑的干式搭接连接形式，充分体现了该结构安装便携的优势。

1.2.2 英国

早在17世纪初，英国就开始了建筑工业化道路探索，并在长期工程建设中积累了大量预制建筑的设计施工经验。1875年6月11日，William Henry Lascell 获得英国2151号发明专利"Improvement in the Construction of Buildings"（LettersPaten, 1875），标志着预制混凝土的起源。两次世界大战结束后，英国面临了巨大的住宅需求以及随之而来的建筑工人欠缺，新建住宅问题成为政府的主要工作重点。英国政府于1945年发布白皮书，重点发展工业化制造能力，以弥补传统建造方式的不足，推动了装配式混凝土结构的发展。20世纪50—70年代，英国建筑行业朝着装配式混凝土建筑的方向蓬勃发展，期间装配式混凝土结构的发展主要体现在预制混凝土大板结构，大板结构使得预制混凝土构件真正成为结构构件。20世纪90年代，传统建造方式的弊端使得住宅建造迈入提高品质阶段，同时也推动了装配式混凝土结构的发展。近年来，在英国，这种工厂化预制建筑部件、现场安装的建造方式，已广泛应用于建筑行业。

图1.8　英国 Northcliff Hydepark

尽管现阶段英国重点发展钢结构和模块式建筑，但在装配式混凝土结构方向同样有工程案例。如图1.8所示，该建筑是2010年在伦敦竣工的 Northcliff Hydepark，其位于伦敦的北端，是一栋15层装配式混凝土结构公寓开发项目。该建筑采用预制外墙板和空心楼板建造，通过采用装配化的施工技术，减少了现场作业，缩短了施工周期，充分展现出装配式混凝土结构的优势。

1.2.3 德国

德国装配式建筑起源于19世纪中叶，1845年德国弗兰兹发明了人造石楼梯，即德国的第一个预制混凝土构件，自此开启了德国装配式混凝土结构的历史，此后德国的预制构件发展便日趋成熟并不断投入实际应用。第二次世界大战结束以后，由于战争破坏和大量难民回归本土，德国住宅严重紧缺。德国用预制混凝土大板技术建造了大量住宅建筑，为解决当年住宅紧缺问题作出了贡献。但自20世纪90年代以后，该体系因在抗震、保温、防水等方面有一定问题，已很少被应用。

德国目前装配式混凝土结构主要采用预制叠合板体系，该结构体系中预制叠合墙板、预制叠合楼板、内隔墙板、外挂板、阳台板等构件采用混凝土预制构件。预制叠合墙板由两层预制板与格构钢筋制作而成，现场就位后，在两层板中间浇筑混凝土共同承受竖向荷载和水平力作用。预制叠合楼板、叠合墙板可兼做楼板、墙体的模板使用，结构整体性好、混凝土表面平整度高、节省抹灰、打磨工序。相比预制混凝土实体楼板，预制叠合楼板质量轻，节约运输和安装成本，因而有一定市场。德国对该体系不断进行发展改进,将预制叠合板体系与节能技术充分融合,提出零能耗的被动式建筑,仅依靠建筑本身的构造设计,就能达到舒适的室内温度,满足"冬暖夏凉"的要求,如图 1.9 所示的被动式住宅和开姆尼斯城市剧院。

德国的预制叠合板体系对中国装配式混凝土结构的发展产生了深远影响,例如德国 FILIGRAN 公司发明的钢筋桁架式的叠合楼板便被中国的一些企业引入且一直沿用至今。

(a)德国达姆施塔特市的被动式住宅

(b)德国开姆尼斯城市剧院

图 1.9 德国被动式建筑

1.2.4 法国

1891 年,巴黎 Ed. Cigent 公司首次在 Biarritz 的俱乐部建筑中使用预制混凝土梁,至今预制混凝土结构在法国的应用经历了 130 多年的历史。1959—1970 年,法国对装配式混凝土结构进行深入研究,并在 20 世纪 80 年代后期形成体系。目前法国主要采用预应力混凝土装配式框架结构体系,该体系的预制装配率可达 80%,极大提高了现场施工效率。

法国独具代表的装配整体式混凝土结构体系是 SCOPE 体系,如图 1.10 所示。SCOPE 体系(键槽式预制预应力混凝土装配整体式框架结构体系)是一种优良的预应力混凝土装配式框架结构体系,它在一般工业与民用建筑以及农村住宅建筑中均有广泛的适应性。SCOPE 体系采用预制预应力混凝土叠合梁、板及预制或现浇钢筋混凝土柱等构件,通过楼板面层及梁柱节点的现浇混凝土构成装配整体式预应力混凝土结构体系。如图 1.10(a)所示的马赛某超级市场便是按照 SCOPE 体系的相关技术进行构件生产、现场装配的。它使通常需大量现浇混凝土的现场施工建造过程变成工厂化构件的生产和组装过程,不仅加快房屋施工速度,也减少了现浇混凝土量和施工现场建筑材料的堆放面积,提高了工地文明施工程度及经济效益。

(a)马赛某超级市场预制预应力混凝土建筑技术施工现场

(b)建造中的法国SCOPE体系

图 1.10 法国 SCOPE 体系

SCOPE 体系的独特之处在于它的节点构造方式。其节点由键槽、U 形钢筋和现浇混凝土 3 个部分组成,其中 U 形钢筋主要起到连接节点两端的作用。通过在节点区设置 U 形钢筋,改变了传统的将梁的纵向钢筋在节点区锚固的方式,改为预制梁端的预应力钢筋在键槽处与 U 形筋搭接的形式。U 形钢筋的制作及施工极为重要,它对于节点的抗震性能有很大的影响。

SCOPE 体系作为法国代表性的预制装配式结构体系,除了具有传统预制结构的优点外,也有结构自身的特色:①预制构件采用先张预应力技术,使构件的防裂能力大幅上升,有效减少构件开裂现象;②预应力高强钢筋的使用,可有效减小构件的截面尺寸,进而减小构件自重,节约材料。

SCOPE 体系技术因其优异的性能表现而具有广泛的应用前景。我国于 1998 年引进该体系,通过对 SCOPE 体系相关技术进行吸收与改进,最终形成我国装配式混凝土结构体系(世构体系),并将其列入我国行业标准《预制预应力混凝土装配整体式框架结构技术规程》(JGJ 224)。在规程的推动下,世构体系在江苏乃至全国,得到了越来越广泛的应用。

1.2.5 新西兰

新西兰对预制混凝土结构的应用有六十多年的历史。20 世纪 60 年代初,结构构件中预制混凝土的使用稳步增加,在楼板单元中对预制混凝土构件的应用逐渐广泛,使得现浇楼板逐渐退出舞台。但新西兰一直避免在抗弯框架中使用预制混凝土,直至 20 世纪 80 年代,采用预制混凝土构件的抗弯框架才在新西兰得到广泛使用。20 世纪 80 年代中期,混凝土结构中预制构件以其统一的工厂制作方法、高质量的生产单元和施工速度等优点,在新西兰的应用显著增加。在该时期,新西兰利用预制混凝土框架结构技术建造大量民用住宅,发展了几种预制框架结构的连接形式,为装配式混凝土结构的发展打下坚实的基础。

图 1.11 新西兰装配式建筑

新西兰预制混凝土框架结构体系的基本原理为采用有足够强度和刚度的周边框架来承担绝大部分地震作用,对于内部结构的关键功能是分担竖向荷载。周边框架梁因承担大部分地震作用,其截面尺寸相对较大,但不影响建筑层高,外柱设计时柱距相对于内部柱距较小。周边框架结构可以避免双向抗震设计作用下框架复杂的节点构造情况。

新西兰目前普遍采用 3 种预制混凝土抗震框架体系(主要以节点连接情况的不同来区分):体系 1 是现浇柱和叠合梁的连接;体系 2 是叠合梁和预制柱的连接,该体系中梁的预制部分从左跨跨中延伸到右跨跨中(即梁预制部分在梁柱接触部位不断开),梁中塑性铰区在预制构件中形成,减少了现场施工难度,该体系在新西兰应用广泛,如图 1.11 所示的一栋 22 层建筑便采用了该体系进行建造施工;体系 3 是预制梁柱单元,该体系中预制构件涉及二维甚至三维预制单元,在现场可进一步减少作业量,但对构件进行吊装、运输的难度较大。

1.2.6 日本

在日本,预制技术的历史最早可追溯到1918年建筑家伊藤为吉提议使用预制框架,而其快速发展则是起步于日本住宅绝对短缺的年代,1945年第二次世界大战后的房屋缺口使得建造速度更快的装配式建造方式登上历史舞台,公有住宅体系开始使用预制装配式混凝土结构技术建造住宅,而后该技术逐渐走向成熟,为世界各国装配式结构的发展提供了借鉴。

预制装配式混凝土结构是日本框架工业流程的重要一环,其进化路径大致包含了W-PC(预制混凝土墙板结构)体系、R-PC(预制混凝土框架结构)体系、WR-PC(预制混凝土框架-墙板结构)体系和SR-PC(型钢预制混凝土结构)体系,下面对前三种装配式混凝土结构体系做相关介绍。

①W-PC体系开始于1965年,日本住宅公团(即现在的都市基础配备公团)首次利用该体系在日本千叶县建设了如图1.12(a)所示的住宅楼。该体系主要由预制墙板组成结构的竖向承重体系和水平抗侧力体系,墙板作为结构的受力构件,可以保证整齐的室内空间,增加空间的有效利用率。W-PC体系的主要预制构件包括预制墙板、预制楼板、预制楼梯等,预制墙板与预制楼板之间,以及预制墙板自身之间在现场利用干式或半干式的方式拼装连接。W-PC体系在日本主要适用于5层及以下纵横墙均匀布置的住宅类建筑,其在日本装配式发展的早期(20世纪六七十年代)成为发展的主流,但现在日本已经很少选择W-PC方法进行装配。

(a) 日本住宅公团(即现在的都市基础配备公团)

(b) 东京东池袋四丁目住宅办公楼

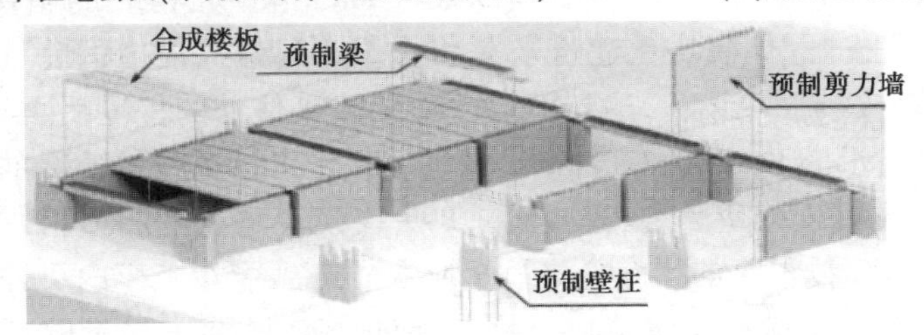

(c) 日本WR-PC体系示意图

图1.12 日本预制装配式混凝土结构体系

②R-PC体系是将现浇的钢筋混凝土框架进行预制的工法,从20世纪70年代开始,日本住宅公团和民间的建筑公司便开始研究R-PC体系。1990年,住宅、都市配备公团的民间开发的

工业化住宅中首次采用高层 R-PC 体系。1990—1993 年实施的“日美大型抗震试验共同研究——预制抗震结构系统”对包含钢筋混凝土预制构件的钢筋混凝土建筑的设计外力、结构计划、结构分析、构件及接合部设计的相关技术资料进行了汇总,并制订了指南及手册,确立了现在的钢筋混凝土预制化工法。R-PC 体系中梁、柱等构件在工厂预制,在现场通过预埋的拉结筋后浇连接。由于 R-PC 体系具有结构受力明确、计算简单、结构延性和抗震性能好、平面布置灵活、现场装配速率高等特点,因此其在日本住宅预制混凝土结构中应用广泛。如图 1.12(b)所示的东京东池袋四丁目住宅办公楼项目,建筑地下 2 层、地上 52 层、总高 189.2 m,便是日本采用 R-PC 体系建造的建筑。

③由于 R-PC 体系在居住等建筑中存在梁的干扰,会对工艺适用性产生一定影响。WR-PC 体系作为一种 R-PC 与 W-PC 体系相“结合”的工法,结构在进深方向为穿过多层的整块剪力墙,开间方向是扁平壁样的柱与梁[图 1.12(c)],最后通过刚性连接的方式将开间和进深连接部位进行组装,形成一种平面布置灵活、工艺性能良好的结构体系。1988 年,日本住宅公团首次采用该体系在多摩新城地区建造了 2 栋 11 层的住宅区。此后,住宅都市配备公团、九段建筑研究所及预制建筑协会众多资深专家共同进行研究开发,依据实际工程的设计与施工编写了《高层壁式框架钢筋混凝土预制设计、施工指南》。现在这种体系已成为日本 15 层以下的高层住宅楼的主要工法之一。

1.2.7 新加坡

预制装配式结构体系在新加坡的应用非常广泛,始于 20 世纪 70 年代。在 20 世纪 80 年代,随着住房需求的增加,该结构体系迅速发展。到 20 世纪 90 年代初期,新加坡装配式住宅已颇具规模,全国有 12 家预制企业,年生产总额占建筑业总额的 5%,此后预制装配式结构蓬勃发展,如今越来越多的新加坡人住进了装配式政府组屋(钢筋混凝土扁柱框架结构),逐步实现了建国总理李光耀的“居者有其屋”的住房计划。

经历半个世纪的发展,预制装配式混凝土结构已基本普及,但新加坡并未止步于此。为了提高建筑效率、简化施工工序,以解决工人短缺、严重依赖外劳的问题,2017 年新加坡推动 DfMA(Design for Manufacturing & Assembly)方法,其中 PPVC 技术属于 DfMA 这一转型计划的前沿。

PPVC(Prefabricated Prefinished Volumetric Construction)指预先精装的箱体建筑模块化技术,又称“箱式预制系统”或“立体模块化建筑”,是将一个可运输尺度内的完整房间,在预制工厂进行组装、加工、装修、安装固定设备,达到模块内精装修入住前的程度后再运到工地进行现场吊装。如图 1.13(a)所示的 Clement Canopy 是新加坡采用 PPVC 技术建造的模块化塔楼,这是一对 140 m 高的预制混凝土模块大厦,其中的 1 899 块模块是在工厂预制,在现场只需要完成模块之间的连接。PPVC 技术更加彻底地将建筑业变成产品能在工厂内可控生产的制造业,可在单体预制构件的基础上继续提高建筑施工效率,使现场工作量大幅度降低,进而缩短施工周期并减少用工人数,有效解决新加坡人工短缺的问题。

PPVC 技术的箱体主要分为以钢结构为主和以混凝土为主两类。新加坡消防法规对钢结构的使用限制较多,对住宅等消防安全等级要求高的建筑一般采用混凝土构件作主结构,底盘一般为钢筋混凝土,轻钢龙骨吊顶屋顶装饰,连接处以钢筋交叉错接,现浇混凝土,整体比单一竖向结构连接稳固。箱体上下左右之间的结构连接完成后,做模块间水、电、消防设施、控制系统等连接,并在装饰拼接部位做缝隙装饰,模块间电路连接如图 1.13(b)所示。

(a)新加坡Clement Canopy

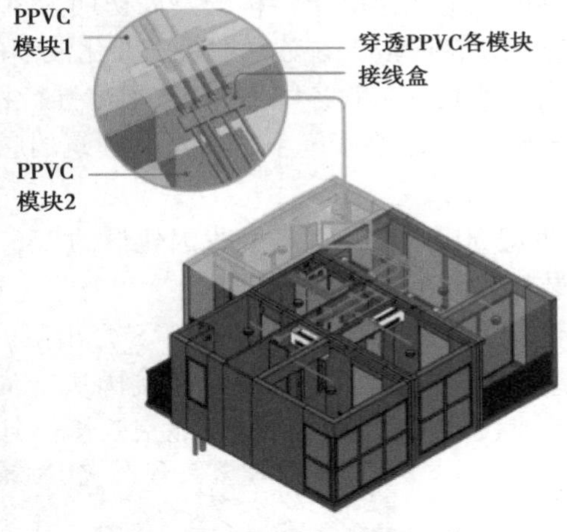

(b)模块间电路连接

图 1.13 新加坡 PPVC 技术

PPVC 技术作为一种前沿的精装模块化技术,对比其他结构体系有其独特的优势:①提高建筑生产力。PPVC 的最大精要是“快”,该技术可提高 50% 的建筑效率,减少人力成本,降低工人数量。②减少环境污染。因其生产主战场由项目转至工厂,施工过程中面临的噪声及粉尘污染也将明显减少,施工更安全、品质有保障。

1.3 国内装配式混凝土结构的发展概况

1.3.1 国内装配式混凝土结构的发展经历

国内装配式混凝土结构的发展历程可分为发展初期、发展起伏期、发展低潮期和新发展阶段 4 个关键时期,各时期的时间节点以及特点如图 1.14 所示。

发展初期:20世纪50年代—1976年

受国际建筑工业化浪潮的影响,我国借鉴苏联以及东欧各国技术,推进装配式混凝土结构的大规模建设。装配式混凝土结构的应用领域由工业建筑和公共建筑发展到住宅建筑。但由于对住房的大量需求,我国工程建设速度远大于相关科学研究的速度,导致该时期装配式建筑质量低劣,饱受诟病。

发展起伏期:1976—1995年

因1976年唐山大地震的血泪教训,装配式建筑几近陷入停滞状态;20世纪80年代装配式混凝土大板建筑的大力推行又引起了新一轮预制混凝土浪潮;20世纪80年代至1995年,现浇混凝土的引入、住房商品化、社会发展情况以及装配式住宅舒适性方面的问题导致装配式建筑再次停滞。

发展低潮期:1995—2010年

商品混凝土、布料机、脚手架、模板等技术逐渐完善,现浇混凝土结构进入高速发展阶段,完成了上百亿平方米的现浇混凝土结构住宅建设,为改善城乡居民居住条件做出了突出贡献。而装配式混凝土结构逐渐淡出人们视野,21世纪初仅少量企业开始投入装配式建筑的研究和试验。

新发展阶段:2010年至今

现浇混凝土结构的弊端逐渐显现,劳动力需求量大、科技含量低、现场湿作业污染大等因素制约了建筑业的发展。装配式建筑在这个阶段更加符合建筑业的发展需求。在国家的大力推动下形成了一大批与装配式建筑相关的科技成果和规范依据,装配式混凝土结构进入了高速发展阶段。

图 1.14 我国装配式混凝土结构建筑发展阶段及各阶段特点

1)*发展初期*

我国的装配式混凝土结构的发展初期为20世纪50年代初至1976年,这个时期是我国建筑工业化的萌芽阶段。在苏联建筑工业化浪潮的影响下,我国在“一五”计划(1953—1957年)中提出借鉴苏联及东欧各国经验,在国内推行标准化、工厂化、机械化的预制构件和装配式建筑。在苏联专家的帮助下,我国装配式建筑的应用领域逐渐从工业建筑和公共建筑发展到住宅建筑。

20世纪50年代,苏联帮助我国建设的156个大项目大都采用了预制装配式混凝土技术,为我国装配式混凝土结构在工业建筑和公共建筑的应用打下了基础。通过学习和引进苏联建筑工业化的相关技术和规范,1958年8月出版的《装配式标准构件的设计》为我国初期装配式混凝土结构建设提供了依据。为迎接国庆十周年,1959年我国首例高层装配式框架结构建筑——北京民族饭店(图1.15)于北京西长安街干道建成。

图1.15　北京民族饭店

20世纪60年代至70年代,预制构件的生产方式逐渐由小型预制构件厂的大量手工作业过渡到大型正规构件厂的机组作业,此时全国混凝土预制技术突飞猛进地发展,全国各地数以万计的大小预制构件厂雨后春笋般出现,为住宅装配化发展提供了物质基础。东欧的预制技术和当时国际盛行的装配式大板住宅体系(图1.16)也传至我国。

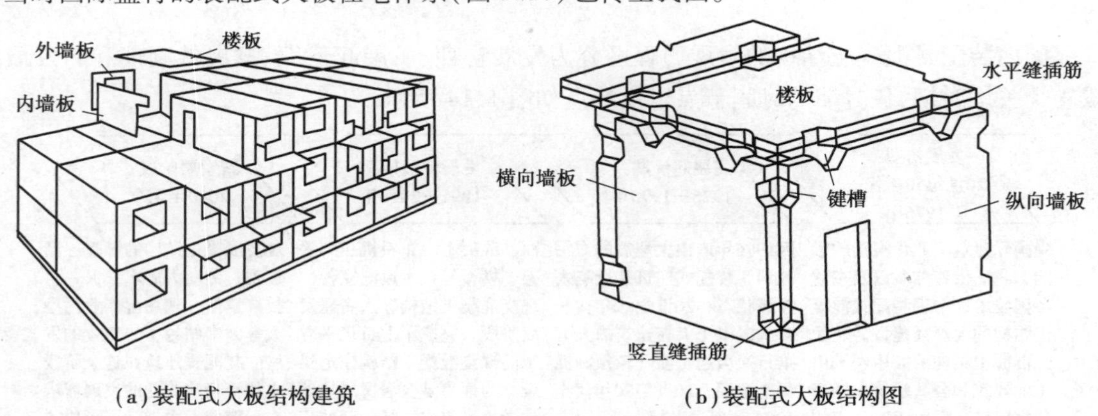

(a)装配式大板结构建筑　　(b)装配式大板结构图

图1.16　装配式混凝土大板结构示意图

发展初期我国采用的预制构件主要包括预制柱、预制梁、预制屋架、预制屋面板、预制空心楼板以及预制墙体,其中预制空心板是城镇住宅建设最常用的预制构件。这一时期我国主要技术来源是苏联,但是科学研究的进展远不及项目的建设速度,许多技术都没有经过科学的验证和分析,多种专用材料(如绝热材料、密封材料、防水材料等)的性能不过关,造成外墙渗漏、墙体冬季因冷桥而室内结露,使得这个时期建造的装配式建筑物质量低劣,饱受诟病。

2)发展起伏期

发展起伏期大体上是从1976年到1995年,这个时期经历了装配式建筑的停滞、发展、再停滞的起伏波动。导致装配式混凝土结构建筑发展急转直下的原因主要有以下3点:①唐山大地震为装配式建筑带来的负面影响;②住房商品化政策的影响以及装配式建筑配套技术研究的滞后;③现浇混凝土结构的引进和冲击。

经过建筑工业化初期的发展,20世纪70年代城镇住宅主要采用的是多层无筋砖混结构,该结构中墙体由小型黏土砖砌成,楼板多采用预制空心楼板拼接而成。由于施工中缺乏科学的监管体系和符合标准的施工技术,预制空心板与竖向构件没有任何拉结,简单地用砂浆铺坐在砌体墙上。这使得1976年的唐山大地震为我们带来了血与泪的惨痛教训,原本安装方便快捷的预制空心板成为地震中阻碍人们逃生的"棺材板",这也引起了人民对装配式混凝土结构体系抗震性能的担忧,使得装配式混凝土结构的发展陷入了短暂的停滞。

20世纪80年代,在政府部门持续的大力推广下,大批的混凝土大板和框架轻板厂开始出现,掀起了预制混凝土行业的又一股热潮。这一时期,预制混凝土工业化程度明显提高,预制构件种类多样,各地纷纷组建产业链条企业,标准化设计体系快速建立,一大批大板建筑、砌块建筑纷纷落成。但随着预制混凝土企业大规模出现,工业化构件生产无法满足建设需要,某些资质不足的小型乡镇构件厂充斥市场,导致部品质量下降,造成了很多安全隐患。另外,相应的配套技术研发没有跟上,防水、保温、隔声等影响住宅性能的关键技术均出现问题,加之住房商品化带来了多样化需求的极大提升,使得形式单一的建筑工业化不再适应于当时的社会发展而又逐渐陷于停滞。

(a)现浇剪力墙结构

(b)现浇框架结构

图1.17 现浇剪力墙结构和框架结构

20世纪80年代初至1995年,国外的现浇混凝土被引入我国,随着各类模板、脚手架以及商品混凝土的普及,砖石、砌体结构逐渐被抛弃,而现浇楼板的框架结构、剪力墙结构、筒体结构等体系孕育而生。从20世纪80年代开始,现浇混凝土结构体系的应用越来越广泛,现浇框架结构[图1.17(a)]满足了大跨度公共建筑和工业建筑的需求,现浇剪力墙结构[图1.17(b)]或筒体结构大大增加了结构的抗侧能力,提高了结构的最大允许高度,使建筑向高层发展,适应了当时的城市发展需求。伴随着现浇混凝土体系的引入,大量农民进城务工,劳动力市场资源充沛,现浇建造方式的成本优势更加凸显。越来越多的企业选择了现浇的建造方式,而装配化的建造方式逐渐淡出了大众视野。

3)新发展阶段

新发展阶段指的是2010年左右至今,这个时期装配式建筑重新登上历史舞台并受到极大的重视。经历了二十余年现浇混凝土的工程应用,该建造方式存在的问题逐渐显露。我国社会、经济发展引起的劳动力市场变化,现浇混凝土结构建设对环境造成的严重污染以及现浇结构自身的限制等因素,使得现浇混凝土结构的发展难以为继。

随着现浇混凝土技术研究的不断深入以及现浇混凝土结构大范围的应用,“十一五”期间(2006—2010年),建筑业完成了一系列设计理念超前、结构造型复杂、科技含量高、使用要求高、施工难度大、令世界瞩目的重大工程,完成了上百亿平方米的住宅建筑,为改善城乡居民居住条件做出了突出贡献。但是现浇技术的缺点日益彰显,现场湿作业量大,需要大量劳动力,模板工程也需要大量手工作业,现浇混凝土养护耗时长,施工现场污染严重,现浇混凝土结构建设受天气影响严重等问题难以解决。与此同时,劳动力市场发生剧烈变化,从事体力劳动的人力资源越发紧张,人力劳动成本大幅上升,长期以来以现场手工作业为主的现浇生产方式难以为继。

为此,采用标准化设计、工业化生产、装配化施工、一体化装修、信息化管理的装配式混凝土建筑重新引起了关注,装配式建筑所具备的建设周期短、劳动力需求量低、现场湿作业量少、工程建设受天气影响小等优点解决了现浇结构在新的发展阶段所遇到的难题。在新的发展形势下,装配式混凝土结构的发展势在必行,而新的装配式结构有别于20世纪的装配式混凝土结构体系,向德国学习的预制叠合技术在我国发展形成了装配整体式混凝土结构体系。该体系的设计原则为“等同现浇”,即使装配后的构件及整体结构的刚度、承载力、恢复力特性、耐久性等类同于现浇混凝土构件及结构。对于该体系,国内最早形成完善法规文件的是深圳市2009年发布的技术规范《预制装配整体式钢筋混凝土结构技术规范》(SJG 18),此后我国装配式混凝土结构以该体系为基础投入了大量的研究、实验,为新发展阶段我国装配式混凝土结构的发展奠定了基础。

在新发展阶段,国务院以及住建部对建筑工业化和装配式建筑给予了高度的重视,出台了大量重要规划和指导意见,如图1.18所示,为建筑工业化的发展指明了方向。

在2011年《建筑业发展“十二五”规划》的推动下,装配式混凝土结构的规范、图集逐渐完善。2014年发布的行业标准《装配式混凝土结构技术规程》(JGJ 1)为装配式混凝土结构在全国的应用打下了坚实的理论和技术基础,2015年又陆续颁布了一系列装配式混凝土结构图集,如《预制钢筋混凝土板式楼梯》(15G367-1)、《桁架钢筋混凝土叠合板(60 mm厚底板)》(15G366-1)、《装配式混凝土结构连接节点构造(楼盖结构和楼梯)》(15G310-1)、《装配式混凝土结构连接节点构造(剪力墙结构)》(15G310-2)、《预制混凝土剪力墙外墙板》(15G365-1)、《预制混凝土剪力墙内墙板》(15G365-2)、《装配式混凝土结构住宅建筑设计示例(剪力墙结构)》(15J939-1)等,为预制构件的生产和装配式混凝土结构工程实践提供了依据。

在2016年《关于大力发展装配式建筑的指导意见》和2017年《建筑业发展“十三五”规划》的大力推动下,我国建成了一大批装配式建筑项目,诞生了一批优质的装配式建筑研发和建造企业,如中建海龙、中建科技等;发布了一系列完善的装配式建筑相关规范、图集,如《装配式混凝土建筑技术标准》(GB 51231)、《装配式建筑评价标准》(GB/T 51129)等;编著了大量指导装

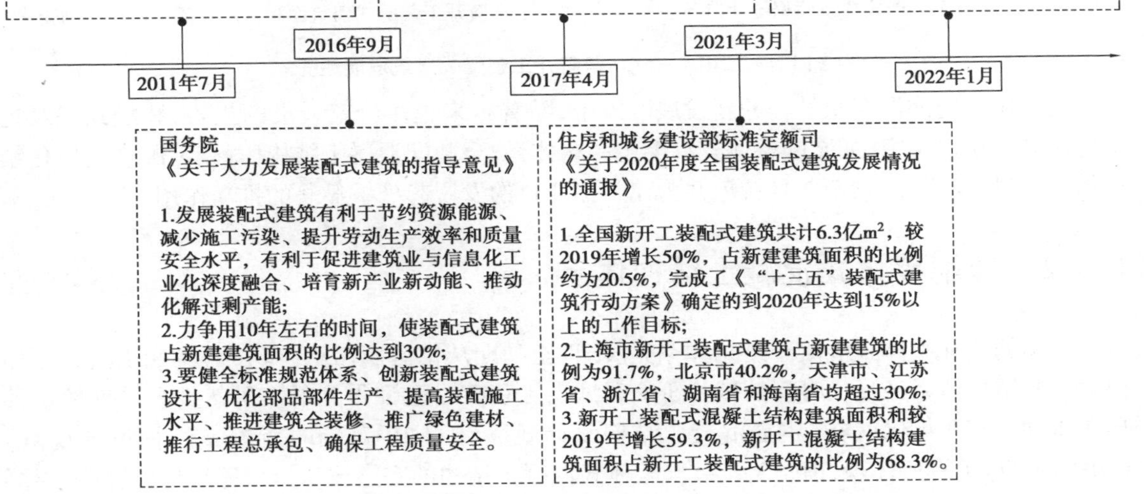

图 1.18　新发展阶段国家重要政策发布时间及主要内容脉络图

配式建筑设计、生产、施工的书籍，如《装配式建筑系列标准应用实施指南（钢结构/装配式混凝土/木结构）》等；开发出了针对装配式建筑设计、生产、施工的软件和程序，如 PKPM-PC、广联达 BIMMAKE、盈建科 YJK-AMCS、嗡嗡科技 BEEPC 等。

2021 年发布的《住房和城乡建设部标准定额司关于 2020 年度全国装配式建筑发展情况的通报》的统计结果，给出了近年来新建装配式建筑面积情况以及新建装配式建筑占新建建筑比例的变化情况，如图 1.19 所示。统计结果还反映了当时标准化程度不高是制约装配式建筑发展的重要问题。

针对上述装配式混凝土结构标准化程度不高的问题，住房和城乡建设部于 2021 年 9 月发布的《装配式混凝土结构住宅主要构件尺寸指南》和《住宅装配化装修主要部品部件尺寸指南》，以及 2022 年 3 月发布的行业标准《装配式住宅设计选型标准》（JGJ/T 494），为引导生产企业与设计单位、施工单位就构件和部品部件的常用尺寸进行协调统一提供了有力的保障。

2022 年 1 月发布的《"十四五"建筑业发展规划》除图 1.18 中的主要内容外，还在加快智能建造与新型建筑工业化方面提出了 7 大主要任务：完善智能建造政策和产业体系、夯实标准化和数字化基础、推广数字化协同设计、大力发展装配式建筑、打造建筑产业互联网平台、加快建筑机器人研发与应用、推广绿色建造方式。这标志着装配式建筑正逐渐与互联网技术融合发展，物联网、大数据、云计算、人工智能、区块链等新一代信息技术将为建筑领域带来新的产业升级。

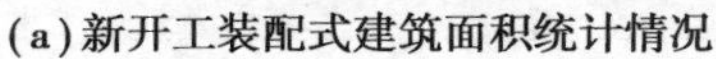
(a)新开工装配式建筑面积统计情况

(b)新开工装配式建筑面积占新建建筑面积比例变化

图 1.19　2016—2020 年新开工装配式建筑发展趋势

在我国装配式混凝土结构的新发展阶段中，随着越来越多研究人员的投入，装配式混凝土结构体系也层出不穷，如装配整体式混凝土结构体系、全装配混凝土结构体系、装配式模块化结构体系、世构体系等，它们各具特色并为建筑工业化的发展起到了显著的推动作用。

1.3.2　装配整体式混凝土结构体系

我国的装配整体式混凝土结构体系是 21 世纪初期从德国西伟德(sievert)集团引进的西伟德叠合板结构体系经过长时间的试验研究和试点工程建设验证得到的。虽然叠合构件的设计早在 20 世纪 70 年代就在《钢筋混凝土结构设计规范》(TJ 10-74)和《混凝土结构设计规范》(GBJ 10-89)中有所体现，但是关于装配整体式混凝土结构的完整技术体系还是自《装配式混凝土结构技术规程》(JGJ 1)发布后才逐渐完善的。目前我国规范图集对装配整体式混凝土结构体系的设计方法介绍已经非常详尽，装配整体式混凝土结构体系也已经成为装配式混凝土结构工程建设中最主要的结构体系选择。

装配整体式混凝土结构体系的特点是让尽量多的部件采用预制叠合构件，预制构件之间靠现浇混凝土或灌注砂浆等措施连接，使装配后的构件及整体结构的刚度、承载力、恢复力特性、耐久性等类同于现浇混凝土构件及结构。目前框架结构、剪力墙结构、框架剪力墙结构等均能够应用到装配整体式混凝土结构体系，主要的水平预制构件有预制叠合板、预制板、预制叠合梁、预制梁；主要的竖向预制构件有预制柱、预制剪力墙、预制叠合剪力墙；主要的非结构预制构件有预制空调板、预制叠合阳台板、预制阳台板、预制女儿墙、预制外挂墙板等。这些构件能够与预应力技术相结合，为装配式混凝土结构设计提供更多可能。

1.3.3　世构体系

世构体系是南京大地建设集团公司于 1998 年从法国 PPB 国际公司引进的“预制预应力混凝土装配整体式框架结构体系”。该体系标志性地采用端部预留凹槽的预制梁，预制梁的纵向钢筋与贯穿节点的 U 形钢筋在凹槽内搭接并采用后浇混凝土进行节点连接。经过近二十年的科研和工程实践，该体系在南京建筑市场上已完成了 100 余万 m^2 的工程，并制定了行业标准

《预制预应力混凝土装配整体式框架结构技术规程》(JGJ 224)。应用该体系的代表性建筑有南京审计学院国际学术交流中心、南京金盛国际家居广场江北店、南京红太阳家居广场迈皋桥店、南京市丁家庄第三小学(图 1.20)等。

图 1.20 南京市丁家庄第三小学

1.3.4 全装配式混凝土结构体系

全装配式混凝土结构体系是指结构所采用的构件都是全预制构件,且预制构件之间的连接采用干式连接的装配式混凝土结构体系。干式连接是指现场没有或很少湿作业的连接方式,预制构件之间主要依靠螺栓、焊缝等传力,不依靠后浇的混凝土或者灌浆层传递主要内力,存在的部分灌浆或者后填砂浆作业也主要是用于防护或封堵。

全装配式混凝土结构体系相对于装配整体式混凝土结构体系工业化程度更高、建设速度更快,但是其结构整体性不及装配整体式结构体系,且连接节点在设计中往往不能按照刚性节点进行考虑,故该结构体系主要适用于低多层框架、剪力墙、框架-剪力墙结构等。2020 年 1 月实施的《装配式多层混凝土结构技术规程》(CECS 604)为多层全装配式混凝土结构的设计提供了依据。

1.3.5 装配式模块化结构体系

装配式模块化结构体系是指将整栋建筑拆分为若干个模块化三维空间“单元”,并在工厂内高效完成各个模块的结构、装修、机电管线、集成卫浴等施工步骤,在工厂内实现高度集成,然后运输到施工现场,通过可靠的连接技术快速组合拼装成建筑整体的技术,实现了“像搭积木一样造房子”。其建造流程为:建筑模块化设计和拆分,模块工厂化生产,机电系统工厂化安装,室内工厂化装修,模块运输,模块吊装和安装。

装配式模块化结构体系在国外的多年发展和工程实践展现出了其快速建造、绿色环保、经济高效、智慧集成等特点。装配式模块化结构建造技术是目前建筑工业化程度最高的绿色建造方式,是助推新型建筑工业化和建筑业低碳转型升级,实现建筑业高质量发展的关键利器。

香港特区政府 2017 年决定将模块化建筑作为先进的建筑方式引入香港。香港屋宇署给模块化建筑结构的官方定义为:[组装合成]建筑法(Modular Integrated Construction),简称 MiC。模块化建筑结构按照模块单元使用的材料不同可分为:装配式钢结构模块化集成建筑(简称“钢结构 MiC”)和装配式混凝土模块化集成建筑(简称“混凝土 MiC”)。目前已实施的装配式模块化集成建筑包含医院、学校、公寓、酒店、展厅、公共建筑等多种建筑类型。钢结构 MiC 的代表项目是山东省烟台市莱山区健康驿站项目[图1.21 (a)]。项目采用钢模块+钢框架结构，地上20层、地下2层,共1 044个房间。混凝土MiC的代表项目是深圳龙华樟坑径人才住房项目[图1.21 (b)],项目包括8栋28层、99.7 m高的高层住宅,是全国首批采用混凝土模块化结构体系建造的高层住宅类项目。在疫情期间,以中建海龙科技有限公司为主的装配式建筑企业采用MiC技术为援港和内地抗疫建造了大量的防疫隔离医院,体现了装配式模块化集成建筑技术预制程度高、施工速度快、建设质量高等优势。装配式模块化集成建筑技术或许是我国建筑业发展的未来趋势。

(a)烟台莱山滨海健康驿站项目

(b)深圳龙华樟坑径地块项目

图1.21 装配式模块化结构体系代表项目

1.4 装配式混凝土结构的优势

1.4.1 助力"碳达峰、碳中和"实现

建筑行业可谓是实现"碳达峰、碳中和"的关键领域。要推动建筑行业实现"碳达峰、碳中和",应从建筑材料的生产、运输、建筑施工、建筑运行、建筑拆除等环节着手,推动相关技术创新,从各个环节降低碳排放。根据住房和城乡建设部发布的《装配式建筑工程投资估算指标(征求意见稿)》,装配式混凝土结构与传统现浇混凝土结构相比,具有减少人工、提前工期、减少建筑垃圾和建筑污水、降低能耗等优点。装配式混凝土结构大量采用预制构件的建造方式,能够有效减少现场施工带来的噪声及粉尘污染,预制构件的模块化、工业化生产也能够最大限度减少建筑垃圾及废弃物的排放。在国家大力推进碳达峰及碳中和发展目标的阶段,装配式混凝土结构将面临更好的市场机遇。装配式混凝土结构与传统现浇混凝土结构相比,其碳排放优势主要体现在建材生产阶段、建筑施工阶段和建筑使用阶段。

(1)建材生产阶段

装配式混凝土结构的绝大部分碳排放发生在制作构件的工厂车间之中,而现浇类建筑,从建材的生产、后期运输至安装等环节,碳排放会贯穿其中。装配式混凝土结构的碳排放相对比较集中,更加容易通过技术更新换代去控制,再加上建筑构件可以进行大批量生产,通过对湿度和温度进行自主控制,一般情况下天气等意外因素也不会影响构件的生产制造,自动化、流水化作业下构件的生产速度快，减少生产所需材料的消耗率，不仅质量能得到保障，碳排放也能得到降低。

(2)建筑施工阶段

由于构件是在工厂车间内预制好的，能较好地改善之前经常出现的诸如墙体开裂等工程质量问题。构件运输至现场之后，经过吊装运输至作业面，为了减少施工可能出现的失误，加快工程进度，每个构件都有自己的编码，对号入座，这样可以加快施工进度，保证工期如期进行，装配式混凝土结构的施工进度会比传统的施工方式快近30%。传统的施工方式在现场会需要大量的工人，而装配式混凝土结构把大部分工作量转移至工厂的车间内部，既减少了现场施工量，又可以减少施工作业面造成的粉尘、噪声等污染，预制构件的使用会减少现场建筑垃圾以及建筑污水的产生，降低施工所需电力消耗量。

(3)建筑使用阶段

装配式混凝土结构在装修方面更能做到节能低碳，基础地面的装修会减少七成的碳排放，外墙保温层以及外立面装饰层的寿命会大大增加，提升了建筑物的保温隔热效能，维护成本低，提高了能源的利用效率。装配式构件的精度偏差为毫米级，这意味着传统的房屋结构连接方式得到改变，以往建筑物的梁和柱都较长，占用面积大，影响美观，使用装配式构件就会解决这一问题，建筑物的使用面积增大，提高室内的空间舒适性；装配式构件的防火性、耐久性较强，大大提升了住宅的综合品质。

1.4.2 推动建筑工业化发展

建筑工业化是指预制构件工厂化生产，在工地进行吊装、拼装式施工，从而实现建筑的环保、节能以及绿色建筑的发展要求，这样能形成施工、生产以及设计一体化发展的建筑模式，具有标准化设计、工厂化构件生产、机械化施工、信息化管理等特征，使劳动效率大幅提升的同时缩减了施工周期，保障了工程建造质量，提升了建造的综合经济效益。

然而对于装配式混凝土结构而言，由于其具有构配件生产统一预制、施工人员数量减少、相对节约资源、房屋结构性能优越、对环境污染较少等优势，并采用工业化的建造方式，所以能够有效缓解我国日益加剧的建筑行业劳动力缺乏的问题，能有效推进施工方式由劳动密集型向技术集中型的转变。纵观国外装配式技术发展应用，装配式混凝土结构在防水能力、保温能力、舒适度及隔音效果等方面有了较大的改进，这样在一定的程度上可以提高建筑周边的环境水平以及建筑的工程质量和其所具有的使用功能，同时也可以提高建设建筑的劳动生产率的水平，所以装配式建造方式也是实现建筑房屋的可持续发展的有效方式，同时这也是在我国适用的建筑住宅项目中比较新型的建筑发展模式。

装配式混凝土结构在建设中可以有效地实现自动化生产以及现代化控制等目的，在很大程度上促进我国建筑工业化生产的发展，使得建筑行业的生产环境稳定以及生产效率比较高，而且出厂构配件经严格检验，以保证其产品质量。预制构件的外观较平整，尺寸较精确，而且可以预埋水管电线避免后期开槽，同时综合考虑了保温及隔热等方面的因素，平整的表面便于内、外墙装修，在获得较高经济效益的同时也可以带来较好的社会效益。装配式混凝土结构的构配件要充分发挥构件厂生产设备的效率，尽量统一构件的类型，减少构件规格，同时提高建筑构件之间通用互换性能，从而提高构件的使用频率、降低成本。

1.4.3 促进绿色建筑实施

推广装配式混凝土结构可减少建筑垃圾和扬尘污染，缩短建造工期，提升工程质量，加快推进以“标准化设计、工厂化生产、装配化施工、一体化装修、信息化管理和智能化应用”为特征的建筑产业现代化，有利于提高劳动生产率、降低资源能源消耗、提升建筑品质和改善人居环境质量，有利于促进建筑产业绿色发展。

图 1.22 绿色建筑

如图 1.22 所示，在绿色建筑工程建设中，装配式混凝土结构的优势体现在以下 5 个方面：①节能：装配式混凝土结构在施工过程中，可减少人力、物力，在使用过程中，构件性能优于传统建筑结构，可减少建筑运行能耗，节能效果显著。②节材：装配式混凝土结构使用的施工材料可循环使用，材料浪费现象得到有效遏制，材料使用率显著提升。③节水：装配式混凝土结构统一生产构件，运输至施工现场进行装配，施工现场配置的施工人员、施工材料都较少，生活用水与生产用水大大减少，节约水资源。④节地：装配式混凝土结构在工厂生产建筑结构构件，无须单独设置场地进行混凝土生产，可节约土地资源。⑤环保：在装配式混凝土结构中，施工现场以装配施工为主，无须运输水泥、砂石等材料，施工现场粉尘污染大大减少，且无须进行夜间施工，不会产生光污染、噪声污染，不会影响施工现场周边居民正常生活。

装配式混凝土结构在建设过程中优先考虑了生态环境问题，并将其置于与经济建设和社会发展同等重要的地位上，符合我国建筑业高质量发展的目标要求，是经济繁荣、社会进步、技术发展的标志，也是行业未来的发展趋势。利用装配式混凝土结构的先进建造方式提供成熟、成套的技术，促进绿色建筑的发展是当前我国建筑业的重要任务。建立装配式建筑建设理念，使装配式建筑成为建筑业发展新常态，可加快推动我国绿色建筑发展进程。

1.4.4 加快与 BIM 技术信息化数字化融合

基于装配式混凝土结构标准化设计、工厂化生产、装配化施工、一体化装修、信息化管理的特点，以及装配式混凝土结构体系的特点分析，装配式混凝土结构不适用于传统的设计、施工、管理模式，BIM 在装配式混凝土结构中的实际应用如图 1.23 所示。BIM 服务设计、指导生产、模拟施工、数字化建模等特点恰与装配式混凝土结构的特点相适应。BIM 技术给装配式混凝土结构带来的不仅仅是设计方法的转变，更是从传统设计模式到装配式建造的观念转变，具体将从以下 4 个方面体现。

(1) BIM 与一体化设计

装配式混凝土结构工厂化生产的前提，是要做到一体化设计，即各专业以及各工种之间能够相互协调、相互配合，进行建筑、结构、设备、装修、施工串联起来的全过程。在此过程中，信息保留的完整性、传递的准确性尤为重要。传统的设计模式中通常采用定期召开协调会议的形式,对各专业所需交互的资料进行传递与整合,不仅效率低,错误率也相对较高,仍处于较松散的协同模式阶段。在 BIM 正向设计中,利用工作集协同方式以及链接协同方式,能够很好地帮助各专业间实现实时、准确、高效的交互协同一体化,可以根据项目规格、类型的不同,策划相适应的一体化协同方案。

(2)BIM 与标准化设计

标准化设计是装配式混凝土结构最典型的特征之一,在传统设计模式中,虽然可进行装配式混凝土结构构件的标准化设计,但构件仅能以二维图纸的模式进行平立剖面的表达。利用 BIM 族库,建立标准化构件库,便可以用三维的预制构件模型来表达以及形成集成化。同时,标准化设计对预制构件的“拆分设计”有较高的要求,在传统方式中,预制构件的“拆分设计”通常置于施工图设计完成以后,由生产工厂进行。在 BIM 设计过程当中,将“拆分设计”前置于方案阶段,由专业的设计人员进行,不仅可以验证方案的合理性,并且可以规避由于设计过程的脱节造成的经济损失。

(3)BIM 与工厂化生产

装配式混凝土结构在工厂化生产模式下,可将其主体结构、部品部件的误差精确控制到以毫米计量,而传统的二维设计模式,绝大多数仍是基于一种模糊的控制设计,需要由现场施工阶段进行手工修正,耗费人力、物力。相比之下,建筑构件可以直接在 BIM 中建模、生成加工图纸,能够精确地表达构件的二维、三维关系,将传统设计模式中离散的图纸信息整合到统一的模型中,厂家可以根据所提供的 BIM 模型获取所需构件的全部信息,保证生产的精准度,并且能够从设计阶段向生产、施工、运维阶段将建筑所具有的全部数字化信息完整地传递,与工厂的协同更加紧密。

(4)BIM 与信息化管理

BIM 的信息化管理贯穿于项目的全生命周期。例如,BIM 技术可以与射频识别(RFID)技术相结合,将应答器(电子标签)嵌入建筑构件当中,收发信机(阅读器)通过磁场能够读取到应答器中的数据,并且通过中间件与应用软件进行相互传输。BIM 与 RFID 技术的结合,可实现质量管理可追溯,在生产、施工、运维阶段更好地实现数字信息化管理。在运维阶段,BIM 技术还可以与移动终端相结合,使建筑空间信息可通过实时数据传输,通过 3D 平台能更加清晰地掌握运维信息,及时对故障部位进行精准定位。另外,BIM 技术与云平台的结合,有助于将信息通过云端有效地传递到各专业部门,使各终端可以实时查看项目信息。

图 1.23 BIM 技术的运用

BIM 的数字化、信息化建造不仅仅是装配式混凝土结构的最佳表达方式,同时,数字化、信息化建造也需要以装配式混凝土结构的形式来实现。

1.4.5 支撑智能建造技术进步

智能建造就是将应用系统与生产过程一体化,其中应用系统就是指系统数据多方共享,这样便于多方协同工作,生产过程一体化是指设计、生产、施工一体化,这样的智能建造会使管理更加精细化。通过大数据的应用使管理对象细化到每一个构件,对于构件的施工工序、所需的材料与时间,都可以更加精细地管理,并且在构件制作完成后可以形成一个建筑所需的材料表,根据材料表在现场进行装配即可。通过这样严格的标准化的流程管理,可以大大降低由于人工产生的风险,做到精益建造智能化。智能建造为装配式混凝土结构创造的优势主要可以概括为4大方面,分别为可行性研究精确化、精准质量控制、施工智能管理、构件损伤监测。

(1)可行性研究精确化

可行性研究是指对于项目所涉及的社会、经济、技术问题进行深入的研究,那么在智能建造中,我们可以从BIM项目的大数据库中找到相似的项目,对各种各样的建设方案和技术方案进行发掘并加以比较,最终确定最优方案,实现项目的高质量低成本。

(2)精准质量控制

装配式混凝土结构与大数据相结合可以更好地去控制建造质量是因为装配式混凝土结构的构件从最初的设计、生产过程、生产工艺、运输和进场堆放以及安装工序等过程都可以通过大数据进行质量控制。施工阶段的构件安装,可以先进行虚拟仿真得出精确数据,制订最优的施工方案,保证施工的质量。施工中的质量问题都能在BIM数据库中显现,这样在整改时都是有据可依,质量过程控制可以在网上进行实时的监测,做到预防质量事故发生,定位质量整改,实现智能化质量控制。

(3)施工智能管理

装配式混凝土结构项目的数据对于可视化的管理有着重要的帮助,我们利用地理信息数据、遥感技术、GPS等各类传感器对于项目实时监测产生的数据,如施工的天气、施工的风速、现场工人施工的效率等来对项目进行可视化的管理,并利用网络地图(如高德地图、百度地图等)反映的实时地图数据可以实时分析道路交通状况,为装配式混凝土结构建造中构件的运输提供智能的监测服务。这样还可以智能地得出项目施工的时间与全程周期的费用,并且我们可以根据最初对于项目的概预算数据和实际施工中的费用进行对比,可以对下一个项目的概预算进行更加合理的优化。

(4)构件损伤监测

构件的损伤监测是指工程师在最初建模的过程中对于装配式构件进行相关的编号,每一个构件都有着独有的构件编号,在后期的传感器监测中就可以精准地找出是哪个构件有损伤,而不是使用传统意义上对房屋安全进行大范围的检测,这样既提高了装配式混凝土结构后期维修的效率,也能降低维修的成本。

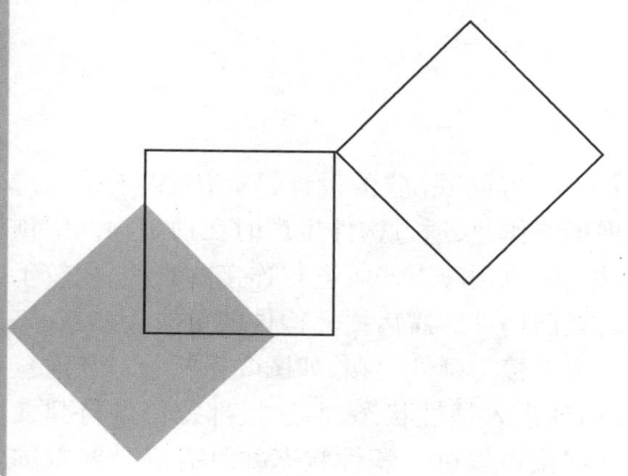

2 装配式混凝土结构的连接

2.1 概述

装配式建筑结构具有施工速度快、人力成本低、建设质量高、环境危害小等优势。预制构件之间能够通过可靠的连接方式拼接形成结构整体，但相对于整体现浇的混凝土建筑结构，装配式建筑结构显然需要更加注重其结构的整体性。因此，预制构件之间的连接方式是装配式混凝土建筑结构中的重点研究对象。在国家以及地方政策对装配式混凝土建筑发展的大力推动下，预制构件间新型连接形式的科学研究和工程实践层出不穷，但大体上可以从施工层面和受力层面对其进行分类。

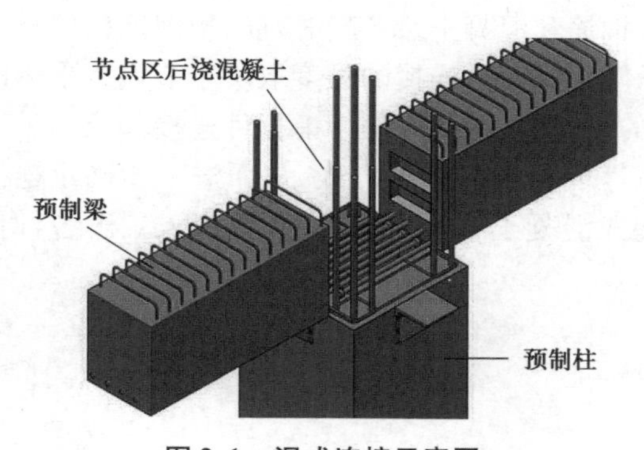

图 2.1　湿式连接示意图

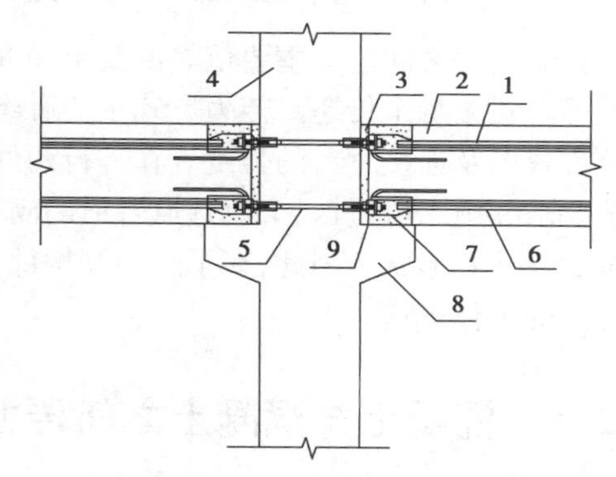

图 2.2　干式(螺栓)连接示意图

1—梁顶部纵筋;2—预制梁;3—灌浆接缝;
4—预制柱;5—节点内预埋钢筋;6—梁底部纵筋;
7—螺栓连接器;8—牛腿;9—连接螺栓

构件的连接从施工层面可分为干式连接和湿式连接两大类。湿式连接(图 2.1)是指预制构件于施工现场就位后在连接部位后浇混凝土或灌注高强灌浆料进行连接的方式，常用的湿式连接有后浇混凝土连接、套筒灌浆连接、浆锚搭接连接等，湿式连接能够使装配式混凝土结构达到与现浇混凝土结构相似的力学性能,从而达到“等同现浇”的设计目标;干式连接(图2.2)是指预制构件间的连接不需要或仅需要少量现场湿作业,通过构件生产时在预制构件中预埋连接件,在预制构件连接部位采用螺栓、焊接、键槽、张拉预应力筋等进行连接的方式,相较于湿式连接,干式连接安装方便快捷,并且更易于实现老旧构件或震后损坏构件的更换。

从受力层面可将预制构件连接形式分为强连接与延性连接,如图2.3所示。强连接是指结构在地震作用下达到最大侧向位移时,结构构件进入塑性状态,而连接部位仍保持弹性状态的连接;延性连接是指结构在地震作用下,连接部位可以进入塑性状态并具有满足要求的塑性变形能力的连接。强连接与延性连接主要应用于装配整体式结构抗侧力框架体系中,合理安排强连接和延性连接位置,能够保证结构抗侧力体系在大震下的塑性变形能力,从而形成有效的耗能机制。

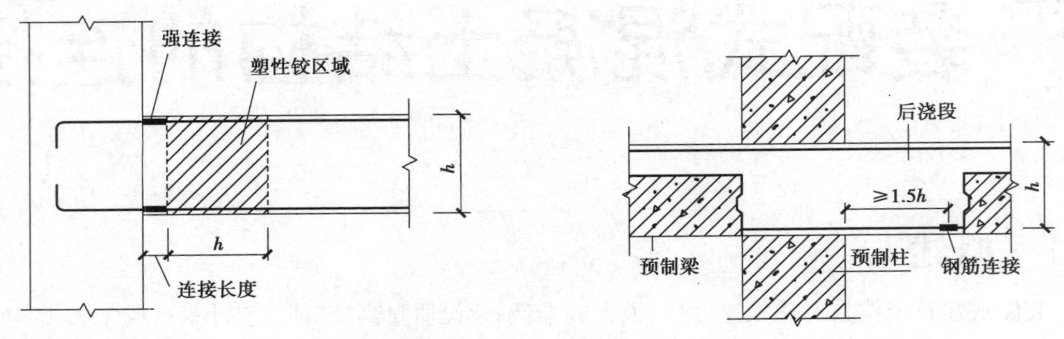

图2.3　强连接(左)与延性连接(右)示意图

h—梁高

2.2　预制构件主要传力途径

预制构件之间的力主要依靠混凝土和混凝土、钢筋和混凝土、钢筋和钢筋、预埋钢构件和混凝土等材料接触来传递。传力方式主要有摩擦、承压、黏结等,连接的强度取决于节点所采用的连接方式以及连接材料的强度。在进行构件连接的设计时,既要充分考虑构件连接部位的生产工艺要求和施工可行性,又要选取合适的满足节点性能要求的连接方式,从而进一步确定连接部位的尺寸和形状。因此,在了解预制构件和装配式混凝土结构之前,有必要深入了解各种传力方式的工作机理。

2.2.1　混凝土与混凝土之间传力

在装配式结构中,混凝土与混凝土之间的传力主要发生在预制构件之间的直接接触或预制构件与后浇混凝的接触中。上述两种混凝土接触方式均能够直接传递剪力、压力或是压剪组合力,但是不能直接传递混凝土之间的拉力,拉力往往需要通过锚固钢筋、金属预埋件、螺栓、焊接材料等间接地传递到相邻混凝土中;传递剪力时,往往需要对混凝土结合面进行一些构造处理(如结合面凿毛、设置键槽、注浆等)来提高结合面的受剪承载力;压力则在混凝土之间直接传递,有时也需要借助一些中间材料的转换来实现。根据目前常用的装配式混凝土结构构件连接形式及其构造,混凝土与混凝土之间的传力方式主要有新旧混凝土结合面抗剪传力、抗剪键抗剪传力、支承作用传力以及依靠焊接、螺栓、预应力筋等材料间接传力。

1)新旧混凝土结合面抗剪传力

此处提到的新旧混凝土结合面是指装配整体式混凝土结构中预制构件与后浇混凝土接触的面。该接触面为凿毛粗糙面,结合面受剪钢筋预埋于预制构件中,垂直于该接触面并在后浇混凝土和预制构件中充分锚固,接触面上未设键槽,且结合面仅有剪力作用。

研究表明,新旧混凝土结合面在外力作用下接缝从受剪到破坏的全过程荷载-滑移关系如图2.4所示,图中纵坐标为结合面承受的剪力,横坐标为结合面两侧混凝土的结合面方向的相对滑移量。新旧混凝土结合面受剪的全过程根据结合面主要受剪承载力来源不同分为3个阶段:黏结力抗剪传力阶段、剪摩擦抗剪传力阶段、钢筋销栓抗剪传力阶段。

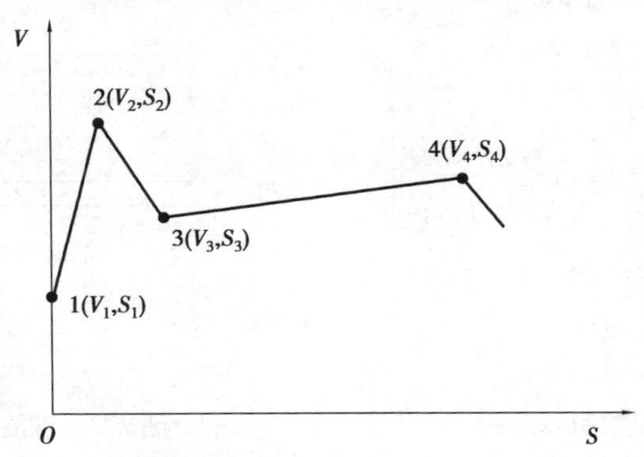

图2.4　新旧混凝土结合面全过程剪力位移关系示意图

根据国内外学者的相关研究,针对图2.4新旧混凝土结合面的剪力位移关系需满足以下基本假定:

①结合面的混凝土挤压力完全由钢筋拉力提供。

②达到剪摩擦峰值荷载时,假定穿过结合面的纵向钢筋全部屈服。

③结合面的受剪承载力由3个部分组成,新旧混凝土结合面黏结力、剪摩擦力、钢筋销栓力。

(1)三阶段分析

①第一阶段:黏结力抗剪传力阶段。

当结合面刚开始受到外部剪力作用时,结合面剪力较小,由于结合面是凹凸不平的混凝土粗糙面,新旧混凝土颗粒骨料之间相互咬合抵抗外力,结合面没有产生裂缝,即图2.4中的原点到1点的阶段。该阶段的外界剪力主要是由混凝土颗粒之间的机械咬合力、范德华力和材料之间化学作用的作用组合与之平衡(图2.5),即第一阶段结合面受剪承载力的主要来源是黏结力。

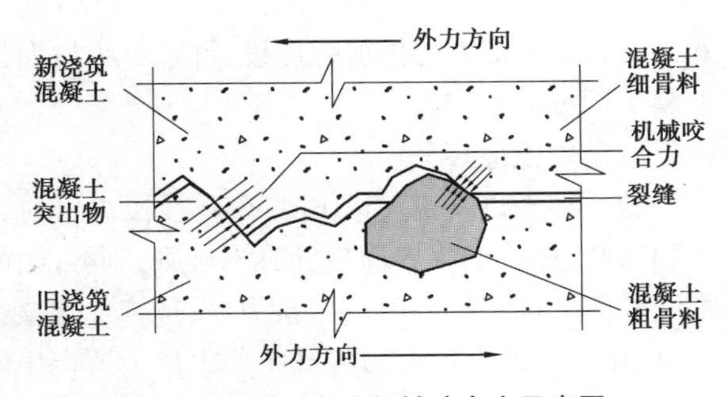

图2.5　新旧混凝土机械咬合力示意图

②第二阶段:剪摩擦抗剪传力阶段。

当外界对结合面施加的剪力继续增大,且超过图2.4中1点对应的剪力V_1(结合面开裂荷载)时,结合面产生裂缝,新旧混凝土沿着接缝方向产生细微的相对错动,此时结合面受剪由第一阶段转为第二阶段。

由于新旧混凝土表面粗糙,当结合面发生沿接缝方向的相对错动时,结合面两侧混凝土受到骨料颗粒的阻碍而产生沿接缝法向的相对位移,新旧混凝土沿接缝法向的分离使得与结合面垂直的锚固钢筋受拉。相应地,结合面受到反向的压力作用,从而使结合面具备了受压抗剪的能力,称之为剪摩擦抗剪,如图 2.6 所示。另一方面,随着新旧混凝土沿接缝方向相对错动的增大,与接缝垂直的锚固钢筋在接缝处产生轻微的弯曲变形,接缝处锚固钢筋的拉力在垂直于接缝方向产生的分力使结合面受压,形成剪摩擦抗剪,而与接缝方向相平行的分力能够直接与外力相平衡,形成钢筋的销栓抗剪,如图 2.7 所示。

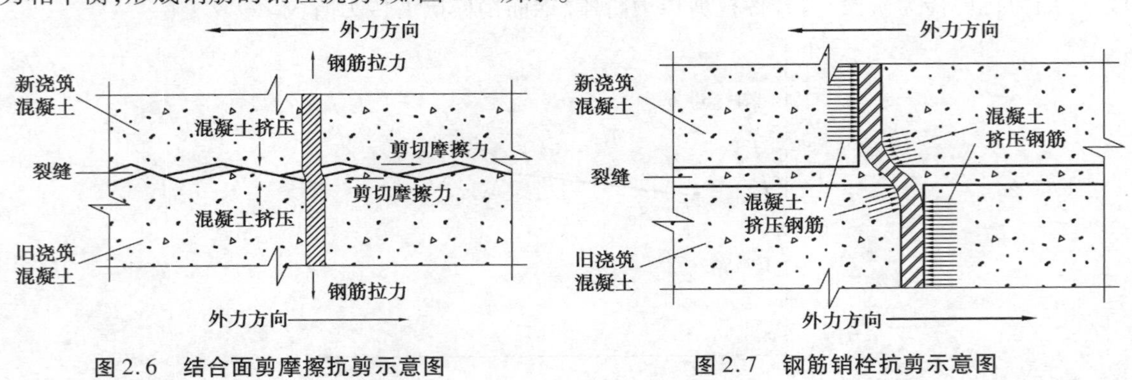

图 2.6 结合面剪摩擦抗剪示意图

图 2.7 钢筋销栓抗剪示意图

由于第二阶段新旧混凝土的相对位移不大,受拉锚固钢筋在接缝处产生的弯曲变形较小,所产生的沿接缝方向的分力值较小,也就是钢筋的销栓作用力较小,即该阶段结合面受剪承载力的主要来源是剪摩擦抗剪。

a. 受压抗剪原理。

受压抗剪也就是混凝土结合面的摩擦抗剪,当粗糙的混凝土结合面上同时存在弯矩或压力与剪力共同作用时,粗糙面之间的相互挤压使得结合面具备一定的抗剪能力,其受剪承载力的大小与结合面的正向压应力大小以及结合面的摩擦系数有关。即接缝在受压抗剪传力时其受剪承载力大致为截面压力与摩擦系数的乘积,如下式所示:

$$\tau=\mu_s \cdot \sigma \tag{2.1}$$

式中:τ为受压抗剪的抗剪强度设计值;σ 为法向压应力;μ_s 为摩擦系数,与结合面的粗糙程度、材料等因素有关。

b. 剪摩擦原理。

剪摩擦理论是由美国 Birkeland 教授提出的,是指当剪力作用于混凝土裂缝界面,且界面发生相对滑移时,如果界面粗糙且不规则,则界面在相对滑移的同时会发生相对分离,从而在穿过裂缝界面的锚固钢筋中产生拉力,反过来给混凝土界面施加压力,使结合面具备受压抗剪的能力,作用于界面上的剪力将被主要由压力所产生的混凝土界面摩擦力抵抗。在剪摩擦作用下结合面能够抵抗的剪应力大小应为结合面压应力与摩擦系数的乘积,如下式所示:

$$\tau = \mu_s \cdot p_s \cdot f_y \tag{2.2}$$

式中:τ为剪摩擦抗剪强度设计值;μ_s 为摩擦系数,可按照《美国混凝土结构建筑规范》(ACI 318M-05)中的相关规定来确定;p_s 为单位面积内贯穿结合面的正交钢筋的面积;f_y 为钢筋强度设计值。当摩擦抗剪钢筋与剪切面倾斜时，剪摩擦抗剪强度按照《美国混凝土结构建筑规范》(ACI 318M-05)的相关规定进行计算。

由此可见，相较于受压抗剪，贯穿于结合面的锚固钢筋也是剪摩擦抗剪强度的重要影响因素，其值随着锚固钢筋直径、数量、强度的提高而提高。除此以外，它还与钢筋在混凝土中的锚固程度有关系，当锚固钢筋不能充分锚固时，剪摩擦不能使钢筋完全屈服达到上式所计算的抗剪强度。

c.钢筋销栓抗剪原理。

钢筋销栓抗剪是指当有锚固钢筋贯穿的接缝两侧混凝土发生一定距离的相对滑动时，贯穿结合面的钢筋通过自身的弯曲变形产生拉力，在接缝处弯曲钢筋的拉力在沿着接缝方向的分力直接抵抗外力。钢筋销栓抗剪是结合面发生滑移变形时接缝钢筋周围混凝土受压破坏和钢筋屈服的状态，如图2.8所示。我国钢筋销栓作用的受剪承载力计算公式主要参照日本的装配式框架设计规程中的规定，以及中国建筑科学研究院的试验研究结果，并同时考虑了混凝土强度及钢筋强度的影响。

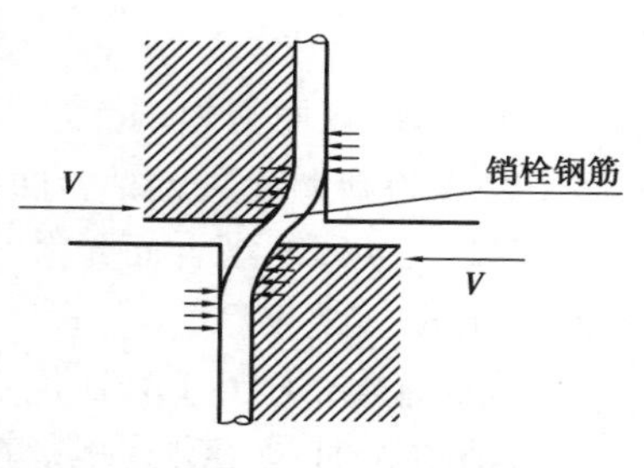

图2.8　钢筋销栓抗剪示意图

单根销栓钢筋的受剪承载力设计值如下：

$$V_{UE}=1.65A_s\sqrt{f_cf_y} \tag{2.3}$$

当销栓钢筋承受拉力时，其抗剪能力降低，单根销栓钢筋的受剪承载力设计值如下：

$$V_{UE}=1.65A_s\sqrt{f_cf_y\left[1-\left(\frac{N}{A_sf_y}\right)^2\right]} \tag{2.4}$$

式中：V_{UE} 为单根销栓钢筋的受剪承载力设计值；A_s 为单根销栓钢筋的截面积；f_c 为混凝土强度设计值；f_y 为钢筋强度设计值；N 为单根销栓钢筋承受的轴拉力。

③第三阶段：钢筋销栓抗剪传力阶段。

如图2.4所示，在1点到2点的第二阶段过程中，由于结合面相对位移较小，剪摩擦传力是结合面受剪承载力的主要来源，而钢筋销栓抗剪虽然存在但是不起主要作用。随着新旧混凝土相对位移逐渐增大，锚固钢筋逐渐达到屈服荷载，此时达到结合面受剪承载力的峰值荷载 V_2。2点以后，随着结合面相对位移继续增大，其受剪承载能力不再提高反而有所下降。这是因为随着锚固钢筋周围受压混凝土的压碎或是垂直于结合面的钢筋锚固松动，锚固钢筋在接缝处的弯曲变形逐渐增大，钢筋拉力沿接缝方向的分力逐渐增大，而垂直于接缝方向的分力逐渐减小，相应的剪摩擦在此阶段的作用逐渐减小，而钢筋销栓抗剪在此阶段逐渐成为受剪承载力的主要来源。

如图2.4所示，在受剪承载力由剪摩擦主导向钢筋销栓抗剪主导转变的过程中，结合面受剪承载力逐渐降低并达到开裂后的最低值 V_3，该点以后随着钢筋进入强化阶段以及钢筋弯曲变形越来越大，结合面受剪承载力有所上升，到达极限荷载 V_4 以后结合面受剪承载力迅速下降，连接处产生了较大变形趋于破坏。

(2)结合面受剪承载力计算公式

通过上述三阶段分析可知，结合面前期受剪承载力主要由结合面的摩擦力提供，后期结合面两侧混凝土相对滑移量增大后其受剪承载力主要由钢筋销栓抗剪所提供。但是由于实际情况下达到钢筋销栓作用的峰值荷载时，结合面的相对位移过大，结构已经不再适用于正常使用，

故设计时常常将 V_2 作为结合面的受剪承载力进行考虑。由于该过程中黏结力、剪摩擦、钢筋销栓作用依次作为结合面的主要受剪承载力来源，所以在进行结构设计时各国对接缝受剪承载力的考虑也各不相同。

①美国 ACI 规范。

美国 ACI(318-14)建筑规范仅考虑结合面间的剪摩擦作用，当抗剪钢筋达到屈服强度，新旧混凝土结合面之间的剪切摩擦作用达到最大，受剪承载力达到极限。受剪承载力计算公式如下：

$$V_u = A_{vf} f_y(\mu \sin\alpha + \cos\alpha) \geqslant 0.2 f_c A \tag{2.5}$$

式中：V_u 为结合面剪力；A_{vf} 为穿过结合面的钢筋面积；f_y 为结合面钢筋屈服强度；f_c 为混凝土抗压强度；A 为新旧混凝土结合面面积；μ 为界面摩擦系数。试件为整体浇筑时，$\mu=1.4$；结合面粗糙处理时，$\mu=1.0$；结合面光滑时，$\mu=0.6$；α 为结合面锚固钢筋与接缝的夹角，当钢筋与结合面接缝垂直时 α 为 90°。

②美国 AASHTO LRFD 规范。

美国 AASHTO LRFD 规范在美国 ACI(318-14)建筑规范的基础上添加了新旧混凝土黏结力，该公式认为新旧混凝土结合面的受剪承载力由新旧混凝土黏结力以及剪切摩擦力提供。美国 AASHTO LRFD 规范给出的公式如式(2.6)所示，且 $V_u \geqslant k_1 f_{cu} A_c$ 时，取 $V_u = k_1 f_{cu} A_c$；$V_u \geqslant k_2 A_c$ 时，取 $V_u = k_2 A_c$。

$$V_u = cA_c + \mu(A_{vf} f_y + P_c) \tag{2.6}$$

式中：A_c 为新旧混凝土结合面面积；c 为粗糙度系数；A_{vf} 为穿过结合面的钢筋面积；μ 为摩擦系数；f_y 为结合面锚固钢筋屈服强度；P_c 为结合面水平压力；f_c 为混凝土抗压强度；k_1 为钢筋中的拉力相互作用系数，k_2 为混凝土受剪承载力系数，具体参数见表 2.1。

表 2.1　参数表

参数	C(MPa)	μ	k_1	k_2(MPa)
整体试件	2.8	1.4	0.25	10.5
水平凿毛试件	1.96	1.0	0.3	12.6
其他凿毛试件	1.68	1.0	0.25	10.5
无凿毛试件	0.525	0.6	0.2	5.6

③国际混凝土协会 MC(2010)模式规范。

国际混凝土协会在 MC(2010)模式规范中，对于配筋率超过了 0.05% 的非刚性设计试件，综合考虑了新旧混凝土黏结作用、骨料的咬合作用、钢筋的销栓作用以及剪摩擦作用。

受剪承载力计算公式如下：

$$V_u = 0.1 f_c^{1/3} A_c + 0.5 A_{sd} f_y + 0.9 A_{sd} \sqrt{f_{cc} f_y} \tag{2.7}$$

式中：f_c 为混凝土抗压强度；A_c 为结合面面积；A_{sd} 为穿过结合面的钢筋总面积；f_y 为穿过结合面钢筋抗拉强度；f_{cc} 为混凝土圆柱体轴心抗压强度。

④《装配式混凝土结构技术规程》(JGJ 1—2014)。

《装配式混凝土结构技术规程》(JGJ 1—2014)中给出的叠合梁端竖向接缝的受剪承载力计算公式，综合考虑了后浇混凝土层的受剪承载力，抗剪键作用以及钢筋销栓抗剪承载力。

受剪承载力计算公式如下：

$$V_u = 0.07 f_c A_{cl} + 0.1 f_c A_k + 1.65 A_{sd} \sqrt{f_c f_y} \tag{2.8}$$

式中：A_{cl} 为叠合梁端截面后浇混凝土叠合层截面面积；f_c 为预制构件混凝土轴心抗压强度设计值；A_k 为键槽的根部截面面积之和；A_{sd} 为穿过结合面的钢筋总面积；f_y 为穿过结合面钢筋屈服强度。

2）抗剪键抗剪传力

抗剪键槽是指通过凹凸形状的混凝土咬合传递剪力的抗剪机构（图 2.9、图 2.10），在剪应力达到抗剪强度以前几乎不发生结合面滑移变形。抗剪键的承载力由抗剪键凸出部分的承压强度和抗剪键根部的剪切强度二者较小者决定。如图 2.9 所示，左侧抗剪键承载力设计值为 V_{RL}，右侧抗剪键承载力设计值为 V_{RR}，二者较小值为该抗剪键的受剪承载力设计值，可按下式计算：

$$V_{RL} = \min\left\{\alpha_L f_c \sum_{i=1}^{n} w_i x_i, 0.10 f_{cL} a_3 w_3 + 0.15 f_{cL} \sum_{i=1}^{2} w_i a_i\right\} \tag{2.9}$$

$$V_{RR} = \min\left\{\alpha_R f_c \sum_{i=1}^{n} w_i x_i, 0.10 f_{cR} b_1 w_1 + 0.15 f_{cR} \sum_{i=2}^{n} w_i b_i\right\} \tag{2.10}$$

上式等号右边的括号中，前一项为各凸起键槽的承压强度，后两项之和为各键槽的根部受剪承载力之和，n 为局部承压的剪力键的个数（图 2.9 中，$n=3$）；x_i 为剪力键凸出长度；w_i 为剪力键宽度；a_i、b_i 为剪力键根部高度。外边缘剪力键有可能沿如图 2.9 所示的 M-M'面及 L-L'面受拉破坏，故左边 a_3 剪力键和右边 b_1 剪力键的混凝土抗剪强度折减 0.7 使用。α 为剪力键验算的承压系数，取 1.25；f_{cL} 和 f_{cR} 分别为结合面左右侧混凝土强度设计值。

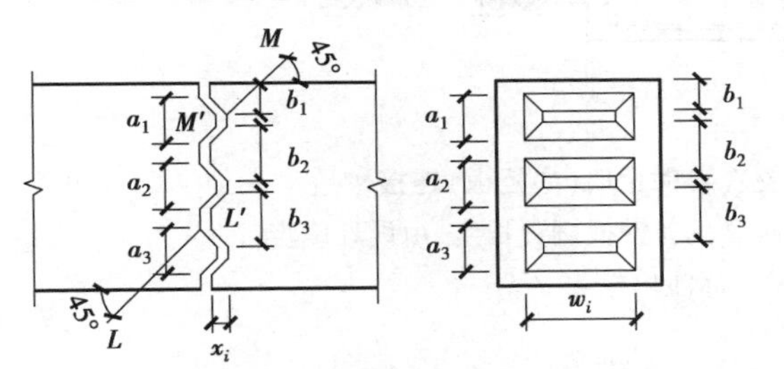

图 2.9 抗剪键示意图

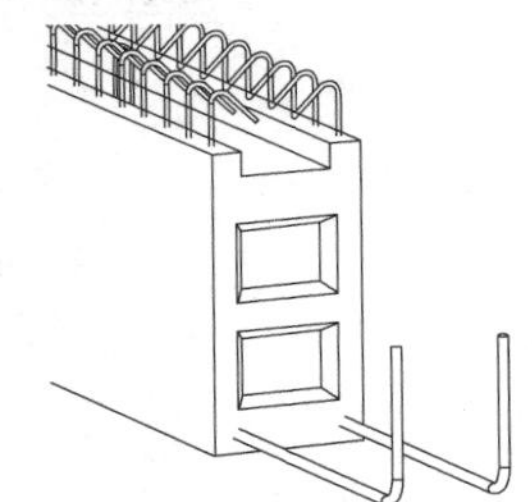

图 2.10 梁端键槽三维示意图

一般来说，预制构件结合面的钢筋销栓抗剪达到最大强度时的滑移变形量大于抗剪键达到抗剪强度时的滑移变形量。可见，销栓钢筋与抗剪键不能够同时达到各自承载力的峰值。对于同时设置销栓钢筋和键槽的新旧混凝土结合面，相关文献在计算接缝承载力时采用了不同的计算方法。

《预制装配整体式钢筋混凝土结构技术规范》（SJG 18）建议钢筋销栓抗剪和抗剪键抗剪应分别计算，在持久设计状况下，认为接缝不会发生较大的位移变形，取接缝受压抗剪承载力和抗剪键抗剪承载力的较大值作为接缝的抗剪承载力；在地震设计状况下，则考虑可能接缝会发生较大的位移变形，其受剪承载力取以上两者与钢筋销栓抗剪的较大值。

《装配式混凝土结构技术规程》（JGJ 1）在计算有抗剪键和销栓共同作用的结合面受剪承载力时把钢筋销栓抗剪和抗剪键作用组合在一起考虑。该规程在叠合梁的梁端接缝受剪承载力计算中提出，由于混凝土抗剪键槽的受剪承载力和钢筋的销栓抗剪作用一般不会同时达到最大值,因此在同时考虑钢筋销栓抗剪以及键槽抗剪时,对混凝土抗剪键槽的受剪承载力进行了折减处理。

3)支承作用传力

支承传力指的是一个预制构件直接搁置在另一个预制构件上,连接处不做过多的特殊处理,常常在计算中将该方式考虑为铰接。主次梁的钢企口(牛担板)连接(图2.11)就是依靠支承作用传力,预制次梁[图2.12(a)]梁端有预埋抗剪钢板(牛担板),预埋抗剪钢板构造如图2.12(c)所示,钢板两侧为焊接的抗剪栓钉,预制主梁在次梁搁置处开设槽口[图2.12(b)],并在槽口底部预埋承压钢板。承压钢板构造如图2.12(d)所示,钢板底焊接锚固钢筋。预制次梁通过预埋抗剪钢板端部伸出的悬挑钢板直接搁置在预制主梁凹槽内的承压钢板上,次梁端部的剪力通过抗剪钢板直接作用于承压钢板上,次梁的剪力转换为了作用在主梁上的局部支承集中力,根据《混凝土结构设计规范》(GB 50010)的相关规定,承压钢板下混凝土的局部受压承载力应满足相关设计计算要求。

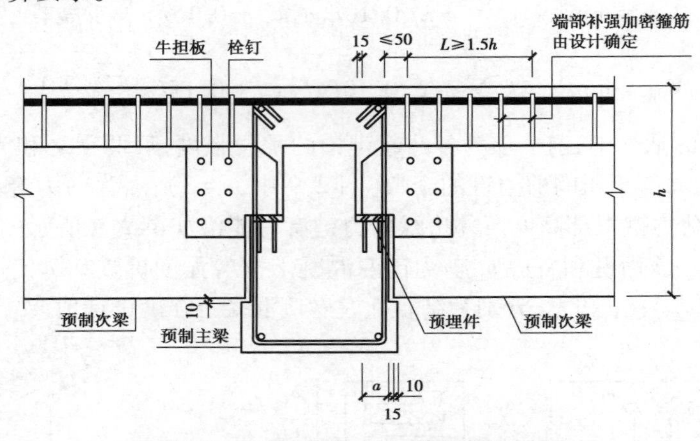

图2.11　主次梁钢企口(牛担板)连接

h—梁高;a—预制次梁抗剪钢板搁置长度,由设计确定

尺寸标注单位为mm

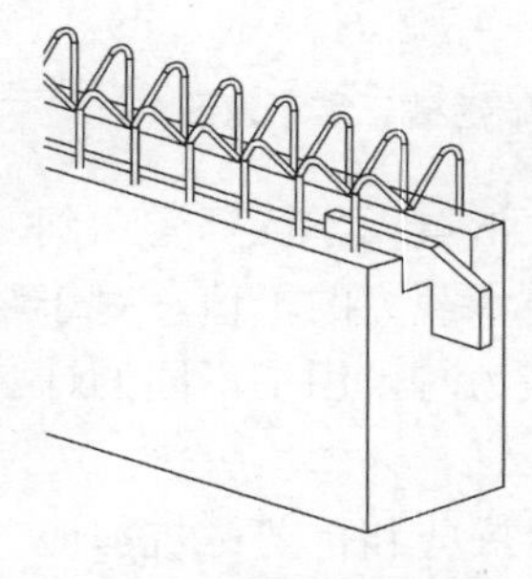

(a)预制次梁端部钢企口连接示意图

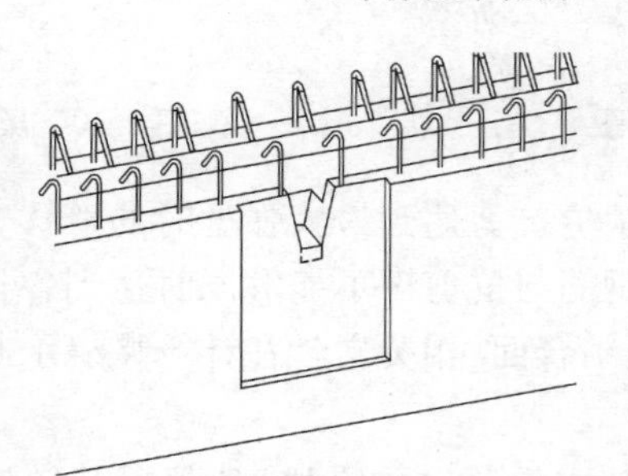

(b)预制主梁钢企口槽口连接节点示意图

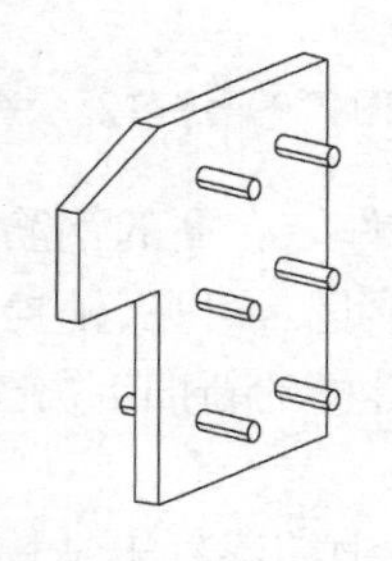

(c)预制次梁端部的预埋抗剪钢板

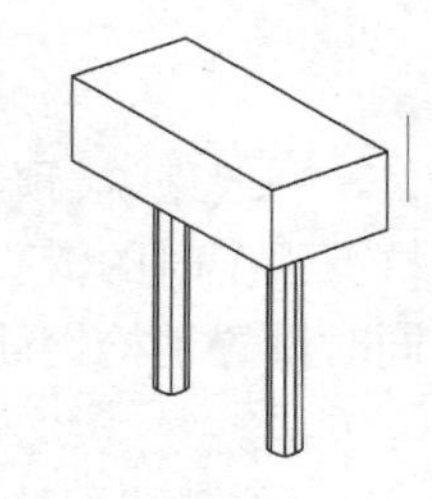

(d)预制主梁槽口内的预埋承压钢板

图2.12　主次梁钢企口连接三维示意图

4)预应力筋、螺栓及焊接传力

预制构件之间要想传递拉力,常常通过在预制构件中预埋钢构件,并利用螺栓连接和焊接

等方式实现预埋钢构件之间的连接。经过合理的传力路径设计后,钢构件之间的可靠连接能够传递构件间的弯矩、剪力、拉力等。只要能够保证预埋钢构件在预制混凝土构件内充分锚固,且传力途径合理,便能保证混凝土与混凝土之间传力的有效性。张拉预应力筋能够为构件之间的结合面提供原本不存在或原本较小的预压力,可以间接地提高预制构件结合面的受剪承载力。

上述连接中,连接用焊接材料、锚栓和钢钉等紧固件的材料应符合国家现行标准《钢结构设计规范》(GB 50017)、《钢结构焊接规范》(GB 50661)和《钢筋焊接及验收规程》(JGJ 18)等的有关规定。受力预埋件的锚板及锚筋材料应符合现行国家标准《混凝土结构设计规范》(GB 50010)的有关规定。专用预埋件及连接材料应符合国家现行有关标准的规定。预应力筋应满足国家现行标准《预应力混凝土用钢绞线》(GB/T 5224)和《无粘结预应力钢绞线》(JG/T 161)等的规定。

2.2.2　钢筋与混凝土之间传力

在装配式混凝土结构中,钢筋与混凝土之间力的传递主要发生在预制构件的预留锚固钢筋与后浇混凝土之间,预制构件在连接部位伸出钢筋并通过在后浇混凝土中的锚固传递拉压力。一般情况下,主要有如下几种钢筋锚固形式:末端带90°弯钩锚固[图2.13(a)]、末端带135°弯钩锚固[图2.13(b)]、末端与锚板穿孔塞焊锚固[图2.13(c)]、末端带螺栓锚头锚固[图2.13(d)]。

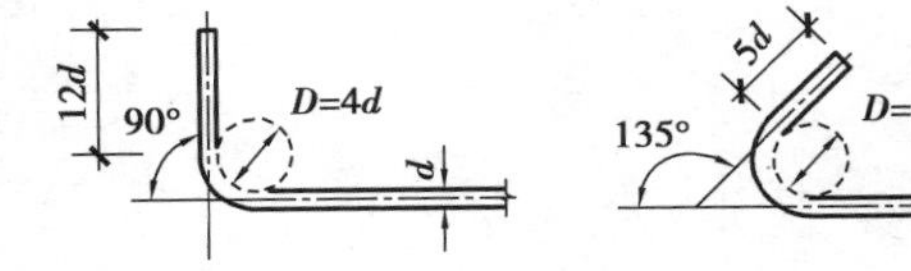

(a)末端带90°弯钩锚固

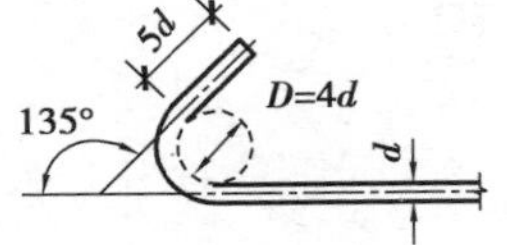

(b)末端带135°弯钩锚固

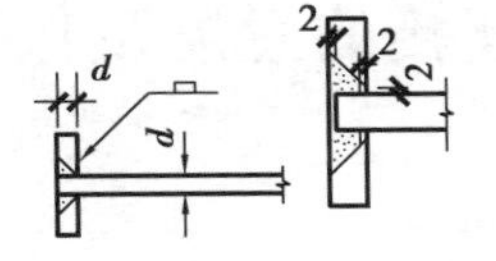

(c)末端与锚板穿孔塞焊锚固

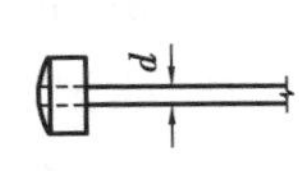

(d)末端带螺栓锚头锚固

图2.13　钢筋锚固形式示意图

d—锚固钢筋直径;D—钢筋弯折的弯弧内直径

锚固钢筋的锚固长度与钢筋锚固形式、锚固钢筋直径、锚固钢筋受力条件以及结构是否考虑抗震等因素有关,其中拉压钢筋锚固长度均以受拉钢筋的基本锚固长度作为计算基础。根据《混凝土结构设计规范》(GB 50010)的相关规定,当计算中充分利用钢筋的抗拉强度时,受拉钢筋的基本固长度 l_{ab} 可按下式计算:

$$l_{ab}=\alpha\frac{f_y}{f_t}d \tag{2.11}$$

式中:α 为锚固钢筋的外形系数,根据《混凝土结构设计规范》(GB 50010)相关规定取值;f_y 为普通钢筋抗拉强度设计值;f_t 为混凝轴心抗拉强度设计值;d 为锚固钢筋的直径。

受拉钢筋的锚固长度应根据具体的锚固条件在《混凝土结构设计规范》(GB 50010)的相关规定中取对应的锚固长度修正系数 ζ_a,对基本锚固长度进行修正后得到。混凝土结构中的纵向受压钢筋,当计算中充分利用其抗压强度时,锚固长度不应小于相应受拉锚固长度的70%,受压钢筋不应采用末端弯钩的锚固形式。当纵向受拉普通钢筋末端采用弯钩或机械锚固措施时,包括弯钩或锚固端头在内的锚固长度可取为基本锚固长度 l_{ab} 的60%,钢筋弯钩和机械锚固的形式和技术要求见《混凝土结构设计规范》(GB 50010)的相关规定。除此以外,纵向受拉钢筋

的抗震锚固长度 l_{aE} 还应满足《混凝土结构设计规范》(GB 50010)的相关规定。

钢筋锚固板(螺栓锚头或焊端锚板)的承压净面积不应小于锚固钢筋截面积的4倍,钢筋净间距不宜小于 $4d$,否则应考虑群锚效应的不利影响。当锚固钢筋保护层厚度不大于 $5d$ 时,锚固长度范围内应配置横向构造钢筋,其直径不应小于 $d/4$;对梁、柱、斜撑等构件间距不应大于 $5d$,对板、墙等平面构件间距不应大于 $10d$,且均不应大于100 mm,此处 d 为锚固钢筋的直径。

2.2.3 钢筋与钢筋之间传力

钢筋与钢筋之间的传力主要发生在预制构件的钢筋连接中,在装配整体式结构中,节点及接缝处的纵向钢筋连接宜根据接头受力、施工工艺等要求,选用机械连接、套筒灌浆连接、浆锚搭接连接、焊接连接、绑扎搭接连接等连接方式,并应符合国家现行有关标准的规定。其中,装配式混凝土结构当中最常用的连接方式是套筒灌浆连接、浆锚搭接连接以及机械套筒连接,这3种连接方式以及其用到的连接材料详见本章第2.3—2.5节。

2.3 套筒灌浆连接及连接材料

2.3.1 套筒灌浆连接的发展及作用原理

1)套筒灌浆连接的发展

灌浆套筒(图2.14)是美籍华裔科学家余占疏博士(Dr. Alfred A. Yee)在1970年发明的,然后于20世纪80年代被日本企业NMB收购了灌浆套筒技术的专利并垄断全球。该技术在美国和日本已经有近五十年的应用历史,在我国台湾地区也有多年的应用历史。几十年来,上述国家和地区对钢筋套筒灌浆连接技术进行了大量的试验研究,采用这项技术的建筑物也经历了多次地震的考验,证实了套筒灌浆连接的可靠性。美国ACI明确地将这种接头归类为机械连接接头,并将这项技术广泛用于预制构件受力钢筋的连接,同时也用于现浇混凝土受力钢筋的连接,是一项十分成熟可靠的技术。

在我国,钢筋套筒灌浆连接技术是国家现行规范《装配式混凝土建筑技术标准》(GB/T 51231)、《装配式混凝土结构技术规程》(JGJ 1)中最主要的钢筋连接技术,并且还颁布了专门的技术规程《钢筋套筒灌浆连接应用技术规程》(JGJ 355)以及《钢筋连接用灌浆套筒》(JGJ 398)。

2)套筒灌浆连接的作用原理

套筒灌浆连接是利用内部带有抗剪键的铸铁或钢质的圆形套筒(图2.14),将被连接钢筋从套筒两端头分别插入,然后利用灌浆设备从灌浆孔向套筒中注入具有微膨胀性的高强灌浆料,待灌浆料硬化膨胀后,由于套筒壁对微膨胀灌浆料的约束作用、钢筋的粗糙带肋表面以及套筒内部的键槽与灌浆料的机械咬合作用,使得套筒和被连接钢筋牢固地结合成为整体,从而实现套筒两侧连接钢筋的力的传递,其在预制柱中的应用如图2.15所示。

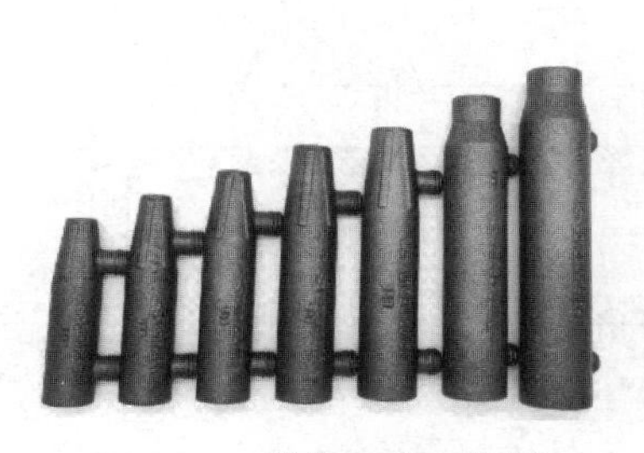

图 2.14　灌浆套筒实物图

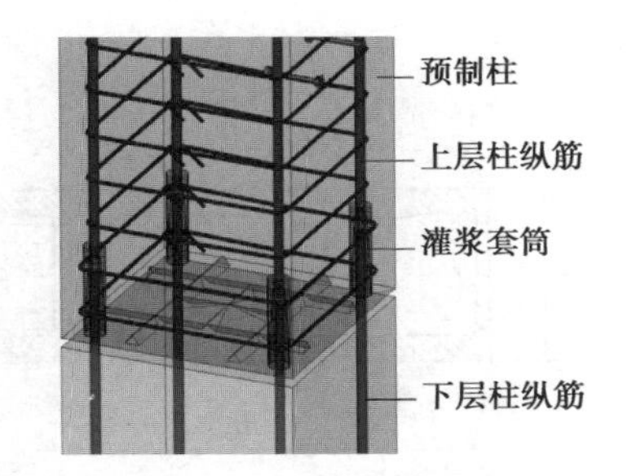

图 2.15　预制柱的套筒灌浆连接示意图

套筒灌浆连接虽然在 ACI 规范中被分类至钢筋机械连接,但与螺纹套筒接头的工作机理不同,套筒灌浆连接接头依靠材料间的机械咬合以及黏附力来达到钢筋传力作用。当钢筋受拉时,拉力通过钢筋-灌浆料结合面的黏结作用和机械咬合作用传递给灌浆料,灌浆料再通过其与套筒内壁结合面的黏结作用和机械咬合作用传递给套筒。

灌浆套筒内部传力机理如图 2.16 所示,钢筋与灌浆料之间的作用由材料黏附力 f_1、表面摩擦力 f_2 和钢筋表面肋部与灌浆料之间的机械咬合力 f_3 构成,钢筋中的应力通过钢筋与灌浆料的结合面传递到灌浆料中。灌浆料与套筒内壁之间的作用同样由 f_1、f_2、f_3 构成,灌浆料中的应力再传递到套筒中。同时,由于灌浆料微膨胀的性质,套筒可以为灌浆料提供有效的沿径向的侧向约束力 F_n,除此以外,套筒外侧的混凝土也能为套筒提供沿径向的侧向约束力 F_{n1}。侧向约束力的存在可以有效增强灌浆料的强度并增强材料结合面的黏结锚固作用,确保接头的传力能力。

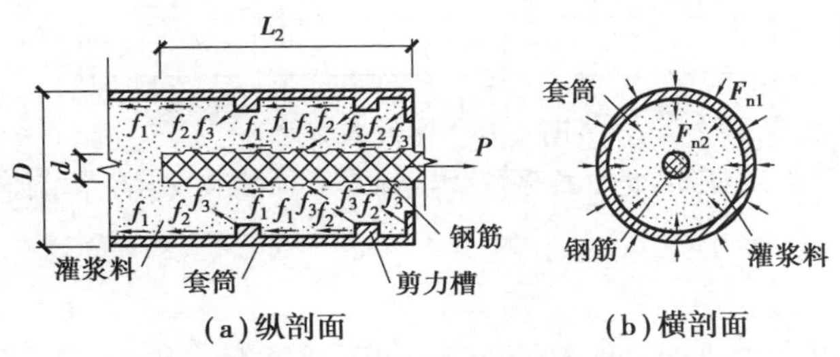

图 2.16　套筒灌浆连接传力机理示意图

2.3.2　灌浆套筒

1)灌浆套筒的分类及构造

灌浆套筒分为全灌浆套筒和半灌浆套筒,两端均采用灌浆方式与钢筋连接的接头为全灌浆套筒接头,如图 2.17 所示;一端采用灌浆方式与钢筋连接,而另一端采用螺纹连接方式与钢筋连接的接头为半灌浆套筒接头,如图 2.18 所示。

图 2.17 和图 2.18 中均为整体式灌浆套筒,即套筒筒体为一个整体单元。《钢筋连接用灌浆套筒》(JG/T 398)还给出了分别对应于全灌浆套筒和半灌浆套筒的分体式灌浆套筒。分体式灌浆套筒的筒体由两个筒体单元通过螺纹连接成为一个整体。除上述分类方法外,灌浆套筒还可以根据加工方式不同分为铸造成型套筒(图 2.19)和机械加工成型套筒(图 2.20)。

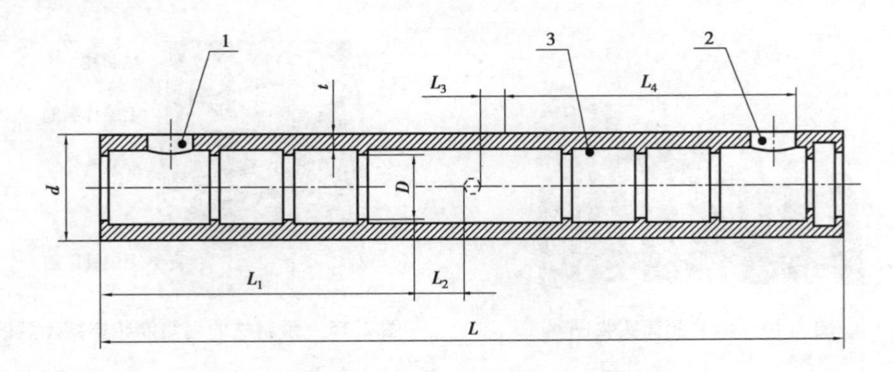

图 2.17　全灌浆套筒

1—灌浆孔；2—排浆孔；3—剪力槽；L—灌浆套筒总长；L_1—注浆端锚固长度；L_2—装配端预留钢筋安装调整长度；L_3—预制端预留钢筋安装调整长度；L_4—排浆端锚固长度；t—灌浆套筒名义壁厚；d—灌浆套筒外径；D—灌浆套筒最小内径

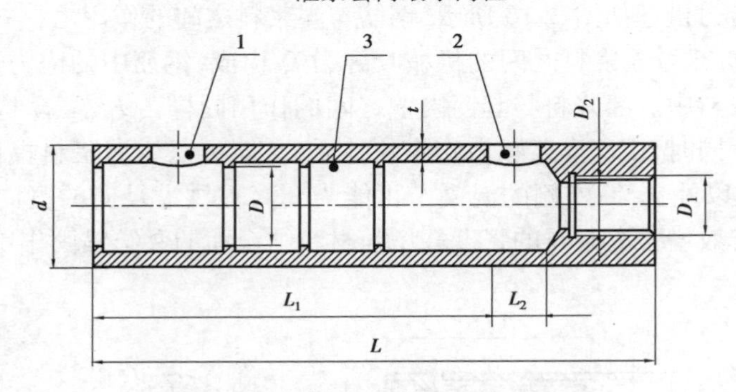

图 2.18　半灌浆套筒

D_1—灌浆套筒机械连接端螺纹的公称直径；D_2—灌浆套筒螺纹端与灌浆端连接处的通孔直径

图 2.17、图 2.18 说明：

1. D 可为非等截面。

2. 全灌浆套筒图中，中间的虚线圆为套筒的中部限位挡片或挡杆，有时也在灌浆套筒中设置类似于抗剪键的钢筋限位挡板，其作用都是便于控制钢筋伸入套筒的长度。

3. 当灌浆套筒为竖向连接套筒时，套筒注浆端锚固长度 L_1 为从套筒端面至挡销圆柱面深度减去调整长度 20 mm；当灌浆套筒为水平连接套筒时，套筒注浆端锚固长度 L_1 为从密封圈内侧端面位置至挡销圆柱面深度减去调整长度 20 mm。

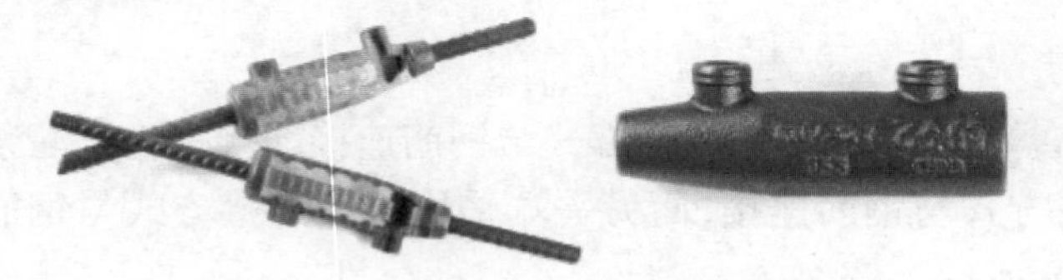

图 2.19　球墨铸铁半灌浆套筒示意图

图 2.20　机械加工全灌浆套筒示意图

2）灌浆套筒的一般规定

（1）套筒强度

套筒灌浆接头的理想破坏模式为套筒外钢筋被拉断破坏，接头起到有效的钢筋连接作用。

钢筋套筒灌浆连接接头的抗拉强度不应小于连接钢筋抗拉强度标准值,且设计抗拉承载力不应小于被连接钢筋抗拉承载力标准值的1.15倍。钢筋套筒灌浆连接接头的设计屈服强度不应小于连接钢筋屈服强度标准值。

套筒灌浆连接接头应能经受规定的高应力和大变形反复拉压循环检验,且在经历拉压循环后,其抗拉强度仍应符合上述要求。套筒灌浆连接接头在单向拉伸、高应力反复拉压、大变形反复拉压试验加载过程中,当接头拉力达到连接钢筋抗拉荷载标准值的1.15倍而未发生破坏时,应判为抗拉强度合格,可停止试验。

(2)连接钢筋尺寸要求

灌浆套筒的长度应根据试验确定,且灌浆连接端的钢筋锚固长度不宜小于8倍钢筋公称直径,其锚固长度不包括钢筋安装调整长度和封浆挡圈段长度。全灌浆套筒中间轴向定位点两侧应预留钢筋安装调整长度,预制端 L_3 不宜小于10 mm,装配端 L_2 不宜小于20 mm。

套筒灌浆连接的钢筋应采用符合现行国家标准《钢筋混凝土用钢第2部分:热轧带肋钢筋》(GB/T 1499.2)、《钢筋混凝土用余热处理钢筋》(GB 13014)要求的带肋钢筋;钢筋直径不宜小于12 mm,且不宜大于40 mm。接头连接钢筋的直径规格不应大于灌浆套筒规定的连接钢筋直径规格,且不宜小于灌浆套筒规定的连接钢筋直径规格一级以上。灌浆套筒最小内径与被连接钢筋的公称直径的差值应符合表2.2的规定。

表2.2　灌浆套筒最小内径与被连接钢筋公称直径的差值

连接钢筋公称直径(mm)	12～15	28～40
灌浆套筒最小内径与被连接钢筋公称直径的差值(mm)	≥10	≥15

3)构件设计时的注意事项

根据《钢筋套筒灌浆连接应用技术规程》(JGJ 355)的相关规定,采用套筒灌浆连接的构件混凝土强度等级不宜低于C30。当装配式混凝土结构采用符合规程规定的套筒灌浆连接接头时,全部构件纵向受力钢筋可在同一截面上连接。

(1)套筒连接段对构件设计的影响

由于套筒外径大于所连接的钢筋直径,因此套筒区箍筋尺寸与非套筒区箍筋尺寸不一样。相对于非套筒区域,套筒区域的箍筋周长更长。其次,两个区域的箍筋保护层厚度不一样,套筒区域的箍筋保护层厚度为与套筒外壁相邻的箍筋外侧到构件表面的距离,而非套筒区域的箍筋保护层厚度更大,两者差值为套筒外表面到被连接钢筋外表面的距离。

在进行截面配筋计算时,竖向构件的控制截面往往是柱底、墙底截面,故应当注意由于套筒的存在而引起的纵向受力钢筋受力点的变化,或者说截面有效高度 h_0 的减小,如图2.21所示。除此以外,需要注意的是,由于非套筒区域箍筋的保护层厚度相对更大,根据《混凝土结构设计规范》(GB 50010)相关规定,当混凝土保护层厚度大于50 mm时,需要对保护层采取有效的构造措施。

(2)套筒间距及钢筋保护层厚度

混凝土构件中灌浆套筒的净距不应小于25 mm(图2.22)。混凝土构件的灌浆套筒长度范围内,预制混凝土梁、柱箍筋的混凝土保护层厚度不应小于20 mm(图2.23),预制混凝土墙最外层钢筋的混凝土保护层厚度不应小于15 mm。

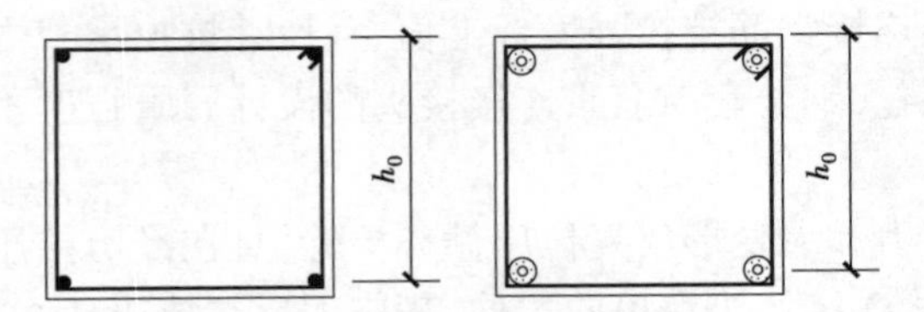

图 2.21　套筒连接段截面有效高度减小

h_0—柱截面有效高度

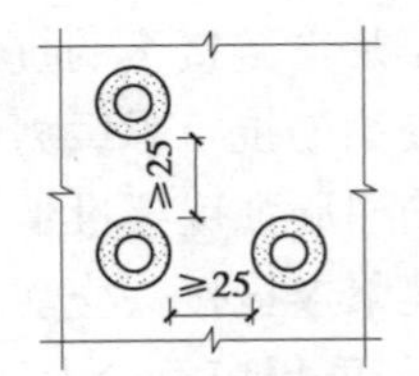

图 2.22　钢筋套筒灌浆连接接头净距

图中尺寸标注单位为 mm

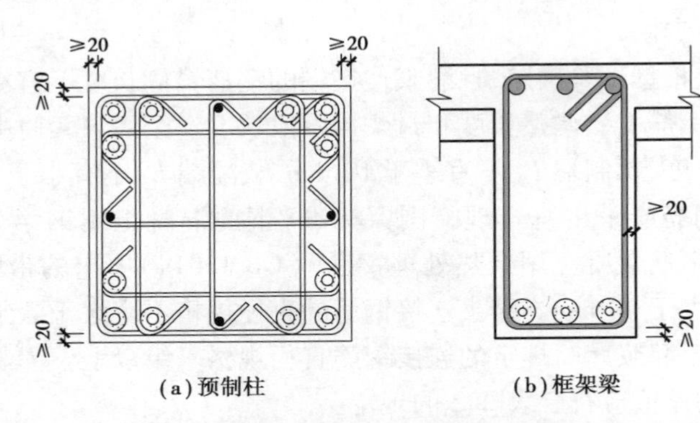

图 2.23　钢筋套筒灌浆连接接头处箍筋的混凝土保护层厚度

图中尺寸标注单位为 mm

4)套筒规格选用参考表

目前,国内灌浆套筒生产厂家主要有北京思达建茂(合金结构钢)、上海住总(球墨铸铁)、深圳市现代营造(球墨铸铁)、深圳盈创(球墨铸铁)、建研科技股份有限公司(合结构钢)、中建机械(无缝钢管加工)等。

北京思达建茂公司生产的半灌浆套筒和全灌浆套筒示意图如图 2.24、图 2.25 所示,半灌浆套筒和全灌浆套筒主要技术参数见表 2.3、表 2.4。

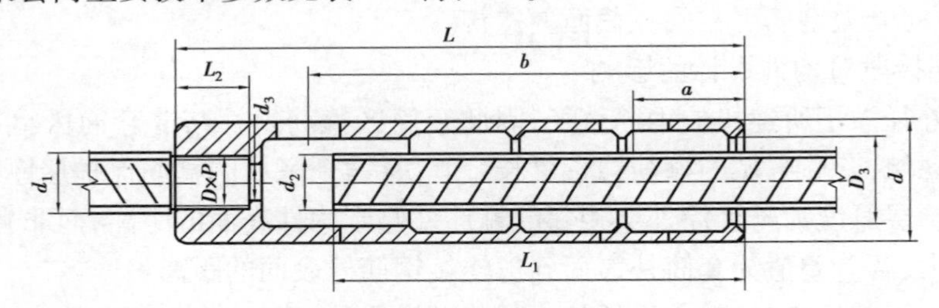

图 2.24　JM 钢筋半灌浆套筒

表 2.3　北京思达建茂 JM 钢筋半灌浆连接套筒主要技术参数

套筒型号	螺纹端连接钢筋直径 d_1(mm)	灌浆端连接钢筋直径 d_2(mm)	套筒外径 d(mm)	套筒长度 L(mm)	灌浆端钢筋插入口孔径 D_3(mm)	灌浆孔位置 a(mm)	出浆孔位置 b(mm)	灌浆端连接钢筋插入深度 L_1(mm)	内螺纹公称直径 D(mm)	内螺纹螺距 P(mm)	内螺纹牙型角(°)	内螺纹孔深度 L_2(mm)	螺纹端与灌浆端通孔直径 d_3(mm)
GT12	ϕ12	ϕ12,ϕ10	ϕ32	140	ϕ23±0.2	30	104	96^{+15}_{0}	M12.5	2.0	75	19	≤ϕ8.8

续表

套筒型号	螺纹端连接钢筋直径 d_1(mm)	灌浆端连接钢筋直径 d_2(mm)	套筒外径 d(mm)	套筒长度 L(mm)	灌浆端钢筋插入口孔径 D_3(mm)	灌浆孔位置 a(mm)	出浆孔位置 b(mm)	灌浆端连接钢筋插入深度 L_1(mm)	内螺纹公称直径 D(mm)	内螺纹螺距 P(mm)	内螺纹牙型角(°)	内螺纹孔深度 L_2(mm)	螺纹端与灌浆端通孔直径 d_3(mm)
GT14	ϕ14	ϕ14,ϕ12	ϕ34	156	ϕ25±0.2	30	119	112^{+15}_{0}	M14.5	2.0	60	20	≤ϕ10.5
GT16	ϕ16	ϕ16,ϕ14	ϕ38	174	ϕ28.5±0.2	30	134	128^{+15}_{0}	M16.5	2.0	60	22	≤ϕ12.5
GT18	ϕ18	ϕ18,ϕ16	ϕ40	193	ϕ30.5±0.2	30	151	144^{+15}_{0}	M18.7	2.5	60	25.5	≤ϕ15
GT20	ϕ20	ϕ20,ϕ18	ϕ42	211	ϕ32.5±0.2	30	166	160^{+15}_{0}	M20.7	2.5	60	28	≤ϕ17
GT22	ϕ22	ϕ22,ϕ20	ϕ45	230	ϕ35±0.2	30	181	176^{+15}_{0}	M22.7	2.5	60	30.5	≤ϕ19
GT25	ϕ25	ϕ25,ϕ22	ϕ50	256	ϕ38.5±0.2	30	205	200^{+15}_{0}	M25.7	2.5	60	33	≤ϕ22
GT28	ϕ28	ϕ28,ϕ25	ϕ56	292	ϕ43±0.2	30	234	224^{+15}_{0}	M28.9	3.0	60	38.5	≤ϕ23
GT32	ϕ32	ϕ32,ϕ28	ϕ63	330	ϕ48±0.2	30	266	256^{+15}_{0}	M32.7	3.0	60	44	≤ϕ26
GT36	ϕ36	ϕ36,ϕ32	ϕ73	387	ϕ53±0.2	30	316	306^{+15}_{0}	M36.5	3.0	60	51.5	≤ϕ30
GT40	ϕ40	ϕ40,ϕ36	ϕ80	426	ϕ58±0.2	30	350	340^{+15}_{0}	M40.2	3.0	60	56	≤ϕ34

注:①本表为标准套筒的尺寸参数:套筒材料优质碳素结构钢或合金结构钢,抗拉强度≥600 MPa,屈服强度≥355 MPa,断后伸张率≥16%。

②竖向连接异径钢筋的套筒:a.灌浆端连接钢筋直径小时,采用本表中螺纹连接端钢筋的标准套筒,灌浆端连接钢筋的插入深度为该标准套筒规定的深度 L_1 值。b.灌浆端连接钢筋直径大时,采用变径套筒,套筒参数见相关内容。

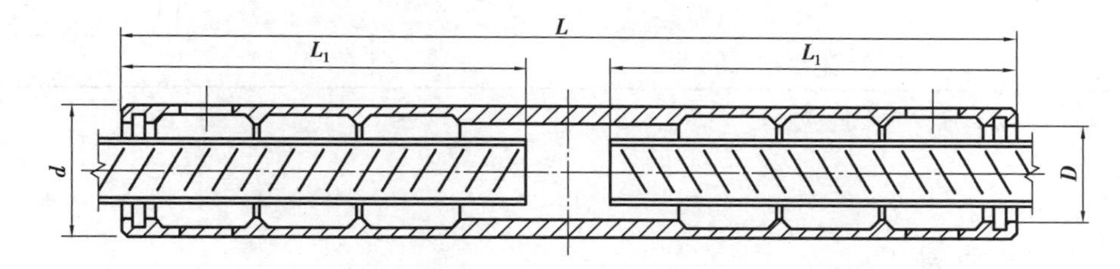

图 2.25　JM 钢筋全灌浆套筒

表 2.4　北京思达建茂 JM 钢筋全灌浆连接套筒主要技术参数

套筒型号	连接钢筋直径 d_1(mm)	可连接其他规格钢筋直径 d(mm)	套筒外径 d(mm)	套筒长度 L(mm)	灌浆端口孔径 D(mm)	钢筋插入最小深度 L_1(mm)
CT16H	ϕ16	ϕ14,ϕ12	ϕ38	256	ϕ28.5±0.2	113±128
CT20H	ϕ20	ϕ18,ϕ16	ϕ42	320	ϕ32.5±0.2	145±16
CT22H	ϕ22	ϕ20,ϕ18	ϕ45	350	ϕ35±0.2	160±175
CT25H	ϕ25	ϕ22,ϕ20	ϕ50	400	ϕ38.5±0.2	185±200
CT32H	ϕ32	ϕ28,ϕ25	ϕ63	510	ϕ48±0.2	240±255

注:①套筒材料:优质碳素结构钢或合金结构钢,机械性能,抗拉强度≥600 MPa,屈服强度≥355 MPa,断后伸长率≥16%。

②套筒两端装有橡胶密封环,灌浆孔、出浆孔在套筒梁端。

2.3.3 套筒灌浆料

套筒灌浆料是以水泥为基本材料,配以细骨料,以及混凝土外加剂和其他材料组成的干混料。该材料加水搅拌后具有良好的流动性、早强、高强、微膨胀等性能。

根据《钢筋套筒灌浆连接应用技术规程》(JGJ 355)以及《钢筋连接用套筒灌浆料》(JG/T 408)的相关规定,灌浆套筒灌浆料应满足表2.5的性能指标。灌浆料的流动度试验、抗压强度试验、竖向膨胀率试验以及自干燥收缩试验见《钢筋连接用套筒灌浆料》(JG/T 408)附录中的相关内容。

表2.5 灌浆料的性能指标

检测项目		性能指标
流动度(mm)	初始	≥300
	30 min	≥260
抗压强度(MPa)	1 d	≥35
	3 d	≥60
	28 d	≥85
竖向膨胀率(%)	3 h	0.02 ~ 2
	24 h与3 h差值	0.02 ~ 0.40
28 d自干燥收缩(%)		≤0.045
氯离子含量(%)		≤0.03
泌水率(%)		0

注:氯离子含量以灌浆量总量为基准。

2.3.4 灌浆导管

灌浆导管用以连接灌浆套筒的灌浆孔或出浆孔,使得灌浆孔和出浆孔的位置能够实现更便于现场施工的改变(图2.26)。以下两种情况往往需要采用灌浆导管:当灌浆套筒或浆锚孔埋于预制混凝土构件较深处而不方便灌浆时,需要在PC构件中埋置灌浆导管,将灌浆孔引导至便于灌浆的构件表面附近;当外立面构件因装饰效果或因保温层等原因不允许或无法接出灌浆孔和出浆孔时,也可用灌浆孔导管将灌浆孔引向构件的其他面进行灌浆。灌浆导管一般采用电气用的套管,即PVC中型(M型)管,壁厚1.2 mm,其外径应为套筒或浆锚孔灌浆出浆口的内径,一般为16 mm。

2.3.5 灌浆孔塞

在构件加工时以及灌浆套筒正式使用前,为避免孔道被异物堵塞或是杂质进入套筒内以致影响灌浆质量,需要用灌浆孔塞封堵灌浆套筒的钢筋孔、灌浆孔和出浆孔。灌浆孔塞的材料一般为橡胶或木头，如图 2.27 所示。除避免异物入侵外，在灌浆过程中也需要用到灌浆孔塞，如连通腔灌浆时，需要用灌浆孔塞将指定灌浆孔以外的灌浆孔全部封堵，并且在灌浆完成且无须补灌后及时将出浆口封堵。

图 2.26 灌浆导管连接示意图

图 2.27 灌浆孔橡胶塞

2.3.6 封堵料

当采用连通腔灌浆法时，预制构件的接缝需用灌浆封堵材料进行封堵，使连通腔底部接缝完全封闭。以预制柱底的接缝封堵为例，《装配式混凝土连接节点构造（框架）》（20G 310-3）中给出了 3 种接缝封堵方式，模板封堵（图 2.28）、采用封堵速凝砂浆的外封式封堵（图 2.29）以及采用封堵速凝砂浆的侵入式封堵（图 2.30）。封堵速凝砂浆是一种高强度水泥基砂浆，其强度大于 50 MPa，具有可塑性好、成型后不塌落、凝结速度快和干缩变形小的特点。除此模板和速凝砂浆外，封堵时还常常使用橡胶条、木条等材料来辅助施工。

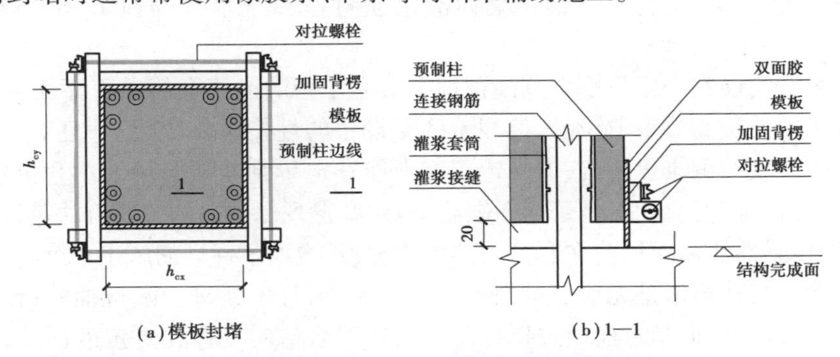

图 2.28 预制柱接缝模板封堵示意图

h_{cx}—框架柱在 X 方向上的截面宽度；h_{cy}—框架柱在 Y 方向上的截面宽度

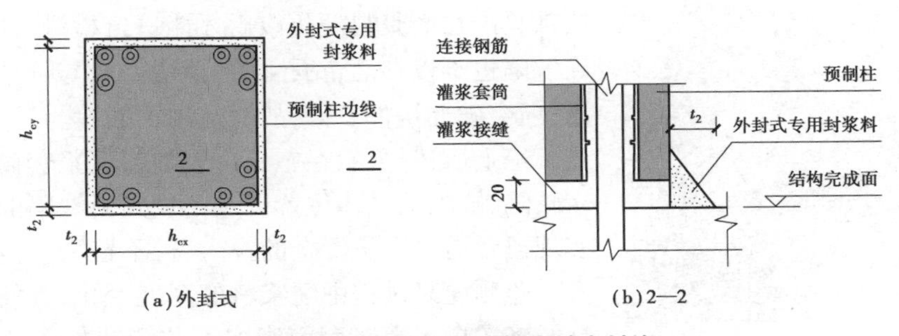

图 2.29 接缝速凝砂浆外封式封堵

h_{cx}—框架柱在 X 方向上的截面宽度；h_{cy}—框架柱在 Y 方向上的截面宽度；t_2—外封式封堵时封浆料的水平宽度

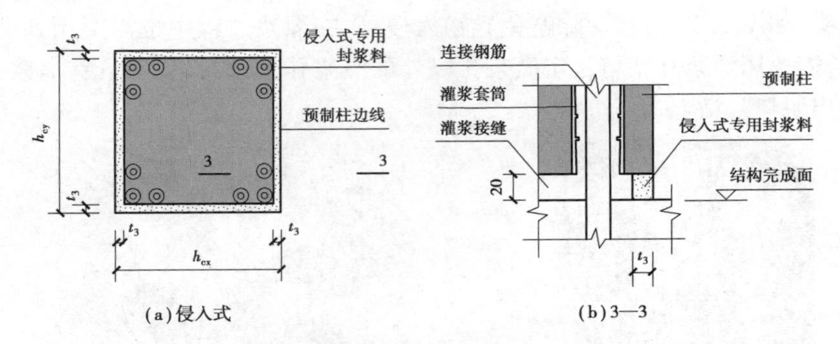

图 2.30 接缝速凝砂浆侵入式封堵

h_{cx}—框架柱在 X 方向上的截面宽度；h_{cy}—框架柱在 Y 方向上的截面宽度；

t_3—侵入式封堵法时专用封浆料侵入预制柱的深度，t_3 不小于 15 mm，且不应超过灌浆套筒外壁

2.3.7 套筒灌浆连接密实度检测

灌浆套筒预埋于预制构件内部，所以整个灌浆过程无法观测套筒内部的灌浆料是否灌注密实。根据灌浆套筒的黏结传力机理，当微膨胀灌浆料在套筒内不能灌注密实时，将会导致钢筋之间的传力作用大打折扣，甚至可能导致钢筋拔出破坏。为了判断灌浆套筒内是否灌浆密实，国内外学者开创了多种检测方法，如 X 射线法、预埋传感器法、超声波法、预埋钢丝拉拔法、钻孔内窥镜法、冲击回波法等。各检测方法的流程及注意事项参考《装配式住宅建筑检测技术标准》(JGJ/T 485)和《装配式混凝土结构套筒灌浆质量检测技术规程》(T/CECS 683)的有关规定。

上述各类方法均能在一定程度上判断预埋于混凝土中的灌浆套筒是否存在缺陷。其中，X 射线法以及冲击回波法需要专业设备，检测精度受设备的性能影响较大，并且对于施工现场大量的灌浆套筒密实度检测难以招架，但一定程度上能够定量判断缺陷的大小和位置；超声波法在理论上能够通过声速变化判断是否存在缺陷，但研究发现以目前的方式方法难以判断出是否存在缺陷；预埋传感器法需要提前在套筒内预埋传感器，增加了现场的施工难度，试验发现该方法能够判断是否存在缺陷但是无法定量判断缺陷的大小，且不能进行随机抽检；预埋钢丝拉拔法简单实用且经济性好，但是目前通过拉拔荷载判断灌浆密实度存在一定的误差，不能准确判断是否存在缺陷，且拉拔法只能对缺陷在出浆孔附近是否存在进行定性的判断，不能对套筒中部或者底部的缺陷进行检验，也不能进行定量的判断。另外，预埋钢丝拉拔法以及预埋传感器法都只能在灌浆料硬化以后才能进行检测，此时若判断存在缺陷也难以补灌，钻孔内窥镜法一般与其他方法搭配使用，但会破坏构件表面，故只适用于抽检。

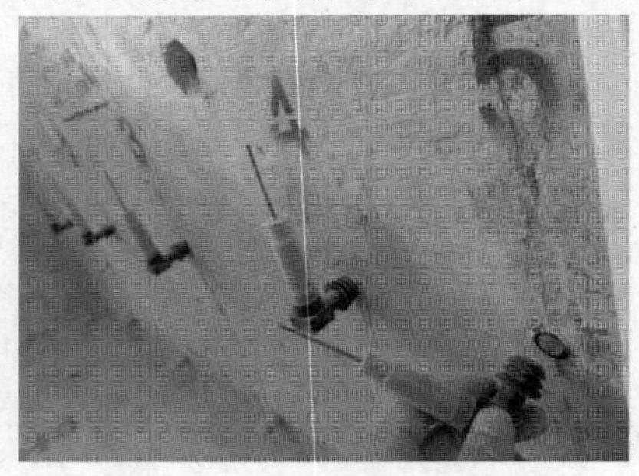

图 2.31 套筒密实度监测器

综上所述，要想在施工阶段判断灌浆套筒内部是否存在缺陷，缺陷的具体位置以及定量判断缺陷的大小都难以实现或者需要大量资金的投入，得不偿失。监测器法能够实时监测灌浆过程中灌浆料的高度变化，方便、快捷、直观且经济实惠。灌浆套筒密实度监测器如图 2.31 所示，仅需在灌浆前在出浆孔安装上监测器，灌浆时灌浆料通过出

浆孔进入监测器内,随着液面上升灌浆料推动弹簧杆上升。由于监测器内的弹簧压杆作用使得灌浆料受到持续的压力作用,停止灌浆后在压力作用下观测一定时间内监测器内液面高度是否变化基本可判断套筒内是否灌浆密实,是否需要二次补灌。监测器在灌浆结束后可进行拆卸和清洗便于循环使用。

2.3.8 套筒灌浆连接的适用性

在装配式结构中,套筒灌浆连接主要用于预制柱、预制剪力墙、叠合梁等预制构件的纵向受力钢筋连接,连接性能可靠,可用于各类装配式混凝土结构体系。对于全灌浆套筒和半灌浆套筒的选择,主要基于两方面考虑:①套筒的价格;②施工操作空间需求,相对于全灌浆套筒,半灌浆套筒的螺纹连接端能够缩短套筒长度,当施工中钢筋连接区域施工操作空间受限时可采用半灌浆套筒。

2.4 浆锚搭接连接及连接材料

2.4.1 浆锚搭接连接的作用原理及分类

1)浆锚搭接的作用原理

钢筋浆锚搭接连接,是将预制构件的受力钢筋在预制构件特制的预留孔洞内进行搭接连接的技术。两根搭接钢筋径向存在一定距离,连接时将连接钢筋伸入预留孔洞内一定深度,并保证达到设定的钢筋搭接长度,随后通过灌浆孔向预留孔洞内灌浆,待灌浆料凝结硬化后便完成了受力钢筋的浆锚搭接连接。

由于钢筋与混凝土之间的黏结锚固作用,受力钢筋的力通过钢筋表面和混凝土接触面的黏结力传递给灌浆料,再传递到灌浆料和周围预制构件混凝土的交界面即预留孔洞内壁上去(图 2.32)。

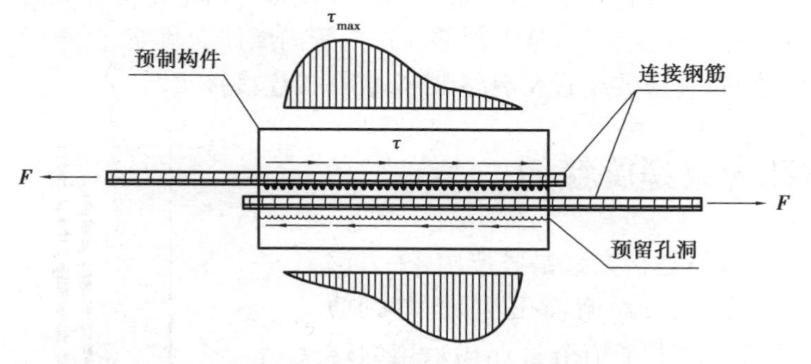

图 2.32 浆锚搭接传力示意图

浆锚搭接连接的破坏模式主要有钢筋的拉拔破坏、灌浆料的拉拔破坏和周围混凝土的劈裂破坏。为了保证浆锚搭接连接的破坏位于搭接灌浆段外的钢筋而不是连接段本身,必须保证钢筋具有足够的锚固长度以及搭接区段具备有效的横向约束来提高连接性能。

2) 浆锚搭接的分类

浆锚搭接连接分为钢筋约束浆锚搭接连接和金属波纹管浆锚搭接连接两种,如图 2.33 所示。其中,受力钢筋在有螺旋箍筋约束的孔道中进行搭接的连接方式,称为钢筋约束浆锚搭接连接;受力钢筋在金属套筒或金属波纹管中完成搭接的连接方式,称为金属波纹管浆锚搭接连接,后插钢筋就位后在孔道内灌入高性能灌浆料即可完成浆锚搭接。

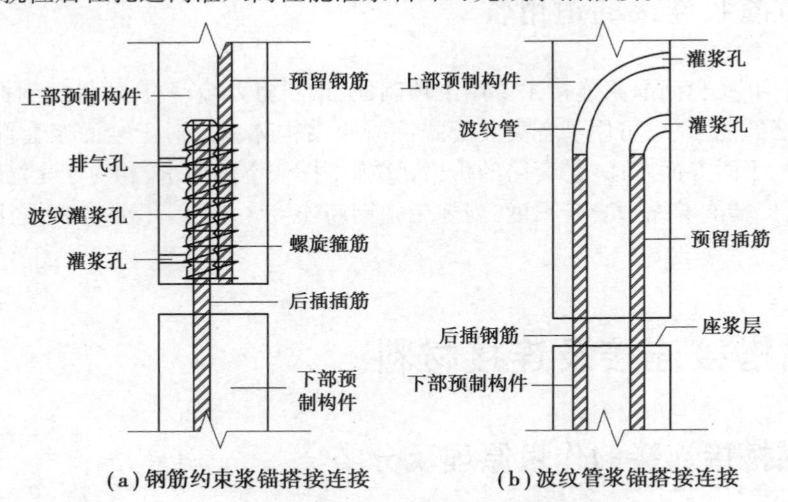

(a) 钢筋约束浆锚搭接连接　　(b) 波纹管浆锚搭接连接

图 2.33　浆锚搭接连接示意图

上述两种浆锚搭接连接形式,其构造存在一定的差异。其中,约束浆锚搭接连接是在搭接范围内预埋螺旋箍筋,通过在螺旋箍筋约束混凝土内抽芯制成带肋的受力钢筋搭接连接孔道,并通过预埋 PVC 软管制成灌浆孔与排气孔用于灌浆作业,约束浆锚搭接的灌浆方式与套筒灌浆连接完全相同。连接孔道内壁表面为波纹状或螺旋状粗糙面,以增强灌浆料和预制混凝土的界面黏结性能。搭接钢筋直径、钢筋搭接长度和螺旋箍筋的直径、箍距、配箍率等应根据设计要求确定。相较于套筒灌浆连接,螺旋箍筋约束浆锚搭接连接技术成本较低,适宜于较细的钢筋连接。金属波纹管浆锚搭接连接采用预埋金属波纹管成孔,在预制构件模板内,波纹管与构件预埋钢筋紧贴,并通过扎丝绑扎固定;波纹管在高处向模板外弯折至构件表面,作为后续灌浆料灌注口。待后插钢筋伸入波纹管后,从上部灌注口向管内灌注无收缩、高强度水泥基灌浆料;两侧受力钢筋通过灌浆料、金属波纹管及混凝土,形成搭接连接接头。

2.4.2　浆锚孔约束螺旋箍筋

浆锚孔约束螺旋箍筋是指在浆锚搭接中,受力钢筋搭接浆锚孔的长度范围内,将浆锚孔以及预埋钢筋完全包裹的螺旋箍筋。约束浆锚搭接连接采用的螺旋加强筋,可有效加强搭接传力范围内对混凝土的约束,延缓混凝土的径向劈裂,从而提高钢筋搭接传力性能。螺旋箍筋约束的钢筋浆锚搭接连接示意如图 2.34 所示。

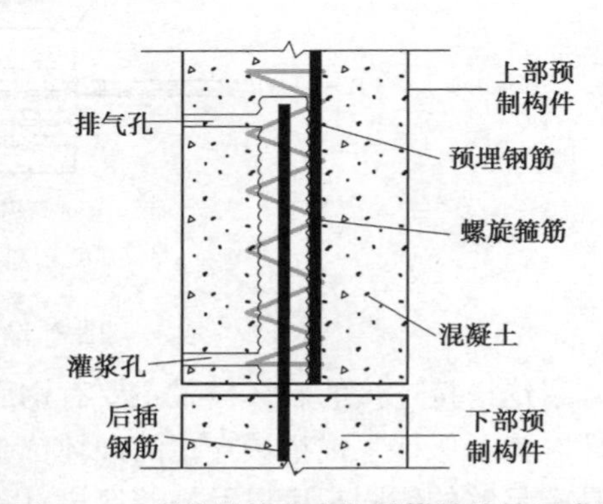

图 2.34　螺旋箍筋约束浆锚搭接连接示意图

2.4.3　浆锚孔波纹管

图 2.35　浆锚孔波纹管示意图

浆锚孔波纹管预埋于混凝土预制构件中，在连接中起到预留孔洞的“模板”作用，不需取出，如图 2.35 所示。但波纹管直径较大，被连接的两根钢筋分别位于波纹管内、外，连接钢筋和被连接钢筋外围除混凝土外无其他约束。相对于钢筋套筒灌浆连接，金属波纹管浆锚搭接连接技术成本较低，受力性能差于套筒灌浆连接。

用于钢筋浆锚搭接连接的镀锌金属波纹管的钢带厚度不宜小于 0.3 mm，其波纹高度不应小于 2.5 mm，且应符合现行行业标准《预应力混凝土用金属波纹管》(JG 225)的有关规定。

2.4.4　浆锚搭接灌浆料

浆锚搭接用的灌浆料也是水泥基灌浆料，相较于套筒灌浆连接，浆锚搭接采用的灌浆料抗压强度更低。钢筋浆锚搭接连接接头用灌浆料的性能指标应满足表 2.6 的要求。

表 2.6　钢筋浆锚搭接连接接头用灌浆料的性能要求

项目		性能指标	试验方法标准
泌水率(%)		0	《普通混凝土拌合物性能试验方法标准》(GB/T 50080)
流动度(mm)	初始值	≥200	《水泥基灌浆材料应用技术规范》(GB/T 50448)
	30 min 保留值	≥150	
竖向膨胀率(%)	3 h	≥0.02	
	24 h 与 3 h 膨胀率之差	0.2～0.5	
抗压强度(MPa)	1 d	≥35	
	3 d	≥55	
	28 d	≥80	
氯离子含量(%)		≤0.06	《混凝土外加剂匀质性试验方法》(GB/T 8077)

2.4.5　浆锚搭接连接的密实度检验

与套筒灌浆连接相同，浆锚搭接连接同样存在灌浆不密实、难以通过肉眼直接观测内部灌浆缺陷的问题。适用于套筒灌浆连接的密实度检测方法同样适用于浆锚搭接连接，但由于灌浆方式的不同，监测器监测法对于波纹管浆锚搭接连接无法适用。浆锚搭接灌浆饱满度可采用 X

射线成像法结合局部破损法检测；对墙、板等构件，可采用冲击回波法结合局部破损法检测。

2.4.6 浆锚搭接连接的适用性

浆锚搭接连接适用于房屋高度不大于 12 m 或层数不超过 3 层的装配整体式框架结构预制柱的纵向钢筋连接，以及二、三级抗震等级的剪力墙（非加强部位）的竖向分布钢筋连接。对直径大于 20 mm 的钢筋不宜采用浆锚搭接连接，对于直接承受动力荷载构件的纵向钢筋不应采用浆锚搭接连接。

当剪力墙采用浆锚搭接连接时，其搭接长度与剪力墙内钢筋连接程度有关。当采用非单排连接时，下层预制剪力墙连接钢筋伸入预留灌浆孔道内的长度不应小于 $1.2l_{aE}$；当采用单排连接时，钢筋预埋于下层剪力墙中的预埋长度以及伸入灌浆孔道内的长度均不应小于 $1.2l_{aE}+b_w$（b_w 为墙体厚度），浆锚搭接连接区域的箍筋配置以及构造要求应符合《装配式混凝土结构技术规程》（JGJ 1）和《装配式混凝土建筑技术标准》（GB/T 51231）等规范的有关规定。

2.4.7 倒插法灌浆连接

传统的预制柱等竖向预制构件采用灌浆套筒或浆锚搭接进行构件连接时，存在钢筋对位难的问题，即要将下层预制柱的预留钢筋对应地插入上层预制柱柱底的灌浆套筒钢筋孔或浆锚孔中，这一步需要施工员俯身或是借助镜子观察对位（图 2.36），并慢慢引导构件吊装使钢筋进入套筒内。这给现场的工人增加了施工难度，且一旦有操作不当就可能导致下层柱预留钢筋直接撞上上层预制柱柱底，导致预留钢筋变形。

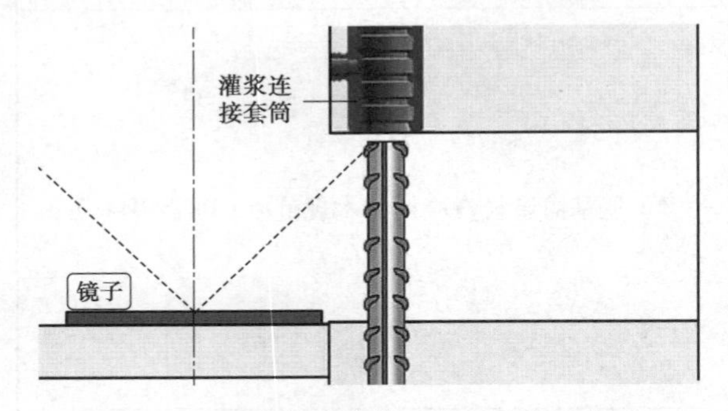

图 2.36 预制柱安装借助镜子对位示意图

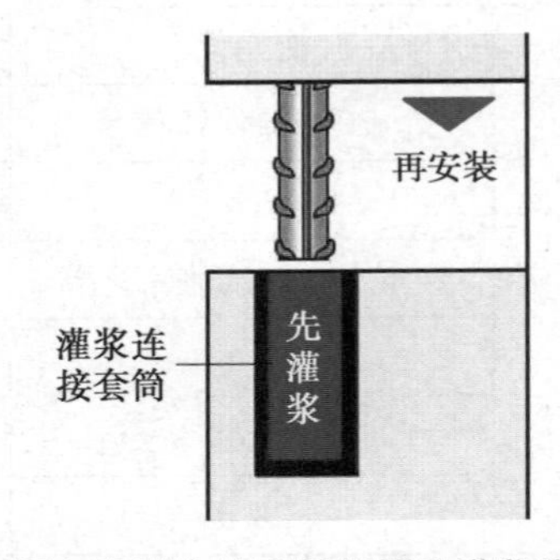

图 2.37 竖向预制构件采用倒插法灌浆连接示意图

为了解决套筒灌浆连接以及浆锚搭接对位困难的问题，可以采用倒插法灌浆连接。如图 2.37 所示，将连接套筒设置于下层预制柱柱顶，而上层预制柱柱底预留钢筋用以现场连接。施工时，预先在套筒中灌满灌浆料，然后将上层预制柱底部预留钢筋插入套筒中，相比于以往的套筒灌浆连接以及浆锚搭接，该操作不需要借助其他辅助工具来观察对位，同时也省去了预制构件吊装完成后再灌浆的繁琐步骤，套筒内部的灌浆料密实度也能够得到保证。但目前国内对该连接方式的研究尚待开展，其具体的连接性能以及是否真的便于施工还有待验证。

2.5 机械套筒连接及连接材料

2.5.1 常用机械套筒类型

机械套筒常常用于装配式混凝土结构中后浇混凝土区域的钢筋连接,如梁柱节点中柱子及梁的受力钢筋对接。连接时,连接套筒先套在一根钢筋上,与另一钢筋对接就位后,套筒移到两根钢筋中间用螺旋方式或挤压方式将两根钢筋连接,如图2.38所示。

图2.38 钢筋机械套筒连接实物图

机械连接套筒可分为直螺纹套筒、锥螺纹套筒和挤压套筒,直螺纹套筒又可分为镦粗直螺纹套筒、剥肋滚轧直螺纹套筒和直接滚轧直螺纹套筒。国内使用较多的机械套筒的材质与灌浆套筒一样。对于直螺纹套筒和锥螺纹套筒,对接连接的两根受力钢筋的端部都制成了螺纹端头,将螺纹套筒旋转拧紧即可完成钢筋的对接连接,如图2.39(a)、(b)所示。挤压套筒接头是将一个冷拔无缝钢套筒套在两根对接的带肋钢筋端部,通过机器施加径向挤压力使挤压套筒发生塑性变形,变形后的套筒与带肋钢筋紧密咬合形成挤压套筒连接接头,如图2.39(c)所示。工程中也常遇到两根直径不同的钢筋采用机械套筒对接连接的情况,此时需要采用一头大、一头小的专用异径套筒,同样能完成受力钢筋的连接。

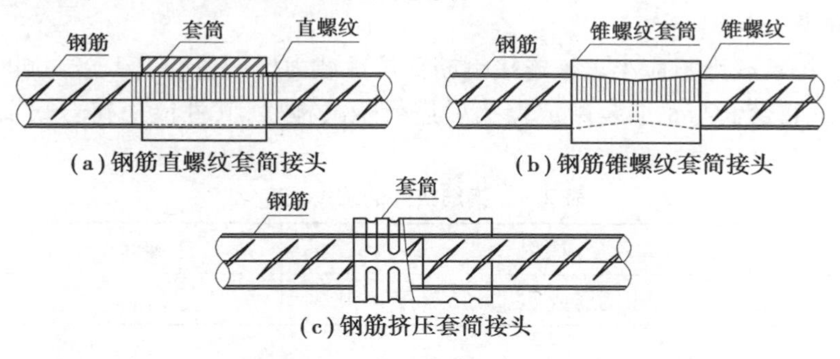

图2.39 机械套筒连接示意图

2.5.2 一般规定

1)接头等级评定

根据《钢筋机械连接技术规程》(JGJ 107)的相关规定,机械连接接头应根据极限抗拉强度、残余变形、最大力下总伸长率以及高应力和大变形条件下反复拉压性能,分为Ⅰ级、Ⅱ级、Ⅲ级3个等级,各等级接头的极限抗拉强度以及变形性能应分别符合表2.7和表2.8的规定。Ⅰ级、Ⅱ级、Ⅲ级接头应能经受规定的高应力和大变形反复拉压循环,且在经历拉压循环后,其极限抗拉强度仍应符合表2.7的规定。

表 2.7　接头极限抗拉强度

接头等级	Ⅰ级	Ⅱ级	Ⅲ级
极限抗拉强度	$f_{mst}^0 \geqslant f_{stk}$ 钢筋拉断或 $f_{mst}^0 \geqslant 1.10 f_{stk}$ 连接件破坏	$f_{mst}^0 \geqslant f_{stk}$	$f_{mst}^0 \geqslant 1.25 f_{yk}$

注：①f_{mst}^0 为接头试件实测抗拉强度；f_{stk} 为钢筋抗拉强度标准值；f_{yk} 为钢筋屈服强度标准值。
②钢筋拉断指断于钢筋母材、套筒外钢筋丝头和钢筋镦粗过渡段。
③连接件破坏指断于套筒、套筒纵向开裂或钢筋从套筒中拔出以及其他连接组件破坏。

表 2.8　接头变形性能

接头等级		Ⅰ级	Ⅱ级	Ⅲ级
单向拉伸	残余变形(mm)	$u_0 \leqslant 0.10(d \leqslant 32)$ $u_0 \leqslant 0.14(d \leqslant 32)$	$u_0 \leqslant 0.14(d \leqslant 32)$ $u_0 \leqslant 0.16(d > 32)$	$u_0 \leqslant 0.14(d \leqslant 32)$ $u_0 \leqslant 0.16(d > 32)$
	最大力下总伸长率(mm)	$A_{sgt} \geqslant 6.0$	$A_{sgt} \geqslant 6.0$	$A_{sgt} \geqslant 3.0$
高应力反复拉压	残余变形(mm)	$u_{20} \leqslant 0.3$	$u_{20} \leqslant 0.3$	$u_{20} \leqslant 0.3$
大变形反复拉压	残余变形(mm)	$u_4 \leqslant 0.3$ 且 $u_8 \leqslant 0.6$	$u_4 \leqslant 0.3$ 且 $u_8 \leqslant 0.6$	$u_4 \leqslant 0.6$

注：①u_0 为接头试件加载至 $0.6f_{yk}$ 并卸载后在规定标距内的残余变形；u_4 为接头经大变形反复拉压 4 次后的残余变形；u_8 为接头经大变形反复拉压 8 次后的残余变形；u_{20} 为接头经高应力反复拉压 20 次后的残余变形；A_{sgt} 为接头试件的最大力总伸长率。
②当频遇荷载组合下，构件中钢筋应力明显高于 $0.6f_{yk}$ 时。设计部门可对单向拉伸残余变形 u_0 的加载峰值提出调整要求。

2）**套筒力学性能**

套筒实测受拉承载力不应小于被连接钢筋受拉承载力标准值的 1.1 倍。同时，应根据钢筋接头的性能等级，将套筒与钢筋装配成接头后进行型式检验，其性能应符合表 2.8 以及表 2.9 的要求。

表 2.9　钢筋接头的抗拉强度

接头等级	Ⅰ级	Ⅱ级	Ⅲ级
抗拉强度	$f_{mst}^0 \geqslant f_{stk}$ 断于钢筋或 $f_{mst}^0 \geqslant f_{stk}$ 断于接头	$f_{mst}^0 \geqslant f_{stk}$	$f_{mst}^0 \geqslant 1.25 f_{yk}$

纵向钢筋采用挤压套筒连接时应符合下列规定：

①连接框架柱、框架梁、剪力墙边缘构件纵向钢筋的挤压套筒接头应满足Ⅰ级接头的要求，连接剪力墙竖向分布钢筋、楼板分布钢筋的挤压套筒接头应满足Ⅰ级接头抗拉强度的要求。

②被连接的预制构件之间应预留后浇段，后浇段的高度或长度应根据挤压套筒接头安装工艺确定，应采取措施保证后浇段的混凝土浇筑密实。

2.5.3　机械套筒连接的检验

机械套筒的检验应包括接头安装前的检验与验收以及接头安装检验，检验应满足《钢筋机械连接技术规程》(JGJ 107)的相关规定。

2.5.4 机械套筒连接的适用性

机械套筒连接适用于叠合梁纵向受力钢筋、预制柱纵向受力钢筋以及预制剪力墙竖向分布钢筋的连接，用于上述预制构件的钢筋连接时，连接范围内的箍筋配置、套筒保护层厚度、套筒间距等构造要求应满足《装配式混凝土建筑技术标准》(GB/T 51231)、《装配式混凝土结构技术规程》(JGJ 1)等的有关规定。

2.6 焊接连接及连接材料

焊接连接常用于钢结构中，在现浇混凝土结构中常用的焊接连接场景是受力钢筋的焊接连接、钢筋笼、钢筋骨架的焊接连接等。而装配式混凝土结构具有与钢结构相似的性质，即结构整体由各预制构件拼装而成，预制构件的连接部位可以预埋钢构件，再通过钢构件之间的焊接使预制混凝土构件连接形成整体。预制构件在连接部位将内力传递给预埋钢构件，再通过焊缝传递给相邻预制构件的钢构件，最后再通过钢构件的锚固将力传递到混凝土中去。焊接接头主要包括全熔透和部分熔透焊接接头、角焊缝接头、塞焊与槽焊接头、电渣焊接头、栓钉焊接头等，常用的钢筋焊接接头如图 2.40 所示。焊接连接的构造设计、工艺以及检测方法应符合国家现行规范《钢结构焊接规范》(GB 50661)的有关规定。

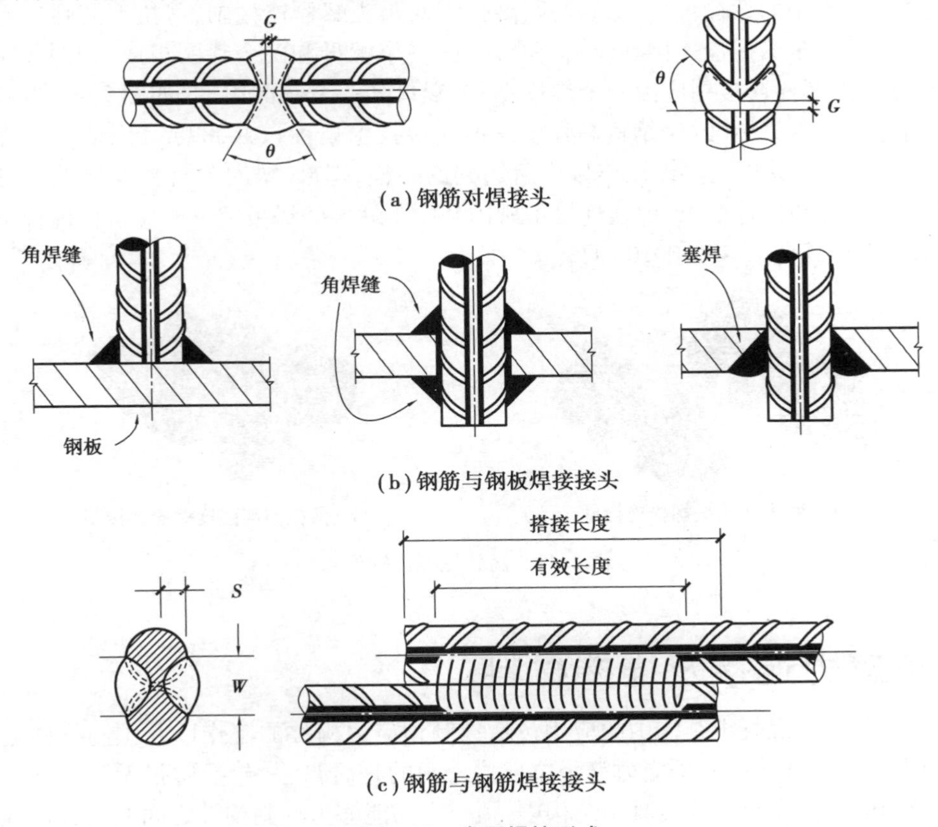

图 2.40 常用焊接形式

焊接连接中需要用到钢制预埋件以及焊条、焊丝、焊剂、焊钉、电渣焊熔嘴等焊接材料。受力预埋件的锚板及锚筋等材料应符合现行国家标准《混凝土结构设计规范》(GB 50010)的有关规定。连接用的焊接材料的品种、规格、性能等应符合国家现行有关产品标准和设计要求。焊接材料应与设计选用的钢材相匹配,且应符合现行国家标准《钢结构焊接规范》(GB 50661)、《钢结构设计规范》(GB 50017)、《钢筋焊接及验收规程》(JGJ 18)等的有关规定。

2.7 螺栓连接及连接材料

同焊接连接一样,螺栓连接也主要用于钢结构建筑中的节点连接方式,而螺栓连接在装配式混凝土结构中的应用场景也主要体现在预埋钢构件的连接上,且主要应用于预制梁与预制柱、预制柱与基础、预制剪力墙之间、非结构构件与主体结构之间的连接等场景。螺栓连接属于“干式连接”,较“湿式连接”而言,它具有施工速度快、连接强度高、传力路径明确等优点。经过合理构造设计的预埋钢构件以及螺栓连接节点能够充分发挥高强螺栓抗拉、抗剪强度高的特点,使得装配式混凝土结构的抗震性能在低多层房屋结构中也能得到保证。但采用螺栓连接时,对预制构件的制作以及施工作业的精度要求更高,必要时可设置椭圆形螺栓孔代替圆形螺栓孔,以确保在施工误差的允许范围内能够保证螺栓的连接的可操作性。除此以外,还需要考虑采用螺栓连接的预制构件在经受长期荷载及环境影响等因素时,容易造成螺栓松动、锈蚀等问题。

工程结构中常用的螺栓包括普通螺栓、高强大六角头螺栓连接副、剪扭型高强度螺栓连接副等。高强度大六角头螺栓连接副应由一个螺栓、一个螺母和两个垫圈组成,如图 2.41(a)所示;扭剪型高强度螺栓连接副应由一个螺栓、一个螺母和一个垫圈组成,如图 2.41(b)所示,使用组合应符合现行国家标准《钢结构高强度螺栓连接技术规程》(JGJ82)、《钢结构工程施工规范》(GB 50755)的有关规定。螺栓连接中所用到的螺栓、螺母、垫圈等材料及部件应符合国家现行有关产品标准和设计要求,螺栓连接中所用到的预埋件的锚板及锚筋应符合现行国家标准《混凝土结构设计规范》(GB 50010)的有关规定。

(a)高强大六角头螺栓连接副

(b)剪扭型高强度螺栓连接副

图 2.41　高强螺栓连接副

2.8 预应力连接及连接材料

预应力在装配式混凝土结构中的应用包括预制预应力构件的制作以及预制构件之间的连接,其中用于预制构件连接的预应力筋张拉方式采用的是后张法,包括后张无黏结预应力以及后张有黏结预应力。在装配式混凝土结构中,预应力筋能够为预制构件之间的连接接缝提供预压力，从而提高结合面的摩擦抗剪能力。同时，预应力筋还能够作为受力钢筋传递构件之间的拉力及弯矩。在施工方面，预应力装配式混凝土结构连接节点具有施工速度快、劳动生产效率高、现场湿作业少等优点；在结构性能方面，因预应力筋的回弹性，结构具有地震作用下良好的自复位能力。除此以外，还可以通过调整预留孔洞的位置、路径、预应力筋的种类、黏结程度，并选用优良的耗能件或阻尼器，使预应力连接节点具有优良的耗能能力和震后自复位能力。

预应力连接所采用的连接材料主要包括锚具、夹具、连接器、预应力筋、金属波纹管、塑料波纹管等，各材料及部件形式和质量应符合国家现行有关标准的规定。其中，预应力筋按钢材品种可分为钢丝、钢绞线（图 2.42）、高强钢筋和钢棒等。预应力筋应根据结构受力特点、环境条件和施工方法等选用。锚具是用于保持预应力筋的拉力并将其传递到结构上所用的永久性锚固装置，如图 2.43（a）所示，可分为夹片锚具、墩头锚具、螺母锚具、挤压锚具、压接锚具、压花锚具、冷铸锚具和热铸锚具等。夹具是建立或保持预应力筋预应力的临时性锚固装置，可分为夹片夹具、锥销夹具、墩头夹具和螺母夹具等，如图 2.43（b）所示。夹具应具有良好的自锚性能、松锚性能和重复使用性能。连接器是用于连接预应力筋的装置，永久留在混凝土结构或构件中的连接器，应符合锚具的性能要求；在施工中临时使用并需要拆除的连接器，应符合夹具的性能要求。

图 2.42　预应力钢绞线

(a) 锚具示意图

(b) 夹具示意图

图 2.43　预应力筋锚具、夹具示意图

预应力结构构件的设计，应根据工程环境、结构特点、预应力筋品种和张拉施工方法，根据国家现行标准《混凝土结构设计规范》（GB 50010）、《预应力筋用锚具、夹具和连接器应用技术规程》（JGJ 85）、《建筑工程预应力施工规程》（CECS 180）等的有关规定，合理选择适用的锚具、夹具和连接器。

2.9　辅助连接材料

2.9.1　钢筋锚固板

装配整体式混凝土结构中，后浇混凝土节点内受力钢筋无法满足规范规定的锚固长度要求时，可在钢筋端部设置锚固板（图 2.44），即可大大缩短钢筋锚固长度，使得节点区钢筋排布得当，如图 2.45 所示。

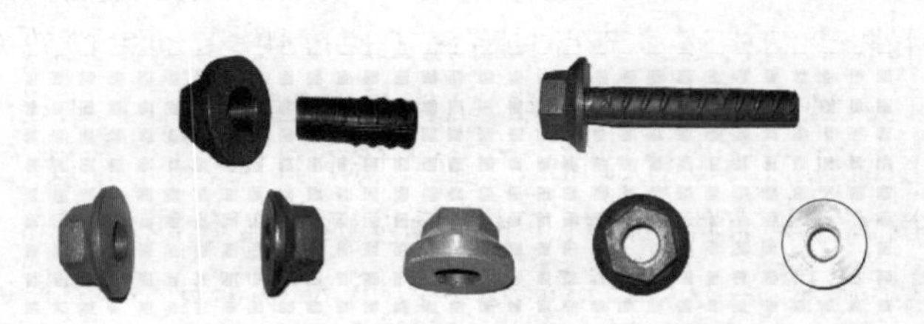

图 2.44　钢筋锚固板示意图

图 2.45　梁柱节点的钢筋锚固板应用

1)钢筋锚固板的分类

锚固板可按表 2.10 进行分类。

表 2.10　锚固板的分类

分类方法	类别
按材料分	球墨铸铁锚固板、钢板锚固板、锻钢锚固板、铸钢锚固板
按形状分	圆形、方形、长方形
按厚度分	等厚、不等厚
按连接方式分	螺纹连接锚固板、焊接连接锚固板
按受力性能分	部分锚固板、全锚固板

注:部分锚固板是指依靠锚固长度范围内钢筋与混凝土的黏结作用和锚固板承压面的承压作用共同承担钢筋规定锚固力的锚固板;全锚固板是指全部依靠锚固板承压面的承压作用承担钢筋规定锚固力的锚固板;锚固板承压面是指钢筋受拉时锚固板承受压力的面。

2)钢筋锚固板的一般规定

全锚固板承压面积不应小于锚固钢筋公称面积的 9 倍;部分锚固板承压面积不应小于锚固钢筋公称面积的 4.5 倍;锚固板厚度不应小于锚固钢筋公称直径;当采用不等厚或长方形锚固板时,除应满足上述面积和厚度要求外,尚应通过省部级的产品鉴定;采用部分锚固板锚固的钢筋公称直径不宜大于 40 mm;当公称直径大于 40 mm 的钢筋采用部分锚周板锚固时,应通过试验验证确定其设计参数。钢筋锚固板的材料选用以及相应的力学性能要求应满足《钢筋锚固板应用技术规程》(JGJ 256)的相关规定。

3)钢筋锚固板的混凝土保护层厚度

钢筋锚固板的布置方式如图 2.46 所示,锚固板保护层最小厚度如表 2.11 所示。

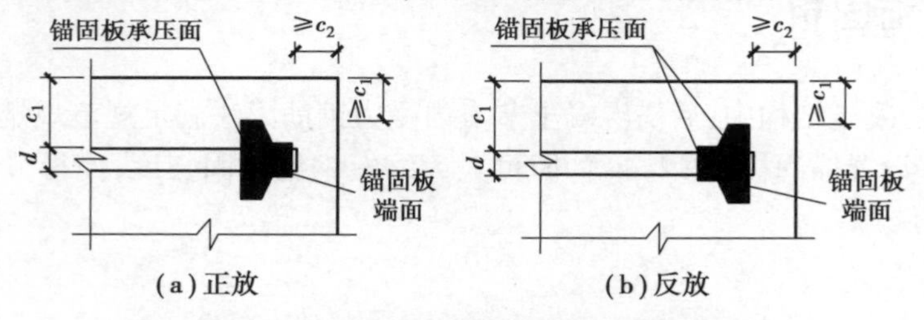

图 2.46　钢筋锚固板混凝土保护层厚度

表 2.11 用锚固板时混凝土保护层的最小厚度 单位:mm

c_1	环境类别				
	一	二 a	二 b	三 a	三 b
	15	20	25	30	40
c_2	$\geqslant c_{\min}$				

注:图 2.46 和表 2.11 中,c_1 为锚固板侧面保护层的最小厚度;c_2 为钢筋端面保护层的厚度;$c_{\min}$ 为锚固钢筋的混凝土保护层最小厚度;c_a 为锚固钢筋的混凝土保护层厚度,除应符合《混凝土结构设计规范》的相关规定外,尚应满足 $c_a>1.5d$,d 为锚固钢筋直径。

2.9.2 预埋吊件

预埋吊件是指预埋到混凝土中并用于预制构件的脱模、运输和吊装的构件。常用的预埋吊件有预埋吊环、预埋套筒以及预埋吊杆。当采用预埋吊环时由于吊环部分外露于空气中,可能导致外露金属部分生锈等耐久性问题。因此,预制构件的吊装预埋件宜优先选择内埋式螺母、内埋式吊杆或吊装孔。根据国内外的工程经验,采用这些吊装方式比传统的预埋吊环施工方便,吊装可靠,且不造成耐久性问题。

1)预埋吊环

吊环应采用 HPB300 钢筋或 Q235B 圆钢(图 2.47),除应满足《混凝土结构设计规范》(GB 50010)的相关规定外,还并应符合下列规定:

图 2.47 预埋吊环示意图

①吊环锚入混凝土中的深度不应小于 $30d$ 并应焊接或绑扎在钢筋骨架上,d 为吊环钢筋或圆钢的直径。

②应验算在荷载标准值作用下的吊环应力,验算时每个吊环可按两个截面计算。对 HPB300 钢筋,吊环应力不应大于 65 N/mm^2;对 Q235B 圆钢,吊环应力不应大于 50 N/mm^2。

③当在一个构件上设有 4 个吊环时,应按 3 个吊环进行计算。

2)预埋套筒

预埋套筒在吊顶悬挂、设备管线悬挂、安装临时支撑、吊装和翻转吊点、后浇区模具固定等方面有重要作用。内埋式螺母体型小、方便预埋,也不会探出混凝土表面而引起刮碰。

预埋套筒根据其形式不同可分为锚板型预埋套筒、销栓型预埋套筒、钢筋型内螺纹套筒、滚花预埋套筒。预埋套筒材质为高强度的碳素结构钢或合金结构钢,其材料力学性能应满足国家现行标准的要求,各类套筒的尺寸允许偏差见《预制混凝土构件用金属预埋吊件》(TCCES 6003)相关规定。

其中锚板型预埋套筒是一种尾部带焊接钢板的内螺纹套筒,钢板预埋在混凝土中提供锚固力,内螺纹套筒与配套吊环连接,如图 2.48、图 2.49 所示。销栓型预埋套筒是一种尾部留孔用于安装抗剪钢筋的内螺纹套筒,带钢筋端预埋在混凝土中提供锚固力,如图 2.50、图 2.51 所示。钢筋型内螺纹套筒是一种尾部带 S 形钢筋的内螺纹套筒,S 形钢筋预埋在混凝土中提供锚固力,如图 2.52 所示。滚花预埋套筒是一种尾部带扩头的金属套筒,尾部预埋在混凝土中提供锚固力，如图 2.53 所示。

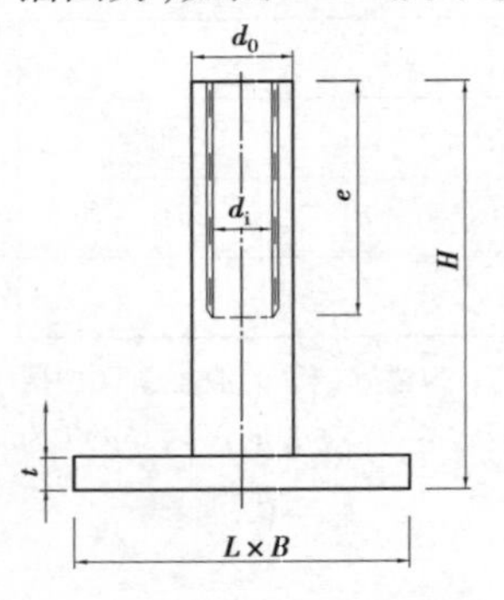

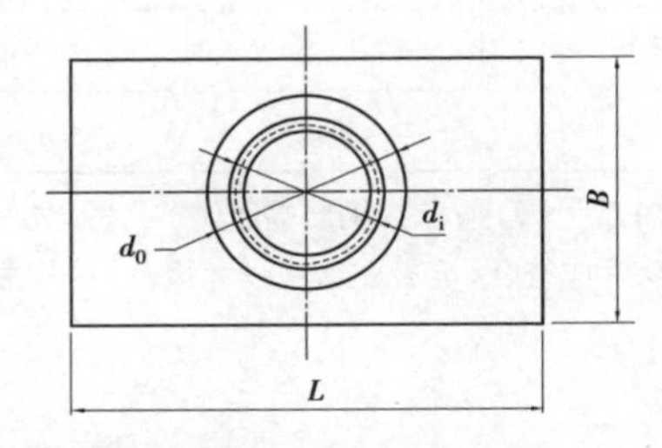

图 2.48　锚板型预埋套筒示意图

d_0—套筒外径；d_i—套筒内螺纹公称直径；e—套筒内螺纹长度；

H—吊件高度；L—板长；B—板宽；t—板厚

图 2.49　锚板型预埋套筒实物图

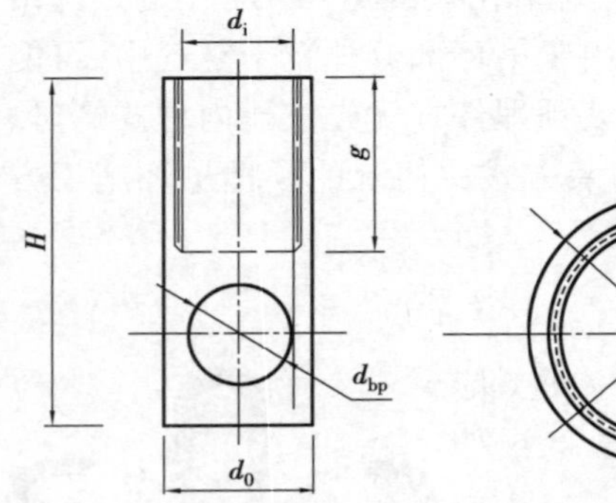

图 2.50　销栓型预埋套筒的示意图

d_i—套筒内螺纹公称直径；g—套筒内螺纹长度；

H—吊件高度；d_0—套筒外径；d_{bp}—横杆孔直径

图 2.51　内埋金属螺母示意图

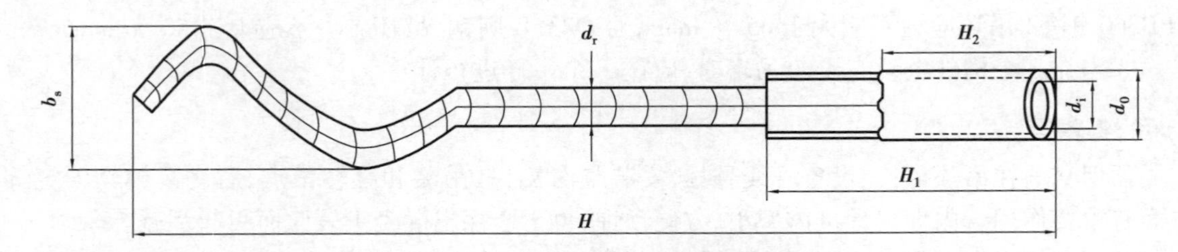

图 2.52　锚筋型内螺纹套筒示意图

H—吊件高度；H_1—套筒高度；H_2—套筒无变形段长度；

d_i—套筒内螺纹公称直径；d_0—套筒外径；d_r—钢筋直径；b_s—变形钢筋宽度

3）预埋吊杆

预埋吊杆（图 2.54）是一种带两端扩头的金属杆，一端预埋在混凝土中提供锚固力，另一外露端与专用吊钩连接，如图 2.55 所示。预埋吊杆所采用的材料与预埋套筒相同，其尺寸允许偏差见《预制混凝土构件用金属预埋吊件》（TCCES 6003）相关规定。

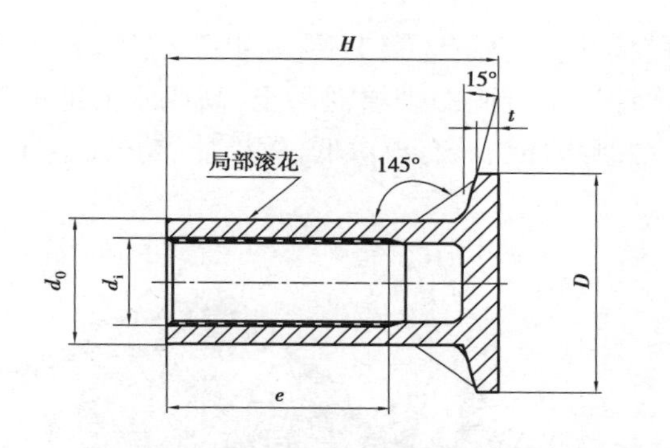

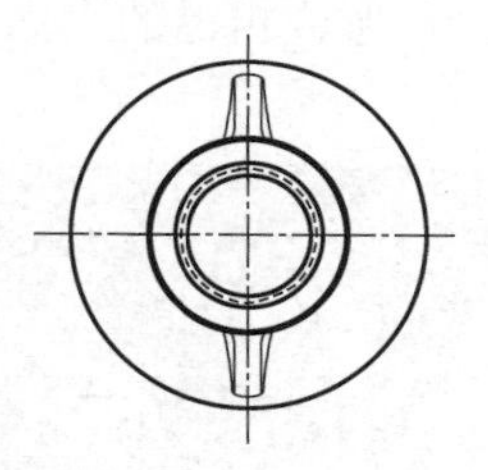

图 2.53 滚花预埋套筒示意图

d_0—套筒外径；d_i—套筒内螺纹公称直径；e—套筒内螺纹长度；

H—吊件高度；D—吊件底端直径；t—吊件底端厚度

图 2.54 圆头吊钉及带孔吊钉示意图

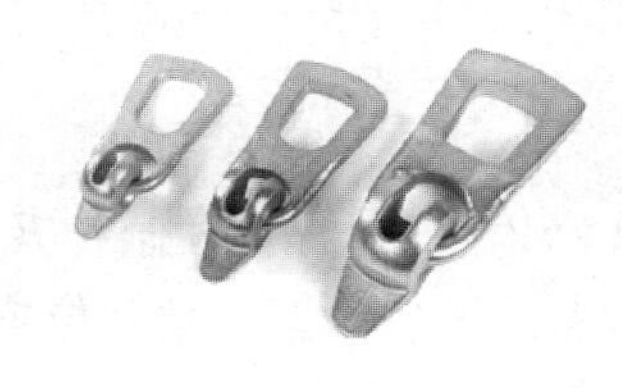
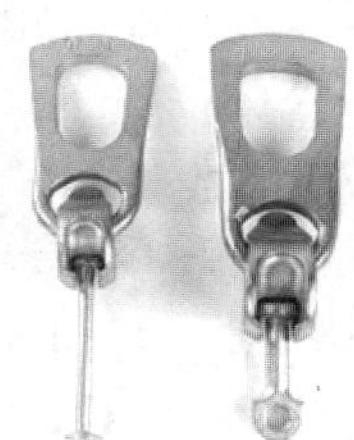

图 2.55 鸭嘴吊钩及连接示意图

2.10 预制混凝土构件连接面处理

在装配整体式混凝土结构中，往往需要在关键节点处后浇混凝土完成预制构件之间的连接，起到增强结构整体性的作用，使节点处达到“等同现浇”的效果。但仅仅依靠预制构件的预留钢筋在后浇混凝土中的锚固和搭接，预制混凝土与后浇混凝土之间可能会形成新老混凝土之间的脆弱连接面。因此，为了加强预制部件与后浇混凝土之间的连接性能，预制部件与后浇混凝土的结合面应设置粗糙面和抗剪键槽。

1）粗糙面处理

粗糙面处理，即通过外力使预制构件与后浇混凝土的结合面变得粗糙，露出碎石等集料，通常有人工凿毛法、机械凿毛法、缓凝水冲法 3 种方法。

（1）人工凿毛法

人工凿毛法是指工人使用铁锤和凿子剔除预制部件结合面的表皮，露出碎石集料，增加结合面的粗糙度，如图 2.56 所示。此方法的优点是简单、易于操作；缺点是费工费时，效率低。

（2）机械凿毛法

机械凿毛法是使用专门的小型凿岩机配置相应的钻头（图 2.57），剔除结合面混凝土的表皮，增加结合面的粗糙度。此方法的优点是方便、快捷，机械小巧，易于操作；缺点是操作人员的作业环境差，容易造成现场粉尘污染。

（3）缓凝水冲法

缓凝水冲法（图 2.58）是混凝土结合面粗糙度处理的一种新工艺，是指在预制构件混凝土浇筑前,将含有缓凝剂的浆液涂刷在模板壁上,浇筑混凝土后,利用已浸润缓凝剂的表面混凝土与内部混凝土的凝结时间差,用高压水冲洗未凝固的表层混凝土,高压水流能够轻易冲掉表面浮浆,显露出集料,形成粗糙的表面。缓凝水冲法具有成本低、效果佳、功效高、环境友好且易于操作的优点。

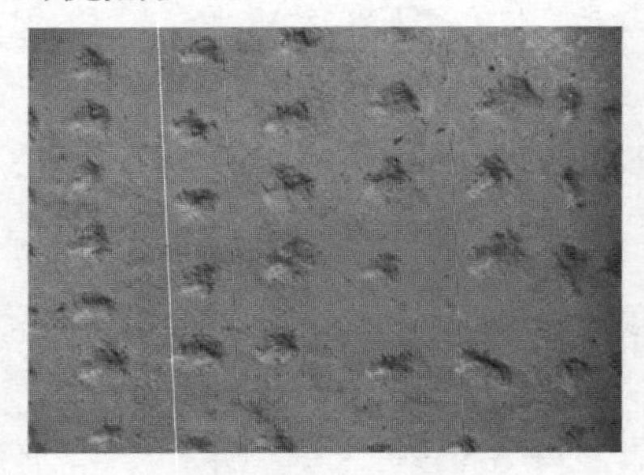

图 2.56 预制构件表面人工凿毛示意图

图 2.57 凿毛器械示意图

2)键槽

装配整体式结构的预制梁、预制柱及预制剪力墙与后浇混凝土连接的端面需设置抗剪键槽,如图 2.59 所示。键槽设置尺寸及位置见本书第 5 章相关内容,且应符合相关规范的要求,键槽面也应进行粗糙面处理。

图 2.58 缓凝水冲洗法粗糙面处理

图 2.59 预制梁梁端键槽及粗糙面处理示意图

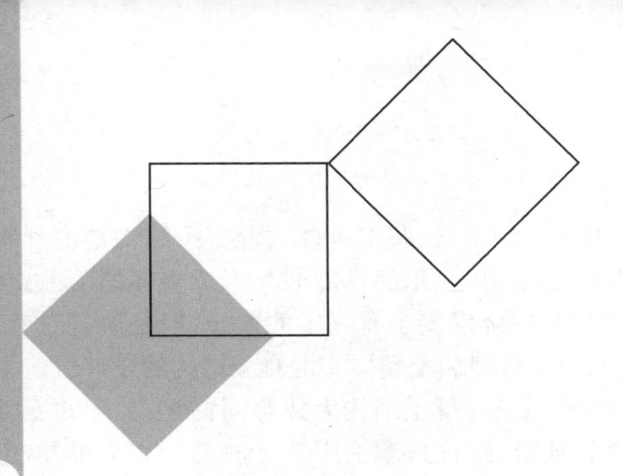

3 装配式混凝土结构体系与设计规定

3.1 概述

我国装配式混凝土结构的研究和应用始于20世纪50年代，主要借鉴了苏联等国家的技术体系，在工业厂房及住宅中应用较为广泛。到20世纪90年代，由于商品混凝土的发展、劳动力价格下降等原因，装配式混凝土结构的应用逐渐减少，经历了一个低潮阶段。但装配式混凝土结构对比现浇结构可提高工作效率、提升建筑质量、节约材料、减少环境污染，其优势不言而喻。与此同时，随着"碳中和""碳达峰"发展目标的提出，装配式混凝土结构以其低能耗、低排放的建造过程，完全符合绿色发展的要求，有利于实现预定的节能减排的目标，装配式混凝土结构的优势进一步凸显。在这一背景下，我国在装配式混凝土结构方面的研究及应用逐渐增多。同时，我国针对装配式混凝土结构形成了如《装配式混凝土结构技术规程》(JGJ 1)和《装配式混凝土建筑技术标准》(GB/T 51231)等相关技术规程。规程的推动，有利于我国在设计标准化、构件生产工厂化、施工机械化等方面的长足发展，也为装配式混凝土结构规模化发展打下坚实的基础。

3.2 装配式混凝土结构体系

结构体系是指结构抵抗外部作用的构件组成方式。根据所用材料不同，可分为混凝土结构、钢结构、砌体结构等结构类型。适用于装配式建筑的结构体系，除了要满足结构安全性、适用性、耐久性等一般要求外，还必须满足适合工厂化生产、机械化施工、方便运输、节能环保、经济绿色等建筑工业化的功能要求。综合考虑各结构体系的特点和装配式建筑的特征，我国对装配式建筑结构体系的研究和应用主要集中在装配式混凝土结构体系上。装配式混凝土结构是由预制混凝土构件通过可靠的连接方式装配而成的混凝土结构，包括装配整体式混凝土结构、全装配式混凝土结构等。

根据《装配式混凝土结构技术规程》(JGJ 1)的定义,装配整体式混凝土结构是由预制混凝土构件通过可靠的方式进行连接并与现场后浇混凝土、水泥基灌浆料形成整体的装配式结构。虽然装配整体式混凝土结构的生产施工方式与现浇混凝土有一定的差异,但是通过对节点、接缝的合理设计,可以使其达到等同现浇的效果。针对装配整体式混凝土结构的设计目前主要参考现行现浇混凝土结构的相关规范,其性能和现浇混凝土结构大致等同;而全装配式混凝土结构是预制构件之间采用干式连接的形式进行连接的结构。该结构节点连接形式简单、施工周期短、劳动力需求低,但结构整体性能难以保证。除此之外,一些新型结构体系,如装配式混凝土铰接框架-支撑结构体系、装配式模块化结构体系,也都具有各自的特点,但对这些结构的研究还不够透彻,缺乏规范支撑。目前国内针对装配式混凝土结构的工程实例基本为装配整体式混凝土结构。装配整体式混凝土结构主要包含装配整体式混凝土框架结构、装配整体式剪力墙结构、装配整体式框架-现浇剪力墙结构、装配整体式部分框支剪力墙结构、装配整体式框架-现浇核心筒结构。下面针对前面提及的各类结构体系从定义、特点等方向出发做相关介绍。

3.2.1 装配式混凝土框架结构体系

1)装配式混凝土框架结构介绍

装配式混凝土框架结构根据构件预制形式和节点连接方式可分为装配整体式混凝土框架结构和全装配式混凝土框架结构两种。

装配整体式混凝土框架结构是指全部或部分框架梁、柱采用预制构件构建成的装配整体式混凝土结构,如图3.1所示。装配整体式混凝土框架结构的预制构件类型可以分为预制柱、预制梁、预制楼梯、预制楼板等。根据国内外多年的研究成果,考虑地震作用的装配整体式混凝土框架结构,当采取可靠的节点连接方式和合理的构造措施后,其最终能达到等同现浇的结果,因此可采用和现浇结构相同的方法进行分析设计。装配整体式混凝土框架结构具有传力路径明确、装配效率高等特点,同时其减少了现场湿作业、缩短工期、减少劳动力,完全符合装配化结构的要求,也是最具优势的结构形式之一。

图3.1 装配整体式混凝土框架结构

全装配式混凝土框架结构是指全部构件如梁、柱等均为预制构件,构件之间的节点连接形式为无须后浇混凝土的干式连接,在现场通过螺栓连接、焊接和预应力压接等方式实现拼接。

图3.2展示了我国首个全装配式螺栓干式连接项目。该结构可免去现场湿作业、施工效率高、施工质量好,同时可提高资源利用率、减少建筑对环境的不良影响,是实现建筑节能减排的有效途径。

图3.2 全装配式混凝土框架结构

2)装配式混凝土框架结构节点设计

根据节点连接方式的不同,装配式混凝土框架结构可以划分为等同现浇结构与非等同现浇结构两种。其中,等同现浇结构是节点刚性连接,非等同现浇结构是节点柔性连接。在结构性能和设计方法方面,等同现浇结构在设计方法上和现浇结构基本一样,但其节点连接形式较为复杂;非等同现浇结构现场连接快速简单,但是非等同现浇结构的耗能机制、整体性能和设计方法具有不确定性,需通过理论分析、试验研究等加以论证。

对于等同现浇(节点刚性连接)的装配式混凝土框架结构,按预制构件的拆分及拼装方式可以分为3种:①梁柱以"一"字形构件为主,主要在梁柱节点位置进行构件之间的连接。这种方式节点连接完成后结构的整体性较好,但接缝位于受力关键部位,连接要求高,且节点区钢筋交错,导致构件截面偏大。②基于二维的预制构件,采用平面"T"形或"十"字形构件通过一定的方法连接。该连接方式节点性能较好,接头位于受力较小部位,但构件本身结构复杂,生产、运输、堆放以及现场安装施工不方便。③基于三维构件,采用三维"双T"形和"双十"字形构件通过一定的方法连接。这种方式能减少施工现场节点连接的数量,湿作业少,但构件是三维构件,质量大,同样不便于生产、运输、堆放以及安装施工,具体内容详见第5章相关内容。

图3.3 "一"字形构件的框架梁柱节点

实际应用最多的是基于一维构件、节点刚性连接的装配式混凝土框架结构体系(图3.3),其具有和现浇结构等同的性能,结构的适用高度、抗震等级、设计方法等与现浇结构基本相同,同时该结构体系还减少了现场的湿作业。从结构分析、结构性能、构件生产及施工安装等方面考虑,装配式混凝土框架结构是最简单、最适合的结构体系,其瓶颈是我国现行规范中关于框架结构的最大适用高度偏低。

3.2.2 装配式剪力墙结构体系

国内装配式混凝土剪力墙结构主要采用全部或部分剪力墙预制,通过可靠的连接方式进行连接,并与现场后浇混凝土、水泥基灌浆料形成整体的装配整体式混凝土剪力墙结构。装配整体式混凝土剪力墙结构主要分为全预制剪力墙结构、预制叠合剪力墙结构、多层装配式墙板结构。

1)全预制剪力墙结构

内外墙均预制、连接节点部分现浇的剪力墙结构,称为全预制剪力墙结构(图3.4)。全预制剪力墙结构是最早被广泛使用的预制剪力墙结构体系,在西欧国家应用普遍。该结构通常将整块的剪力墙在工厂预制,在施工现场对剪力墙之间拼接接缝处装配连接。其拥有预制化率高等特点,但现场连接拼缝较多,施工难度较大,且构件连接接缝性能对结构整体性能影响较大,整体抗震性能与现浇结构相比较差。

图3.4　全预制剪力墙结构

2)预制叠合剪力墙结构

预制叠合剪力墙结构为一种半装配式剪力墙结构体系,其基本构件为钢筋混凝土叠合剪力墙。该结构体系在欧洲各国应用广泛。叠合剪力墙墙体一部分为预制混凝土,剩余预留空隙部分需要在现场进行后浇工作,将剪力墙从厚度方向划分为3层,根据内外两层剪力墙预制情况可分为单面叠合剪力墙和双面叠合剪力墙两种。双面叠合剪力墙[图3.5(a)]中,内外叶墙板均为预制墙板,且预制墙板内钢筋根据剪力墙受力要求和中间后浇层混凝土对预制墙板侧压力的影响配置,两侧预制墙板通过桁架钢筋有效连接。现场安装完毕后,浇筑中间空心层形成整体剪力墙结构,共同承担竖向和水平荷载作用。单面叠合剪力墙仅一侧墙板为预制墙板,一般用于建筑物外围,可在墙体内增设保温层等材料,其内、外叶板间通过连接件进行可靠连接。单面叠合剪力墙剖面示意图如图3.5(b)所示。预制叠合剪力墙结构在现场施工便捷,但其受剪承载力相对较弱,在低烈度区基本可以达到现浇结构的抗震水平,在高烈度区的抗震性能还需进一步研究。

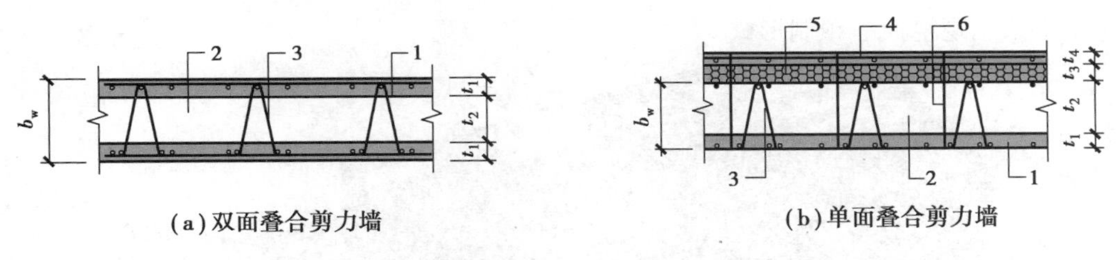

1—预制部分;2—后浇部分;3—桁架钢筋;4—外叶板钢筋网片;5—保温层;6—连接件;
t_1—预制内叶板厚度;t_2—后浇部分厚度;t_3—保温层厚度;t_4—预制外叶板厚度;b_w—剪力墙计算厚度

图 3.5 预制叠合剪力墙剖面图

3)多层装配式墙板结构

基于我国城镇化及新农村建设需要,并参照日本和我国20世纪的相关经验,我国已研究开发出多层装配式墙板结构体系。该结构中全部或部分墙体采用预制墙板构建成的多层装配式混凝土结构,简称多层装配式墙板结构,如图3.6所示。该结构体系主要用于6层以下的低、多层建筑,与高层装配整体式剪力墙结构相比,多层装配式剪力墙的暗柱设置及水平接缝的连接均有所简化(降低了剪力墙及暗柱配筋率、配箍率要求,允许采用预制楼盖和部分干式连接的做法),使得该结构具有施工简单、速度快、效率高等特点,适用于村镇地区大量的多层住宅建设、城市保障住房、商业开发的别墅、学生公寓、安置房等建筑结构体系。

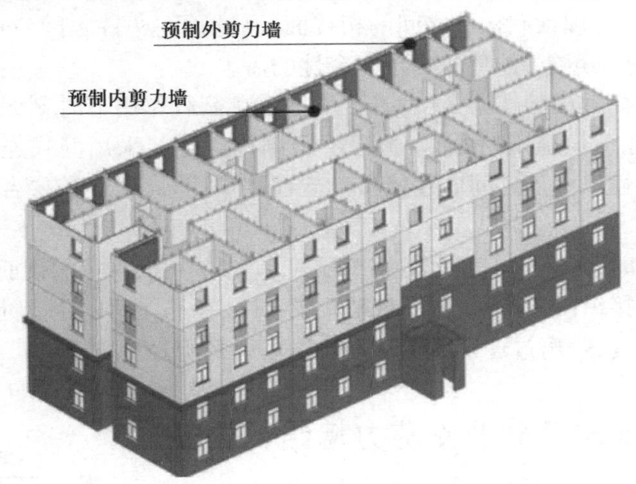

图 3.6 多层装配式墙板结构

3.2.3 装配整体式框架-现浇剪力墙结构体系

为了充分发挥框架结构平面布置灵活和剪力墙结构抗侧刚度大的特点,可采用将框架和剪力墙相结合的结构体系,称其为框架-剪力墙结构。将框架部分的构件如梁、柱等在工厂预制,在现场进行装配,并将框架结构叠合部分与剪力墙在现场同时浇筑,从而形成共同承担水平和竖向荷载的结构体系。这种结构形式称为装配整体式框架-现浇剪力墙结构,如图3.7所示。这种结构形式中的框架部分和装配整体式框架结构一致,使得预制装配技术在高层建筑中得以应用。由于对这种结构形式的整体受力研究不够充分,目前装配整体式框架-剪力墙结构中剪力墙基本都采用现浇而非预制形式。

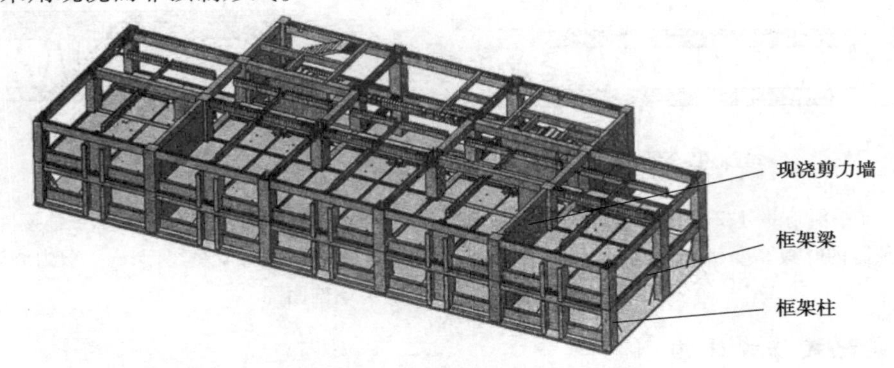

图 3.7　装配整体式框架-现浇剪力墙结构

框架-现浇剪力墙结构综合考虑了整体式框架及剪力墙结构两者的优点,既提升了建筑的使用功能,又使建筑物能够满足抗震要求。通过分析现浇剪力墙的结构设计,有助于施工建设团队更好地把握施工要点,提高施工质量,同时总结该结构在设计时存在的问题,以便该体系能够不断改进和发展。

在框架-现浇剪力墙节点构造设计中,梁柱节点的承载能力及延展性能是框架-现浇剪力墙结构中剪力墙抗震性能的重要衡量指标。在现场施工时,必须加大对现场节点构造质量的监管力度,选择恰当的方法处理预制构件之间的相接面,测试预制构件之间节点连接部位钢筋的连接质量,以保证节点连接可靠,使建筑满足安全性的需求。

为了保证装配整体式框架-现浇剪力墙结构整体在荷载作用下时刻处于弹性形变状态,保证节点的连接质量,在现场施工时,通常情况下预制构件之间采用湿式连接的节点连接方式。湿式连接的节点可靠性以钢筋之间的连接质量起控制作用,同时还需要合理配比灌浆材料,保证注浆的质量。

在选取纵向钢筋时,应注意工程对钢筋直径的要求,选用大直径的钢筋可以减小钢筋用量,减小施工任务量。连接纵向钢筋时,依据规范要求,控制钢筋之间的距离处于一个合理范围,距离过近会造成材料浪费,距离过远则无法达到建筑在承载能力上的需求。

3.2.4　装配整体式部分框支剪力墙结构体系

随着经济建设的迅速发展以及人民生活水平的提高,高层建筑在结构形式、使用功能等方面在不断进行前所未有的变革,其中出现了一种新的建筑形式——商用一体式住宅。这种建筑在下部结构选择轴网间距较大的大开间,可以布置成大型商场、超市或者饭店等;而上部结构选择轴网间距较小的小开间,在使用功能上可作为住宅、办公室或者旅馆等。这样的建筑形式不仅可以减小建筑用地面积,还能满足开发商的建筑使用功能要求。因此,在高层建设快速发展的现代社会中,将两种不同的结构形式相融合,是现代高层建筑发展的重要方向。

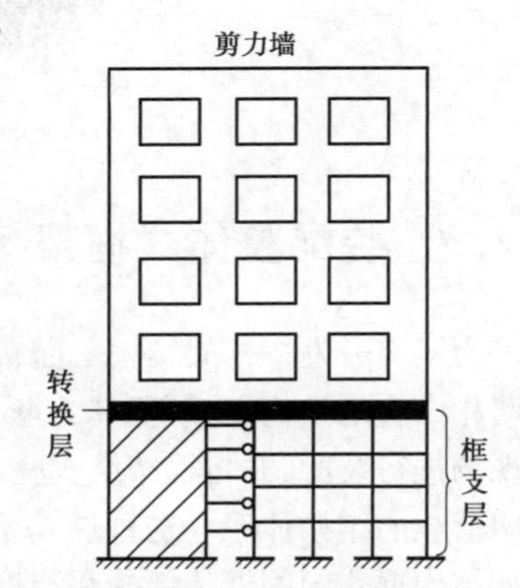

图 3.8　装配整体式部分框支剪力墙结构

在需求的牵引下,框支转换和跃层等结构随之诞生。由于剪力墙结构的灵活性不高,平面布置具有局限性,为了功能需要,需要将结构下部的一层或几层部分墙体做成框架,形成框支剪力墙,称为部分框支剪力墙结构。框支层的空间加大,扩大了建筑的使用功能。转换层以上的全部或者部分剪力墙采用预制墙板,称为装配整体式部分框支剪力墙结构,如图 3.8 所示。该种结构可被应用于底部带有商业使用功能的公寓、酒店等。

3.2.5 装配整体式框架-现浇核心筒结构体系

框架-核心筒结构是高层或超高层建筑中常用的一种结构体系。该体系由内部核心筒和外围稀柱框架组成,既满足了建筑功能使用需求,又可提供足够大的抗侧刚度来满足高层建筑抗风、抗震要求,在我国高层、超高层建筑中应用广泛。

装配整体式框架-现浇核心筒结构中,框架部分与装配式混凝土框架结构类似,内部的核心筒采用现场浇筑的形式。从抗侧力机理角度对结构进行分析,装配整体式框架-现浇核心筒结构由框架和核心筒两种受力特点完全不同的抗侧体系组成,并通过楼盖体系的变形协调作用,形成外框架与内核心筒协同作用、共同受力的双重抗侧体系。在水平力作用下,框架和核心筒的变形曲线分别为剪切型和弯曲型(图 3.9),二者通过变形协调,在结构下部核心筒位移加大,框架位移减小;在结构上部核心筒位移减小,框架位移加大,使整体结构变形沿建筑高度较为均匀。

从结构抗震概念设计角度分析,装配整体式框架-现浇核心筒双重抗侧力结构符合我国建筑抗震设计中"多道防线"的指导思想。在地震作用下,核心筒由于刚度大承担了绝大部分的地震剪力,成为主要的抗侧力构件,是结构第一道抗震防线;外框架作为内筒的补充,用于承担其余的地震剪力,当核心筒连梁出现破坏或墙体出现损伤导致刚度退化时,核心筒和框架的刚度比例发生变化,地震力会发生重分配,部分转移至外框架,外框架起到第二道抗震防线的作用,从而能延缓整体结构刚度退化,提高延性和抗倒塌性能。

装配整体式框架-现浇核心筒结构(图 3.10)以其良好的抗震性能和均匀的变形特性受到国内外学者的广泛关注,加之当今世界各国正在不断探索建筑新高,装配整体式框架-现浇核心筒结构作为超高层建筑常用的一种结构体系,具有广泛的应用前景。

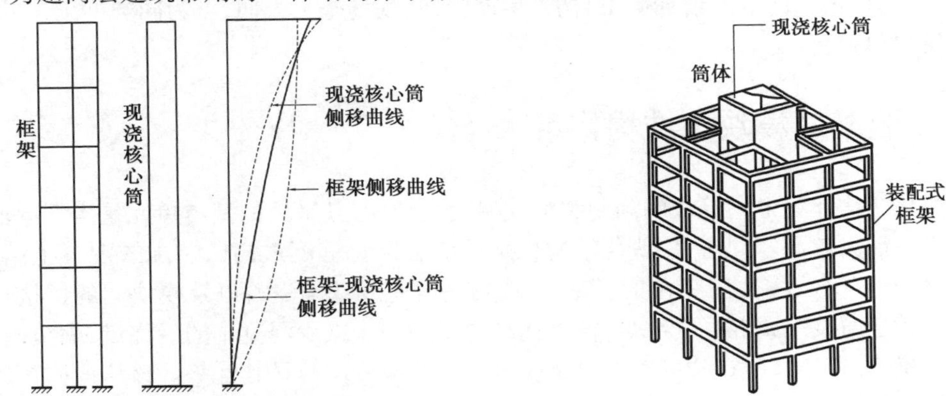

图 3.9 装配整体式框架-现浇核心筒结构侧移曲线示意图

图 3.10 装配整体式框架-现浇核心筒结构

3.2.6 装配式混凝土铰接框架-支撑结构体系

装配式混凝土框架结构作为一种常见的结构体系，虽具有良好的性能，但在地震作用下结构通过梁端塑性铰区屈服耗能，震后修复难度较大。若将预制梁柱节点通过某种方式实现铰接连接，使其主要承受竖向荷载，则在地震作用下梁柱节点将处于弹性状态，侧向荷载可以通过合理设置的屈曲约束支撑承担，这种结构体系被称为装配式混凝土铰接框架-支撑结构体系(图3.11)。装配式混凝土铰接框架-支撑结构是一类新型的装配式混凝土结构体系，其预制梁柱铰接，屈曲约束支撑与铰接框架构成水平受力系统，而竖向力由框架柱承担。该体系受力明确，是一种适合工业化建造的结构体系。

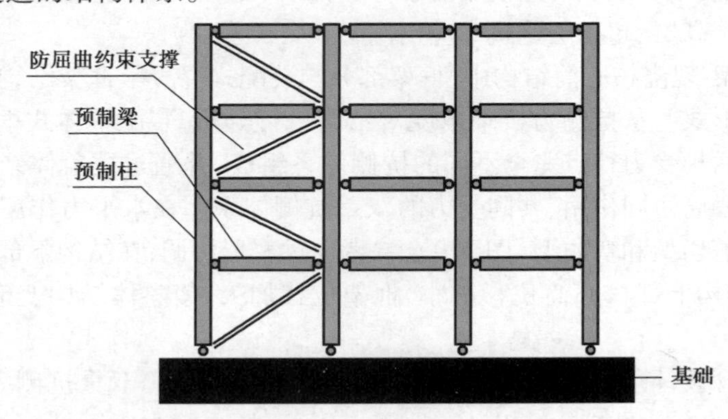

图 3.11 装配式混凝土铰接框架-支撑结构体系示意图

对于装配式混凝土铰接框架-支撑结构，目前缺乏相关规范作为支撑。为了探讨该新型结构体系的抗震性能和建设效率，相关学者对该结构进行了相关理论分析和试验研究。在水平地震作用下，该体系表现出较大的抗侧刚度，能满足多遇地震和罕遇地震作用下规范对结构体系性能的要求，屈曲约束支撑作为该结构体系的“保险丝”和“第一道防线”，在罕遇地震作用下，结构下部屈曲约束支撑滞回曲线饱满，耗能作用明显；刚接柱脚在罕遇地震作用下未出现塑性铰，其在部分屈曲约束支撑失效的极端情况下可作为“第一道防线”的补充提供抗侧刚度。除此之外，该结构体系的节点设计简单，构件生产便捷，现场施工方便，可为同类型工程的设计、生产和施工提供借鉴。

3.2.7 装配式模块化结构体系

模块化结构作为最高等级的预制装配式混凝土结构，其采用的基本单元是当下运输条件下所能运输的最大单元。同时，模块化结构也是目前装配化程度最高的装配式混凝土结构，其预制率为70% ~95%，多数工序在工厂完成，现场只需完成基础浇筑以及模块间的拼接。对比现浇结构以及普通装配式混凝土结构，模块化结构可进一步减少混凝土的后浇量，缩短施工周期，提高装配速率，近年来已在防疫医院以及应急学校建设方面凸显其优势。该结构体系的特点是在三维的预制模块单元中，集建筑墙板、装修、管线设备等于一体，并满足各项建筑性能要求和吊装运输的性能要求，生产完毕后，运往现场进行吊装、模块间的拼接。图3.12(a)为模块化建筑中不同使用功能的单一模块，在现场只需对图3.12(a)中所示的各个模块进行拼接，最终形成图 3.12(b)所示的结构形式。模块化建筑在预制装配方面极具特色,主要体现在结构与使用功能两方面,不仅结构部分施工便捷,还免去了后期的装修等工作,这是它相对于其他装配技术的最大不同。

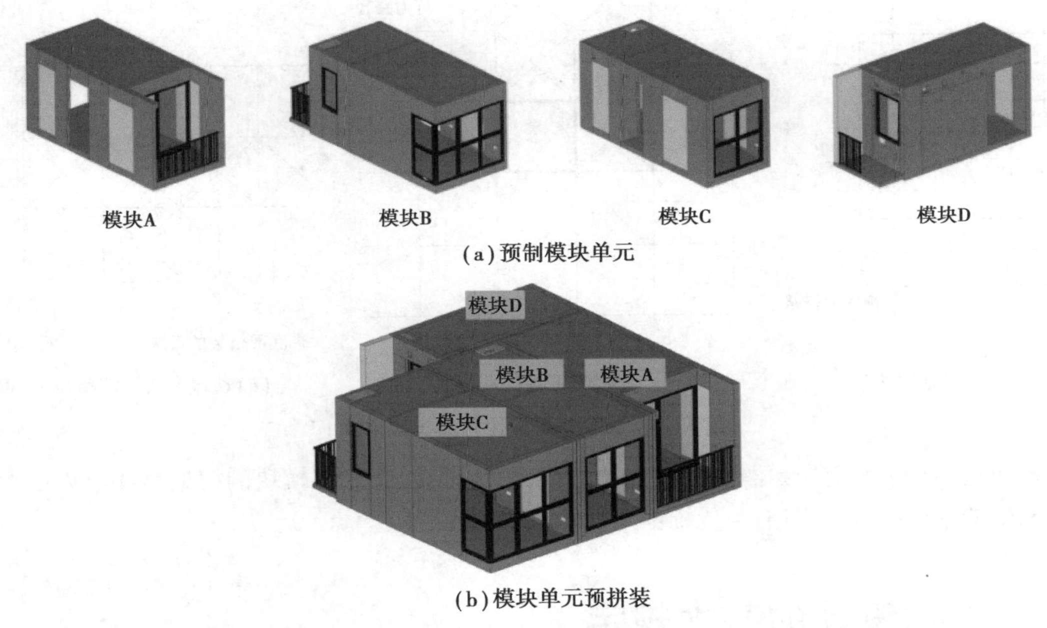

(a)预制模块单元

(b)模块单元预拼装

图 3.12 模块化结构体系

模块的生产起初考虑到生产线和运输方便这些因素,在工厂制备模块时单纯模仿集装箱的结构和模数,并考虑模块在使用功能的要求(如通风、采光、照明、取暖等),形成了一系列的模块化产品。随着应用场合的多样化,模块从模仿集装箱结构逐步趋于多元化。对于混凝土模块化结构,按照其受力形式的不同形成了预制模块化混凝土剪力墙结构和预制模块化混凝土框架结构这两种结构体系。

模块化结构体系中的各个模块本身应足以承受累积性的竖向荷载。但更重要的是要考虑结构承受水平荷载的方案:当设计侧向力较小时,模块自身结构足以抵抗水平力作用;在高层结构中或者高烈度地震区,需要外加抗侧力体系或减隔震措施。现分述如下:

①纯模块体系:通过模块自身结构进行抗侧,该体系不需附加其他抗侧结构,因此具有较快的建造速度。纯模块体系多用于非抗震区且层数在 8 层及 8 层以下的建筑。

②模块-外加抗侧力结构体系:在高层建筑中或高烈度地区,需要外加抗侧力结构抵抗风荷载和地震作用。包括外加混凝土核心筒、外加框架、外加框架-支撑体系等。

③减隔震模块结构体系:在对抗震有更高要求的地区,采用减震隔震的措施进一步消耗地震能量。包括底部隔震模块结构、悬挂式模块结构、次结构模块化的悬挂结构等。

上述第二种体系应用较为广泛,在模块化混凝土结构水平力的传递中,层内传递水平力的途径是关键。传统结构可以假设楼板在平面内刚度无限大,然而在模块建筑中,刚性楼板假定不一定成立。现有的层内传力组织方案可分为以下 4 类:①如图 3.13(a)所示,通过叠合楼板的等效连接以及整体装配式连接等方式,利用整块楼板进行层内传力。②如图 3.13(b)所示,通过外加底部桁架进行层内传力,在下层模块和上层模块之间设置水平的桁架,层内的每个模块均与桁架相连,通过桁架把水平力传递给抗侧力体系。③如图 3.13(c)所示,通过人为设定传力路径,如通过特殊的走廊模块将力传递给抗侧力体系。④各模块均与抗侧力体系直接相连。

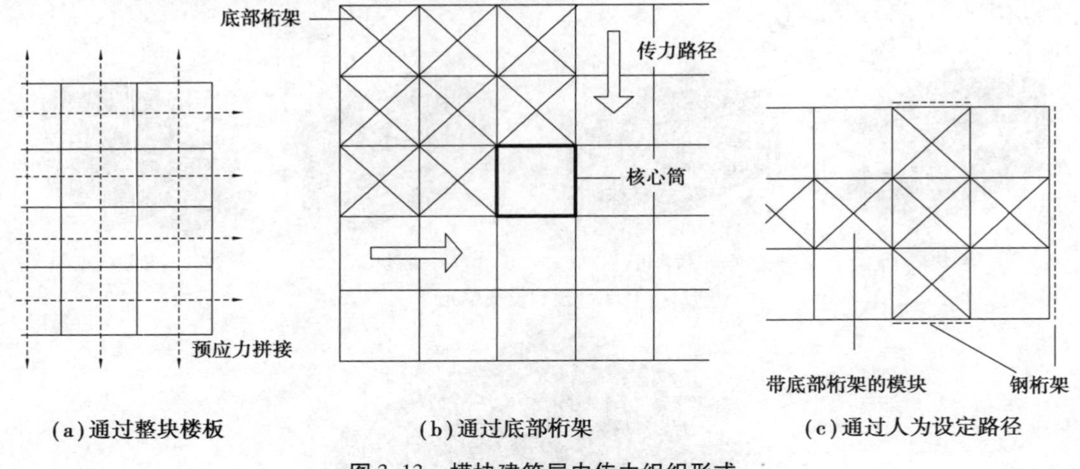

图 3.13 模块建筑层内传力组织形式

模块化结构还具有"簇梁簇柱"的特征,即各模块拼接后,相邻模块的框架梁柱形成更大的但是松散的梁柱组合体,具有与传统框架不同的结构特性。

3.3 结构设计的基本规定

目前规范只给出装配整体式结构设计的基本规定,对其他类型的结构体系,由于技术不够成熟等原因还没有相关规范要求。对装配整体式结构,主要从结构体系的一般规定、结构材料、作用及作用组合、结构分析和变形验算、预制构件设计等方面作出相关规定。

3.3.1 一般规定

1)最大适用高度

装配整体式混凝土结构当选取可靠的节点连接方式,并在节点连接时采用合理的构造措施,以保证装配式结构良好的结构整体抗震性能。结构的整体性越好,其最大适用高度就越接近现浇混凝土结构。

而对于装配整体式剪力墙结构,墙体之间的接缝数量多且构造复杂,接缝的构造措施及施工质量对结构整体的抗震性能影响较大,使装配整体式剪力墙结构抗震性能很难完全等同于现浇结构。我国近年来对装配式剪力墙结构已进行了大量的研究工作,但由于工程实践偏少,规程对装配式剪力墙结构采取从严要求的态度,与现浇结构相比适当降低了其最大适用高度。当预制剪力墙数量较多时,即预制剪力墙承担的底部剪力较大时,对其最大适用高度的限制更加严格。

按照《装配式混凝土结构技术规程》(JGJ 1)和《装配式混凝土建筑技术标准》(GB/T 51231)中的相关规定,装配整体式混凝土结构的房屋最大适用高度应满足表 3.1 的要求,并应符合下列规定:

表 3.1 装配整体式混凝土结构房屋最大适用高度 单位:m

<table>
<tr><th colspan="2" rowspan="2">结构类型</th><th colspan="4">抗震设防烈度</th></tr>
<tr><th>6 度</th><th>7 度</th><th>8 度(0.2g)</th><th>8 度(0.3g)</th></tr>
<tr><td colspan="2">装配整体式框架结构</td><td>60</td><td>50</td><td>40</td><td>30</td></tr>
<tr><td colspan="2">装配整体式框架-现浇剪力墙结构</td><td>130</td><td>120</td><td>100</td><td>80</td></tr>
<tr><td colspan="2">装配整体式框架-现浇核心筒结构</td><td>150</td><td>130</td><td>100</td><td>90</td></tr>
<tr><td rowspan="3">装配整体式剪力墙结构</td><td>全预制剪力墙结构</td><td>130(120)</td><td>110(100)</td><td>90(80)</td><td>70(60)</td></tr>
<tr><td>双面叠合剪力墙结构</td><td>90</td><td>80</td><td>60</td><td>50</td></tr>
<tr><td>多层装配式墙板结构</td><td>28</td><td>24</td><td>21</td><td>—</td></tr>
<tr><td colspan="2">装配整体式部分框支剪力墙结构</td><td>110(100)</td><td>90(80)</td><td>70(60)</td><td>40(30)</td></tr>
</table>

注:①房屋高度指室外地面到主要屋面的高度,不包括局部突出屋顶的部分;

②部分框支剪力墙结构指地面以上有部分框支剪力墙的剪力墙结构,不包括仅个别框支墙的情况;

③单面叠合剪力墙结构在 6 度和 7 度抗震设防烈度下的最大适用高度和双面叠合剪力墙结构相同;

④对于多层装配式墙板结构:6 度抗震设防烈度最大适用层数 9 层,7 度抗震设防烈度最大适用层数 8 层,8 度(0.2g)抗震设防烈度最大适用层数 7 层。

①当结构中竖向构件全部为现浇且楼盖采用叠合梁板时,房屋的最大适用高度可按现行行业标准《高层建筑混凝土结构技术规程》(JGJ 3)中的规定采用。

②装配整体式剪力墙结构和装配整体式部分框支剪力墙结构,在规定的水平力作用下,当预制剪力墙构件底部承担的总剪力大于该层总剪力的 50% 时,其最大适用高度应适当降低;当预制剪力墙构件底部承担的总剪力大于该层总剪力的 80% 时,最大适用高度应取表 3.1 中括号内的数值。

③装配整体式剪力墙结构和装配整体式部分框支剪力墙结构,当剪力墙边缘构件竖向钢筋采用浆锚搭接连接时,房屋最大适用高度应比表中数值降低 10 m。

④超过表内高度的房屋,应进行专门研究和论证,采取有效的加强措施。

2)最大适用高宽比

根据《装配式混凝土结构技术规程》(JGJ 1)和《装配式混凝土建筑技术标准》(GB/T 51231)规定,高层装配整体式结构适用的最大高宽比如表 3.2 所示。

表 3.2 高层装配整体式结构适用的最大高宽比

结构类型	抗震设防烈度	
	6、7 度	8 度
装配整体式框架结构	4	3
装配整体式框架-现浇剪力墙结构	6	5
装配整体式剪力墙结构	6	5
装配整体式框架-现浇核心筒结构	7	6

注:装配整体式剪力墙结构中,多层装配式墙板结构在 6 度抗震设防烈度最大高宽比为 3.5,7 度抗震设防烈度最大高宽比为 3.0,8 度(0.2g)抗震设防烈度最大高宽比为 2.5;其他形式的装配整体式剪力墙结构最大高宽比取表中数据。

高层建筑的高宽比是对结构刚度、整体稳定、承载能力和经济合理性的宏观控制。当建筑物平面布置比较复杂时，需要根据具体的平面布置情况、体型及采取的技术措施，综合判定后确定建筑宽度。对于装配式剪力墙结构，当高宽比较大时，结构在设防烈度地震作用下墙板接缝处可能会出现较大的拉应力区，对预制墙板竖向连接的承载力要求会显著增加，影响结构的抗震性能。因此，对于装配式剪力墙结构建筑的高宽比应严格控制，以提高结构的抗倾覆能力，避免墙板水平接缝在受剪的同时又承受较大拉力，保证该结构体系的安全性和经济性，以充分发挥装配式剪力墙结构体系的优势。

3）抗震等级

装配整体式混凝土结构对比现浇混凝土结构，其结构的整体性被削弱，因此对于装配式混凝土结构相关技术规程中抗震方面的要求应严格遵守执行。同时，现行设计标准中针对钢筋混凝土结构的强制性条文同样也适用于装配式混凝土结构体系。

装配整体式混凝土结构构件的抗震设计，应根据设防类别、烈度、结构类型和房屋高度采用不同的抗震等级，并应符合相应的计算和构造措施要求。丙类装配整体式混凝土结构的抗震等级应按表3.3确定。其他抗震设防类别和特殊场地类别下的建筑应符合现行标准《建筑抗震设计规范》(GB 50011)、《装配式混凝土结构技术规程》(JGJ 1)、《高层建筑混凝土结构技术规程》(JGJ 3)中对抗震措施进行调整的规定。

表3.3　丙类建筑装配整体式混凝土结构的抗震等级

<table>
<tr><th colspan="2" rowspan="2">结构类型</th><th colspan="8">抗震设防烈度</th></tr>
<tr><th colspan="2">6度</th><th colspan="3">7度</th><th colspan="3">8度</th></tr>
<tr><td rowspan="3">装配整体式框架结构</td><td>高度(m)</td><td>≤24</td><td>>24</td><td>≤24</td><td colspan="2">>24</td><td colspan="2">≤24</td><td>>24</td></tr>
<tr><td>框架</td><td>四</td><td>三</td><td>三</td><td colspan="2">二</td><td colspan="2">二</td><td>一</td></tr>
<tr><td>大跨度框架</td><td colspan="2">三</td><td colspan="3">二</td><td colspan="3">一</td></tr>
<tr><td rowspan="3">装配整体式框架-现浇剪力墙结构</td><td>高度(m)</td><td>≤60</td><td>>60</td><td>≤24</td><td>>24且≤60</td><td>>60</td><td>≤24</td><td>>24且≤60</td><td>>60</td></tr>
<tr><td>框架</td><td>四</td><td>三</td><td>四</td><td>三</td><td>二</td><td>三</td><td>二</td><td>一</td></tr>
<tr><td>剪力墙</td><td>三</td><td>三</td><td>三</td><td>二</td><td>二</td><td>二</td><td>一</td><td>一</td></tr>
<tr><td rowspan="2">装配整体式框架-现浇核心筒结构</td><td>框架</td><td colspan="2">三</td><td colspan="3">二</td><td colspan="3">一</td></tr>
<tr><td>核心筒</td><td colspan="2">二</td><td colspan="3">二</td><td colspan="3">一</td></tr>
<tr><td rowspan="2">装配整体式剪力墙结构</td><td>高度(m)</td><td>≤70</td><td>>70</td><td>≤24</td><td>>24且≤70</td><td>>70</td><td>≤24</td><td>>24且≤70</td><td>>70</td></tr>
<tr><td>剪力墙</td><td>四</td><td>三</td><td>四</td><td>三</td><td>二</td><td>三</td><td>二</td><td>一</td></tr>
<tr><td rowspan="4">装配整体式部分框支剪力墙结构</td><td>高度(m)</td><td>≤70</td><td>>70</td><td>≤24</td><td>>24且≤70</td><td>>70</td><td>≤24</td><td>>24且≤70</td><td rowspan="4">—</td></tr>
<tr><td>现浇框支框架</td><td>二</td><td>二</td><td>二</td><td>二</td><td>一</td><td>一</td><td>一</td></tr>
<tr><td>底部加强部位剪力墙</td><td>三</td><td>二</td><td>三</td><td>二</td><td>一</td><td>二</td><td>一</td></tr>
<tr><td>其他区域剪力墙</td><td>四</td><td>三</td><td>四</td><td>三</td><td>二</td><td>三</td><td>二</td></tr>
</table>

注：①大跨度框架指跨度不小于18 m的框架；

②高度不超过60 m的装配整体式框架-现浇核心筒结构按装配整体式框架-现浇剪力墙的要求设计时，应按表中装配整体式框架-现浇剪力墙结构的规定确定其抗震等级。

③预制剪力墙结构、预制叠合剪力墙结构、多层装配式墙板结构均应按表中装配整体式剪力墙结构的规定确定其抗震等级。

乙类装配整体式结构应按本地区抗震设防烈度提高一度的要求加强其抗震措施；当本地区抗震设防烈度为 8 度且抗震等级为一级时，应采取比一级更高的抗震措施；当建筑场地为 I 类时，仍可按本地区抗震设防烈度的要求采取抗震构造措施。

对于高层装配整体式混凝土结构，当其房屋高度、规则性等不符合规范规定或者抗震设防标准有特殊要求时，可按现行规范《建筑抗震设计规范》(GB 50011)和《高层建筑混凝土结构技术规程》(JGJ 3)的有关规定进行结构抗震性能化设计。当采用标准未规定的结构类型时，可采用试验方法对结构整体或者局部构件的承载能力极限状态和正常使用极限状态进行复核，并应进行专项论证。

4)平面布置

装配式结构的平面布置宜符合下列规定：

①平面形状宜简单、规则、对称，质量、刚度分布宜均匀，不应采用严重不规则的平面布置。

②平面长度不宜过长(图 3.14)，长宽比(L/B)宜按表 3.4 采用。

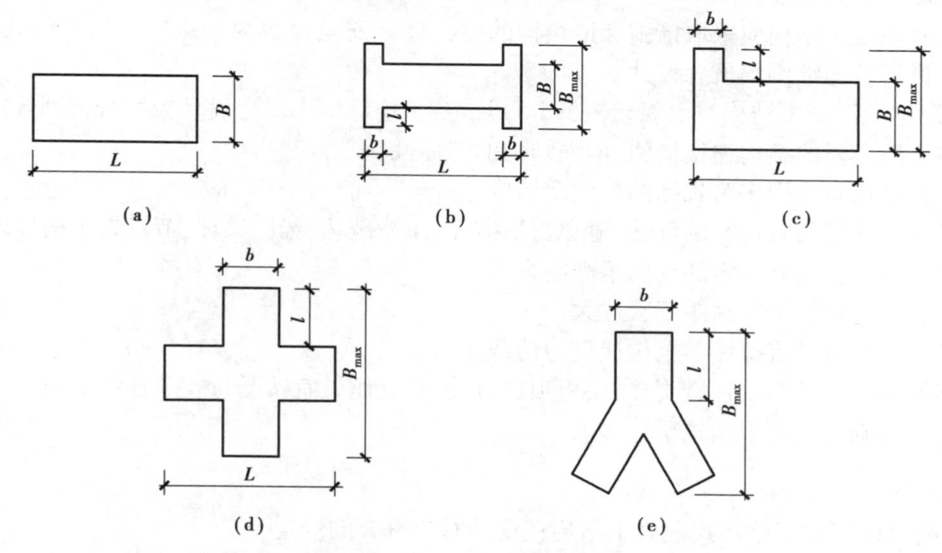

图 3.14 建筑平面示例

③平面突出部分的长度 l 不宜过大、宽度 b 不宜过小(图 3.14)，l/B_{max}、l/b 宜按表 3.4 采用。

④平面不宜采用角部重叠或细腰形平面布置。

表 3.4 平面尺寸及突出部位尺寸的比值限值

抗震设防烈度	L/B	l/B_{max}	l/b
6、7 度	≤6.0	≤0.35	≤2.0
8 度	≤5.0	≤0.30	≤1.5

5)竖向布置

装配式结构竖向布置应连续、均匀，应避免抗侧力结构的侧向刚度和承载力沿竖向突变(竖向抗侧力构件的截面尺寸和材料强度宜自下而上逐渐减小)，并应符合现行国家标准《建筑抗震设计规范》(GB 50011)的有关规定。规范规定,符合表3.5的结构属于竖向不规则结构。

表3.5　竖向不规则的主要类型

不规则类型	定义和参考指标
侧向刚度不规则	该层的侧向刚度小于相邻上一层的70%,或小于其上相邻3个楼层侧向刚度平均值的80%;除顶层或出屋面小建筑外,局部收进的水平向尺寸大于相邻下一层的25%
竖向抗侧力构件不连续	竖向抗侧力构件(柱、抗震墙、抗震支撑)的内力由水平转换构件(梁、桁架等)向下传递
楼层承载力突变	抗侧力结构的层间受剪承载力小于相邻上一楼层的80%

6)结构整体性要求

装配式混凝土结构应采取措施保证结构的整体性。安全等级为一级的高层装配式混凝土结构尚应进行抗连续倒塌概念设计。

《高层建筑混凝土结构技术规程》(JGJ 3)规定,抗连续倒塌概念设计应符合下列规定:

①应采取必要的结构连接措施,增强结构的整体性。

②主体结构宜采用多跨规则的超静定结构。

③结构构件应具有适宜的延性,避免剪切破坏、压溃破坏、锚固破坏、节点先于构件破坏。

④结构构件应具有一定的反向承载能力。

⑤周边及边跨框架的柱距不宜过大。

⑥转换结构应具有整体多重传递重力荷载途径。

⑦钢筋混凝土结构梁柱宜刚接,梁板顶、底钢筋在支座处宜按受拉要求连续贯通。

⑧独立基础之间宜采用拉梁连接。

7)其他规定

(1)高层建筑装配整体式混凝土结构在设计时应符合的规定

①当设置地下室时,地下室宜采用现浇混凝土。

②剪力墙结构和部分框支剪力墙结构底部加强部位宜采用现浇混凝土。

③框架结构的首层柱宜采用现浇混凝土。

④当底部加强部位的剪力墙、框架结构的首层柱采用预制混凝土时,应采取可靠技术措施。

(2)带转换层的装配整体式结构在设计时应符合的规定

①当采用部分框支剪力墙结构时,底部框支层不宜超过2层,且框支层及相邻上一层应采用现浇结构。

②部分框支剪力墙以外的结构中,转换梁、转换柱宜现浇。

3.3.2　结构材料

1)混凝土、钢筋、钢材和连接材料

混凝土、钢筋、钢材和连接材料的性能要求应符合现行标准《混凝土结构设计规范》(GB

50010)、《钢结构设计标准》(GB 50017)和《装配式混凝土结构技术规程》(JGJ 1)等的有关规定:

(1)预制构件的混凝土强度等级不宜低于C30;预应力混凝土预制构件的混凝土强度等级不宜低于C40,且不应低于C30;现浇混凝土的强度等级不应低于C25。

(2)装配式混凝土结构中普通钢筋采用套筒灌浆连接和浆锚搭接连接时,钢筋应采用热轧带肋钢筋;该结构中钢筋应按下列规定选用:

①纵向受力普通钢筋可采用HRB400、HRB500、HRBF400、HRBF500、HRB335、RRB400钢筋;梁、柱和斜撑构件的纵向受力普通钢筋宜采用HRB400、HRB500、HRBF400、HRBF500钢筋。

②箍筋宜采用HRB400、HRBF400、HRB335、HRB500、HRBF500钢筋。

③预应力筋宜采用预应力钢丝、钢绞线和预应力螺纹钢筋。

(3)预制构件的吊环应采用未经冷加工的HPB300级钢筋制作,吊装用内埋式螺母或吊杆的材料应符合国家现行相关标准的规定。

2)用于钢筋浆锚搭接连接的镀锌金属波纹管

用于钢筋浆锚搭接连接的镀锌金属波纹管应符合现行行业标准《预应力混凝土用金属波纹管》(JG/T 225)的有关规定,镀锌金属波纹管的钢带厚度不宜小于0.3 mm,波纹高度不应小于2.5 mm。

3)用于钢筋机械连接的挤压套筒

用于钢筋机械连接的挤压套筒,其原材料及实测力学性能应符合现行行业标准《钢筋机械连接用套筒》(JG/T 163)的有关规定。

4)用于水平钢筋锚环灌浆连接的水泥基灌浆材料

用于水平钢筋锚环灌浆连接的水泥基灌浆材料应符合现行国家标准《水泥基灌浆材料应用技术规范》(GB/T 50448)的有关规定。

3.3.3 作用及作用组合

装配式结构的作用及作用组合,应根据国家现行标准《建筑与市政工程抗震通用规范》(GB 55002)、《混凝土结构工程施工规范》(GB 50666)和《建筑结构可靠性设计统一标准》(GB 50068)等确定。

1)承载能力极限状态

装配整体式混凝土结构或结构构件破坏或过度变形的承载能力极限状态设计,应符合下式规定:

$$\gamma_0 S_d \leqslant R_d$$

式中 γ_0——结构重要性系数,其值按表3.6采用;

S_d——作用组合的效应设计值;

R_d——结构或结构构件的抗力设计值。

表 3.6　结构重要性系数 γ_0

结构重要性系数	对持久设计状况和短暂设计状况			对偶然设计状况和地震设计状况
	安全等级			
	一级	二级	三级	
γ_0	1.1	1.0	0.9	1.0

(1)持久设计状况和短暂设计状况

对持久设计状况和短暂设计状况,应采用作用的基本组合,并应符合下列规定:

①基本组合的效应设计值按下式中最不利值确定:

$$S_d = S\left(\sum_{i\geqslant 1}\gamma_{G_i}G_{ik} + \gamma_P P + \gamma_{Q_1}\gamma_{L_1}Q_{1k} + \sum_{j>1}\gamma_{Q_j}\psi_{cj}\gamma_{L_j}Q_{jk}\right)$$

式中　$S(\cdot)$——作用组合的效应函数;

G_{ik}——第 i 个永久作用的标准值;

P——预应力作用的有关代表值;

Q_{1k}——第 1 个可变作用的标准值;

Q_{jk}——第 j 个可变作用的标准值;

γ_{G_i}——第 i 个永久作用的分项系数,应按表 3.7 采用;

γ_P——预应力作用的分项系数,应按表 3.7 采用;

γ_{Q1}——第 1 个可变作用的分项系数,应按表 3.7 采用;

γ_{Q_j}——第 j 个可变作用的分项系数,应按表 3.7 采用;

γ_{L1}、γ_{Lj}——第 1 个和第 j 个考虑结构设计使用年限的荷载调整系数,应按表 3.8 采用;

ψ_{cj}——第 j 个可变作用的组合值系数,应按现行有关标准的规定采用。

表 3.7　建筑结构的作用分项系数

作用分项系数	适用情况	
	当作用效应对承载力不利时	当作用效应对承载力有利时
γ_G	1.3	≤1.0
γ_P	1.3	≤1.0
γ_Q	1.5	0

表 3.8　建筑结构考虑结构设计使用年限的荷载调整系数

结构的设计使用年限	γ_L
5	0.9
50	1.0
100	1.1

注:对设计使用年限为 25 年的结构构件,γ_L 应按各种材料结构设计标准的规定采用。

②当作用与作用效应按线性关系考虑时,基本组合的效应设计值按下式中最不利值计算:

$$S_d = \sum_{i \geqslant 1} \gamma_{Gi} S_{G_{ik}} + \gamma_P S_P + \gamma_{Q_1} \gamma_{L1} S_{Q_{1k}} + \sum_{j>1} \gamma_{Q_j} \psi_{cj} \gamma_{L_j} S_{Q_{jk}}$$

式中　$S_{G_{ik}}$——第 i 个永久作用标准值的效应;

S_P——预应力作用有关代表值的效应;

$S_{Q_{1k}}$——第 1 个可变作用标准值的效应;

$S_{Q_{jk}}$——第 j 个可变作用标准值的效应。

(2)装配整体式混凝土结构的结构构件截面抗震承载力

装配整体式混凝土结构的结构构件截面抗震承载力,应符合下式的相关规定:

$$S \leqslant R/\gamma_{RE}$$

式中　S——结构构件地震组合内力设计值,包括组合的弯矩、轴向力和剪力设计值等;

R——结构构件承载力设计值,按结构材料的强度设计值确定;

γ_{RE}——承载力抗震调整系数,除另有专门规定外,应按表 3.9 采用。

表 3.9　构件及节点承载力抗震调整系数 γ_{RE}

结构构件类别	正截面承载力计算					斜截面承载力计算	受冲切承载力计算、接缝受剪承载力计算
	受弯构件	偏心受压柱		偏心受拉构件	剪力墙	各类构件及框架节点	
		轴压比小于 0.15	轴压比不小于 0.15				
γ_{RE}	0.75	0.75	0.8	0.85	0.85	0.85	0.85

对地震设计状况下结构构件抗震验算的组合内力设计值,应采用地震作用效应和其他作用效应的基本组合值,并应符合下式规定:

$$S = \gamma_G S_{GE} + \gamma_{Eh} S_{Ehk} + \gamma_{Ev} S_{Evk} + \sum \gamma_{Di} S_{Dik} + \sum \psi_i \gamma_i S_{ik}$$

式中　γ_G——重力荷载分项系数,按表 3.10 采用;

γ_{Eh}、γ_{Ev}——水平、竖向地震作用分项系数,其取值不应低于表 3.11 的规定;

γ_{Di}——不包括在重力荷载内的第 i 个永久荷载的分项系数,应按表 3.10 采用;

γ_i——不包括在重力荷载内的第 i 个可变荷载的分项系数,不应小于 1.5;

S_{GE}——重力荷载代表值的效应,有吊车时,尚应包括悬吊物重力标准值的效应;

S_{Ehk}——水平地震作用标准值的效应;

S_{Evk}——竖向地震作用标准值的效应;

S_{Dik}——不包括在重力荷载内的第 i 个永久荷载标准值的效应;

S_{ik}——不包括在重力荷载内的第 i 个可变荷载标准值的效应;

ψ_i——不包括在重力荷载内的第 i 个可变荷载的组合值系数,应按表 3.10 采用。

表 3.10　各荷载分项系数及组合系数

荷载类别、分项系数、组合系数			对承载力不利	对承载力有利	适用对象
永久荷载	重力荷载	γ_G	≥1.3	≤1.0	所有工程
	预应力	γ_{Dy}			
	土压力	γ_{Ds}	≥1.3	≤1.0	市政工程、地下结构
	水压力	γ_{Dw}			
可变荷载	风荷载	ψ_w	0.0		一般的建筑结构
			0.2		风荷载起控制作用的建筑结构
	温度作用	ψ_t	0.65		市政工程

表 3.11　地震作用分项系数

地震作用	γ_{Eh}	γ_{Ev}
仅计算水平地震作用	1.4	0.0
仅计算竖向地震作用	0.0	1.4
同时计算水平与竖向地震作用(水平地震为主)	1.4	0.5
同时计算水平与竖向地震作用(竖向地震为主)	0.5	1.4

2) **正常使用极限状态**

结构或结构构件按正常使用极限状态设计时,应符合下式规定:

$$S_d \leqslant C$$

式中　S_d——作用组合的效应设计值;

C——设计对变形、裂缝等规定的相应限值,应按有关的结构设计标准的规定采用。

按正常使用极限状态设计时,宜根据不同情况采用作用的标准组合、频遇组合或准永久组合,并应符合下列规定:

(1)标准组合

标准组合宜用于不可逆正常使用极限状态,并应符合下列规定:

①标准组合的效应设计值按下式确定:

$$S_d = S\Big(\sum_{i\geqslant 1} G_{ik} + P + Q_{1k} + \sum_{j>1} \psi_{cj} Q_{jk}\Big)$$

②当作用与作用效应按线性关系考虑时,标准组合的效应设计值按下式计算:

$$S_d = \sum_{i\geqslant 1} S_{G_{ik}} + S_P + S_{Q_{1k}} + \sum_{j>1} \psi_{cj} S_{Q_{jk}}$$

(2)频遇组合

频遇组合宜用于可逆正常使用极限状态,并应符合下列规定:

①频遇组合的效应设计值按下式确定:

$$S_d = S\Big(\sum_{i\geqslant 1} G_{ik} + P + \psi_{f1} Q_{1k} + \sum_{j>1} \psi_{qj} Q_{jk}\Big)$$

式中　ψ_{f1}——第 1 个可变作用的频遇值系数;

ψ_{qj}——第 j 个可变作用的准永久值系数。

②当作用与作用效应按线性关系考虑时，频遇组合的效应设计值按下式计算：

$$S_d = \sum_{i\geqslant 1} S_{G_{ik}} + S_P + \psi_{f1} S_{Q_{1k}} + \sum_{j>1} \psi_{qj} S_{Q_{jk}}$$

(3)准永久组合

准永久组合宜用在当长期效应取决定性因素时的正常使用极限状态，并应符合下列规定：

①准永久组合的效应设计值按下式确定：

$$S_d = S\left(\sum_{i\geqslant 1} G_{ik} + P + \sum_{j\geqslant 1} \psi_{qj} Q_{jk}\right)$$

②当作用与作用效应按线性关系考虑时，准永久组合的效应设计值按下式计算：

$$S_d = \sum_{i\geqslant 1} S_{G_{ik}} + S_P + \sum_{j\geqslant 1} \psi_{qj} S_{Q_{jk}}$$

3)施工阶段验算

《装配式混凝土结构技术规程》(JGJ 1)对施工阶段的作用有如下规定：

(1)吊装验算

预制构件在翻转、运输、吊运、安装等短暂设计状况下的施工验算，应将构件自重标准值乘以动力系数后作为等效静力荷载标准值。构件运输、吊运时，动力系数宜取1.5；构件翻转及安装过程中就位、临时固定时，动力系数可取1.2。

(2)脱模验算

预制构件进行脱模验算时，等效静力荷载标准值应取构件自重标准值乘以动力系数后与脱模吸附力之和，且不宜小于构件自重标准值的1.5倍。动力系数与脱模吸附力应符合下列规定：

①动力系数不宜小于1.2。

②脱模吸附力应根据构件和模具的实际状况取用，且不宜小于1.5 kN/m^2。

《装配整体式混凝土叠合剪力墙结构技术规程》(DB42/T 1483)规定，在预制墙板空腔中浇筑混凝土时，应验算预制墙板的稳定性，混凝土对预制墙板的作用应考虑不小于1.2的动力系数；叠合楼板施工阶段验算时，施工活荷载应根据施工时的实际情况考虑，且不宜小于1.5 kN/m^2。

3.3.4 结构分析和变形验算

1)结构分析

装配式结构的设计，应注重概念设计和结构分析模型的建立，以及预制构件的连接设计。《装配式混凝土结构技术规程》(JGJ 1)对于高层装配式结构设计的主要概念，是在选用可靠的预制构件受力钢筋连接技术的基础上，采用预制构件与后浇混凝土相结合的方法，通过连接节点部位合理的构造措施，将装配式结构连接成一个整体，保证其结构性能具有与现浇混凝土结构等同的整体性、延性、承载力和耐久性能，达到与现浇混凝土等同的效果。在各种设计状况下，对等同现浇的装配整体式混凝土结构，可采用与现浇混凝土结构相同的方法进行结构分析。当同一层内既有预制又有现浇抗侧力构件时，地震设计状况下宜对现浇抗侧力构件在地震作用下的弯矩和剪力作适当放大。

装配整体式结构承载能力极限状态及正常使用极限状态的作用效应分析可采用弹性方法，

在对结构进行弹性分析时,节点和接缝的模拟应符合下列规定:

①当预制构件之间采用后浇带连接且接缝构造及承载力满足规范中的相应要求时,可按现浇混凝土结构进行模拟。

②对于规范中未包含的连接节点及接缝形式,应按照实际情况模拟。

2)变形验算

在进行抗震性能化设计时,结构在设防烈度地震及罕遇地震作用下的变形分析,可根据结构受力状态,采用弹性分析方法或弹塑性分析方法。弹塑性分析时,宜根据节点和接缝在受力全过程中的特性进行节点和接缝的模拟。材料的非线性行为可根据现行国家标准《混凝土结构设计规范》(GB 50010)确定,节点和接缝的非线性行为可根据试验研究确定。

在风荷载或多遇地震作用下,结构楼层内最大的弹性层间位移应符合下式规定:

$$\Delta u_e \leqslant [\theta_e]h$$

式中 Δu_e——楼层内最大弹性层间位移;

$[\theta_e]$——弹性层间位移角限值,应按表3.12采用;

h——层高。

表3.12 弹性层间位移角限值

结构类型	$[\theta_e]$
装配整体式框架结构	1/550
装配整体式框架-现浇剪力墙结构、装配整体式框架-现浇核心筒结构	1/800
装配整体式剪力墙结构、装配整体式部分框支剪力墙结构	1/1000
多层装配式剪力墙结构	1/1200

在罕遇地震作用下,结构薄弱层(部位)弹塑性层间位移应符合下式规定:

$$\Delta u_p \leqslant [\theta_p]h$$

式中 Δu_p——弹塑性层间位移;

$[\theta_p]$——弹塑性层间位移角限值,应按表3.13采用。

表3.13 弹塑性层间位移角限值

结构类型	$[\theta_p]$
装配整体式框架结构	1/50
装配整体式框架-现浇剪力墙结构、装配整体式框架-现浇核心筒结构	1/100
装配整体式剪力墙结构、装配整体式部分框支剪力墙结构	1/120

对结构变形进行计算时,应计入填充墙对结构刚度的影响。当采用轻质墙板填充墙时,可采用周期折减的方法予以考虑;对于框架结构,周期折减系数可取0.7~0.9;对于剪力墙结构,周期折减系数可取0.8~1.0。同时,在变形计算时,对现浇楼盖和叠合楼盖,均可假定楼盖在其自身平面内无限刚性,楼面梁的刚度可计入翼缘作用予以增大;梁刚度增大系数可根据翼缘情况近似取1.3~2.0。

3.3.5　预制构件设计

对预制构件进行设计应符合下列规范规定：

①预制构件的设计应满足标准化的要求，宜采用建筑信息化模型（BIM）技术进行一体化设计，确保预制构件的钢筋与预留洞口、预埋件等相协调，简化预制构件连接节点施工。

②预制构件的形状、尺寸、质量等应满足制作、运输、安装各环节的要求。

③对制作、运输、堆放、安装等短暂设计状况下的预制构件验算，应符合现行国家标准《混凝土结构工程施工规范》（GB 50666）的有关规定。

④预制构件的配筋设计应便于工厂化生产和现场连接，且当预制构件中钢筋的混凝土保护层厚度大于50 mm时，宜对钢筋的混凝土保护层采取有效的构造措施。

⑤对持久设计状况，应对预制构件进行承载力、变形、裂缝控制验算；对地震设计状况，应对预制构件进行承载力验算。

预制板式楼梯的梯段板底应配置通长的纵向钢筋。板面宜配置通长的纵向钢筋；当楼梯两端均不能滑动时，板面应配置通长的纵向钢筋。

预制构件中外露预埋件凹入构件表面的深度不宜小于10 mm，预埋件和连接件等外露金属件应按不同环境类别进行封闭或防腐、防锈、防火处理，并应符合耐久性要求。

用于固定连接件的预埋件与预埋吊件、临时支撑用预埋件不宜兼用；当兼用时，应同时满足各种设计工况要求。预制构件中预埋件的验算应符合现行国家标准《混凝土结构设计规范》（GB 50010）、《钢结构设计标准》（GB 50017）和《混凝土结构工程施工规范》（GB 50666）等有关规定。

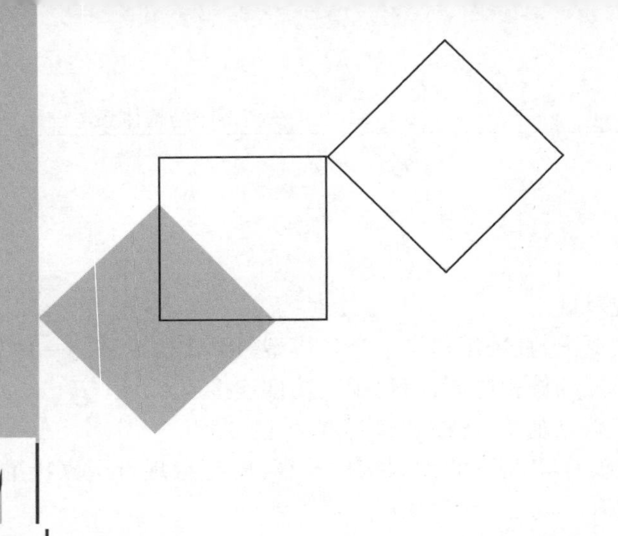

4 装配式混凝土叠合楼盖

4.1 概述

在装配式建筑结构体系中，楼板是重要的受力构件，具有承受荷载、传递荷载的作用。楼板一般分为现浇楼板、全装配式楼板（由预制楼板拼接而成）和装配整体式楼板（即叠合板）3 种类型，如图 4.1 所示。现浇楼板虽整体性能和抗震性能优越，适用范围广，但是施工周期长、浇筑面积大，并且需要大量模板，费用高昂。全装配式楼板虽具有装配率高、施工周期短的特点，但其整体性能和抗震性能不佳，不能直接用于高抗震烈度区，适用于低层房屋。叠合板由预制底板和后浇层叠合而成，结合了全装配式楼板和现浇楼板的优点。相对于全装配式楼板而言，叠合板有着较好的整体性能和抗震性能；相对于现浇楼板而言，叠合板具有施工方便快捷、减少模板支设等优点，适用于对整体刚度要求较高的高层建筑和大开间建筑。因此，叠合板近年来得到了广泛应用。

(a) 现浇楼板

(b) 全装配式楼板

(c) 叠合楼板

图 4.1　3 种不同类型的楼板

4.1.1 叠合板分类

目前，国内外学者主要采用底板带肋、预应力、空心（空腔）3 大类技术来提高叠合板受力性能，研发出了多种类型叠合板，详见图4.2—图4.6。3类技术特点以及各类叠合板类型及技术特点详见表4.1。

表4.1 叠合板常见类型及特点

类型	技术特点			规范图集	适用跨度
	带肋	预应力	空心		
预应力混凝土叠合板		√		T/CECS 993 06SG439-1	3.9～6 m
预制带肋底板混凝土叠合板	√	√		JGJ/T 258 14G443	3～9 m
钢筋桁架混凝土叠合板	√			T/CECS 715 15G366-1	2.7～6 m
钢管桁架预应力混凝土叠合板	√	√		T/CECS 722 23TG02	2.1～9.6 m
预应力混凝土空心板		√	√	T/CECS 10132 13G440	4.2～18 m
预应力混凝土双T板		√		18G432-1	8.1～24 m

注：①底板带肋技术。可提高叠合板施工阶段的刚度和叠合面抗剪性能，常用形式有钢筋桁架、灌浆钢管桁架、混凝土肋、波形钢板肋。

②预应力技术。可提高叠合板的抗裂性能、刚度，并有效利用高强材料，减轻楼板自重，使其适用于大跨度装配式建筑。

③空心(空腔)技术(空心多为圆形，且面积较小，空腔多为矩形，且面积较大)。可节省材料，减轻楼板自重，且对刚度影响较少。同时，空腔内放置轻质填充物，可发挥保温、隔音作用。

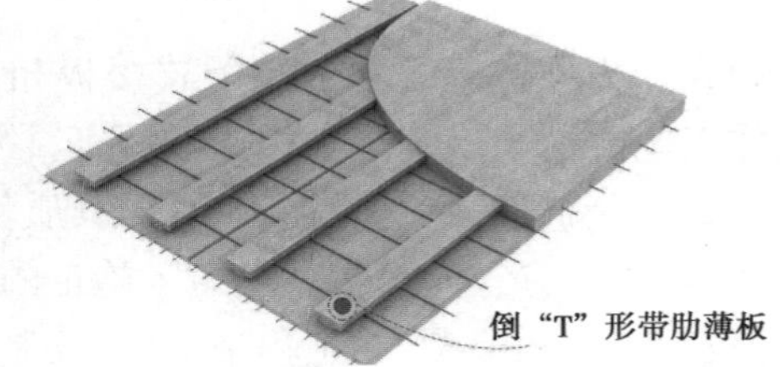

图4.2 预制带肋底板混凝土叠合板

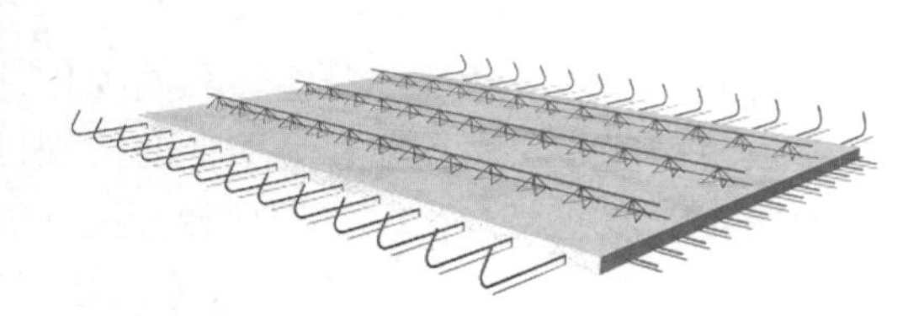

图4.3 钢筋桁架混凝土叠合板

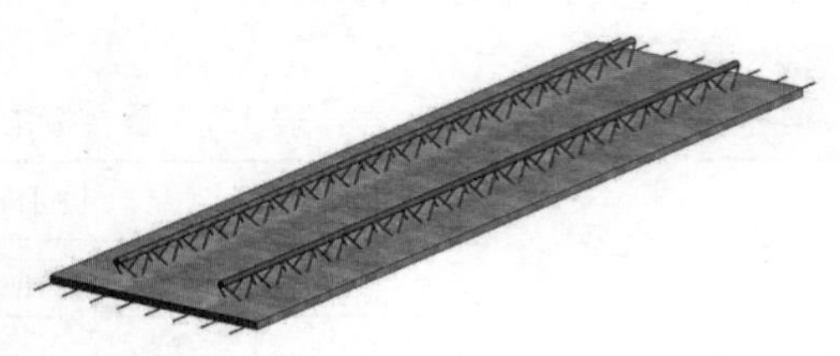

图 4.4　钢管桁架预应力混凝土叠合板

图 4.5　预应力混凝土空心板

图 4.6　预应力混凝土双 T 板

4.1.2　叠合板特点

叠合板在受力性能方面和全装配式楼板相比较，可以看出它能够提高整体结构的抗震性能。在制作工艺方面与现浇楼板相比较而言，楼板主要受力部分在下层，而叠合板这一部分都是在工厂中进行制造，通过机械加工生产，其质量相对于在建筑工地上现浇更有保障，且在工程的前期就能够进行生产加工，大大缩短了施工的工期；在工厂中加工，其生产的模板可以多次利用，不会造成不必要的浪费；在工程施工中，预制底板就可以充当模板，相比现浇作业减少了工作量，也减少了高空支模的难度。

由于叠合板整个结构分为预制与现浇两部分，那这两个部分的混凝土能否共同工作，能否承受相对较大的剪力而不产生滑移，这些成为了叠合板需要解决的问题。为了克服这一缺点，可以利用一些构造措施，使两个部分能够共同工作，并且当受力较大的时候又不会沿叠合面发生破坏；叠合板两个部分同样存在着龄期上的差别，所以会导致这两个部分收缩应力存在着差别，两部分龄期相差得越大，其收缩应力相差得也就越大；从施工制作角度看，叠合板还存在施工工序较多、节点构造复杂、运输吊装困难等问题，尤其在施工技术方面有较高的要求，所以在施工质量管理方面给施工单位提出了更严格的要求。

目前，我国已经从设计、构造和施工等各方面对叠合板做了很多的研究，为叠合板制定了相应规程和图集,如《密拼预应力混凝土叠合板技术规程》(T/CECS 993)、《预应力混凝土叠合板(50 mm、60 mm 实心板)》(06SG439-1)、《预制带肋底板混凝土叠合板技术规程》(JGJ/T 258)、《预制带肋底板混凝土叠合板》(14G443)、《钢筋桁架混凝土叠合板应用技术规程》(T/CECS 715)、《桁架钢筋混凝土叠合板(60 mm 厚底板)》(15G366-1)、《钢管桁架预应力混凝土叠合板技术规程》(T/CECS 722)、《钢管桁架预应力混凝土叠合板(35、40 mm 厚底板)》(23TG02)、《大跨度预应力混凝土空心板》(T/CECS 10132)、《大跨度预应力空心板(跨度 4.2 m ~ 18.0 m)》(13G440)、《预应力混凝土双 T 板(坡板宽度 2.4 m、3.0 m;平板宽度 2.0 m、2.4 m、3.0 m)》(18G432-1)等。规程和图集通过采取单面出筋叠合板以及板与板之间的密拼构造等措施,解决了叠合板运输困难,节点构造复杂,后浇带需要支设模板等问题。因此,叠合板在装配式结构中应用得最广泛。

4.1.3 叠合板一般规定

根据《装配式混凝土结构技术规程》(JGJ-1)、《装配式混凝土建筑技术标准》(GB/T 51231)的相关规定,叠合板应满足以下规定:

①装配整体式结构的楼盖宜采用叠合楼盖。

②高层装配整体式混凝土结构中,屋面层和平面受力复杂的楼层宜采用现浇楼盖。当采用叠合楼盖时,楼板的后浇混凝土叠合层厚度不应小于 100 mm 且后浇层内应采用双向通长配筋,钢筋直径不宜小于 8 mm,间距不宜大于 200 mm。

③叠合板应按现行国家标准《混凝土结构设计规范》(GB 50010)进行设计,并应符合下列规定:

a. 叠合板后浇层最小厚度应考虑楼板整体性要求以及管线预埋、面筋铺设、施工误差等因素,不宜小于 60 mm。预制板厚度应考虑脱模、吊装、运输、施工等因素,不应小于 60 mm。

b. 当叠合板的预制板采用空心板时,板端空腔应封堵。

c. 跨度大于 3 m 的叠合板,宜采用桁架钢筋混凝土叠合板,这是因为板跨度较大时,为了增加预制板的整体刚度和水平界面抗剪性能,可在预制板内设置桁架钢筋。钢筋桁架的下弦钢筋可视情况作为楼板下部的受力钢筋使用。施工阶段,验算预制板的承载力及变形时,可考虑桁架钢筋的作用,减小预制板下的临时支撑。

d. 跨度大于 6 m 的叠合板,宜采用预应力混凝土预制板,经济性较好。

e. 板厚大于 180 mm 的叠合板,为了减轻楼板自重、节约材料,宜采用混凝土空心板。

④叠合板可根据预制板接缝构造、支座构造、长宽比按单向板或双向板设计。当预制板之间采用分离式接缝[图 4.7(a)]时,宜按单向板设计;对长宽比不大于 3 的四边支承叠合板,当其预制板之间采用整体式接缝[图 4.7(b)]或无接缝[图 4.7(c)]时,可按双向板设计。

⑤叠合板应按照单向板还是双向板进行设计计算,取决于叠合板的接缝构造、支座构造做法以及叠合板的长宽比。

A. 当按照单向板设计时,一个房间采用几块预制板通过分离式接缝拼接,几块叠合板应各自按照单向板进行设计。

B. 当按照双向板设计时,有两种情况:

a. 一个房间采用一个整块的无接缝的叠合双向板或一个房间的楼板仅使用一块叠合板,且

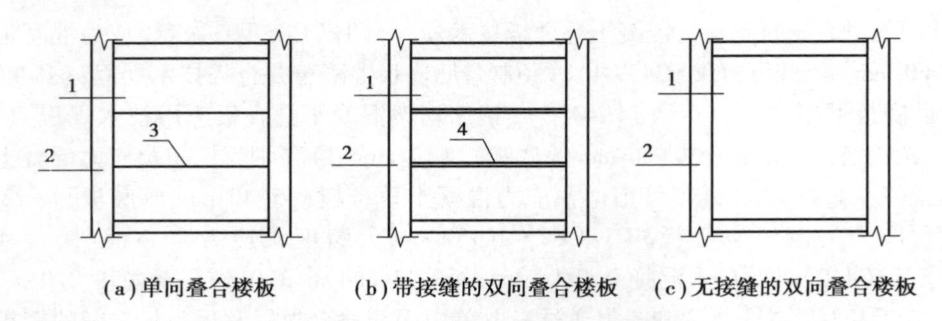

图 4.7　叠合板的预制板布置形式示意图

1—预制板;2—梁或墙;3—板侧分离式接缝;4—板侧整体式接缝

长宽比不大于 3 时,该叠合板按照双向板进行设计。

b.一个房间的楼板被划分为几块单独的叠合板,叠合板之间通过整体式接缝牢固地连接在一起,且几块叠合板组成的整体楼板长宽比不大于 3 时,由几块叠合板组合在一起的整板可以按照双向板设计。而单块预制板的配筋设计无须再考虑,与整板相同。

4.1.4　叠合楼盖面内刚性

1)楼盖面内刚性评估

楼盖基于刚性性能的不同通常可以分为刚性楼盖、柔性楼盖与半刚性楼盖,但是具体如何评定一个给定的楼盖体系到底属于刚性、柔性还是半刚性,目前没有一个统一标准。综合国内外相关规范规定与分析研究工作,针对楼盖体系刚性性能的分析评估,基本可以概括为如下两种评估体系:

(1)第一类评估体系

该类型评估体系主要是基于楼盖自身平面内相对变形与下部相邻抗侧结构平均侧向变形的比较,来对楼盖体系平面内刚性性能予以分析评估的。美国和伊朗对于楼盖体系刚性性能的分析评估,基本就是采用该评估体系。

美国的 UBC(1997)、FEMA273、ASCE7-10、ASCE/SEI-41-13 都对楼盖的刚性性能分类进行了明确规定,其分类的评定方式基本都是采用楼盖跨中的平面内最大位移 Δ_{dia} 与下部相邻抗侧结构平均侧移 Δ_{LFRS} 的比值(图 4.8),当 $\Delta_{dia}/\Delta_{LFRS}<0.5$ 时,楼盖评定为刚性楼盖;当 $\Delta_{dia}/\Delta_{LFRS}>2$ 时,楼盖评定为柔性楼盖;而当 $0.5<\Delta_{dia}/\Delta_{LFRS}<2$,楼盖评定为弹性楼盖。除此以外,伊朗的结构抗震设计规范(IRAN SESMIC CODE-THIRD EDITION-2800)对楼盖刚性性能的判定参数与美国规定的一样,都采用图 4.8 所示的楼盖平面内最大位移与楼层平均侧移的比值,但其指标的取值与美国不一致,伊朗规范规定:当 $\Delta_{dia}/\Delta_{LFRS}<0.5$ 时,楼盖可以视为刚性;当 $\Delta_{dia}/\Delta_{LFRS}\geqslant 0.5$ 时,楼盖则一律视为柔性,结构分析应该考虑楼盖的面内变形。

(2)第二类型评估体系

该类型评估体系主要考虑楼盖自身平面内刚度与采用楼盖刚性假定这两种情形下楼盖受力变形性能偏差的比较,对楼盖体系的刚性性能予以分析评估。该评估体系主要基于现浇混凝土楼盖体系的相关试验与分析成果归纳总结而提出,通常又包含有如下两种分析评估方法:

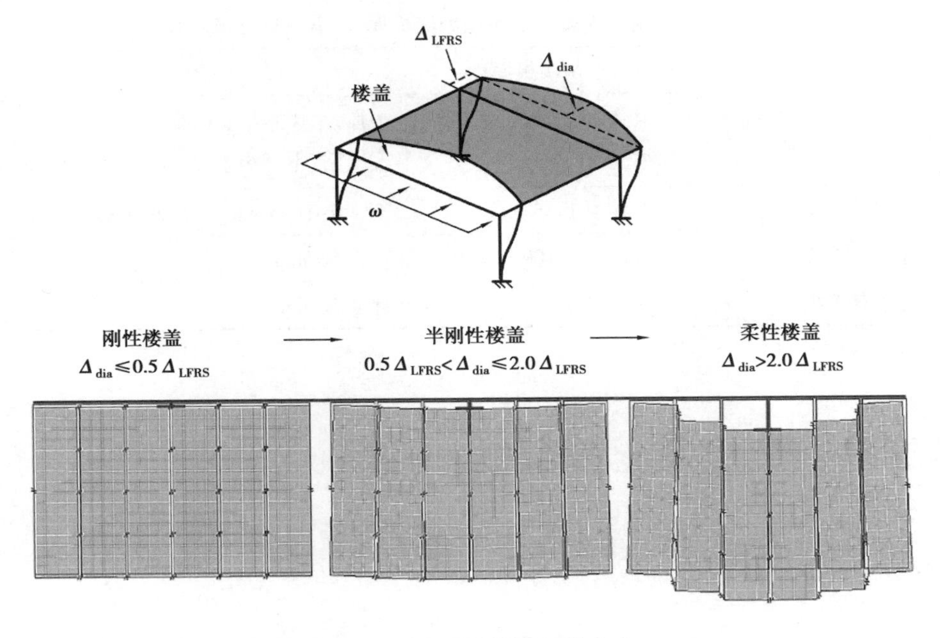

图 4.8 楼盖刚性性能评估方式

①基于变形偏差比较的方法。

目前欧洲规范关于楼盖刚性性能分析评估就是采用基于变形偏差比较的方法。该评估方法认为:用楼盖实际面内刚性来对其进行模拟时,其任何一处水平位移与从刚性楼盖假设中得到的水平位移相比,超过值都不会大于抗震设计情形中对应的绝对水平位移的 10% 时,楼盖体系可以视为刚性楼盖,否则楼盖体系则应视为弹性楼盖,结构分析过程中就应该考虑楼盖结构的平面内变形性能。

②基于导荷性能偏差比较的方法。

该方法通过对比楼盖体系在考虑自身平面内刚度与采用楼盖刚性假定两种情形下,楼盖体系对楼层水平作用力的分配-传递性能上的差异,据此对楼盖体系的刚性性能进行分析评估。楼层地震剪力在考虑楼板刚度的计算结果与采用刚性楼板假定计算结果的偏差不超过 8% 时,楼盖体系可以视为刚性楼盖,否则应视为弹性楼盖而在结构分析过程中考虑楼盖自身平面内的变形。

2)叠合楼盖刚性假定相关要求

为了保证叠合楼盖满足刚性假定,《装配式混凝土结构技术规程》(JGJ 1)规定后浇混凝土叠合层厚度不应小于 60 mm 的要求,如图 4.9 所示。

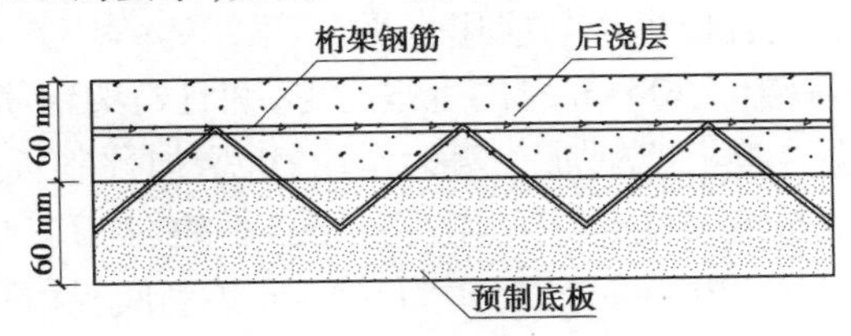

图 4.9 叠合板构造示意图

下面给出了常见的 4 类叠合板预制底板厚度、叠合层厚度对比,见表 4.2。

表 4.2　常用的 4 类叠合板预制底板厚度、叠合层厚度对比

板的类型	预制底板厚度	叠合层厚度
钢筋桁架混凝土叠合板	不宜小于 60 mm，不应小于 50 mm	出筋：不应小于 60 mm 不出筋：不宜小于 1.3d，不应小于 75 mm
钢管桁架预应力混凝土叠合板	不宜小于 35 mm	不宜小于 75 mm，不应小于 max{60 mm，1.5d}
预应力混凝土空心板	不宜小于 100 mm	宜为 50 mm
预应力混凝土双 T 板	宜为 50 mm	宜为 50 mm

4.2　钢筋桁架混凝土叠合板

4.2.1　概述

1）概念

钢筋桁架混凝土叠合板最早起源于德国，它与钢筋混凝土叠合板一样由预制底板和后浇层组成，不同之处在于预制底板除正常配置板底钢筋外，还配有突出板面的弯折型细钢筋桁架，如图 4.10 所示。该桁架将混凝土楼板的上下层钢筋连接起来，组成能够承受空间荷载的空间小桁架，后浇层混凝土成型后，空间小桁架成为混凝土楼板的上下层配筋，承受后期的各项使用荷载。与钢筋混凝土叠合板相比，这种叠合板钢筋间距均匀，混凝土保护层厚度容易控制，且由于腹杆钢筋的存在，对新旧混凝土起到了约束作用，使其具有更好的整体工作性能。

(a) 预制底板

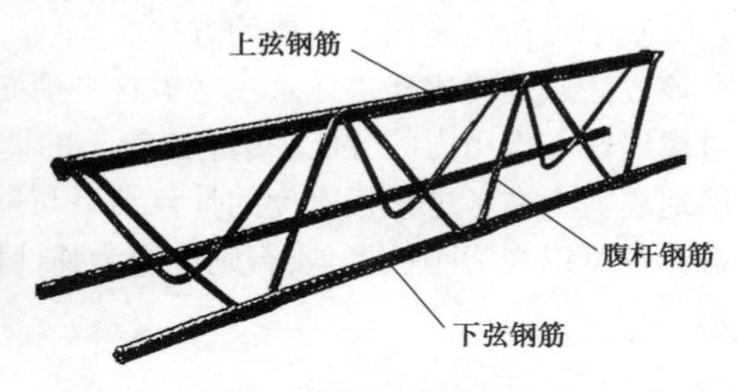

(b) 桁架钢筋

图 4.10　钢筋桁架混凝土叠合板

德国是钢筋桁架混凝土叠合板生产与应用水平较高的国家。德国的钢筋桁架混凝土叠合板的厚度一般多在 180 mm 以上，250 mm 厚的也很常见，并且桁架钢筋有很高的外露高度，预制底板如图 4.11(a) 所示。叠合板桁架钢筋有四大作用：①增加预制板在第一受力阶段的刚度；②增加新旧混凝土叠合面的抗剪强度；③用作吊装时的"吊钩"；④支撑上部钢筋网。我国的钢筋桁架混凝土叠合板厚度多在 130 mm 左右，多为 60 mm 预制底板[图 4.11(b)]+70 mm 后浇混凝土层，叠合板的钢筋桁架在底板外露 40 mm 左右，钢筋桁架高度小，对底板刚度贡献很小，吊装也不方便，需要单独设置吊钩，但用于常规居住或办公建筑的叠合板，不配抗剪钢筋的叠合

面仍可满足受剪计算要求。

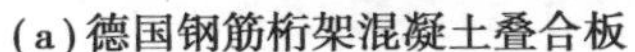

(a) 德国钢筋桁架混凝土叠合板

(b) 国内钢筋桁架混凝土叠合板

图 4.11 中德钢筋桁架混凝土叠合板对比

2) 特点

叠合板具有标准化程度高、质量有保证以及生产方便快捷等优点,此外,钢筋桁架混凝土叠合板因其本身结构还有独特的优点:

①结构安全可靠。混凝土叠合层浇筑后,腹杆钢筋的存在使得叠合层与预制底板紧密相连,提高新旧混凝土结合面的抗剪性能与整体性,减少叠合面粘结滑移的可能性,如图 4.12 所示。

②施工方便快捷。在施工阶段,桁架的上弦钢筋可充当横向钢筋绑扎时的支架,施工方便。同时,预制底板充当了后浇层混凝土的模板,减少了支模、拆模等工序,提高了施工速度。

③经济效益提高。桁架钢筋的存在提高了预制底板的刚度,使其在施工阶段除了预制底板两端距板边 500 mm 处设置两道支撑以外(图 4.13),跨中支撑间距为 1.5 m 左右,相对于现浇楼板跨中支撑间距(1 m 左右)而言,可以减少支撑设置的数量,节省一定成本。预制底板在工厂标准化生产,尺寸和材料的改变均由厂家负责,可进一步降低成本,提高经济效益。

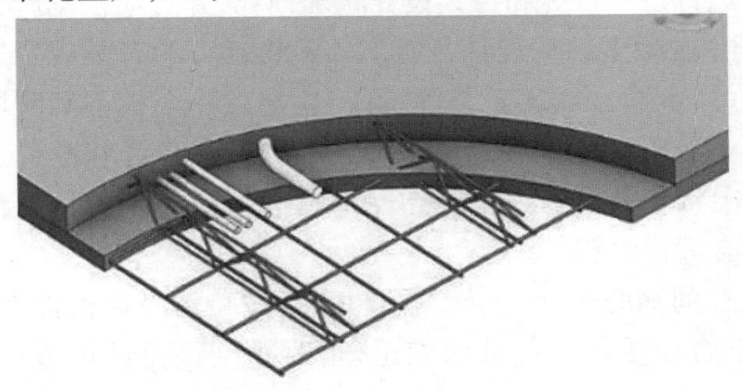

图 4.12 钢筋桁架混凝土叠合板示意图

图 4.13 钢筋桁架混凝土叠合板支撑设置

钢筋桁架混凝土叠合板也存在一些问题:

①大尺寸预制板吊装运输困难,只能拆分成若干便于运输的小尺寸预制板,这就出现了相邻预制板拼缝处可能出现裂缝的问题。

②叠合板分布筋的有效高度与现浇板相比有所减小,其双向受力性能以及按现浇计算的双向受力公式是否可靠还有待研究。

4.2.2　构件设计

1）一般规定

①结构转换层、平面凹凸不规则、楼板局部不连续等楼板薄弱部位，以及作为上部结构嵌固部位的地下室楼板等部位，楼盖整体性和平面内刚度要求较高，采用桁架叠合板时，为保障结构整体性能，需采取增大后浇叠合层厚度、加强支座配筋等措施，或者将桁架预制板仅作为模板使用，不参与结构受力。

②满足《钢筋桁架混凝土叠合板应用技术规程》（T/CECS 715）的设计方法和构造措施要求时，包括钢筋桁架的布置要求、后浇层的厚度、接缝及支座的构造要求等，桁架叠合板具有良好的整体性，参与结构整体受力时与现浇混凝土板基本一致；对于一般平面规则的结构，可采用刚性楼板假定进行设计；对于平面复杂或不规则的结构，需要采用弹性楼板进行分析时，楼板的模拟方法可与现浇混凝土板相同。

③桁架叠合板应根据区格平面尺寸和桁架预制板生产、运输及吊装能力进行布置，并宜进行标准化设计。其中，区格是指由梁或墙围成的整块楼板范围，如图4.14所示。

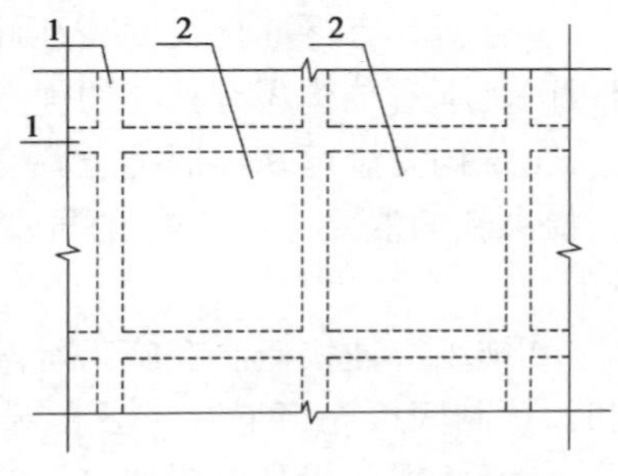

图4.14　区格示意
1—梁或墙；2—区格

④桁架预制板的混凝土强度等级不宜低于C30。桁架叠合板中的纵向受力钢筋宜采用HRB400、HRB500钢筋。钢筋桁架的上弦钢筋与下弦钢筋可采用HRB400、HRB500钢筋；腹杆钢筋宜采用HPB300、HRB400、HRB500钢筋。

2）计算方法

钢筋桁架混凝土叠合板应分别进行短暂设计状况和持久设计状况计算，并且应根据施工阶段预制板跨内有无支撑，按现行国家标准《混凝土结构设计规范》（GB 50010）的有关规定进行计算。短暂设计状况包含脱模、翻转、起吊、运输、堆放、安装等阶段，应选取一个最不利阶段进行预制板的承载力、板底抗裂、板面混凝土受压、挠度以及桁架钢筋验算；持久设计状况计算包括承载能力极限状态计算和正常使用极限状态的验算。其中，正常使用极限状态下的钢筋桁架混凝土叠合板应采用荷载效应的标准组合进行验算。

施工阶段有可靠支撑（支座附近除外）的钢筋桁架混凝土叠合板，可按整体受弯构件考虑，其承载力、挠度及裂缝计算或验算以及叠合面受剪强度都应满足《混凝土结构设计规范》（GB 50010）的要求。

施工阶段不加支撑（支座附近除外）的钢筋桁架混凝土叠合板，应对桁架钢筋预制板及浇筑混凝土叠合层的叠合板按两阶段受力分别进行计算。桁架钢筋预制板可按一般受弯构件考虑，叠合板应考虑二次叠合的影响，此时，应按本节下述的规定计算或验算。

施工阶段不加支撑的叠合板，内力应分别按下列两个阶段计算。

第一阶段：后浇混凝土叠合层未达到强度设计值之前的阶段。荷载由预制板承担，预制板按简支构件计算；荷载包括预制板自重、叠合层自重以及本阶段的施工活荷载。

第二阶段：后浇混凝土叠合层达到设计规定的强度值之后的阶段。叠合板按整体结构计算；荷载考虑下列两种情况并取较大值：①施工阶段考虑叠合板自重、面层、吊顶等自重以及本阶段的施工活荷载；②使用阶段考虑叠合板自重、面层、吊顶等自重以及使用阶段的可变荷载。

（1）荷载及内力设计值计算

当进行钢筋桁架混凝土叠合板计算时，通常选定一定截面宽度作为计算对象，并将其简化为梁的设计问题，该等代梁上的荷载应按下面方法确定。

①施工阶段荷载组合。

a. 荷载基本组合。

施工阶段荷载基本组合设计值 S_{1a} 为：

$$S_{1a}=1.3(S_{Gk1}+S_{Gk2})+1.5S_{Q1k} \tag{4.1}$$

式中 S_{Gk1}——预制板的自重；

S_{Gk2}——叠合层的自重；

S_{Q1k}——预制板上的施工活荷载，混凝土浇筑验算时，作用在桁架预制板上的施工活荷载标准值可按实际情况计算，且取值不宜小于 1.5 kN/m^2。

b. 荷载标准组合。

施工阶段荷载标准组合值 S_{1k} 为：

$$S_{1k}=S_{Gk1}+S_{Gk2}+S_{Q1k} \tag{4.2}$$

c. 荷载准永久组合。

施工阶段荷载准永久组合值 S_{1q} 为：

$$S_{1q}=S_{Gk1}+S_{Gk2} \tag{4.3}$$

②使用阶段荷载组合。

a. 荷载基本组合。

使用阶段荷载基本组合设计值 S_a 为：

$$S_a=1.3(S_{Gk1}+S_{Gk2}+S_{Gk3})+1.5S_{Q2k} \tag{4.4}$$

式中 S_{Gk3}——叠合板承受的额外附加恒载（通常为面层、吊顶等自重）；

S_{Q2k}——叠合板上施工活荷载和使用阶段可变荷载的较大值。

b. 荷载标准组合。

使用阶段荷载标准组合值 S_k 为：

$$S_k=S_{Gk1}+S_{Gk2}+S_{Gk3}+S_{Q2k} \tag{4.5}$$

c. 荷载准永久组合。

使用阶段荷载准永久组合值 S_q 为：

$$S_q=S_{Gk1}+S_{Gk2}+S_{Gk3}+0.5S_{Q2k} \tag{4.6}$$

以上各式中，荷载均为按照等效截面宽度折算到等代梁上的线荷载。

③内力设计值。

叠合板的等代梁内力值按下式计算：

$$M=\alpha_M \cdot S \cdot l_0^2 \tag{4.7}$$

$$V=\alpha_V \cdot S \cdot l_0 \tag{4.8}$$

式中 α_M——弯矩系数，若按简支梁，取 0.125；

α_V——剪力系数，若按简支梁，取 0.5；

S——根据施工阶段和使用阶段荷载组合确定的线荷载；

l_0——叠合板的计算长度。

(2)叠合板的配筋计算

叠合板的配筋应根据其正截面受弯承载力进行计算,叠合板的正截面受弯承载力应符合下列规定:

$$M \leqslant \alpha_1 f_c bx\left(h_0 - \frac{x}{2}\right) \tag{4.9}$$

混凝土受压区高度应按下列公式确定:

$$\alpha_1 f_c bx = f_y A_s \tag{4.10}$$

混凝土受压高度尚应符合下列条件:

$$x \leqslant \xi_b h_0 \tag{4.11}$$

$$\rho \geqslant \rho_{min} \cdot \frac{h}{h_0} \tag{4.12}$$

式中 M——弯矩设计值;

α_1——系数;

f_c——混凝土轴心抗压强度设计值;

A_s、A'_s——受拉区、受压区纵向普通钢筋的截面面积;

b——等代梁计算宽度;

h——叠合板的截面高度;

h_0——叠合板截面有效高度;

ρ_{min}——板的最小配筋率,应取 0.15% 和 $0.45f_t/f_y$ 中的较大值。

(3)预制板验算

预制板验算内容包括预制板正截面边缘混凝土法向拉、压应力,开裂截面处钢筋应力验算,受弯承载力验算,桁架钢筋验算,以及裂缝、挠度验算。

由于预制板设置有钢筋桁架,故计算预制板的截面弹性抵抗矩需考虑桁架钢筋对预制板的刚度贡献。截面验算时,平行桁架方向的弹性抵抗矩宜按钢筋桁架与混凝土板组成的等效组合截面计算,垂直桁架方向的弹性抵抗矩应按混凝土板截面计算。

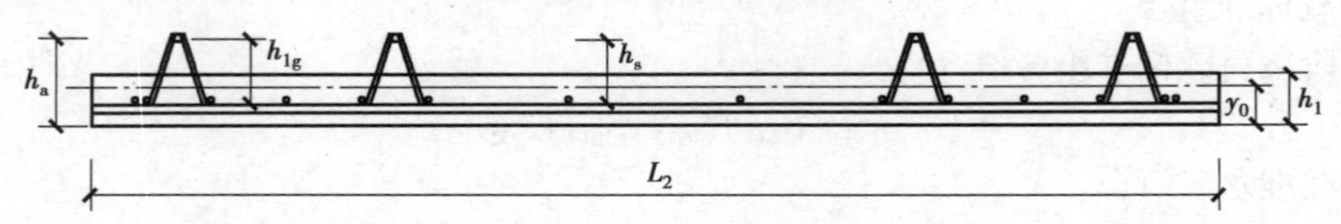

图 4.15 桁架预制板板带组合截面示意(平行桁架方向)

验算平行桁架方向截面承载力时,截面特性宜按组合截面计算,如图 4.15 所示,截面中和轴至板底的距离 y_0、惯性矩 I_0 计算见下式:

$$y_0 = h_a - \frac{L_2 h_1\left(h_a - \frac{h_1}{2}\right) + (A_s h_s + A_1 h_{1g})(\alpha_E - 1)}{L_2 h_1 + (A_s + A_1)(\alpha_E - 1) + A_2 \alpha_E} \tag{4.13}$$

$$I_0 = A_2 \alpha_E (h_a - y_0)^2 + [y_0 - (h_a - h_{1g})]^2 A_1(\alpha_E - 1) + [y_0 - (h_a - h_s)]^2 A_s(\alpha_E - 1) + \left(y_0 - \frac{h_1}{2}\right)^2 L_2 h_1 + \frac{1}{12} L_2 h_1^3 \tag{4.14}$$

式中　A_1——钢筋桁架下弦钢筋截面积之和；

A_2——钢筋桁架上弦钢筋截面积之和；

A_s——桁架预制板纵向钢筋截面积之和(不含钢筋桁架下弦钢筋截面积)；

L_2——桁架预制板板宽；

h_1——桁架预制板厚度；

h_a——桁架预制板底至桁架上弦钢筋中心线垂直高度；

h_s——桁架预制板纵筋至桁架上弦钢筋中心线垂直高度；

h_{1g}——桁架上、下弦钢筋中心线垂直高度；

y_0——桁架预制板组合截面中性轴至板底的距离；

α_E——桁架预制板内钢筋与桁架预制板混凝土的弹性模量之比。

①预制板正截面边缘混凝土法向压应力验算：

$$\sigma_{cc}=\frac{M_k}{W_{cc}}\leqslant 0.8f'_{ck} \tag{4.15}$$

式中　σ_{cc}——各施工阶段在荷载标准组合作用下产生的构件正截面边缘混凝土法向压应力；

M_k——各施工阶段在荷载标准组合作用下等效组合截面弯矩标准值；

W_{cc}——截面混凝土受压边缘弹性抵抗矩；

f'_{ck}——与各施工阶段的混凝土立方体抗压强度相应的抗压强度标准值。

②预制板正截面边缘混凝土法向拉应力验算：

$$\sigma_{ct}=\frac{M_k}{W_{ct}}\leqslant 1.0f'_{tk} \tag{4.16}$$

式中　σ_{ct}——各施工阶段在荷载标准组合作用下产生的构件正截面边缘混凝土法向拉应力；

W_{ct}——截面混凝土受拉边缘弹性抵抗矩；

f'_{tk}——与各施工阶段的混凝土立方体抗压强度相应的抗拉强度标准值。

③开裂截面处钢筋应力验算。

对施工过程中允许出现裂缝的钢筋混凝土构件，其正截面边缘混凝土法向拉应力限值可适当放松，但开裂截面处受拉钢筋的应力应满足下式的要求：

$$\sigma_s=\frac{M_k}{0.87A_sh_{01}}\leqslant 0.7f_{yk} \tag{4.17}$$

式中　σ_s——各施工阶段在荷载标准组合作用下的受拉钢筋应力，应按开裂截面计算；

f_{yk}——受拉钢筋强度标准值；

h_{01}——预制板截面有效高度。

预制板顶部无配筋，裂缝按照式(4.16)控制；预制板底部有配筋，裂缝按照式(4.17)控制；预制板正截面边缘混凝土法向压应力由预制板跨内所受最大弯矩控制。

④预制板受弯承载力验算。

预制板的受弯承载力应按照式(4.9)—式(4.12)进行验算。

⑤桁架钢筋验算。

桁架钢筋验算内容包括上弦钢筋拉应力或压应力验算以及腹杆钢筋的压应力验算，钢筋桁架的几何参数如图4.16所示。

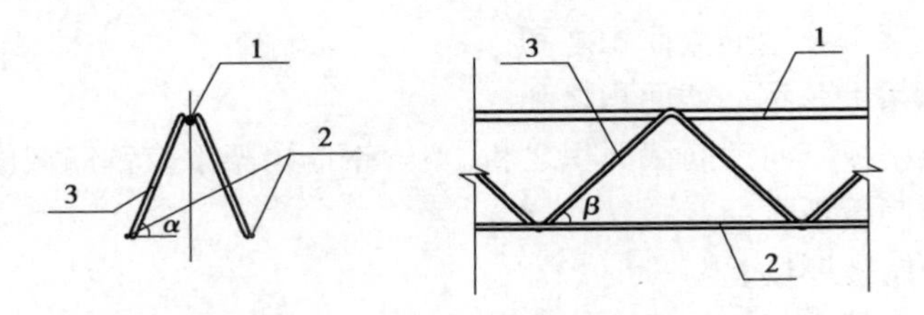

图 4.16　钢筋桁架的几何参数

1—上弦钢筋;2—下弦钢筋;3—腹杆钢筋

a. 上弦钢筋拉应力或压应力验算。

对平行于桁架方向板带的截面,上弦钢筋拉应力或压应力应符合下列公式规定:

$$\sigma_{s2}=\frac{\alpha_E M_k}{\varphi_2 W_2}<\frac{f_{yk2}}{2.0} \tag{4.18}$$

式中　σ_{s2}——各施工阶段在荷载标准组合作用下的上弦钢筋拉应力或压应力;

W_2——等效组合截面上弦钢筋弹性抵抗矩,按平截面假定计算;

f_{yk2}——桁架上弦钢筋的屈服强度标准值;

φ_2——桁架上弦钢筋的轴心受压稳定系数,按现行国家标准《钢结构设计标准》(GB 50017)确定,计算长度取上弦钢筋焊接节点距离,当 M_k 为负弯矩时,φ_2 取为1.0。

b. 腹杆钢筋的压应力验算。

对平行于桁架方向的截面,腹杆钢筋压应力应符合下式规定:

$$\sigma_{s3}=\frac{V_k}{2\varphi_3 A_3 \sin\alpha \sin\beta}<\frac{f_{yk3}}{2.0} \tag{4.19}$$

式中　σ_{s3}——各施工阶段在荷载标准组合作用下的腹杆钢筋压应力;

V_k——各施工阶段在荷载标准组合作用下等效组合截面剪力标准值;

φ_3——腹杆钢筋的轴心受压稳定系数,按现行国家标准《钢结构设计标准》(GB 50017)确定,计算长度取腹杆钢筋自由段长度的70%;

A_3——单肢腹杆钢筋的截面面积;

α——腹杆钢筋垂直桁架方向的倾角;

β——腹杆钢筋平行桁架方向的倾角;

f_{yk3}——桁架腹杆钢筋的屈服强度标准值。

⑥预制板裂缝验算。

预制板底部的最大裂缝宽度可按下列公式计算:

$$\omega_{1,\max}=\alpha_{cr}\psi_1\frac{\sigma_{s1}}{E_s}\left(1.9c_s+0.08\frac{d_{eq}}{\rho_{te1}}\right)\leqslant[\omega] \tag{4.20}$$

$$\psi_1=1.1-\frac{0.65f_{tk1}}{\rho_{te1}\sigma_{s1}} \tag{4.21}$$

$$\rho_{te1}=\frac{A_s}{0.5bh_1} \tag{4.22}$$

$$\sigma_{s1}=\frac{M_{1k}}{0.87A_s h_{01}} \tag{4.23}$$

$$M_{1k}=M_{1Gk}+M_{1Qk} \tag{4.24}$$

$$d_{eq}=\frac{\sum n_i d_i^2}{\sum n_i v_i d_i} \tag{4.25}$$

式中 α_{cr}——构件受力特征值系数，对于受弯构件取1.9；

ψ_1——预制板裂缝间纵向受拉钢筋应变不均匀系数，当$\psi_1<0.2$时，取$\psi_1=0.2$，当$\psi_1>1$时，取$\psi_1=1$；

σ_{s1}——预制板纵向受拉钢筋应力；

c_s——最外层纵向受拉钢筋外边缘至受拉区底边的距离，当$c_s<20$ mm时，取$c_s=20$ mm；当$c_s>65$ mm时，取$c_s=65$ mm；

d_{eq}——纵向受拉钢筋的等效直径；

ρ_{te1}——按预制板的有效受拉混凝土截面面积计算的纵向受拉钢筋配筋率；

f_{tk1}——预制板的混凝土抗拉强度标准值；

h_1——预制板高度；

M_{1k}——施工阶段荷载按荷载标准组合计算的弯矩；

M_{1Gk}——预制板自重在计算截面产生的弯矩标准值；

M_{1Qk}——施工阶段施工活荷载在计算截面产生的弯矩标准值；

d_i——受拉区第i种纵向钢筋的公称直径；

n_i——受拉区第i种纵向钢筋的根数；

v_i——受拉区第i种纵向钢筋的相对黏结系数，光圆钢筋取0.7，带肋钢筋取1.0。

⑦预制板挠度验算。

预制板的短期刚度B_{s1}的计算公式为：

$$B_{s1}=\frac{E_s A_s h_{01}^2}{1.15\psi_1+0.2+6\alpha_E\rho_1} \tag{4.26}$$

式中 ρ_1——预制板纵向受拉钢筋配筋率，对预制板取$A_s/(bh_{01})$。

预制板跨中挠度f_1可采用短期刚度的简支梁挠度公式计算。当施工阶段为均布荷载时，构件挠度按下式计算：

$$f_1=\frac{5M_{1k}\cdot l_{01}^2}{48B_{s1}}\leqslant[f] \tag{4.27}$$

式中 l_{01}——预制板计算跨度；

$[f]$——预制板挠度限值，相邻临时支撑之间桁架预制板的挠度不宜大于支撑间距的1/400；M_{1k}按式(4.24)确定。

(4)叠合板验算

叠合板验算内容包括叠合面受剪承载力验算、纵向受拉钢筋应力验算以及叠合板裂缝和挠度验算。

①叠合面受剪承载力验算。

对不配箍筋的叠合板，其叠合面的受剪承载力应满足：

$$\frac{V}{b\cdot h_0}<0.4(\text{MPa}) \tag{4.28}$$

式中 V——使用阶段等代梁在基本组合下的剪力设计值。

②纵向受拉钢筋应力验算。

叠合板在荷载准永久组合下，其纵向受拉钢筋的应力 σ_{sq} 应符合下列规定：

$$\sigma_{sq} \leqslant 0.9f_y \tag{4.29}$$

$$\sigma_{sq} = \sigma_{s1k} + \sigma_{s2q} \tag{4.30}$$

$$\sigma_{s1k} = \frac{M_{1Gk}}{0.87A_s h_{01}} \tag{4.31}$$

$$\sigma_{s2q} = \frac{0.5\left(1+\dfrac{h_1}{h}\right)M_q}{0.87A_s h_0} \tag{4.32}$$

$$M_{1u} = f_y A_s \left(h_{01} - \frac{f_y A_s}{2\alpha_1 f_c b}\right) \tag{4.33}$$

$$M_q = M_{1Gk} + M_{2Gk} + \psi_q M_{2Qk} \tag{4.34}$$

式中 σ_{s1k}——在弯矩 M_{1Gk} 作用下预制板纵向受拉钢筋的应力；

σ_{s2q}——在荷载准永久组合相应的弯矩 M_q 作用下，叠合板纵向受拉钢筋中的应力增量；

M_q——使用阶段荷载按荷载准永久组合计算的弯矩值；

M_{2Gk}——面层、吊顶等自重标准值在计算截面产生的弯矩值；

M_{2Qk}——使用阶段可变荷载标准值在计算截面产生的弯矩值；

M_{1u}——预制板正截面受弯承载力设计值；

ψ_q——使用阶段可变荷载准永久值系数。

注意：当 $M_{1Gk}<0.35M_{1u}$ 时，式(4.32)中的 $0.5(1+h_1/h)$ 值应取 1.0。

③叠合板裂缝验算。

叠合板应按荷载准永久组合并考虑长期作用影响计算最大裂缝宽度 ω_{max}，其不应超过《混凝土结构设计规范》(GB 50010)规定的最大裂缝宽度限值[ω]。

$$\omega_{max} = 2\frac{\psi(\sigma_{s1k}+\sigma_{s2q})}{E_s}\left(1.9c+0.08\frac{d_{eq}}{\rho_{te1}}\right) \leqslant [\omega] \tag{4.35}$$

$$\psi = 1.1 - \frac{0.65f_{tk1}}{\rho_{te1}\sigma_{s1k}+\rho_{te}\sigma_{s2q}} \tag{4.36}$$

式中 ψ——叠合板裂缝间纵向受拉钢筋应变不均匀系数；

c——叠合板的保护层厚度；

ρ_{te}——叠合板的有效受拉混凝土截面面积计算的纵向受拉钢筋配筋率。

④叠合板挠度验算。

叠合板使用阶段的短期刚度可按下列公式计算：

$$B_s = \frac{E_s A_s h_0^2}{0.7+0.6\dfrac{h_1}{h}+45\alpha_E\rho} \tag{4.37}$$

式中 α_E——钢筋弹性模量与叠合层混凝土弹性模量的比值，即 $\alpha_E = E_s/E_{c2}$；

ρ——叠合板纵向受拉钢筋配筋率，对叠合板取 $A_s/(bh_0)$。

叠合板按荷载准永久组合并考虑长期作用影响的刚度可按下列公式计算：

$$B = \frac{M_q}{\left(\dfrac{B_s}{B_{s1}}-1\right)M_{1Gk}+\theta M_q} \tag{4.38}$$

式中 θ——考虑荷载长期作用对挠度增大的影响系数；

B_{s1}——预制板的短期刚度；

B_s——叠合板使用阶段的短期刚度。

叠合板跨中最大挠度f应满足下式：

$$f=\alpha\frac{M_q\cdot l_0^2}{B}\leqslant[f] \tag{4.39}$$

式中 α——与荷载形式、支撑条件有关的系数；

l_0——叠合板计算跨度；

B——叠合板的长期刚度。

(5)预制板吊装验算

预制板吊装验算的内容包括确定吊点位置、预制板受弯验算、预制板受剪验算、预制板吊环承载力验算。预制板的吊装验算应符合下列规定：

①可简化为以吊点或临时支撑作为简支支座的单向带悬臂的简支梁或连续梁。

②桁架预制板可按吊点所在位置划分为若干板带，所有板带应平均承担总荷载。脱模、翻转、起吊、运输、堆放和安装阶段应分别计算平行桁架方向和垂直桁架方向的板带内力和变形；混凝土浇筑阶段应计算平行桁架方向板带的内力和变形。

③平行桁架方向，可将宽度不大于 3 000 mm 的桁架预制板作为 1 个板带，如图 4.17(a)所示。

④垂直桁架方向，宜以垂直桁架方向的吊点连线为中心线，板带取中心线两侧一定范围内预制板，如图 4.17(b)所示。每侧板宽宜取到板边或者相邻两个中心线的中间位置，且板带宽度不应大于桁架预制板厚度的 15 倍。

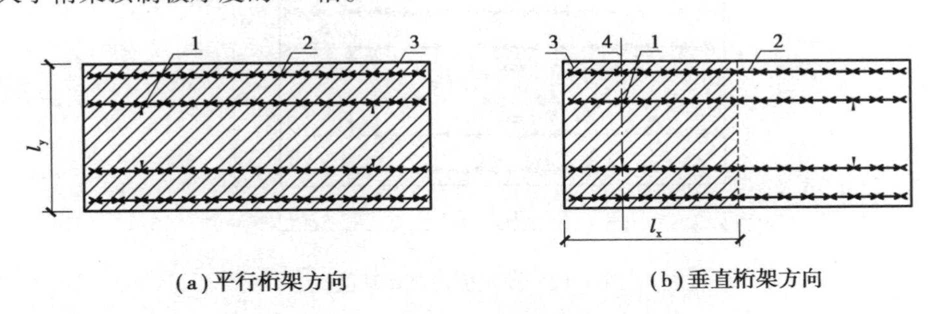

图 4.17 桁架预制板板带划分示意

1—吊点；2—钢筋桁架；3—板带；4—中心线

预制板的吊装验算取构件脱模、翻转、起吊、运输、堆放、安装过程中最不利情况验算，其中各个阶段的荷载应参照第 3 章进行计算。当预制板采用 4 点吊装时，以预制板长边方向为例，预制板受力简图及内力计算简图如图 4.18 所示，计算公式如下。

$$V_1=q_m a \tag{4.40}$$

$$V_2=\frac{1}{2}q_m l-q_m a \tag{4.41}$$

$$M_1=\frac{1}{2}q_m a^2 \tag{4.42}$$

$$M_2=\frac{1}{8}q_{\mathrm{m}}(l-2a)^2-\frac{1}{2}q_{\mathrm{m}}a^2 \tag{4.43}$$

式中　V_1,V_2——预制板吊点处外侧、内侧的剪力标准值；

M_1,M_2——预制板吊点处和跨中的弯矩标准值；

a——沿预制板长边方向，吊点到预制板端部的距离；

l——预制板的长度；

q_{m}——各施工阶段中预制板考虑动力系数的自重荷载标准值。

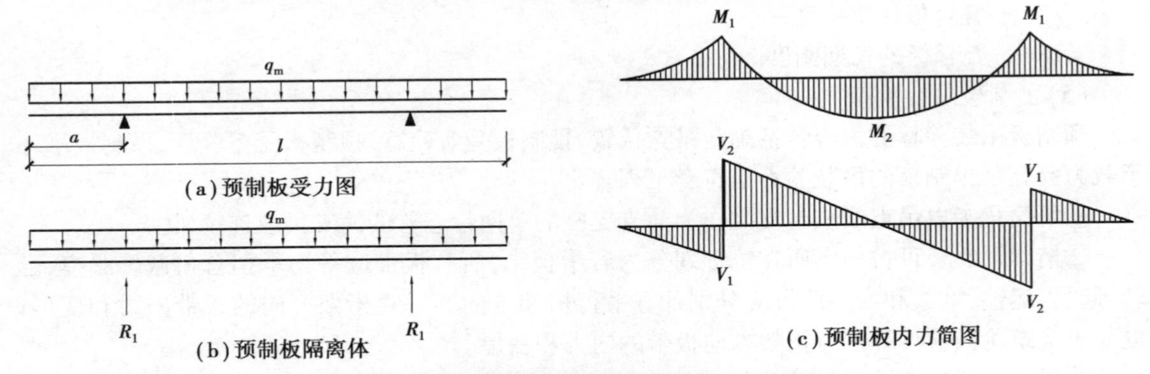

图 4.18　采用两点吊装的预制板受力及内力简图

吊点选取。预制板吊装通常采用 4 点吊装，吊点的设置应充分利用钢筋的抗拉性能和混凝土的抗压性能，吊点的选取参照《桁架钢筋混凝土叠合板(60 mm 厚底板)》(15G366-1)。预制板吊装示意图如图 4.19 所示。

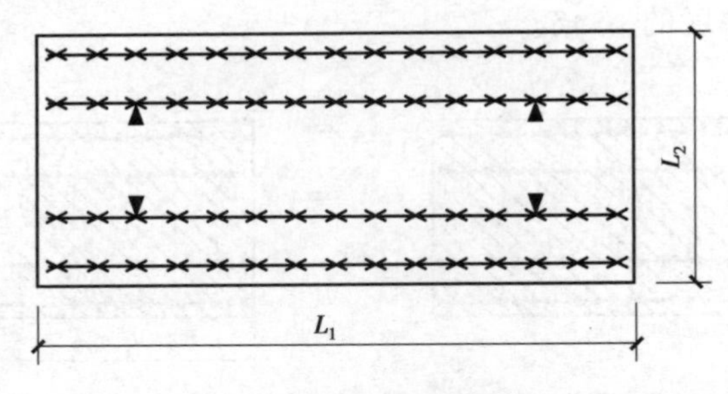

图 4.19　预制板吊装示意图

⑤预制板受弯验算。

预制板正截面边缘的混凝土法向压、拉应力、开裂处钢筋应力应该按照式(4.15)~式(4.17)进行验算。

⑥预制板受剪验算。

$$V\leqslant 0.7f_{\mathrm{t}}bh_{01} \tag{4.44}$$

式中　V——各施工阶段在荷载基本组合作用下预制板所受的剪力设计值；

f_{t}——与各施工阶段的混凝土立方体抗压强度相应的抗拉强度设计值；

b——预制板的截面宽度。

⑦预埋构件及临时支撑验算。

预制板中的预埋吊件及临时支撑宜按下式进行计算：

$$K_{\mathrm{c}}S_{\mathrm{c}}\leqslant R_{\mathrm{c}} \tag{4.45}$$

式中 S_c——施工阶段荷载标准组合作用下的效应值；

R_c——根据国家现行有关标准并按材料强度标准值计算或根据试验确定的预埋吊件、临时支撑、连接件的承载力；

K_c——施工安全系数，可按表 4.3 的规定取值。当有可靠经验时，可根据实际情况适当增减；对复杂或特殊情况，宜通过试验确定。

表 4.3 预埋吊件及临时支撑的施工安全系数 K_c

项目	施工安全系数 K_c
临时支撑	2
临时支撑的连接件、 预制构件中用于连接临时支撑的预埋件	3
普通预埋吊件	4
多用途的预埋吊件	5

桁架预制板的支撑架体可选用定型独立钢支柱（图 4.20），也可采用承插式支架（图 4.21）。

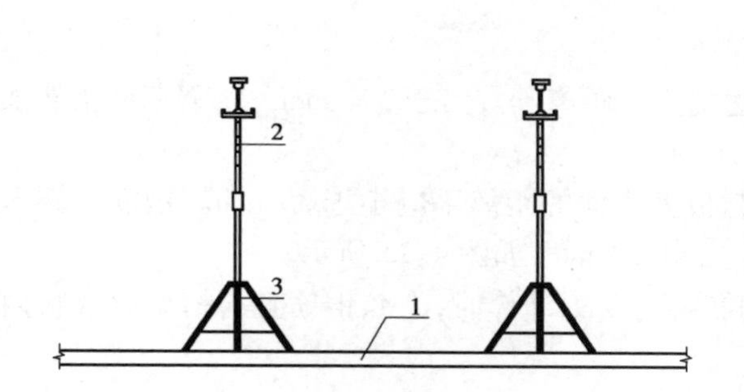

图 4.20 桁架叠合板定型独立钢支柱示意

1—楼板；2—可调独立支撑；3—三角稳定架

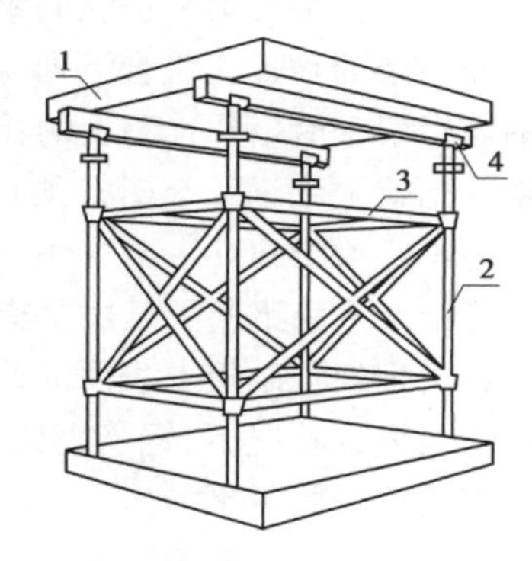

图 4.21 桁架叠合板承插式支架示意

1—叠合板；2—支撑立杆；3—水平杆；4—可调托撑

预埋吊环应采用 HPB300 钢筋或 Q235B 圆钢，如图 4.22 所示，并应符合下列规定：

a. 吊环锚入混凝土中的深度不应小于 $30d$ 并应焊接或绑扎在钢筋骨架上，d 为吊环钢筋或圆钢的直径。

b. 应验算在荷载标准值作用下的吊环应力，验算时每个吊环可按两个截面计算。当吊环直径不大于 14 mm 时，可以采用 HPB300 钢筋，考虑各种折减系数后，吊环应力不应大于 65 N/mm^2；当吊环直径大于 14 mm 时，可采用 Q235B 圆钢，考虑各种折减系数后吊环应力不应大于 50 N/mm^2。

c. 当在一个构件上设有 4 个吊环时，应按 3 个吊环进行计算。

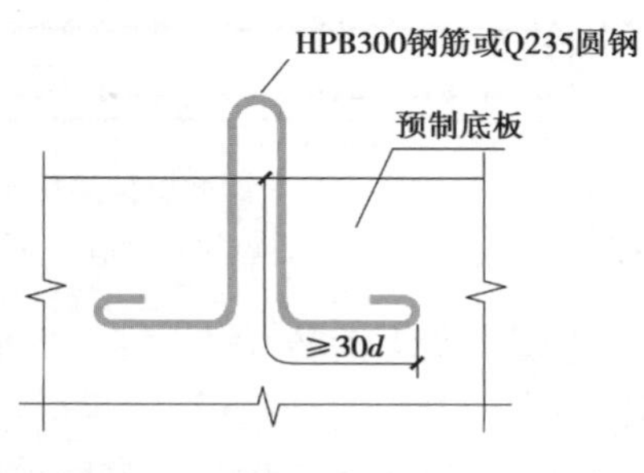

图 4.22 预埋吊环示意图

3)构造要求

①钢筋桁架的尺寸(图4.23)应符合下列规定:

a.钢筋桁架的设计高度 H_1 不宜小于70 mm,不宜大于400 mm,且宜以10 mm为模数。

b.钢筋桁架的设计宽度 B 不宜小于60 mm,不宜大于110 mm,且宜以10 mm为模数。

c.腹杆钢筋与上、下弦钢筋相邻焊点的中心间距 P_s 宜取200 mm,且不宜大于200 mm。

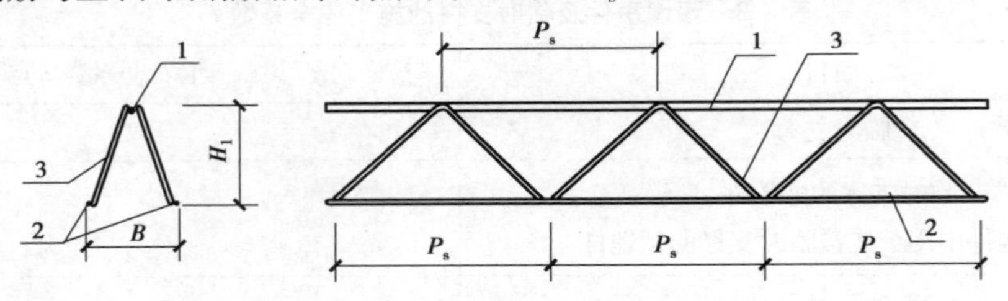

图4.23　钢筋桁架示意图

1—上弦钢筋;2—下弦钢筋;3—腹杆钢筋

②桁架预制板的厚度不宜小于60 mm,且不应小于50 mm;后浇混凝土叠合层厚度不应小于60 mm。

③桁架预制板板边第一道纵向钢筋中线至板边的距离不宜大于50 mm。

④钢筋桁架的布置应符合下列规定:

a.钢筋桁架宜沿桁架预制板的长边方向布置。

b.钢筋桁架上弦钢筋至桁架预制板板边的水平距离不宜大于300 mm。相邻钢筋桁架上弦钢筋的间距不宜大于600 mm,如图4.24所示。

c.钢筋桁架下弦钢筋下表面至桁架预制板上表面的距离不应小于35 mm。钢筋桁架上弦钢筋上表面至桁架预制板上表面的距离不应小于35 mm,如图4.25所示。

d.在持久设计状况下,钢筋桁架上弦钢筋参与受力计算时,上弦钢筋宜与桁架叠合板内同方向受力钢筋位于同一平面。

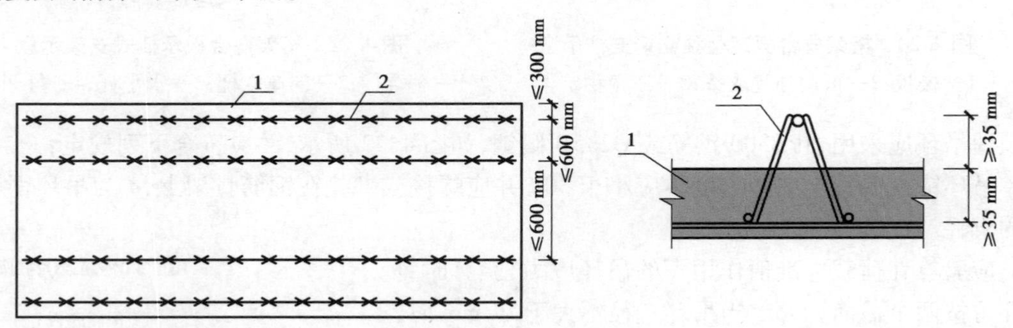

图4.24　钢筋桁架边距与间距示意

1—桁架预制板;2—钢筋桁架

图4.25　钢筋桁架埋深示意

1—桁架预制板;2—钢筋桁架

⑤纵向受力钢筋直径不宜小于8 mm,当板厚不大于150 mm时,钢筋间距不宜大于200 mm;当板厚大于150 mm时,钢筋间距不宜大于板厚的1.5倍,且不宜大于250 mm,且单位宽度内的配筋面积不宜小于跨中相应方向板底钢筋截面面积的1/30。

⑥当板采用强度等级400 MPa、500 MPa的钢筋时,其最小配筋百分率应允许采用0.15和

$45f_t/f_y$ 中的较大值。

⑦当桁架叠合板开洞时,应符合下列规定:

a. 洞口大小、位置及洞口周边加强措施应符合国家现行有关标准的规定;

b. 桁架预制板中钢筋桁架宜避开楼板开洞位置。当因无法避开而被截断时,应在平行于钢筋桁架布置方向的洞边两侧 50 mm 处设置补强钢筋桁架,补强钢筋桁架端部与被切断钢筋桁架端部距离不小于相邻焊点中心距 P_s,如图 4.26 所示。

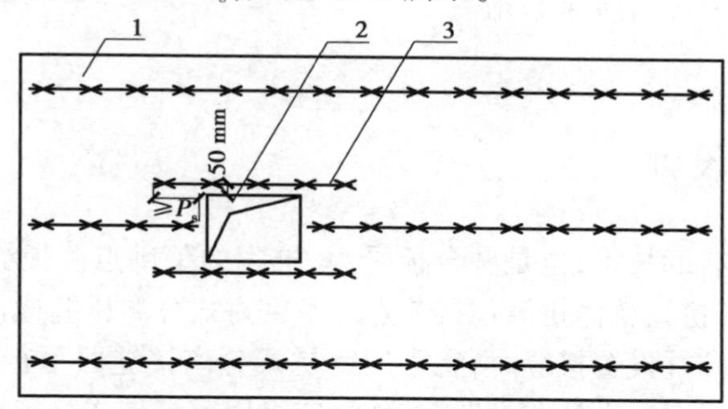

图 4.26 桁架预制板开洞补强构造示意

1—桁架预制板;2—洞口;3—补强钢筋桁架

⑧桁架预制板与后浇混凝土之间的结合面应符合下列规定:

a. 桁架预制板与后浇混凝土叠合层之间的结合面应设置粗糙面。

b. 采用后浇带式整体接缝时,接缝处桁架预制板板侧与后浇混凝土之间的结合面宜设置粗糙面。

c. 板端支座处桁架预制板侧面宜设置粗糙面。

d. 粗糙面面积不宜小于结合面的 80%,凹凸深度不应小于 4 mm。

⑨桁架预制板的吊点数量及布置应根据桁架预制板尺寸、质量及起吊方式通过计算确定,吊点宜对称布置且不应少于 4 个。

⑩桁架预制板宜将钢筋桁架兼作吊点。钢筋桁架兼作吊点时,吊点承载力标准值可按表 4.4 采用,并应符合下列规定:

a. 吊点应选择在上弦钢筋焊点所在位置,焊点不应脱焊;吊点位置应设置明显标识。

b. 起吊时,吊钩应穿过上弦钢筋和两侧腹杆钢筋,吊索与桁架预制板水平夹角不应小于 60°。

c. 当钢筋桁架下弦钢筋位于板内纵向钢筋上方时,应在吊点位置钢筋桁架下弦钢筋上方设置至少 2 根附加钢筋,附加钢筋直径不宜小于 8 mm,在吊点两侧的长度不宜小于 150 mm,如图 4.27 所示。

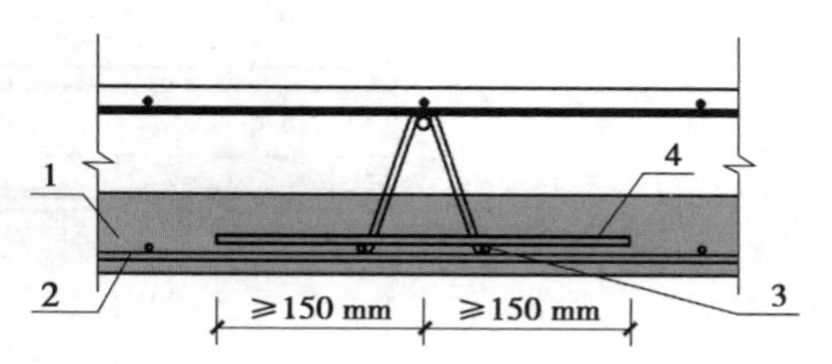

图 4.27 吊点处附加钢筋示意

1—预制板;2—预制板内纵向钢筋;3—下弦钢筋;4—附加钢筋

d. 起吊时同条件养护的混凝土立方体试块抗压强度不应低于 20 MPa。

e. 施工安全系数 K_c 不应小于 4.0。

f. 当不符合本条第 a 款 ~ 第 d 款的规定时,吊点的承载力应通过试验确定。

表 4.4　吊点承载力标准值

腹杆钢筋类别	承载力标准值(kN)
HRB400、HRB500、CRB550、CRB600H	20
HPB300、CPB550	15

注:CRB 表示冷轧带肋钢筋;CPB 表示冷轧光圆钢筋。

4.2.3　板缝节点设计

板连接是叠合板特有的技术,也是叠合板受力、抗裂的关键点。板缝节点主要分为后浇带式整体拼缝连接节点、密拼式整体拼缝连接节点以及密拼式分离拼缝连接节点。当钢筋桁架混凝土叠合板按单向板设计并设置接缝时,宜采用密拼式分离接缝并平行于短边方向布置;当钢筋桁架混凝土叠合板按双向板设计并设置接缝时,应采用后浇带式整体接缝或后浇带密拼式整体接缝。

1)后浇带式整体拼缝连接

桁架预制板之间采用后浇带式整体接缝连接时,后浇带宽度不宜小于 200 mm,宜设置在叠合板的次要受力方向上且宜避开最大弯矩截面,并应符合下列规定:

①后浇带两侧板底纵向受力钢筋可在后浇带中焊接或搭接连接。

②后浇带两侧板底纵向受力钢筋在后浇带中焊接连接时,应符合现行行业标准《钢筋焊接及验收规程》(JGJ 18)的有关规定。

③后浇带两侧板底纵向受力钢筋在后浇带中搭接连接时(图 4.28),应符合下列规定:

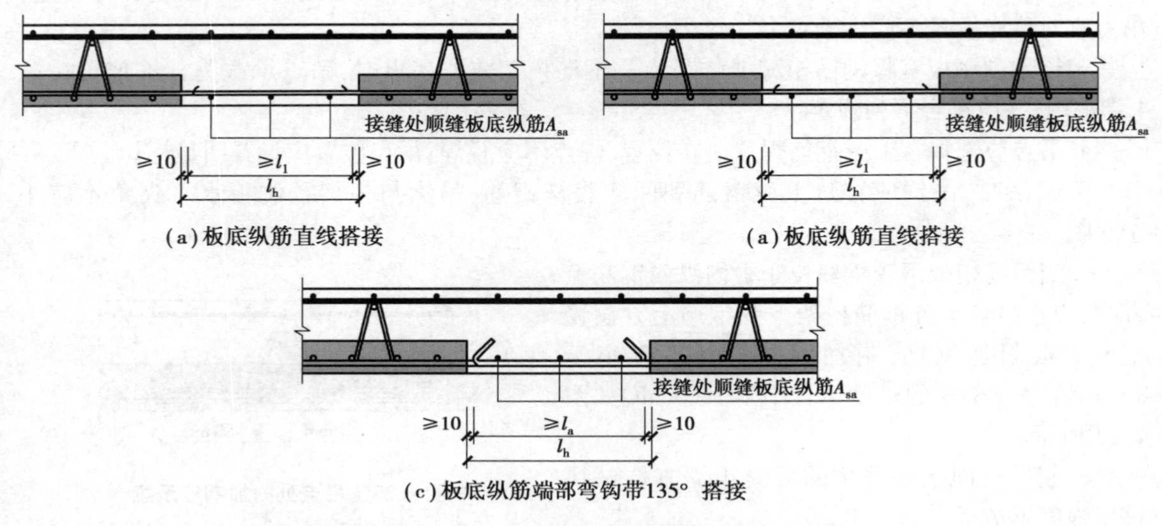

图 4.28　双向桁架叠合板后浇带接缝构造示意

a. 接缝处板底外伸钢筋的锚固长度 l_a、搭接长度 l_l 和端部弯钩构造应符合现行国家标准《混凝土结构设计规范》(GB 50010)的有关规定。

b. 桁架预制板板底外伸钢筋可为直线形[图 4.28(a)],也可采用端部带 90°或 135°弯钩的锚固形式[图 4.28(b)、图 4.28(c)];当外伸钢筋端部带弯钩时,接缝处的直线段钢筋搭接长度可取为钢筋的锚固长度 l_a,且在确定 l_a 时,锚固长度修正系数不应小于 1.0。

c. 设计后浇带宽度 l_h 时,应计入钢筋下料长度、构件安装位置等施工偏差的影响,每侧预留的施工偏差不应小于 10 mm。

④接缝处顺缝板底纵筋 A_{sa} 的配筋率不应小于板缝两侧预制板板底配筋率的较大值。

2)密拼式整体拼缝连接

桁架预制板之间采用密拼式整体接缝连接时(图 4.29),应符合下列规定:

①后浇混凝土叠合层厚度不宜小于桁架预制板厚度的 1.3 倍,且不应小于 75 mm。

②接缝处应设置垂直于接缝的搭接钢筋,搭接钢筋总受拉承载力设计值不应小于桁架预制板底纵向钢筋总受拉承载力设计值,直径不应小于 8 mm,且不应大于 14 mm;接缝处搭接钢筋与桁架预制板底板纵向钢筋对应布置,搭接长度不应小于 $1.6l_a$(l_a 为按较小直径钢筋计算的受拉钢筋锚固长度),且搭接长度应从距离接缝最近一道钢筋桁架的腹杆钢筋与下弦钢筋交点起算。

③垂直于搭接钢筋的方向应布置横向分布钢筋,在搭接范围内不宜少于 2 根,且钢筋直径不宜小于 6 mm,间距不宜大于 250 mm。

④接缝处的钢筋桁架应平行于接缝布置,在一侧纵向钢筋的搭接范围内,应设置不少于 2 道钢筋桁架,上弦钢筋的间距不宜大于桁架叠合板板厚的 2 倍,且不宜大于 400 mm;靠近接缝的桁架上弦钢筋到桁架预制板接缝边的距离不宜大于桁架叠合板板厚,且不宜大于 200 mm。

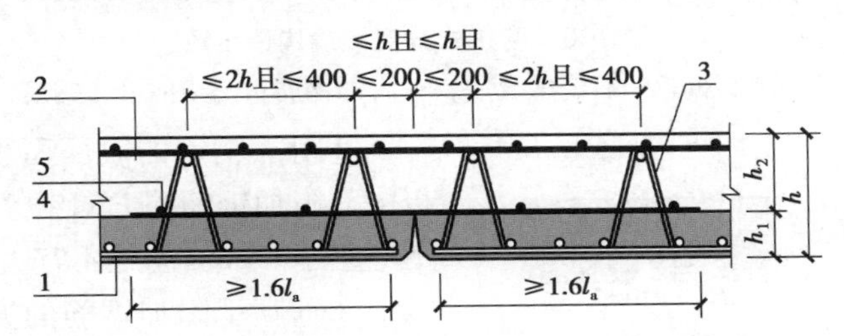

图 4.29 钢筋桁架平行于接缝的构造示意

1—桁架预制板;2—后浇叠合层;3—钢筋桁架;4—接缝处的搭接钢筋;5—横向分布钢筋

⑤密拼式整体接缝两侧钢筋桁架的腹杆钢筋应符合下列公式的规定:

$$F_a \leq n f_y A_{sv} \sin \alpha \sin \beta \tag{4.46}$$

式中 F_a——接缝处纵向钢筋的拉力设计值,取桁架预制板纵筋和接缝处搭接钢筋受拉力的较小值,即 $F_a = \min(f_y A_{s1}, f_y A_{s2})$;

A_{s1}、A_{s2}——桁架预制板纵筋、接缝处搭接钢筋的面积;

A_{sv}——单根钢筋桁架的腹杆钢筋面积;

n——接缝一侧搭接钢筋搭接范围内的钢筋桁架数量;

α——腹杆钢筋垂直桁架方向的倾角;

β——腹杆钢筋平行桁架方向的倾角。

⑥采用密拼式整体接缝时,接缝处搭接钢筋在荷载效应准永久组合作用下的应力应符合下列公式的规定:

$$\sigma_{sq} \leqslant 0.6 f_{yk} \tag{4.47}$$

$$\sigma_{sq} = \frac{M_q}{0.87 A_s h_{20}} \tag{4.48}$$

式中 σ_{sq}——接缝处搭接钢筋在荷载效应准永久组合作用下的应力；

f_{yk}——接缝处搭接钢筋的屈服强度标准值；

M_q——接缝处按荷载准永久组合计算的弯矩值；

h_{20}——后浇层混凝土的有效高度。

⑦桁架叠合板的密拼式整体接缝正截面受弯承载力计算时，截面高度取叠合层混凝土厚度，受拉钢筋取接缝处的搭接钢筋。

3）密拼式分离拼缝连接

桁架预制板之间采用密拼式分离接缝连接时（图 4.30），应符合下列规定：

①接缝处紧贴桁架预制板顶面宜设置垂直于接缝的附加钢筋，附加钢筋伸入两侧后浇混凝土叠合板的锚固长度不应小于附加钢筋直径的 15 倍。

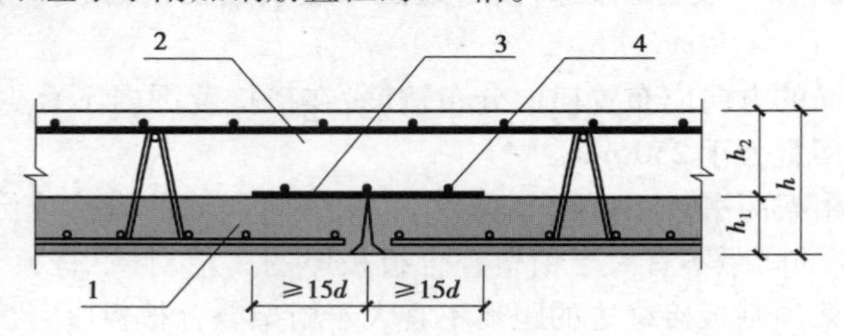

图 4.30　密拼式分离接缝构造示意

1—预制板；2—后浇叠合层；3—附加钢筋；4—横向分布钢筋

②附加钢筋的截面面积不宜小于桁架预制板中与附加钢筋同方向钢筋面积，附加钢筋直径不应小于 6 mm，间距不宜大于 250 mm。

③垂直于附加钢筋的方向应布置横向分布钢筋，在搭接范围内不宜少于 3 根，横向分布钢筋直径不应小于 6 mm，间距不宜大于 250 mm。

④桁架预制板的密拼式接缝，可采用底面倒角和倾斜面形成连续斜坡、底面设槽口和顶面设倒角、底面和顶面均设倒角等做法，并应符合下列规定：

a. 当接缝处采用底面倒角和侧面倾斜面形成两道连续斜坡的做法时［图 4.31（a）］，底面倒角尺寸不宜小于 10 mm×10 mm，倾斜面的坡度不宜小于 1∶8；接缝应采用无机材料嵌填封闭，无机材料宜采用聚合物改性水泥砂浆。

b. 当接缝处采用底面设槽口和顶面设倒角的做法时［图 4.31（b）］，底面槽口深度宜取

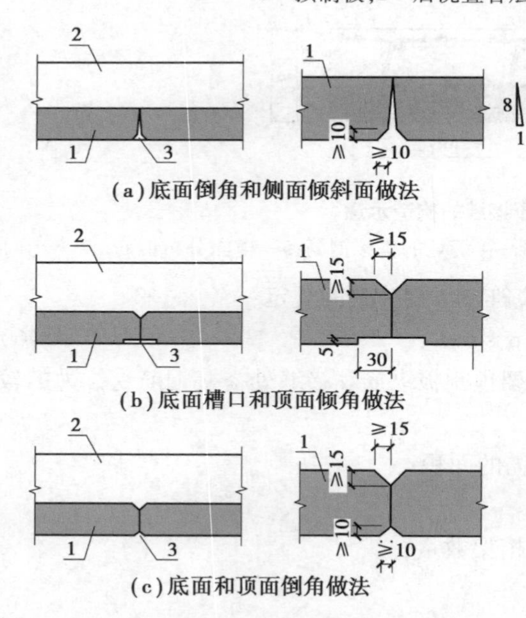

图 4.31　桁架预制板密拼式接缝构造示意

1—桁架预制板；2—后浇混凝土叠合层；3—密拼式接缝

5 mm,长度宜取 30 mm,顶面倒角尺寸不宜小于 15 mm×15 mm;底面槽口处宜粘贴网格布。

c. 当接缝处采用底面和顶面均设倒角的做法时[图 4. 31(c)],底面倒角尺寸不宜小于 10 mm×10 mm,顶面倒角尺寸不宜小于 15 mm×15 mm。

4.2.4　支座节点设计

当板搭接在墙或梁上时,叠合板板面钢筋以及板底钢筋都应该在支座后浇混凝土层内锚固并满足相应的构造要求。支座节点钢筋构造包括了板面钢筋以及板底钢筋构造,其中板面钢筋又包括了叠合板叠合层内面筋以及桁架钢筋上弦钢筋,底板钢筋即钢筋桁架预制底板内钢筋。

1)计算方法

桁架叠合板板端的正截面受弯承载力应符合现行国家标准《混凝土结构设计规范》(GB 50010)的有关规定,并应符合下列规定:

①板端截面承担负弯矩作用时,截面高度可取为桁架叠合板厚度。

②板端截面承担正弯矩作用且板端钢筋不伸入支座时,支座处桁架预制板的纵筋搭接钢筋可作为受拉纵筋,有效截面高度应取搭接钢筋中心线到叠合层上表面的距离。

③桁架叠合板板端受剪承载力应符合下列公式规定:

$$V_s \leqslant V_R \tag{4.49}$$

$$V_R = 0.07 f_c A_{c2} + 1.65 A_{sd} \sqrt{f_c f_y} \tag{4.50}$$

式中　V_s——板端剪力设计值;

V_R——板端受剪承载力设计值;

A_{c2}——桁架叠合板后浇混凝土叠合层截面面积;

A_{sd}——垂直穿过桁架叠合板板端竖向接缝的所有钢筋面积,包括叠合层内的纵向钢筋、支座处的搭接钢筋。

2)板面钢筋支座节点构造

(1)叠合板板面钢筋

桁架叠合板板面纵向钢筋应符合下列规定:

①对于中节点支座,板面钢筋应贯通。

②对于端节点支座,应符合下列规定:

a. 钢筋伸入支座长度不应小于受拉钢筋的锚固长度(l_a);当截面尺寸不满足直线锚固要求时,可采用 90°弯折锚固措施,此时,包括弯弧在内的钢筋平直段长度不应小于 $\zeta_a l_{ab}$(l_{ab} 为受拉钢筋的基本锚固长度),弯折平面内包含弯弧的钢筋平直段长度不应小于钢筋直径的 15 倍;

b. 当支座为梁或顶层剪力墙时,ζ_a 应取为 0. 6;当支座为中间层剪力墙时,ζ_a 应取为 0. 4。

(2)钢筋桁架上弦钢筋

当钢筋桁架上弦钢筋参与截面受弯承载力计算时,应在上弦钢筋设置支座处桁架上弦筋搭接钢筋(图 4. 32),并应伸入板端支座。搭接钢筋应按与同向板面纵向钢筋受拉承载力相等的原则布置,且搭接钢筋与钢筋桁架上弦钢筋在叠合层中搭接长度不应小于受拉钢筋的搭接长度 l_l,受拉钢筋的搭接长度 l_l 应符合现行国家标准《混凝土结构设计规范》(GB 50010)的有关规定。搭接钢筋在支座内的构造与上文板面钢筋在支座中的构造相同。

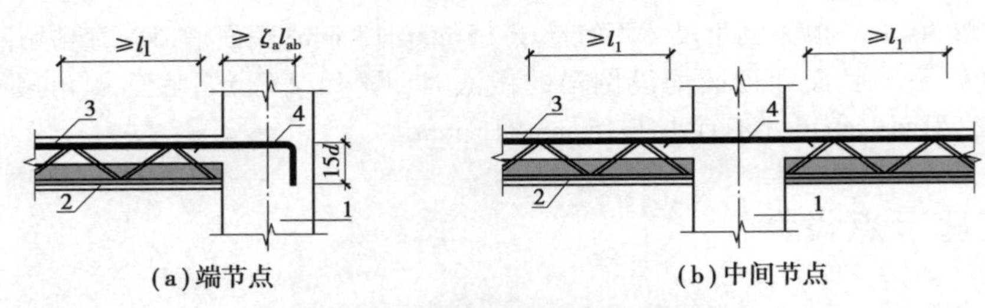

图4.32　桁架上弦钢筋搭接构造示意图

1—支承梁或墙;2—桁架预制板;3—上弦钢筋;4—支座处桁架上弦筋搭接钢筋

3)板底钢筋支座节点构造

(1)板底钢筋伸入支座

桁架预制板纵向钢筋伸入支座时,应在支承梁或墙的后浇混凝土中锚固(图4.33),锚固长度不应小于l_s。当板端支座承担负弯矩时,l_s不应小于钢筋直径的5倍且宜伸至支座中心线;当节点区承受正弯矩时,l_s不应小于受拉钢筋锚固长度l_a。

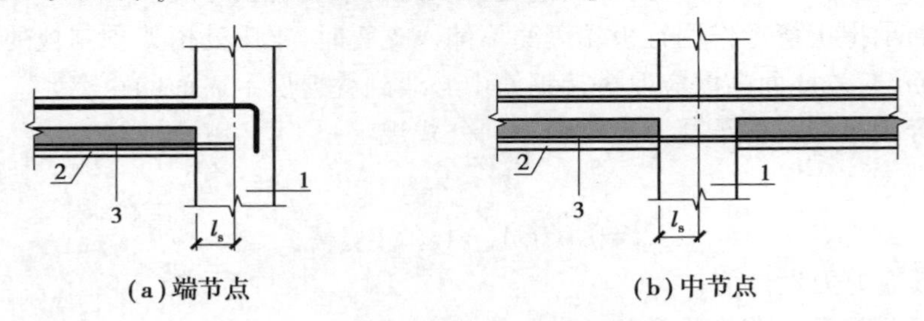

图4.33　纵筋外伸的板端支座构造示意图

1—支承梁或墙;2—桁架预制板;3—桁架预制板纵筋

(2)板底钢筋不伸入支座

桁架预制板纵向钢筋不伸入支座时,应符合下列规定:

①后浇混凝土叠合层厚度不应小于桁架预制板厚度的1.3倍,且不应小于75 mm。

②支座处应设置垂直于板端的桁架预制板纵筋搭接钢筋,搭接钢筋截面积应按计算确定,且不应小于桁架预制板内跨中同方向受力钢筋面积的1/3,搭接钢筋直径不宜小于8 mm,间距不宜大于250 mm;搭接钢筋强度等级不应低于与搭接钢筋平行的桁架预制板内同向受力钢筋的强度等级。

③对于端节点支座,搭接钢筋伸入后浇叠合层锚固长度l_s不应小于$1.2l_a$,并应在支承梁或墙的后浇混凝土中锚固,锚固长度不应小于l'_s;当板端支座承担负弯矩时,支座内锚固长度l'_s不应小于$15d$且宜伸至支座中心线;当节点区承受正弯矩时,支座内锚固长度l'_s不应小于受拉钢筋锚固长度l_a,如图4.34(a)所示。

④对于中节点支座,搭接钢筋在节点区应贯通,且每侧伸入后浇叠合层锚固长度l_s不应小于$1.2l_a$,如图4.34(b)所示。

⑤垂直于搭接钢筋的方向应布置横向分布钢筋,在一侧纵向钢筋的搭接范围内应设置不少于3道横向分布钢筋,且钢筋直径不宜小于6 mm,间距不大于250 mm。

⑥当搭接钢筋紧贴叠合面时,板端顶面应设置倒角,倒角尺寸不宜小于15 mm×15 mm。

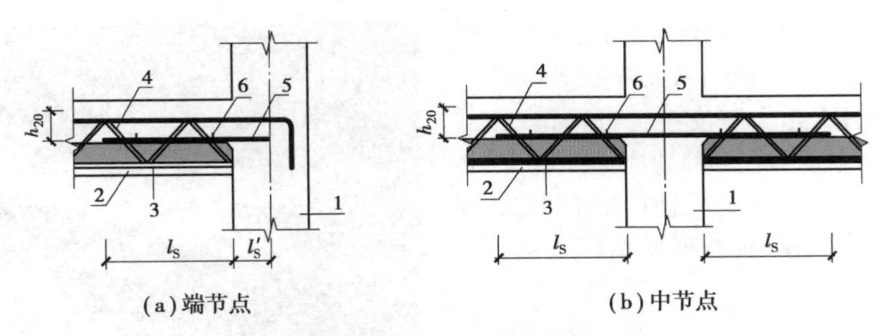

图 4.34 无外伸纵筋的板端支座构造示意图

1—支承梁或墙;2—桁架预制板;3—桁架预制板纵筋;4—钢筋桁架;

5—支座处桁架预制板纵筋搭接钢筋;6—横向分布钢筋

4.3 钢管桁架预应力混凝土叠合板

4.3.1 概述

1)概念

钢管桁架预应力混凝土叠合板是在预制带肋底板混凝土叠合板基础上研发的一种新型叠合板,主要由预应力混凝土底板和灌浆钢管桁架组成,如图 4.35 至图 4.37 所示。其结合了钢筋桁架混凝土叠合板与预应力混凝土叠合板各自的特点,扬长避短。预应力的施加解决了前者底板开裂问题,钢管桁架则解决了后者反拱问题。该叠合板桁架的上弦钢筋优化为灌浆钢管,有效提高了预制底板的刚度,减小了底板厚度,具有质量小、承载力高、抗裂性能好以及生产效率高等优点。

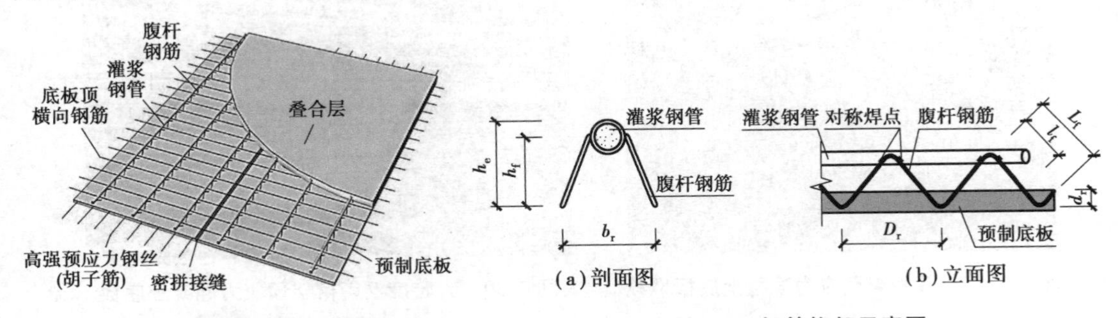

图 4.35 钢管桁架预应力混凝土叠合板示意图

图 4.36 钢管桁架示意图

在大跨度和超大跨度的双向叠合板上,钢管桁架预应力混凝土叠合板的优势更大。大跨度板在框架结构中的应用最多,剪力墙住宅中的大客厅中也会用到。在使用过程中,我们可以在板面上放置空心管、泡沫块、再生塑料叠合箱等,从而形成叠合空心减重板。而对于超大跨度板来说,钢管桁架需另行设计和加工,往往需要更粗的钢管和更高的桁架。超大跨度板全面适用于地下车库、多层工业厂房等大跨、重载的场景,它能减少次梁根数,增大净高,减少吊装次数,

图4.37　钢管桁架预应力混凝土预制板

提高施工效率。如果再配合减重箱,还能形成纵横井字暗梁的密肋楼盖,从而降低结构高度、减轻自重。此外,超大跨度板也可用作“板式叠合梁”“板式叠合梁”中的预应力筋,可代替梁底的第一排纵筋,在减少用钢量的同时,还能避免支座处钢筋碰撞,提升吊装效率。

2)特点

钢管桁架预应力混凝土叠合板有预应力钢筋和灌浆钢管桁架的存在,主要具备承载力高、抗裂性好、经济性好等优点。

(1)高承载能力

钢管桁架预应力混凝土底板的受力钢筋采用1570级、直径5 mm的低松弛螺旋肋钢丝,它是由优质碳素钢盘冷拔而成,抗拉强度较高,设计值f_{py}=1 110 MPa,是普通热轧带肋钢筋HRB400的3倍。同时,桁架的上弦钢筋为了避免受压屈曲破坏而优化为灌浆钢管,有效提高了其抗弯刚度,在相同板厚的情况下,较钢筋桁架混凝土叠合板具有更高的抗弯承载力。钢管桁架预应力混凝土底板的堆载如图4.38所示。

(2)高抗裂性能

钢管桁架预应力混凝土底板通过张拉螺旋肋钢丝使全截面受到预压应力,张拉控制力$\sigma_{con}=0.5f_{pyk}$。在底板混凝土强度相同的情况下,尽管预应力混凝土底板厚度小于普通混凝土底板,但其抗弯刚度是普通混凝土底板的2倍以上,充分展现了钢管桁架预应力混凝土底板优异的抗裂性能及较大的抗弯刚度,因此钢管桁架预应力混凝土叠合板适合大跨度结构,如图4.39所示。

图4.38　钢管桁架预应力混凝土底板堆载

图4.39　大跨度钢管桁架预应力混凝土底板

(3)经济性好

目前,装配式建筑所用叠合板的预制底板厚度均大于60 mm。钢管桁架预应力混凝土底板借助预应力筋提供的预压应力及钢管桁架提供的较大刚度,在满足裂缝及挠度控制要求的情况下,底板最小厚度可以做到35 mm(图4.40),质量减少了约40%,有利于构件运输及塔吊吊装。高强预应力钢丝作为受力筋,在抗拉强度满足设计要求的情况下也减少了用钢量;生产工艺上因采用长线台座张拉制作,模具摊销少;蒸汽养护及各种自动化机具的使用均有效提高了生产效率,具有良好的经济效益。

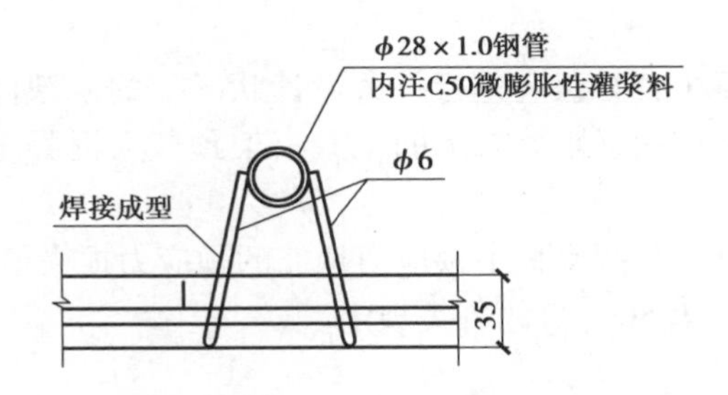

图4.40 钢管桁架预应力混凝土底板示意图

(4)其他特点

钢管桁架预应力混凝土底板厚度为35～40 mm,整个叠合板厚度在4～5 m跨度范围内可控制在120 mm,与全现浇混凝土板同厚,且不影响叠合层内的管线布置。如前文所述,预制底板具有轻质高强的特点,可有效增大施工现场的临时支撑间距,减少支撑数量,降低施工成本(图4.41);并且底板两侧不出筋,支撑的两端也仅一端留有胡子筋(图4.42),方便了工厂化生产及现场的安装施工。

图4.41 钢管桁架预应力混凝土底板支撑

图4.42 钢管桁架预应力混凝土底板单面出筋

4.3.2 构件设计

1)一般规定

①结构的下列部位楼盖不宜采用钢管桁架预应力混凝土叠合板:

a.作为上部结构嵌固部位的地下室楼层及其相关范围;

b.结构转换层;

c.平面复杂或开洞较大的楼层;

d.结构体型收进处的楼层及相邻上、下各一层;

e.斜柱上、下端周围局部楼盖。

②在结构内力与位移计算时,可假定钢管桁架预应力混凝土叠合板在其自身平面内为无限刚性。一方面,钢管桁架预应力混凝土预制底板与后浇叠合层结合较好;另一方面,预制底板较薄、后浇叠合层厚度较大,因此钢管桁架预应力混凝土叠合板的整体性较好,可视为整体。

③钢管桁架预应力混凝土预制底板应进行短暂设计状况下的板底抗裂、板面混凝土受压、承载力、灌浆钢管和腹杆钢筋强度及稳定性、挠度验算。其中短暂设计状况包含脱模、翻转、起

吊、运输、堆放、安装等阶段。

④钢管桁架预应力混凝土叠合板应进行持久设计状况下的承载能力极限状态计算和正常使用极限状态的验算。正常使用极限状态下的钢管桁架预应力混凝土叠合板应采用荷载效应标准组合进行验算。

⑤钢管桁架预应力混凝土预制底板中预应力钢筋的预应力损失值计算,应符合现行国家标准《混凝土结构设计规范》(GB 50010)的有关规定。

⑥材料要求。

A. 混凝土:钢管桁架预应力混凝土预制底板混凝土强度等级不宜低于 C40,叠合层的混凝土强度等级不应低于 C30。

B. 钢材:

a. 灌浆钢管桁架中的钢管宜采用焊接圆钢管,宜采用 Q235 或更高强度的钢材;钢管壁厚不宜小于 1 mm,外径不宜小于 20 mm;

b. 钢管桁架预应力混凝土预制底板受力的预应力钢筋宜采用预应力钢丝,直径不宜小于 5 mm;钢管桁架预应力混凝土预制底板的构造钢筋,可根据实际情况确定,但其直径不应小于 4 mm。

C. 浆料:钢管内灌浆材料宜采用微膨胀高强砂浆,抗压强度标准值不应低于 40 MPa。

2)计算方法

钢管桁架预应力混凝土叠合板可参照钢筋桁架混凝土叠合板按照施工阶段跨中是否设置可靠支撑分别进行计算。

(1)脱模、翻转、运输、堆放、吊装和施工等短暂设计状况计算(预制底板验算)

钢管桁架预应力混凝土叠合板在施工阶段和使用阶段的荷载和内力值,可参照钢筋桁架混凝土叠合板进行计算。

计算各工况时,截面特性宜按组合截面(图 4.43)计算。计算跨内截面应力时截面中和轴位置、惯性矩计算见式(4.51)、式(4.52);计算跨内支座处(吊点、支撑处)截面应力时,灌浆钢管受拉,宜偏安全地近似按不考虑钢管中灌浆材料的贡献来考虑,截面中和轴位置、惯性矩计算见式(4.53)、式(4.54)。

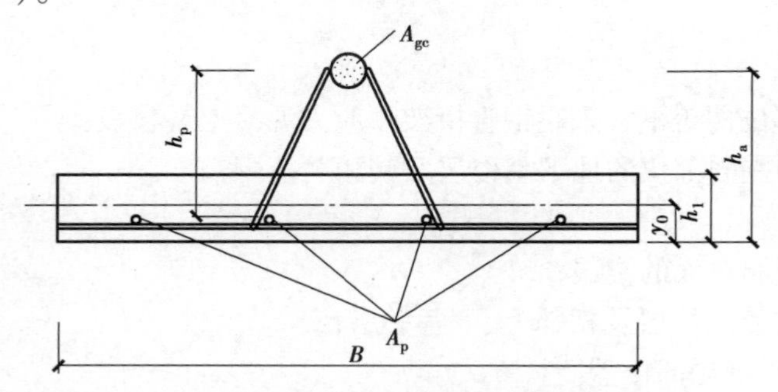

图 4.43　钢管桁架预应力混凝土预制底板组合截面

$$y_0 = h_a - \frac{Bh_1\left(h_a - \dfrac{h_1}{2}\right) + A_p(\alpha_{Ep} - 1)h_p}{Bh_1 + A_p(\alpha_{Ep} - 1) + \dfrac{1}{4}\alpha_{Esc}\pi D_{gc}^2} \tag{4.51}$$

$$I_0=\frac{1}{12}Bh_1^3+Bh_1\left(y_0-\frac{h_1}{2}\right)^2+A_p(\alpha_{Ep}-1)[y_0-(h_a-h_p)]^2+\alpha_{Esc}\frac{\pi D_{gc}^4}{64}+\alpha_{Esc}\frac{\pi D_{gc}^2}{4}(h_a-y_0)^2 \tag{4.52}$$

$$y_0=h_a-\frac{Bh_1\left(h_a-\frac{h_1}{2}\right)+A_p(\alpha_{Ep}-1)h_p}{Bh_1+A_p(\alpha_{Ep}-1)+\frac{1}{4}\alpha_E\pi[D_{gc}^2-(D_{gc}-2t_{gc})^2]} \tag{4.53}$$

$$I_0=\frac{1}{12}Bh_1^3+Bh_1\left(y_0-\frac{h_1}{2}\right)^2+A_p(\alpha_{Ep}-1)[y_0-(h_a-h_p)]^2+\alpha_E\frac{\pi[D_{gc}^4-(D_{gc}-t_{gc})^4]}{64}+\alpha_E\frac{\pi[D_{gc}^2-(D_{gc}-2t_{gc})^2]}{4}(h_a-y_0)^2 \tag{4.54}$$

式中 α_{Ep}——钢管桁架预应力混凝土预制板内预应力钢筋与预制底板混凝土的弹性模量之比；

E_{sc}——灌浆钢管复合弹性模量与预制底板混凝土的弹性模量之比；

α_E——钢管弹性模量与预制底板混凝土的弹性模量之比；

D_{gc}——灌浆钢管外径；

t_{gc}——钢管壁厚；

h_1——预制底板厚度；

h_a——钢管形心至预制底板下边缘距离；

h_p——钢管形心至预应力钢筋形心距离；

y_0——等效组合截面形心至预制底板下边缘距离。

灌浆钢管按一种复合材料来考虑，其弹性模量、抗压强度、轴心受压稳定系数等均可参考《钢管混凝土结构技术规范》(GB 50396)确定。灌浆钢管复合弹性模量 E_{sc}、抗压强度设计值 f_{sc} 和轴心受压稳定系数 φ 应分别按下式计算，钢管抗拉分项系数近似取 1.1。

$$E_{sc}=\frac{E_sA_g+E_{cl}A_{cl}}{A_{gc}} \tag{4.55}$$

$$f_{sc}=(1.212+B\theta+C\theta^2)f_{cl} \tag{4.56}$$

$$\theta=\frac{f_sA_g}{f_{cl}A_{cl}} \tag{4.57}$$

$$B=0.176f_s/213+0.974 \tag{4.58}$$

$$C=-0.104f_{cl}/14.4+0.031 \tag{4.59}$$

$$\varphi=\frac{1}{2\bar{\lambda}_{sc}^2}\left[\bar{\lambda}_{sc}^2+(1+0.25\bar{\lambda}_{sc})-\sqrt{[\bar{\lambda}_{sc}^2+(1+0.25\bar{\lambda}_{sc})]^2-4\bar{\lambda}_{sc}^2}\right] \tag{4.60}$$

$$\bar{\lambda}_{sc}\approx 0.01\lambda_{sc}(0.001f_y+0.781) \tag{4.61}$$

式中 f_{sc}——灌浆钢管抗压强度设计值；

f_{cl}——灌浆材料轴心抗压强度设计值；

f_s——钢管强度设计值；

A_g——钢管截面面积；

A_{cl}——灌浆材料截面面积；

θ——灌浆钢管的套箍系数；

B、C——截面形状对套箍效应的影响系数；

E_{sc}——灌浆钢管复合弹性模量；

E_s——钢管弹性模量；

E_{cl}——灌浆材料弹性模量；

λ_{sc}——灌浆钢管的长细比，等于构件的计算长度除以回转半径；

$\bar{\lambda}_{sc}$——灌浆钢管正则长细比。

①钢管桁架预应力混凝土预制底板正截面受弯承载力可参考式(4.9)、式(4.11)和式(4.12)，但由于预应力筋的存在，截面受压区高度 x 应符合下列规定，计算示意图如图 4.44 所示。

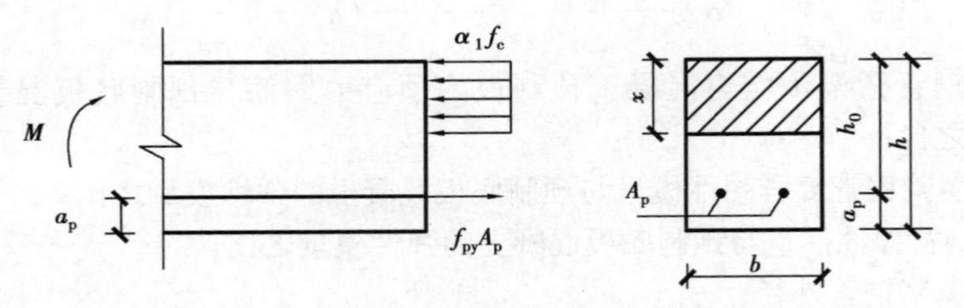

图 4.44 预制板正截面受弯承载力计算

$$\alpha_1 f_c bx = f_{py} A_p \tag{4.62}$$

式中 f_c——预制板混凝土轴心抗压强度设计值；

A_p——预制板受拉区纵向预应力筋的截面面积；

b——等代梁计算宽度；

α_1——系数。

②钢管桁架预应力混凝土预制底板截面边缘混凝土法向压应力应符合下列规定：

$$\sigma_{cc} \leqslant 0.8 f'_{ck} \tag{4.63}$$

截面边缘混凝土法向压应力可按下列公式计算：

$$\sigma_{cc} = \sigma_{pcc} + \frac{M_{1k}}{W_{cc}} \tag{4.64}$$

$$\sigma_{pcc} = \frac{N_{p0}}{A_0} + \frac{N_{p0} e_{p0}}{W_{cc}} \tag{4.65}$$

式中 σ_{cc}——各施工阶段在荷载标准组合作用下产生的构件正截面边缘混凝土法向压应力；

σ_{pcc}——由预加力产生的正截面边缘混凝土法向压应力；

W_{cc}——预制板截面混凝土受压边缘弹性抵抗矩，按等效组合截面计算；

A_0——预制板等效组合截面面积；

M_{1k}——各施工阶段在荷载标准组合作用下组合截面弯矩标准值；

N_{p0}——构件预加力；

e_{p0}——预加力作用点至换算截面重心的距离；

f'_{ck}——预制板与各施工阶段的混凝土立方体抗压强度相应的轴心抗压强度标准值。

注意：a. 式(4.64)、式(4.65)中，各项计算值为压应力时取正号，拉应力时取负号；b. 验算跨内支座处预制底板截面边缘混凝土法向压应力时，W_{cc} 宜按不考虑钢管内灌浆材料贡献的等效组合截面计算。

③钢管桁架预应力混凝土预制底板截面边缘混凝土法向拉应力应满足下列公式的要求：

$$\sigma_{ct} \leqslant 1.0 f'_{tk} \tag{4.66}$$

$$\sigma_{ct} = \sigma_{pct} + \frac{M_{1k}}{W_{ct}} \tag{4.67}$$

$$\sigma_{cpt} = \frac{N_{p0}}{A_0} + \frac{N_{p0} e_{p0}}{W_{ct}} \tag{4.68}$$

式中　σ_{ct}——各施工阶段在荷载标准组合作用下产生的构件正截面边缘混凝土法向拉应力；

σ_{pct}——由预加力产生的正截面边缘混凝土法向拉应力；

W_{ct}——预制板截面混凝土受拉边缘弹性抵抗矩，按等效组合截面计算；

f'_{tk}——预制板与各施工阶段的混凝土立方体抗压强度相应的轴心抗拉强度标准值。

注意：式(4.67)、式(4.68)中，各项计算值为拉应力时取正号，压应力时取负号。

④灌浆钢管法向压应力应满足下列公式的要求：

$$\sigma_{gc} \leqslant 1.3 \varphi f_{sc}/2 \tag{4.69}$$

灌浆钢管法向压应力可按下列公式计算：

$$\sigma_{gc} = \alpha_{Esc}(\sigma_{pcg} + M_{1k}/W_{gc}) \tag{4.70}$$

$$\sigma_{pcg} = \frac{N_{p0}}{A_0} + \frac{N_{p0} e_{p0}}{W_g} \tag{4.71}$$

式中　σ_{gc}——各施工阶段在荷载标准组合作用下的灌浆钢管法向压应力；

σ_{pcg}——由预加力产生的灌浆钢管形心处法向应力；

W_{gc}——灌浆钢管受压时预制板组合截面灌浆钢管形心处弹性抵抗矩，按等效组合截面计算；

f_{sc}——灌浆钢管抗压强度设计值；

α_{Esc}——灌浆钢管复合弹性模量与混凝土的弹性模量之比；

φ——灌浆钢管轴心受压稳定系数，按现行国家标准《钢管混凝土结构技术规范》(GB 50936)确定，计算长度取钢管焊接节点距离。

注意：式(4.70)、式(4.71)中，各项计算值为拉应力时取正号，压应力时取负号。

⑤支撑及吊点负弯矩处的钢管法向拉应力应满足下列公式的要求：

$$\sigma_{gt} \leqslant 1.1 f_s/2 \tag{4.72}$$

$$\sigma_{gt} = \alpha_E \sigma_{pcg} + \alpha_E M_k/W_{gt} \tag{4.73}$$

式中　σ_{gt}——各施工阶段在荷载标准组合作用下的钢管法向拉应力；

f_s——钢管强度设计值；

α_E——钢管弹性模量与混凝土的弹性模量之比；

W_{gt}——灌浆钢管受拉时预制板组合截面灌浆钢管形心处弹性抵抗矩，宜按不考虑钢管内灌浆材料贡献的等效组合截面计算。

注意：式(4.73)中，各项计算值为拉应力时取正号，压应力时取负号。

⑥腹杆钢筋压应力应满足下列公式的要求：

$$\sigma_{sf} \leqslant \varphi_f f_{ykf}/2 \tag{4.74}$$

$$\sigma_{sf} = V_k/(2A_f \sin\alpha \sin\beta) \tag{4.75}$$

式中　σ_{sf}——各施工阶段在荷载标准组合作用下的腹杆钢筋压应力；

V_k——各施工阶段在荷载标准组合作用下组合截面剪力标准值；

φ_f——腹杆钢筋的轴心受压稳定系数，按现行国家标准《钢结构设计标准》(GB 50017)的有关规定确定，计算长度取0.7倍腹杆钢筋自由段长度；

α——腹杆钢筋垂直桁架方向的倾角；

β——腹杆钢筋平行桁架方向的倾角；

A_f——单肢腹杆钢筋的截面面积；

f_{ykf}——腹杆钢筋的屈服强度标准值。

⑦施工阶段钢管桁架预应力混凝土预制底板挠度应满足下列公式要求：

a. 要求不出现裂缝的构件：

$$B_{s1}=0.85E_cI_{01} \tag{4.76}$$

b. 允许出现裂缝的构件：

$$B_{s1}=\frac{0.85E_cI_{01}}{\kappa_{cr}+(1-\kappa_{cr})\omega} \tag{4.77}$$

$$\kappa_{cr}=\frac{M_{cr}}{M_k} \tag{4.78}$$

$$\omega=\left(1.0+\frac{0.21}{\alpha_E\rho_1}\right)-0.7 \tag{4.79}$$

$$M_{cr}=(\sigma_{pc}+\gamma f_{tk})W_{01} \tag{4.80}$$

$$\gamma=\left(0.7+\frac{120}{h_1}\right)\gamma_m \tag{4.81}$$

式中 ρ_1——预制板纵向受拉钢筋配筋率：对预应力混凝土受弯构件，取为$(\alpha_1A_p+A_s)/(bh_{01})$；

I_{01}——预制板换算截面惯性矩；

κ_{cr}——预应力混凝土预制构件正截面的开裂弯矩M_{cr}与弯矩M_k的比值，当$\kappa_{cr}>1.0$时，取$\kappa_{cr}=1.0$；

σ_{1pc}——预制板扣除全部预应力损失后，由预加力在抗裂验算边缘产生的混凝土预压应力；

γ——混凝土构件的截面抵抗矩塑性影响系数；

γ_m——混凝土构件的截面抵抗矩塑性影响系数基本值，可按正截面应变保持平面的假定，并取受拉区混凝土应力图形为梯形、受拉边缘混凝土极限拉应变为$2f_{tk}/E_c$确定，对于矩形截面，γ取1.55；

h_1——预制板截面高度：当$h_1<400$ mm时，取$h_1=400$ mm。

注意：对预压时预拉区出现裂缝的构件，B_{s1}应降低10%。

施工阶段钢管桁架预应力混凝土预制底板跨中挠度f_1可采用短期刚度的简支梁挠度公式计算。当施工阶段为均布荷载时，构件挠度按式(4.27)计算。

(2)持久设计状况计算(叠合板验算)

持久设计状况应进行钢管桁架预应力混凝土叠合板的正截面受弯承载力验算、斜截面受剪承载力验算、叠合面受剪强度验算、裂缝验算和挠度验算。

①钢管桁架预应力混凝土叠合板正截面受弯承载力应按照式(4.9)—式(4.12)计算。

②钢管桁架预应力混凝土叠合板斜截面受剪承载力应符合下列规定：

$$V\leqslant 0.7f_tbh_0 \tag{4.82}$$

式中 V——叠合板斜截面上的最大剪力设计值；

f_t——混凝土的轴心抗拉强度设计值，取预制板和叠合层混凝土强度的较小值。

③钢管桁架预应力混凝土叠合板叠合面受剪强度应符合下列规定：

当钢管桁架预应力混凝土预制底板上表面设置了粗糙面，以保证结合面受剪承载力满足要求，从而叠合层混凝土与钢管桁架预制底板形成整体协调受力并共同承载。此时，均布荷载作用下的一般钢管桁架预应力混凝土叠合板，可不对叠合面进行受剪强度验算。

④钢管桁架预应力混凝土叠合板的抗裂验算应符合下列规定：

钢管桁架预应力混凝土叠合板沿平行桁架方向的板底裂缝控制等级宜为二级，按下列公式验算：

$$\sigma_{ck2}-\sigma_{pc}\leqslant f_{tk} \tag{4.83}$$

$$\sigma_{ck2}=\frac{M_{1Gk}}{W_{01}}+\frac{M_{2k}}{W_0} \tag{4.84}$$

$$M_{2k}=M_{2Gk}+M_{2Qk} \tag{4.85}$$

式中 σ_{ck2}——使用阶段按荷载标准组合计算控制截面抗裂验算边缘的混凝土法向应力；

σ_{pc}——扣除全部预应力损失后在控制截面抗裂验算边缘混凝土的法向应力，当为压应力时取正值，拉应力时取负值，可按式(4.68)计算；

f_{tk}——混凝土轴心抗拉强度标准值，取预制板和叠合层混凝土强度的较小值；

M_{1Gk}——叠合板自重标准值在计算截面产生的弯矩值，应根据叠合层浇筑施工阶段的支撑设置情况计算；

M_{2k}——第二阶段荷载标准组合下在计算截面上产生的弯矩值；

M_{2Gk}——第二阶段面层、吊顶等自重标准值在计算截面产生的弯矩值；

M_{2Qk}——使用阶段可变荷载标准值在计算截面产生的弯矩值；

W_{01}——预制板换算截面受拉边缘的弹性抵抗矩；

W_0——叠合板换算截面受拉边缘的弹性抵抗矩。

⑤钢管桁架预应力混凝土叠合板裂缝应符合下列规定：

钢管桁架预应力混凝土叠合板沿平行桁架方向的板顶、垂直桁架方向的板底及板顶裂缝控制等级为三级，应满足现行国家标准《混凝土结构设计规范》(GB 50010)规定的裂缝宽度限值及按照式(4.22)、式(4.25)、式(4.35)、式(4.36)进行裂缝宽度验算。

其中，按标准组合计算的预应力混凝土构件纵向受拉钢筋等效应力 σ_{sk} 可按下列公式计算：

$$M_k=M_{1Gk}+M_{2k} \tag{4.86}$$

$$\sigma_{sk}=\frac{M_k-N_{p0}(z-e_p)}{(\alpha_1 A_p+A_s)z} \tag{4.87}$$

$$z=\left[0.87-0.12(1-\gamma_f')\left(\frac{h_0}{e}\right)^2\right]h_0 \tag{4.88}$$

$$e=e_p+\frac{M_k}{N_{p0}} \tag{4.89}$$

$$e_p=y_{ps}-e_{p0} \tag{4.90}$$

式中 M_k——叠合板按荷载标准组合计算的弯矩值；

z——受拉区纵向普通钢筋和预应力筋合力点至截面受压区合力点的距离；

α_1——无黏结预应力筋的等效折减系数，取 α_1 为 0.3，对灌浆的后张预应力筋，取 α_1 为 1.0；

γ_f'——受压翼缘截面面积与腹板有效截面面积的比值；

e——轴向压力作用点至纵向受拉普通钢筋合力点的距离；

e_p——计算截面上混凝土法向预应力等于零时的预加力 N_{p0} 的作用点至受拉区纵向预应力筋和普通钢筋合力点的距离；

y_{ps}——受拉区纵向预应力筋和普通钢筋合力点的偏心距。

⑥钢管桁架预应力混凝土叠合板挠度应符合下列规定：

叠合板按标准组合考虑荷载长期作用影响的刚度 B 可按下列规定计算：

$$B=\frac{M_k}{\left(\frac{B_s}{B_{s1}}-1\right)M_{1Gk}+(\theta-1)M_q+M_k}B_s \tag{4.91}$$

式中 M_q——叠合构件按荷载准永久组合计算的弯矩值，按照式(4.34)计算；

B_{s1}——预制构件的短期刚度，按照式(4.76)或式(4.77)计算；

B_s——叠合构件第二阶段的短期刚度，按照式(4.92)计算；

ψ_q——第二阶段可变荷载的准永久值系数；

θ——考虑荷载长期作用对挠度增大的影响系数，对于预应力混凝土受弯构件，取 $\theta=2$。

叠合构件第二阶段的短期刚度可按下列公式计算：

$$B_s=0.7E_{c1}I_0 \tag{4.92}$$

式中 E_{c1}——预制构件的混凝土弹性模量；

I_0——叠合构件换算截面的惯性矩，此时，叠合层的混凝土截面面积应按弹性模量比换算成预制构件混凝土的截面面积。

叠合板跨中最大挠度 f 应按照式(4.39)计算。

(3)钢管桁架预应力混凝土预制板的吊装验算

与普通钢筋桁架混凝土预制板的吊装验算相同，具体计算方法不再赘述。

4.3.3 构造要求

1)钢管桁架预应力混凝土预制底板与叠合层要求

钢管桁架预应力混凝土预制底板的厚度不宜小于 35 mm；跨度不小于 6.6 m 时，预制底板厚度不应小于 40 mm。钢管桁架预应力混凝土叠合板后浇混凝土叠合层厚度不宜小于 75 mm，且不应小于 60 mm 和 1.5 倍底板厚度的较大值。

2)钢管桁架的制作与布置

①灌浆钢管桁架的尺寸(图 4.45)应符合下列规定：

a. 灌浆钢管桁架的设计高度 H 不宜小于 70 mm；

b. 灌浆钢管桁架设计宽度 B 不宜小于 60 mm，且宜以 10 mm 为模数；

c. 腹杆钢筋弯折点之间的中心间距 P_s 宜取 200 mm；

d. 灌浆钢管桁架宜与预制底板长度相同。

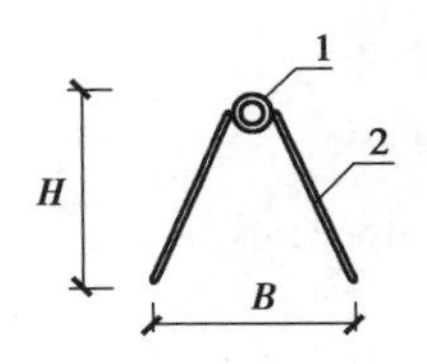

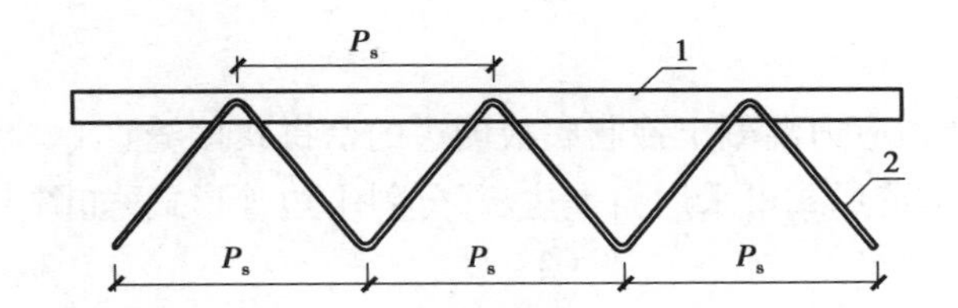

图4.45 灌浆钢管示意

1—灌浆钢管;2—腹杆钢筋

②灌浆钢管桁架的布置应满足下列要求:

a.灌浆钢管桁架应与预应力钢筋方向一致,沿桁架预制底板的长边方向布置;

b.灌浆钢管桁架中心线至预制底板板边的距离不宜大于250 mm,灌浆钢管桁架的间距不宜大于600 mm;

c.腹杆钢筋下表面埋入预制底板混凝土顶面的深度,不应小于25 mm,灌浆钢管桁架上表面露出预制底板混凝土顶面的高度不应小于35 mm。

③钢管桁架预应力混凝土预制底板的预应力钢筋应按计算配置,预应力钢筋水平净距不应小于其公称直径的2.5倍和混凝土粗骨料最大粒径的1.25倍,且不应小于15 mm。

④钢管桁架预应力混凝土预制底板应配置横向水平分布筋,直径不应小于4 mm,间距不宜大于600 mm;端部100 mm长度范围内应设置不少于3根Φ4的附加横向钢筋或钢筋网片。

3)吊点设置

钢管桁架预应力混凝土预制底板宜采用灌浆钢管桁架兼作吊点,吊装时宜采用专用吊具。采用灌浆钢管桁架兼作吊点时,应满足下列要求:

①吊点应设置在灌浆钢管与腹杆钢筋相交处;

②吊点应对称布置;

③吊点位置应设置明显标识;

④吊点位置腹杆钢筋底部弯折点处应设置不少于2根Φ4的横向附加钢筋,如图4.46所示。

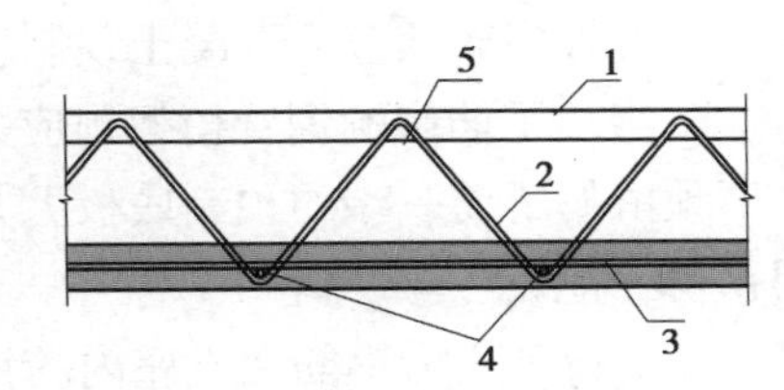

图4.46 吊点位置横向附加钢筋与预制底板内钢筋位置关系示意

1—灌浆钢管;2—腹杆钢筋;
3—预应力钢筋;
4—附加横向钢筋;5—吊点

4)底板开洞

钢管桁架预应力混凝土预制底板开洞时,洞口应避开灌浆钢管桁架位置,并不宜切断预应力钢筋;圆洞孔径或矩形洞口边长不应大于120 mm,并应符合以下规定:

①开洞未截断预制底板的预应力钢筋且开洞尺寸不大于80 mm时,可不采取加强措施。

②开洞截断预制底板的预应力钢筋或开洞尺寸在80~120 mm时,应采取有效加强措施,可根据等强原则在孔洞四周设置附加钢筋,钢筋直径不应小于8 mm,数量不应少于2根,伸出洞边距离应满足受拉搭接长度要求,如图4.47所示。

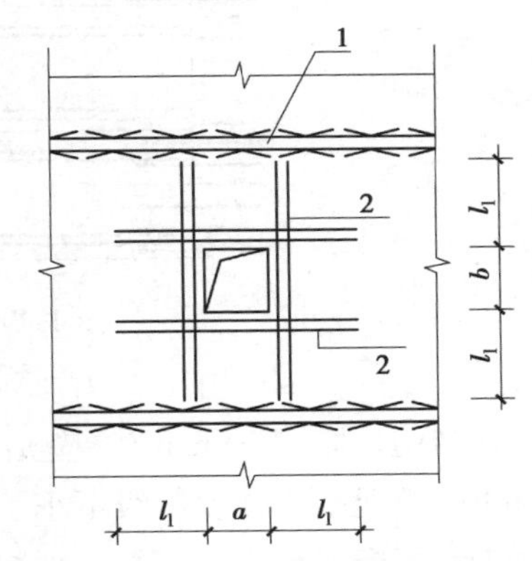

图4.47 预制底板开洞加强措施

1—灌浆钢管;2—附加钢筋

5)拼缝构造

钢管桁架预应力混凝土预制底板侧边的密拼式接缝宜为紧密接缝,构造形式可采用斜平边、部分斜平边等形式,如图 4.48 所示。

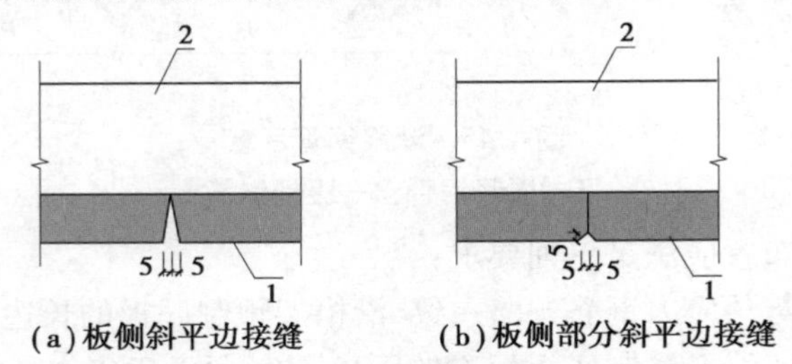

(a)板侧斜平边接缝　(b)板侧部分斜平边接缝

图 4.48　钢管桁架预应力混凝土预制底板密拼接缝构造示意

1—预制底板;2—后浇混凝土叠合层

6)支座构造

①钢管桁架预应力混凝土预制底板的搁置长度应符合下列规定:

a. 与混凝土梁或混凝土剪力墙同时浇筑时,伸入梁或墙内不应小于 10 mm;

b. 搁置在预制混凝土梁上时不应小于 40 mm。

②钢管桁架预应力混凝土预制底板预应力钢筋在支座处的锚固应符合下列规定:

a. 钢管桁架预应力混凝土预制底板宜在板端预留胡子筋;

b. 当胡子筋影响钢管桁架预应力混凝土预制底板安装施工时,可仅在一端预留胡子筋,并在不预留胡子筋一端的预制底板上方设置端部连接钢筋,端部连接钢筋应沿板端交错布置,如图 4.49 所示。

c. 底板预应力钢筋在支座内的锚固长度不应小于 150 mm 且过支座中心线。

d. 底板顶横向钢筋、端部连接钢筋和支座负筋的锚固长度,由设计计算确定。

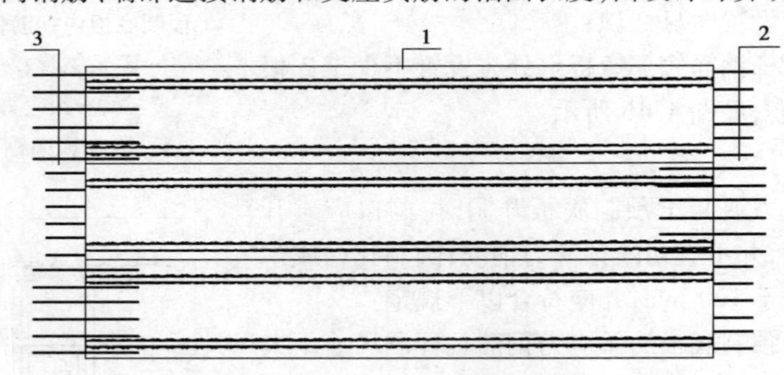

图 4.49　叠合板设置端部连接钢筋构造示意

1—预制底板;2—胡子筋;3—端部连接钢筋

③结构板厚<130 mm 时,应充分考虑板面钢筋排布方式,保证钢筋保护层厚度符合要求。

④底板混凝土强度等级不小于现浇混凝土梁、剪力墙混凝土强度等级。

⑤钢管桁架预应力混凝土预制底板板端支座构造,如图 4.50 所示。

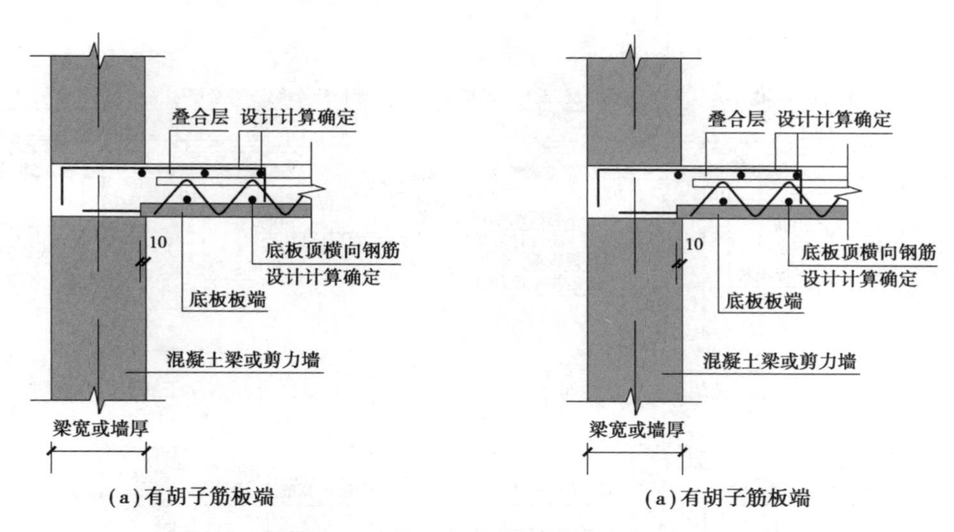

图 4.50 板端支座构造

⑥钢管桁架预应力混凝土预制底板板侧支座构造如图 4.51 所示。

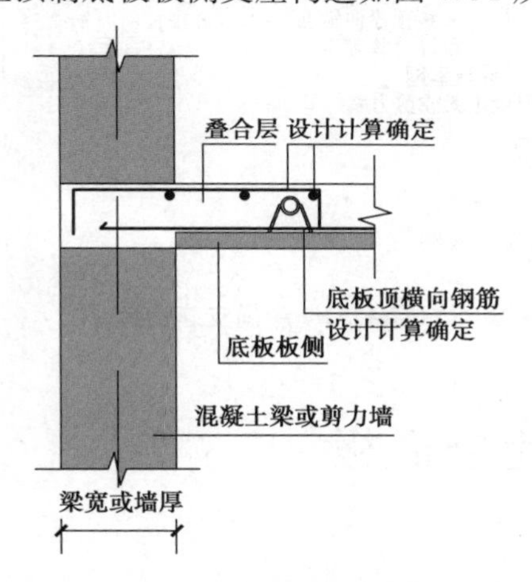

图 4.51 板侧支座构造

⑦钢管桁架预应力混凝土预制底板中间支座构造如图 4.52 所示。

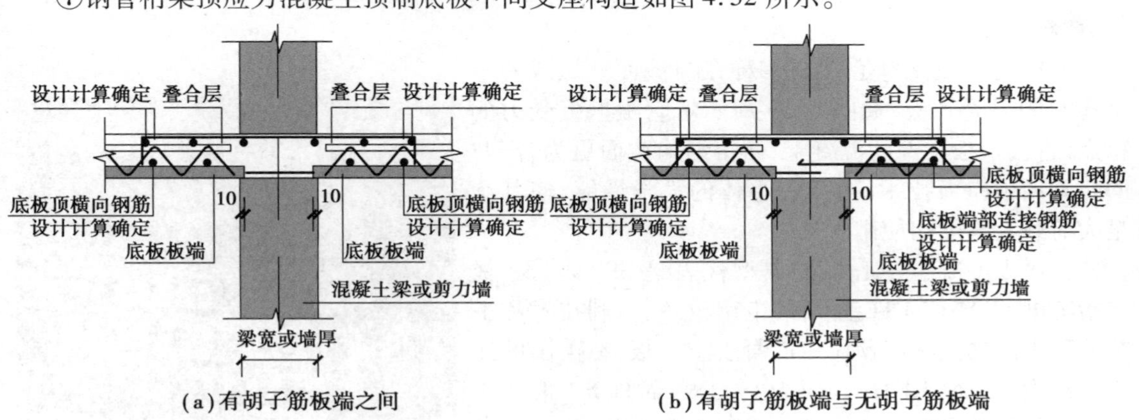

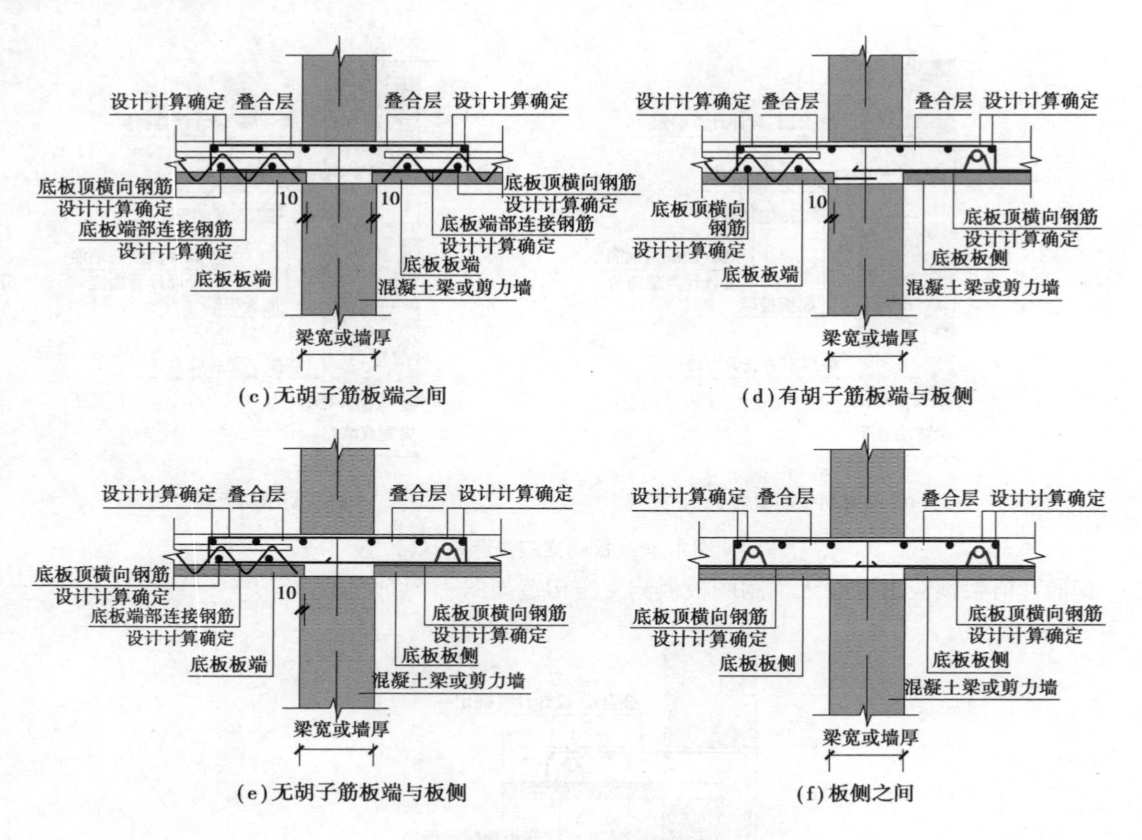

(c)无胡子筋板端之间　　(d)有胡子筋板端与板侧

(e)无胡子筋板端与板侧　　(f)板侧之间

图 4.52　中间支座构造

4.4　预应力混凝土空心板

4.4.1　概述

1)概念

预应力混凝土空心板是一种在横截面处做成若干个孔洞的混凝土板,如图 4.53 所示。它根据板受力的特点,省去了板中部的混凝土,使得结构截面更为合理;同时利用预应力技术,提高板整体的力学性能,使其满足大荷载大跨度的使用要求。

图 4.53　预应力混凝土空心板

预应力混凝土空心板的典型代表是 SP 板。SP 板专指美国 SPANCRETE 公司的生产设备、专利技术和工艺流程生产的大跨度预应力混凝土空心板,在美国的注册商标为 SPANCRETE 预应力空心板,简称 SP 板。SP 板采用干硬性混凝土冲捣挤压成型生产工艺,这种生产工艺由美国人 Henry Nagy 发明并获得专利权。

SP叠合板(简称SPD板)是以预应力混凝土空心楼板为预制底板,为达到楼板整体性要求而后浇混凝土形成一种共同受力的楼盖体系。为了达到大跨度重载的功能要求,使实心叠合层改成空心叠合层以达到减轻自重的目的,同时要求SP预制底板与后浇空心叠合层共同受力,从而形成SP空心叠合板(简称SPKD板),此处“空心”指的是叠合层空心。

2)国内外发展

(1)国外发展

预应力混凝土空心板最早是由美国SPANCRETE公司于1953年研发出来的,即SP板。当时最大板厚是0.2 m,经过60多年的发展,现在最大板厚达到0.4 m,最大跨度达到20 m。目前,SP板是美国预制行业的主干,大部分预制工厂都至少有一条生产线。美国PCI也为SP板的应用提供了一套可靠的设计方法,1985年发行了《预应力空心楼板设计手册》,1998年发行了第2版。日本位于地震多发地区,也是SP板在高层建筑应用最广泛的国家。1963年,日本从美国引进空心板,如今已经成为预制楼板的主流。1987年日本建设部正式核准,只要在允许的范围内,空心板的使用没有层高、结构形式、地震强度的限制,即结构体能有多高,空心楼板就可用多高。现如今,在欧美、日本等发达国家,预应力空心板已经广泛应用于学校、办公楼、住宅、厂房等各类建筑,如图4.54和图4.55所示。

图4.54 美国一采用框架结构加预应力混凝土空心板的公寓

图4.55 美国密西根湖畔一采用现浇剪力墙结构加预应力混凝土空心板的公寓

(2)国内发展

我国早期研发生产的预应力混凝土空心板多是以冷拔低碳钢丝或者冷拉钢筋作为预应力筋,该预应力筋强度低、延性差、易脆断,导致空心板的承载力差,而且跨度也较小。特别是经历了1976年的唐山地震,预应力混凝土空心板的性能饱受质疑。而后来的研究证明,楼板倒塌的主要原因是当时预制空心板都是浮隔在砖墙上,没有合理的连接构造措施。1993年我国从美国引进SP板产品及相关技术,1997年出版了国家建筑标准设计《SP预应力空心板》图集,2001年编制了《SP预应力空心板手册》,2005年编制了《SP预应力空心板》05SG408,对空心板的抗震性能给予了充分的验证与规定。随着我国对预应力混凝土空心板的关注度越来越高,各类工程中的应用也越来越频

图4.56 国内预应力混凝土空心板实际工程应用

繁,预应力混凝土空心板实际工程应用如图 4.56 所示。

3)特点

预应力混凝土空心板具有跨度大、承载力强、延性好、自重轻、抗震、耐火耐热、隔音等特点,板长可以根据要求进行切割,不受建筑模数限制,且吊装快捷、施工简单、使用非常灵活,在当前国内建筑业转型的环境下具有非常显著的优势。

(1)力学性能优异

预应力混凝土空心板采用预应力技术,不仅增加了板的使用跨度,也提高了板的承载能力。国内使用较多的是美国的 SP 板,根据《SP 预应力空心板》(05SG408),该空心板的最大设计荷载可达 15 kN/m^2,使用跨度在 4 ~ 18 m。我国从德国 EBAWE 引进一条 PC 构件生产线,按德国的设计标准,该空心板的最大设计荷载可达 20 kN/m^2,使用跨度在 3 ~ 17 m,预应力混凝土空心板堆载如图 4.57 所示。

图 4.57 预应力混凝土空心板堆载

(2)安装施工便捷

预应力混凝土空心板的安装可以采用干性连接,也可以采用湿连接,根据不同的结构需求采取不同的连接方式。此外,空心板本身自重轻,结构的抗震性能优异,吊装也更加方便。预应力混凝土空心板承载力高,施工时板底无须增设临时支撑,相比传统现浇的施工现场要简洁很多,也更方便管理,如图 4.58 所示。

图 4.58 预应力混凝土空心板施工现场

(3)产品质量可控,生产效率高

PC 流水生产线是生产混凝土预制件的核心,一个好的流水生产线决定了一个产品的质量和效益。预应力混凝土空心板,依托工厂先进生产线,工厂化、自动化的生产,不仅保证了产品的质量,而且生产效率高。我国从德国 EBAWE 公司引进的 PC 生产线,成功试制出一批预应力混凝土空心板。该生产线采用 117 m 长线台法,配合一体化的混凝土鱼雷罐运输装置、自动化的振动滑模机、模台底部蒸汽养护,不仅使操作方式变得简单,而且极大地提高了生产效率,只需要 7 个人,日产量就能达到 130 m^3 混凝土方量的空心板,空心板长线台生产线如图 4.59 所示。

图 4.59 预应力混凝土空心板长线台生产线

(4)经济效果显著

①生产方面:预应力混凝土空心板每平米的钢筋用量为4~7 kg,而现浇板和普通预制叠合板每平米的钢筋用量为10~15 kg,每平米的钢筋用量可以节省50%左右。生产预应力混凝土空心板采用干硬性混凝土,相比普通混凝土,减少了水泥的用量,成本更低。

②设计方面:采用大跨度的预应力混凝土空心板作为楼面结构,能省去主次梁的布置,使结构布置更加优化,提高了室内净空间使用高度,更加经济合理。

③施工方面:预应力混凝土空心板的安装过程不需要另外搭设模具和支架,省去了模板和搭设支架的人工费用,而且板的吊装施工方便快捷,能节约部分工期成本。

(5)适用于多种结构体系

预应力混凝土空心板常作为住宅、学校、办公楼、商场、厂房等建筑结构的楼盖体系使用,可以用在多层建筑中,也可以适用高层建筑;既可以用于非地震区,也可用在强地震区。预应力混凝土空心板能与钢结构、现浇剪力墙结构、现浇框架结构、砖混结构、装配式剪力墙结构、装配式框架结构等不同类型的结构体系完美地结合,充分体现其良好的功能性、安全性及经济性。

4)受力原理

预应力混凝土空心楼板是根据计算机模拟板的受力情况,其孔洞采用特殊的椭圆型孔洞代替传统的圆孔。上部受压区孔洞变窄以增大混凝土受压截面积,下部受拉区孔洞变大,且采用钢绞线代替二级钢筋,以降低预应力混凝土空心楼板自身重量及含钢量,提高预应力混凝土空心楼板承载力。预应力混凝土空心楼板侧面所留边框形式采用键槽式,以加强板与板间的自锁性能及剪力传递,有效缓解集中载荷影响,并能够避免板间裂缝产生。试验表明,用3:1砂灰混合料灌缝后,将载荷置于缝上方和板中心的结果进行对比,并无多大差别,表明预应力混凝土空心楼板拼缝结构合理,传力可靠,其构造如图4.60所示。

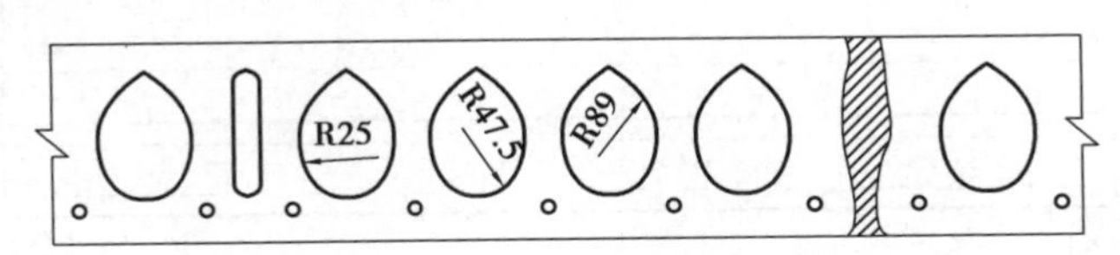

图4.60 预应力混凝土空心板端面及板缝键槽

4.4.2 构件设计

预应力混凝土空心板应按照《大跨度预应力空心板(跨度4.2~18.0 m)》(13G440)进行选用,超过图集跨度的空心板应根据现有国家规范进行设计而定。预应力混凝土空心板还应符合规范《大跨度预应力混凝土空心板》(T/CECS 10132)的规定。

1)材料要求

①混凝土:混凝土强度等级不应低于设计文件要求,且不应低于C40。混凝土强度等级宜为C40、C45、C50;叠合层宜为C30。

②预应力筋宜采用表4.5规格,其材质和性能应分别符合《预应力混凝土用钢丝》(GB/T 5223)、《预应力混凝土用钢绞线》(GB/T 5224)的规定。普通钢筋宜采用HPB300、HRB335、HRB400,并应符合《混凝土结构设计规范》(GB 50010)的有关规定。

表 4.5　预应力筋规格

种类		公称直径 d(mm)	极限强度标准值 f_{pyk} (N/mm^2)
螺旋肋消除应力钢丝		5	1 570
		7	1 570
		9	1 570
钢绞线	1×3(三股)	8.6	1 570
		10.8	1 570
	1×7(七股)	9.5	1 860
		12.7	1 860
		15.2	1 860

2)规格尺寸要求

(1)长度尺寸

空心板的标志长度 l 应取为轴线跨度,可为不小于 3 m 且不大于 21 m 的规定长度;空心板的制作长度 l_p 应取为标志长度减去板端间隙 g(图 4.61),板端间隙 g 不应小于 20 mm 且具体大小由设计文件确定。

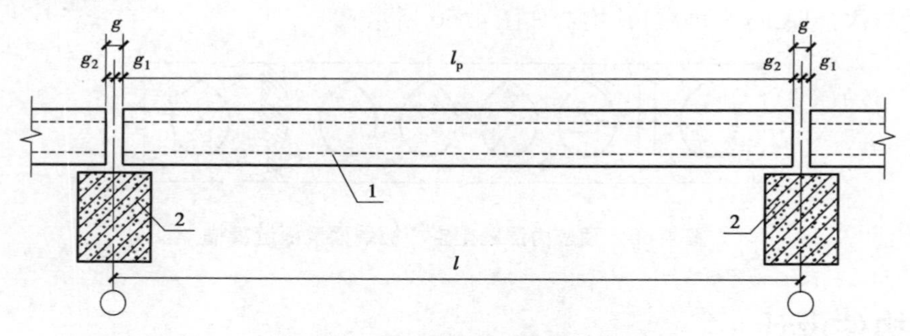

图 4.61　空心板纵向长度示意

1—空心板;2—支承构件;l—标志长度;l_p—制作长度;

g—板缝间隙,$g=g_1+g_2$,其中 g_1、g_2 为轴线距板端的距离

(2)截面尺寸

①空心板的板厚 h 最小厚度不宜小于 100 mm,最大厚度不宜大于 500 mm,厚度具体取值应根据规范《大跨度预应力混凝土空心板》(T/CECS 10132)确定。

②空心板的标志宽度 b 宜为 1.2 m,也可采用切割后的其他宽度,空心板的制作宽度 b_p 应为标志宽度减去板侧间隙 e(图 4.62),板侧间隙 e 不应大于 10 mm。

③空心板的纵向侧边应采用双齿型边槽,边槽类型可分为 A 型、B 型、C 型 3 种,边槽类型如图 4.63 所示。

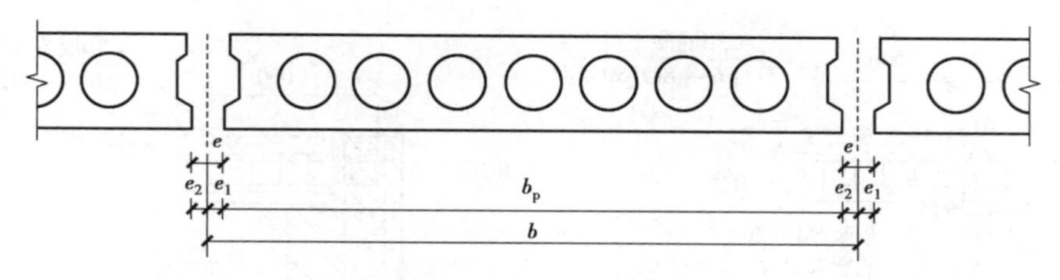

图 4.62 空心板横向宽度示意

b—标志宽度；b_p—制作宽度；e—板缝间隙，$e=e_1+e_2$，其中 e_1、e_2 为板侧中心线距板侧下边缘的距离

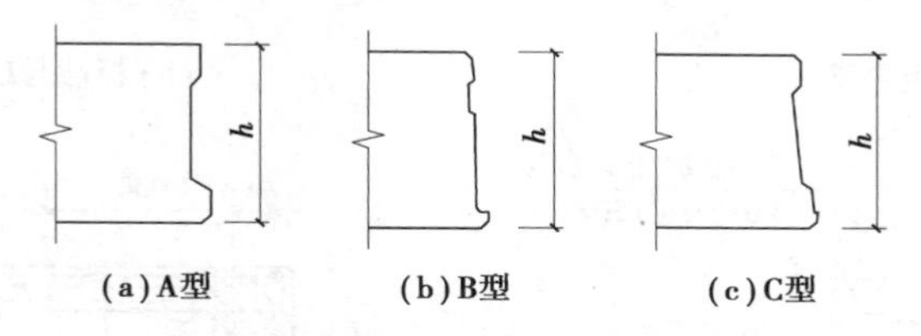

图 4.63 空心板纵向侧边边槽类型及示意

4.4.3 构造要求

①板端封堵：应采用不低于 M3.5 砂浆块或 C10 混凝土在板端堵严板孔，并将多余砂浆或混凝土清理干净，具体尺寸要求如图 4.64 所示。

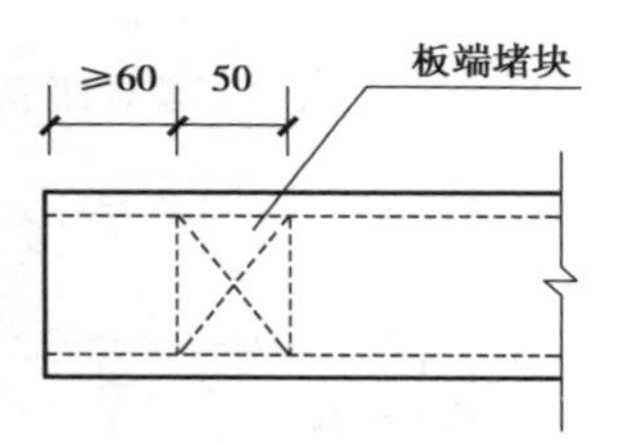

图 4.64 板端堵孔作法

②吊点设置：空心板吊点应设在离板端 300～600 mm 处。构件起吊时，应保证各吊点受力均匀。长度大于 6 m 的空心板起吊应使用专门吊具，使钢丝绳与板面的夹角不小于 60°。

③空心板的板缝灌注应符合下列要求：

a. 灌缝前应采取措施保证相邻板底平整；

b. 灌缝前应将拼缝内杂物清理干净，并用清水充分湿润，根据灌缝宽度按《大跨度预应力空心板(跨度 4.2 m～18.0 m)》(13G440)的要求布置缝中钢筋，灌注混凝土后应注意浇水养护；

c. 灌缝应采用强度不低于 C30 且有良好和易性的细石混凝土，并宜掺微膨胀剂，以确保板间拼缝中的键槽能灌注密实，避免出现拼接裂缝。

④楼面板上管线设置洞口应满足下列要求：

a. 宜优先采用楼面排板时利用拉开的板缝空间设置管线；

b. 宜在板支承附近，沿空心板孔道切割所需要的孔洞，互不伤及受力钢筋；

c. 当本条 b. 的开洞宽度不满足要求时，可将 1.2 m 宽的板切断一个肋加宽孔洞，但此肋宜处于板宽的中部或成对称的位置；

d. 断肋后板的选用荷载及检验荷载可由设计、制作双方按图集《大跨度预应力空心板(跨度 4.2 m～18.0 m)》(13G440)的相关规定核算商讨后确定。

⑤连接构造。

目前国内图集《大跨度预应力空心板(跨度 4.2 m～18.0 m)》(13G440)给出了空心板板端连接构造与板缝连接构造，如图 4.65 和图 4.66 所示。

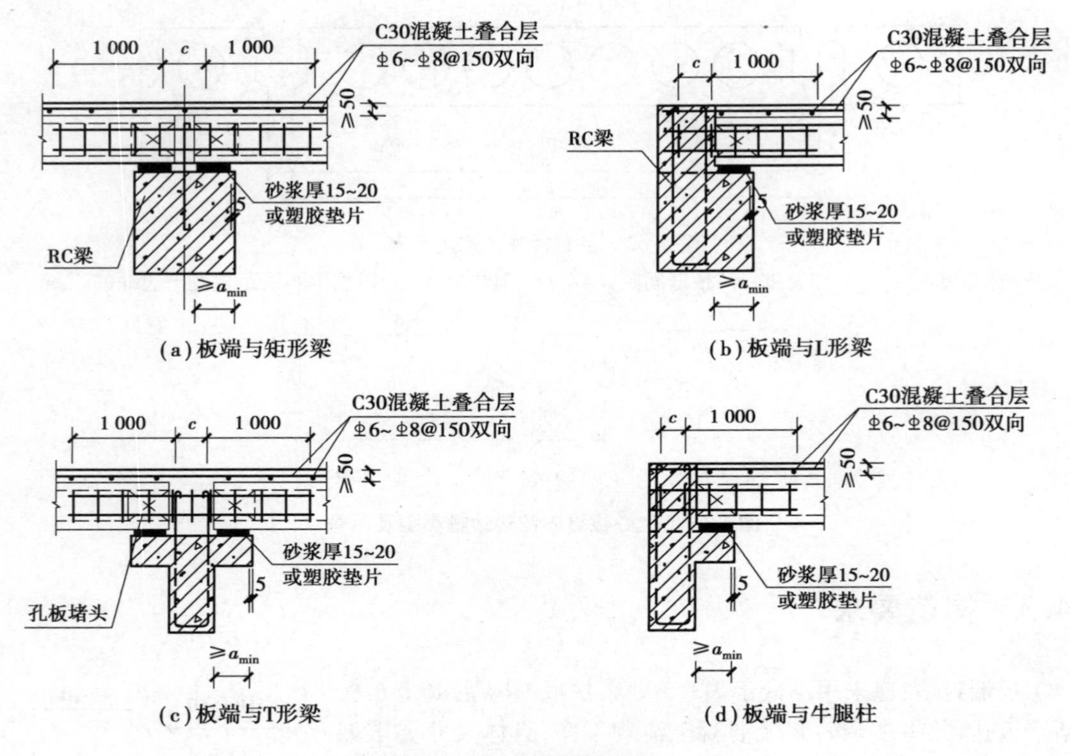

图 4.65 板端连接构造

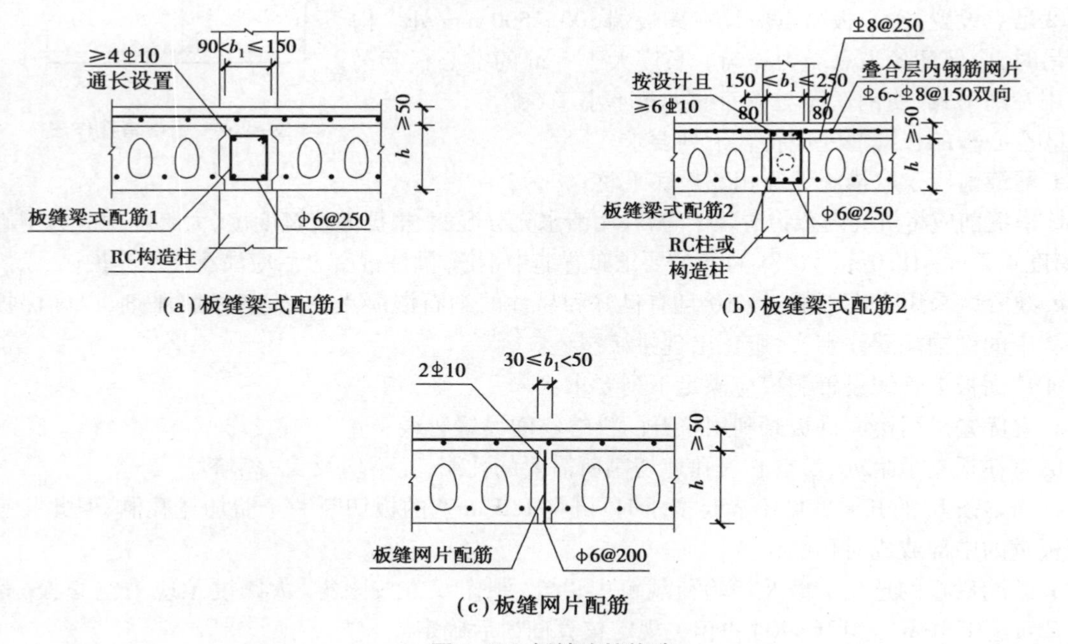

图 4.66 板缝连接构造

新西兰规范给出了三类预制梁与预应力混凝土空心板搭接并后浇叠合层的连接方式，如图 4.67 所示，三类连接节点的主要区别在于后浇混凝土层浇筑之前板端支承的预制梁的高度不同。

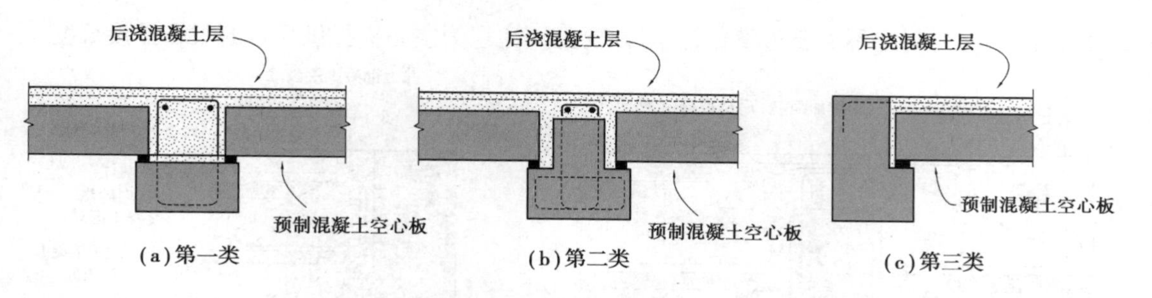

图 4.67　三类梁板连接节点

a. 第一类梁板连接节点。

如图 4.68 所示，该类连接节点是预制空心板搭接在预制矩形梁上，去掉预制空心板板端上方的部分混凝土，并且在预制空心板的空腔内设置“回形针”钢筋，板面铺设加强钢筋，最后后浇混凝土形成一个整体。该类连接方式便于后浇混凝土的浇筑，混凝土将自动进入预制空心板端部的凹槽内，混凝土凝结硬化后能够起到加强空心板端面抗剪的作用。由于“回形针”钢筋的设置，在地震作用下形成了能够为楼板提供延性和承载能力的延性抗弯构造。但是该类连接节点由于预制梁高度较低，使得施工阶段必须增加支撑数量，并需要更加严格地考虑施工阶段预制梁的挠度和刚度是否满足要求。移除支撑以后，还需要额外的钢筋来抵抗由恒荷载产生的梁端负弯矩，此时需要考虑增加柱子的强度以保证梁铰机制能够实现。

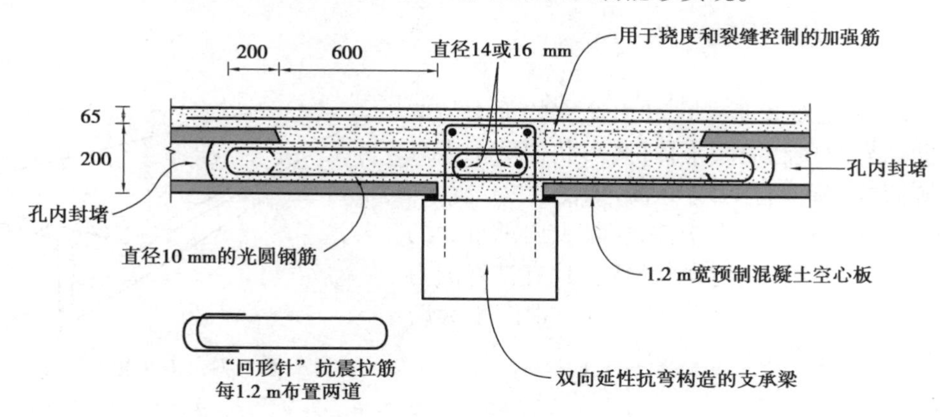

图 4.68　第一类梁板连接节点

b. 第二类梁板连接节点。

如图 4.69 所示，该类连接节点是预制空心板搭接在倒 T 形预制梁上，去掉预制空心板板端上方的部分混凝土，并且在预制空心板的空腔内设置抗剪钢筋，板面铺设加强钢筋，最后后浇混凝土形成一个整体。相对于第一类预制梁，该预制梁高度更高，梁的刚度更大，在施工过程中不需要那么多支撑。但是该类连接节点预制梁的部分箍筋锚固在相对较薄的后浇混凝土内，由于弯曲产生的水平剪应力将从预制梁顶部转移到后浇层混凝土中，因此箍筋需要一定程度的锚固才能保证叠合梁正常工作。关于锚固箍筋的直径和最小后浇层厚度之间的关系仍然有待研究。

c. 第三类梁板连接节点。

如图 4.70 所示，该类连接节点是预制空心板搭接在 L 形预制梁上，L 形预制梁带有连接加强筋，去掉预制空心板板端上方的部分混凝土，并且在预制空心板的空腔内设置三角形抗剪钢筋，板面铺设钢筋网片，最后后浇混凝土形成一个整体。第三类梁板连接节点常用于边梁、电梯或楼梯井，后浇混凝土不需要边模板，但必须要更加注意为空心板提供足够的板端搭接长度。

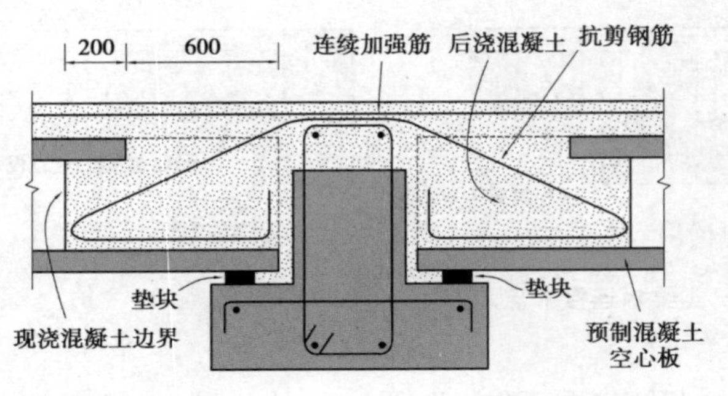

图 4.69　第二类梁板连接节点

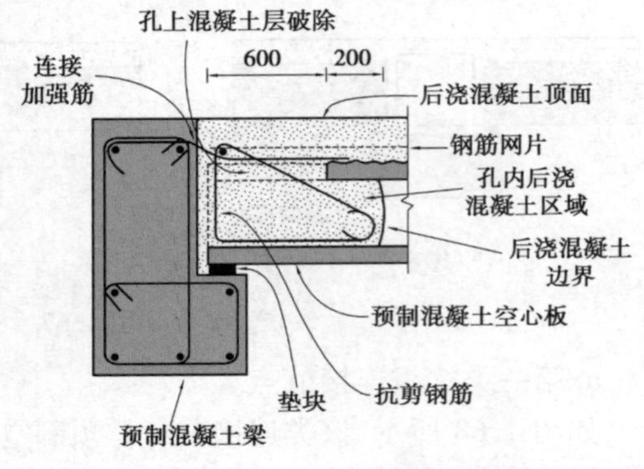

图 4.70　第三类梁板连接节点

4.5　预应力混凝土双 T 板

4.5.1　概述

1) 概念

预应力混凝土双 T 板是一种由宽大的板面与两根高窄的肋结合的预制混凝土构件，形状像两个字母 T 水平拼接而成，所以称为双 T 板，如图 4.71 所示。双 T 板的板面作为横向承力构件，也是纵向承重肋的受压区，传力层次明确，几何形状简洁，具有良好的力学性能，是一种经济性很高的预制构件，常用于大跨度、大覆盖面积的楼盖结构。

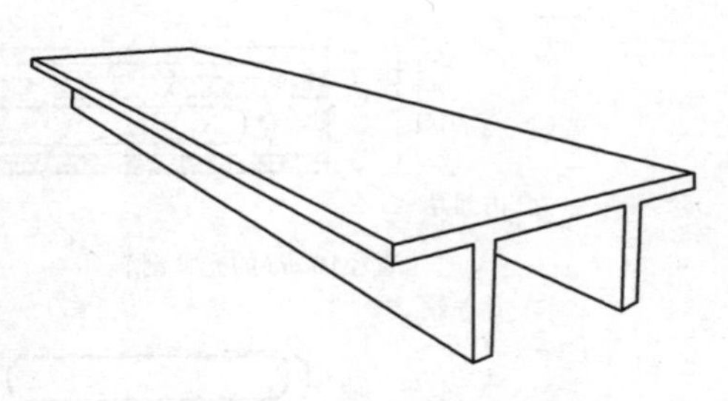

图 4.71　双 T 板示意图

2) 国内外发展

国外对于双 T 板的应用较早，最初是由美国人 Edwards 于 1952 年设计成型，20 世纪 60 年代美国已经开始大规模在单层多跨工业厂房、多层公寓等领域使用这种构件，英国、日本、加拿大等国也陆续研制和应用这种构件。现如今，由于其优秀的品质和经济性，双 T 板仍旧是北美地区使用最广泛的预制混凝土构件之一。例如，在停车场这类大跨度的工程中，如图 4.72 所示，减少场内的墙壁数量是提高经济性的一种途径，但其安全性却是另一个问题。使用双 T 板作为顶部楼板，则很好地解决了这个问题。目前，美国双 T 板已经形成较为完备的规范体系，如美国预制预应力混凝土协会编写的《PCI Design Handbook》、美国混凝土结构协会编制的设计规范《Building Code Requirements for Structural Concrete》ACI-318-14 等。

中国自 1958 年开始研制和生产双 T 板，1978 年修建了国内第一栋双 T 板体系的工业厂房，但由于技术原因，该预制构件始终无法得到广泛应用。直到近几年，随着建筑体制改革的不断深化，物质技术基础的不断增强，双 T 板才又重新得到普及和推广。我国已编制《预应力混凝土双 T 板》(18G432-1)为双 T 板的应用提供了可靠的技术标准。根据标准图集，双 T 板截面的肋高可达 960 mm,板面宽度可达 3 m,跨度最大达到 24 m。随着技术的进步和现代工程的需要,对大跨度双 T 板的研究也越来越广泛,预应力混凝土双 T 板的实际项目应用如图 4.73 所示。

图 4.72 美国双 T 板停车场项目

(a)长春一汽停车楼项目

(b)上海李尔总部大楼工程

图 4.73 国内应用双 T 板项目

3)特点

(1)承载力强,整体性好

新型的双 T 板普遍采用高强钢绞线生产。高强钢绞线材质稳定,施工简单,省时省工,力学性能也优于同等面积的钢筋,应力松弛损失也较小,能大幅度节约钢材,高强钢筋应与高强混凝土配合,才能更好地发挥高强钢筋的作用。新型的大跨度双 T 板,在混凝土的使用上一般都达到 C50 强度以上,这就确保了在生产过程中预应力的施加。另外,预应力构件对开裂较为敏感,高强混凝土同时也能满足规范对裂缝的要求。新型的双 T 板与梁采用"湿式连接",即在预制板端连接处做配筋后浇层,另外板面增加了钢筋桁架,板与板之间采用侧向焊接连接,都增强了与后浇叠合层之间的整体性,使板最终的受力由单跨变为多跨连续板,克服了一般预制构件整体性差的缺陷,尤其避免了单块双 T 板悬挑翼缘受力差的缺点,从而保证了其优异的力学性能,如图 4.74 和图 4.75 所示。

(a)双T板后浇处理

(b)翼缘侧向焊接

图 4.74 双 T 板的连接

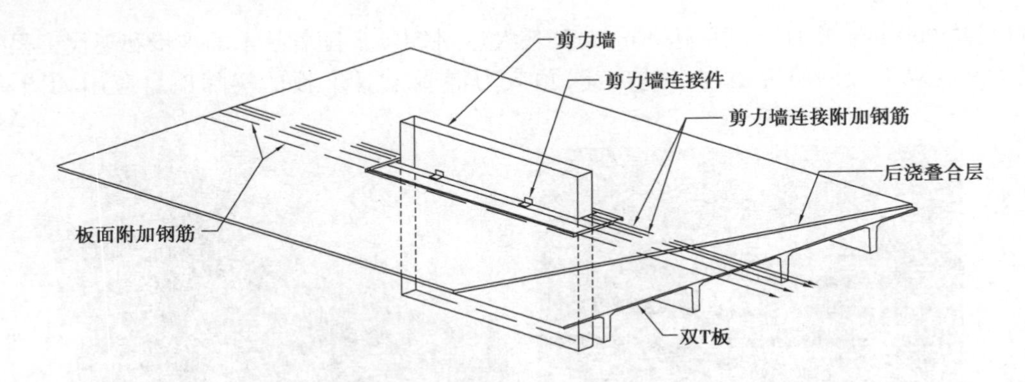

图 4.75　双 T 板连接示意

(2)跨度大,应用范围广

在单层、多层和高层建筑中,双 T 板多用于搁在框架梁或承重墙上作为楼层或者屋盖结构使用。双 T 板的应用跨度一般都在 9～30 m,但在更大的跨度结构(超过 40 m 以上),仍有非常巨大的应用空间。正因如此,双 T 板不仅能满足正常跨度的需求,也能适应某些如大型停车场、飞机机库、车库、厂房、大型商场等对空间有较大要求的工程,如图 4.76 所示。同时,双 T 板相比大跨度钢梁具有更好的抗腐蚀能力和更长的使用寿命,适用于对防火、抗酸盐腐蚀要求高的场所。

图 4.76　超 20 m 的大跨度双 T 板的应用

(3)成本低,吊装效率高

双 T 板构件是由板和底部肋梁组成,带有梁和板两种结构的特性,是对设计的一种简化。如图 4.77 所示,在一个标准网格(如 8 400 mm×8 400 mm)中,只需要 3 块双 T 板,而常规叠合板需要两根叠合梁加上 6 块叠合板,在预制构件的数量上,就比常规预制构件要少,在施工过程能省去很多主梁、次梁及模板,大大地节约了成本。构件数量的减少,再加上双 T 板与主体结构连接便携、标准化程度高等特点,相比常规叠合梁加叠合板,双 T 板的吊装效率也更高,相应地降低了施工成本。

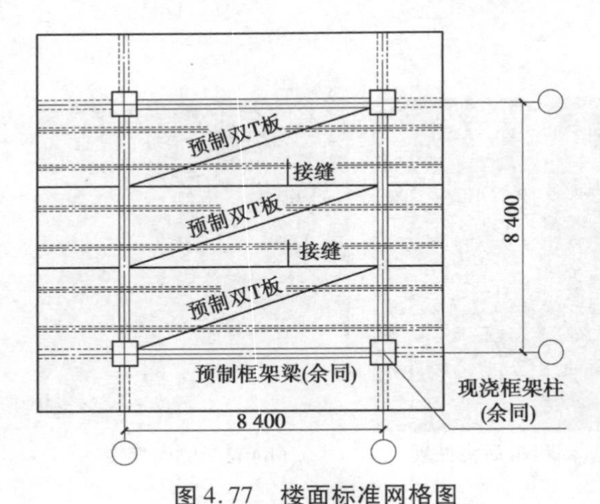

图 4.77　楼面标准网格图

(4)美观大方,建筑空间利用充分

双 T 板通过等间距的肋梁与宽大面板组合受力,形成非常轻盈的楼面结构,从下往上看是一道道规则的线条,通过简单装饰可以形成美观大方的天花效果。同时,室内的消防、暖通、用电等管道线路设施可以很好地隐藏安装于双 T 板的纵向肋梁中间,大幅提高了室内净高和空间利用率,如图 4.78 所示。

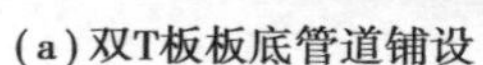

(a)双T板板底管道铺设　　(b)室内效果

图4.78　双T板建筑效果

4)双T板常见裂缝及防治措施

(1)常见裂缝产生机理

在双T板的生产、浇捣、养护、放张起吊和成品堆放等过程中,预应力双T板在不同的生产、养护条件下会出现多种形式的裂缝,现总结归类为以下4种类型:

①塑性收缩裂缝:出现在双T板表面,裂缝较浅,形状不规则且长短不一,裂缝互不连贯,这种裂缝大多出现在混凝土浇筑初期。产生这种裂缝的原因是多方面的:a.当新拌混凝土的坍落度较大而振动时间过长时,水泥浆浮在上层,骨料下沉时受到钢筋或其他物质的约束,出现不均匀沉降,从而使混凝土表层产生裂缝;b.浇筑后混凝土表面没有及时覆盖,受高温和较大风力的影响,混凝土表面失水过快,产生急剧收缩,而此时混凝土早期强度不能抵抗这种变形应力,因而开裂;c.使用收缩率较大的水泥,水泥用量过多,或混凝土水灰比过大时也会导致这种裂缝出现,如图4.79所示。

图4.79　塑性收缩裂缝

②温度裂缝:水泥水化过程中会产生大量水化热,由于混凝土内部和表面的散热条件不同,温度也不同,将形成温度梯度,造成温度变形和温度应力,当温度应力超过混凝土的内外约束应力时,就会产生裂缝。在冬季温度较低时,为不影响生产进度,采用蒸汽养护,由于温度上升过快,若在恒温阶段没有及时喷淋热水养护,将导致双T板表面多处出现这种温度裂缝,如图4.80所示。

③干缩裂缝:在混凝土硬化过程中产生内部干缩而引起体积变化,当这种体积变化受到约束时,就可能产生干缩裂缝。由于双T板采用的是自密实混凝土,本身水胶比较低,胶凝材料用量较高,产生自收缩较大,加上材料因素、施工工艺因素、温度因素、不均匀受力因素等造成双T板起吊后双端板面出现纵向沿肋方向的干缩裂缝,如图4.81所示。

图4.80　温度裂缝

图4.81　干缩裂缝

(2)防治措施

针对双T板生产中出现的以上各种裂缝,我们从设计方面、材料选择、混凝土配合比设计、施工工艺方面等采取以下防治措施。

①设计方面:在局部应力集中的部位进行加强钢筋配置,运用以“抗”为主的结构设计。如双T板的两端吊钩范围内对板面网片进行双层补强设计;在双T板肋部如果有刚度较大的预埋件时,从两端开始沿肋方向加密布置U形箍筋。

②材料选择:根据结构的要求选择合适的混凝土强度等级及水泥品种、等级;选用级配优良的砂、石原材料,含泥量应符合规范要求;积极采用掺合料和优良的混凝土外加剂;使用较好的脱模剂,以减小肋部混凝土与模具的吸附力。

③混凝土配合比设计:除应按《普通混凝土配合比设计规定》(JGJ 55)的规定,根据要求的强度等级、抗渗等级、耐久性及工作性等进行配合比设计外,还应考虑干缩率,以及适当的坍落度、用水量、水泥用量、水胶比和砂率。

④施工工艺方面:主要是对模具底部水泥残渣的清理和检查;在双T板的板面均匀涂上水性脱模剂,肋部喷上油性脱模剂并用干净抹布擦拭;保护层垫块厚度满足设计要求,分布合理;混凝土浇捣按照“快插慢拔”要求在规定时间内完成;在初凝前对混凝土表面进行压实和收面;初凝后对混凝土进行覆盖养护;在混凝土强度达到起模要求后进行放张,起吊时按照吊装工艺要求操作;最后是成品堆放和运输:双T板堆放场地应平整压实,堆放时最下层构件采用通长垫木,上层构件应采用4个单独垫木,其垫木高度应高出板面吊钩50 mm以上,垫木应放置在板端600~1 200 mm处,并做到上下对齐、垫平垫实。双T板运输时应有可靠的固定措施,运输时垫木的摆放要求与堆放相同,运输时构件层数不宜超过3层,要做好成品保护,防止产品撞烂。

总之,双T板裂缝的成因复杂而繁多,甚至多种因素相互影响,但每一条裂缝均有上述的一种或几种主要原因。

4.5.2　构件设计

预应力混凝土双T板应按照《预应力混凝土双T板》(18G432-1)进行选用,该图集主要有坡板宽度为2.4 m、3.0 m和平板宽度为2.0 m、2.4 m、3.0 m的双T板,其余规格的双T板应根据现有国家规范进行设计而定。预应力混凝土双T板还应符合规范《预应力混凝土双T板》(T/CCES 6001)的规定。

1)材料要求

①混凝土:混凝土强度等级不应低于 C40,轻骨料混凝土强度等级不应低于 LC40。

②钢材:a. 预应力筋宜采用公称直径为 7 mm、9 mm,强度标准值为 1 570 MPa 的螺旋肋消除应力钢丝或公称直径为 12.7 mm、15.2 mm,强度标准值为 1 860 MPa 的 7 股钢绞线;预应力筋之间的净间距,对螺旋肋钢丝不应小于 15 mm,对 7 股钢绞线不应小于 25 mm,当混凝土振捣密实性具有可靠保证时,净间距不应小于最大粗骨料粒径;b. 普通钢筋宜采用热轧带肋钢筋,也可采用冷轧带肋钢筋;c. 吊环应采用未经冷加工的 HPB300 级热轧钢筋或 Q235B 钢制作,预埋件钢板宜采用 Q235、Q355 级钢制作。

2)规格尺寸要求

双 T 板的截面形式如图 4.82 所示,也可为其他截面形式。

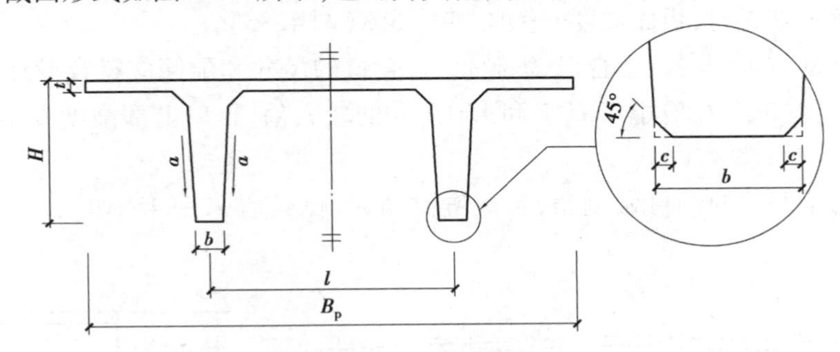

图 4.82 双 T 板横截面示意

H—截面高度;B_p—制作宽度;b—肋梁底板宽度;c—肋梁底部倒角水平长度;
t—面板厚度;α—肋侧坡度;l—肋梁中心线净距离

①双 T 板的标志长度 L 可取为轴线长度 L_n,也可取为支撑构件净间距(图 4.83);双 T 板制作长度 L_p 应取为标志长度减去间隙 g,间隙 g 不应小于 20 mm 且具体数值由设计而定。标志长度 L 宜为 8.1~30 m,也可为其他长度。

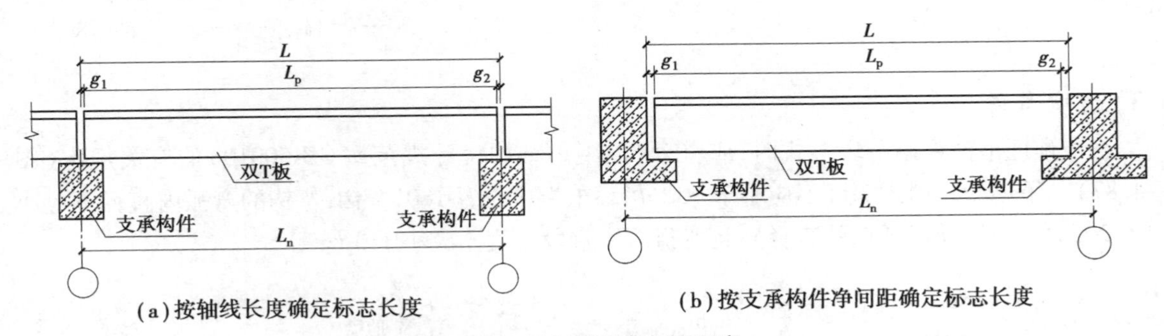

图 4.83 双 T 板纵向长度示意

L—标志长度;L_n—轴线长度;L_p—制作长度;g—板端间隙,$g=g_1+g_2$

②截面高度 H 宜为 300~1 000 mm,当 $H>1\ 000$ mm 时,H 宜为 100 mm 的倍数。

③标志宽度 B 宜为 1.8 m、2.0 m、2.4 m、3.0 m;双 T 板的制作宽度 B_p 应取为标志宽度减去两侧的间隙 e,间隙 e 不应小于 10 mm(图 4.84)。

④两个肋梁中心线净距离 l 宜为 1.0 m、1.2 m、1.5 m,也可为 1.8 m。

⑤肋梁底部宽度 b 不应小于 100 mm，且宜为 100～180 mm。

⑥面板厚度宜为 50 mm，也可采用其他厚度。

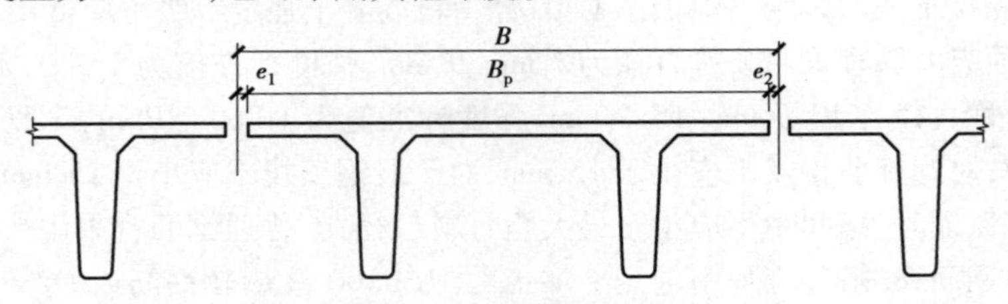

图 4.84　双 T 板横向宽度示意

B—标志宽度；B_p—制作宽度；e—板侧间隙，$e=e_1+e_2$

⑦双 T 板的肋梁宽应为上宽下窄，肋侧坡度 α 宜为 5%。

⑧当采用双 T 坡板时，板面坡度 i 宜取 2%～3%（图 4.85）。

⑨双 T 板端部可采用混凝土企口、钢制企口，企口的尺寸和配筋应符合设计要求。当采用混凝土企口时，企口长度 C 应小于 $H/2$ 和 150 mm 的较大值，企口上部高度 h_s 应不小于 $2H/3$ 和 150 mm 的较大值（图 4.86）。

⑩双 T 板肋梁底部两侧可做倒角，当设置倒角时，倒角宜采用 45°切角，水平长度 c 宜为 15 mm（图 4.82）。

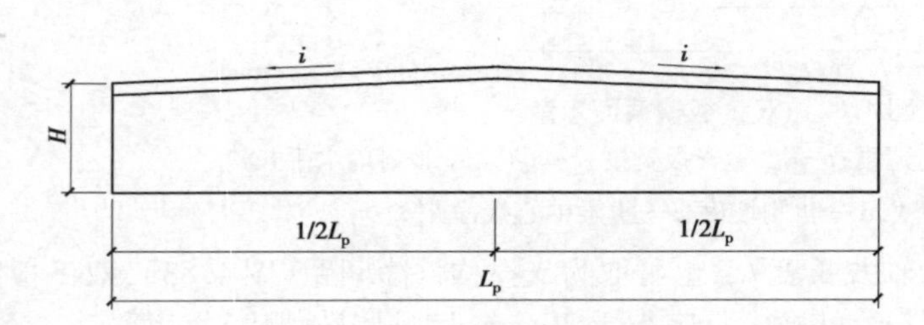

图 4.85　双 T 坡板纵向坡度示意

H—截面高度；L_p—制作长度；i—板面坡度

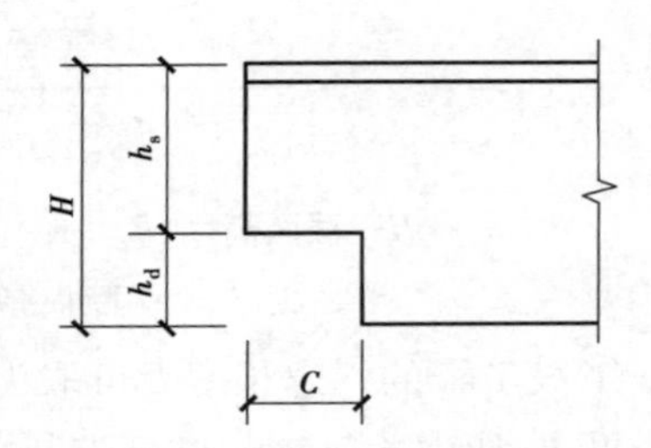

图 4.86　双 T 板混凝土企口示意

H—截面高度；C—企口长度；

h_d—企口高度；h_s—企口上部高度

3）预埋吊件

当预埋吊件采用吊环形式时，应符合《混凝土结构设计规范》（GB 50010）的有关规定（图 4.87）。吊环的总埋入深度不应小于 $30d$，吊环末端应设置 180°弯钩，弯钩的弯弧内直径不应小于 $2.5d$（d 为钢筋或圆钢的直径），且弯折后平直段长度不应小于 $3d$。

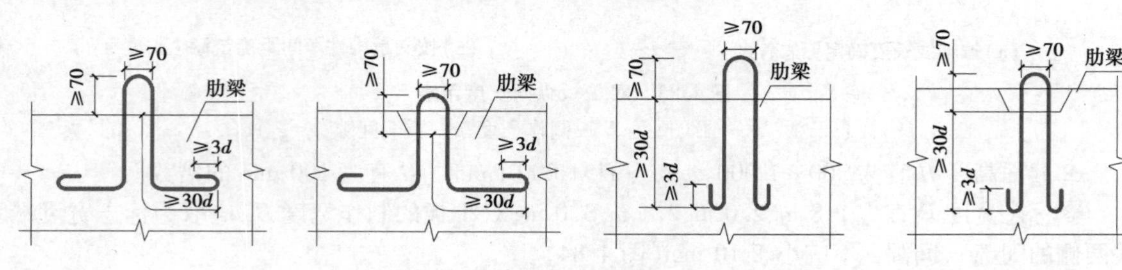

图 4.87　吊环示意

4.5.3 连接构造

双T板与支承构件的连接方式以焊接、螺栓的干式连接方式为主。根据双T板的受力特点,其端部与支承构件的连接方式均为简支连接,具体可分为固定铰支座、滑动铰支座两种。双T板的支承构件有矩形梁、倒T形梁、墙等,双T板端部可分为全截面和企口变截面两种形式。矩形梁和全截面双T板配套使用的建造方式方便快捷,但会增加结构层高,进而造成建筑成本的攀升,故工程中应用较少。国内实际工程中倒T形梁应用更多,典型应用的工程有上海颛桥万达广场工程(采用全截面双T板)、上海李尔总部大楼工程(采用带企口双T板)。本节按双T板端部全截面、企口变截面、借助悬挑预埋部件3种形式对双T板端部连接方式进行分析。

1)全截面双T板连接

全截面双T板设计简单,制作难度小,为降低结构层高多与倒T形梁配套使用,也有与矩形梁、预制墙构件连接的构造。

我国国家建筑标准设计图集《预应力混凝土双T板》(18G432-1)给出主要适用于全截面双T板和矩形截面支承梁的焊接连接和螺栓连接方式各一种(图4.88、图4.89)。双T板肋梁底部和支承梁顶部设置预埋件,双T板吊装完成后,直接将双T板和支承梁的预埋件通过焊接或螺栓连接起来,将两者形成整体。焊接与螺栓连接一般为固定铰支座,如采用螺栓连接且连接型钢螺栓孔具备水平位移能力时也可形成滑动铰支座,但此连接方式影响结构层高,整体性差。

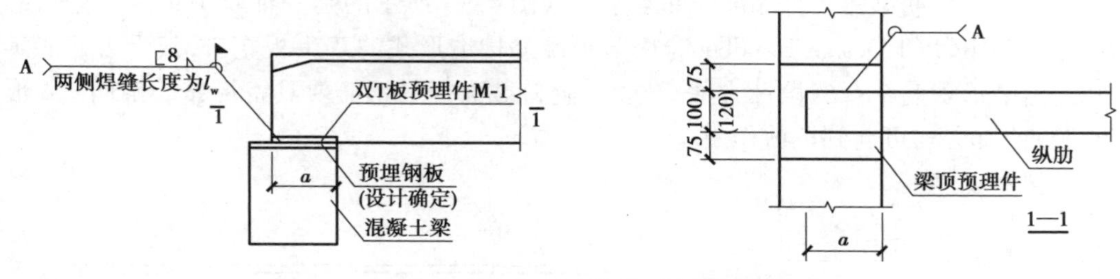

图4.88 双T板与矩形梁焊接连接

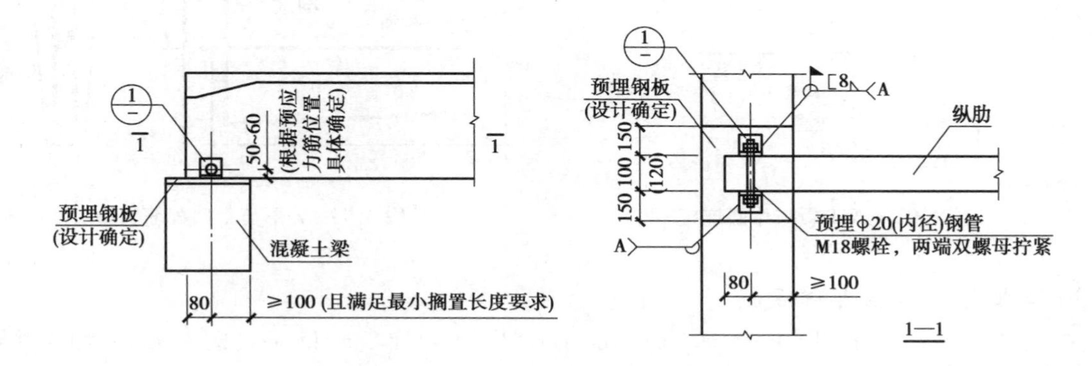

图4.89 双T板与矩形梁螺栓连接

如图4.90和图4.91所示是另一种适用于双T板端部与L形预制梁的连接方式。L形支承梁顶部预设预埋件,双T板的端面预制预埋件,端部搭接于L形梁上,通过连接件焊接于梁顶预埋件与双T板端面预埋件之间，从而形成固定铰支座。

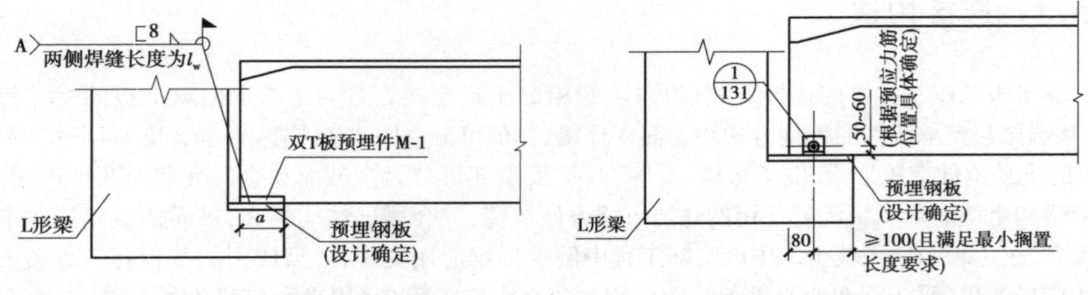

图4.90 双T板与L形梁焊接连接

图4.91 双T板与L形梁螺栓连接

如图4.92所示的是另一种适用于双T板和预制墙体的连接方式。该连接方式在预制墙体上设置有牛腿，墙体上双T板顶部的相应位置预埋钢板，双T板肋梁底部和板顶连接处均预埋有钢板，将双T板搁置在墙体牛腿上，牛腿上放置用于保证双T板底部均匀受力的橡胶垫块，通过连接钢板焊接的方式连接双T板板顶和墙体上的预埋钢板，在双T板顶部后浇混凝土形成完整的结构。此连接方式使双T板与支承构件形成固定铰支座，可有效传递水平力，已应用于停车楼等大中型公共建筑领域。

2）带企口双T板连接

企口变截面双T板可以降低结构层高、增加结构的稳定性，可与矩形梁、倒T形梁配套使用。由于双T板肋窄、肋高较大且端部配筋复杂。如图4.93所示的是一种双T板端部企口的配筋构造形式，采用《PCI Design Handbook》中Z形配筋构造形式的双T板企口，其受力性能满足要求，并给出Z形配筋企口的设计方法。同时，企口截面处的钢筋要具备可靠的锚固。Z形筋的两个“竖直”部分均可起到抗剪作用。

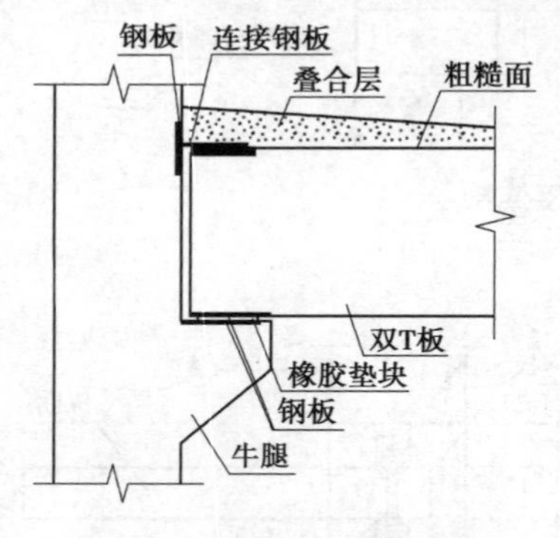

图4.92 双T板与牛腿连接

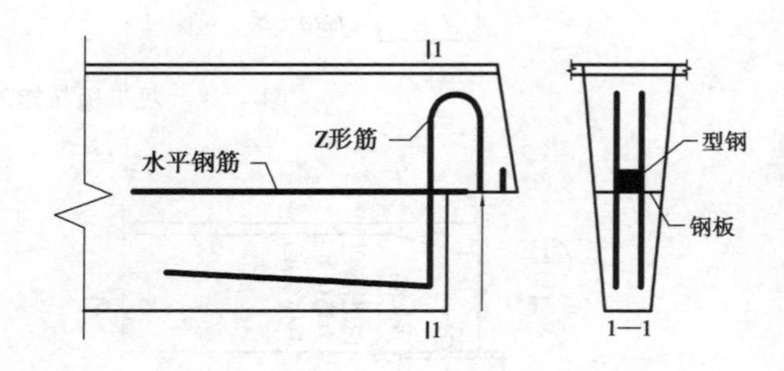

图4.93 Z形筋企口配筋构造

3）借助悬挑预埋部件连接

《PCI Design Handbook》中有Cazaly hanger（图4.94）和Loov hanger（图4.95）两种通过悬挑预埋部件连接的连接方式供双T板使用，并规定了设计方法。此两种连接方式均在双T板端部进行合理的配筋设计，只通过悬挑出来的钢件将双T板和支承构件连接形成整体。经过试验验证和工程应用，两种连接方式安全、可靠。借助悬挑预埋部件连接方式，均将设计制作完整的预埋部件整体埋入双T板的内部，以悬挑出来的钢件为媒介将双T板与支承构件连接形成整体。

双 T 板保持全截面，无需特殊的构造，板顶近似与支承梁平齐，可以起到降低结构层高的效果，但 Loov hanger 连接方式中悬臂钢件为钢板，对于跨度、荷载较大的双 T 板，容易变形过大发生失稳，造成安全隐患。

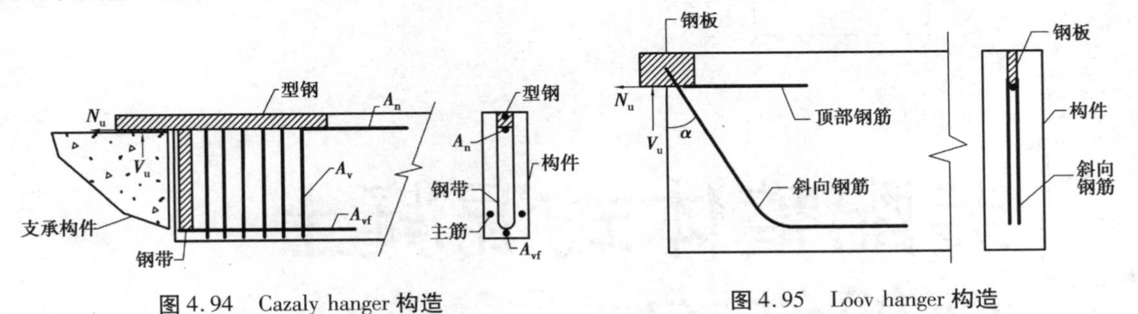

图 4.94　Cazaly hanger 构造

图 4.95　Loov hanger 构造

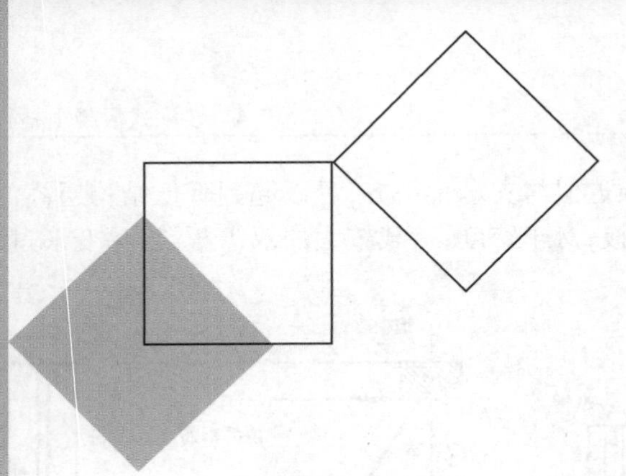

5 装配整体式混凝土框架结构

5.1 概述

装配整体式混凝土框架结构(图 5.1)是指全部或部分框架梁、柱采用预制构件建成的装配整体式混凝土结构。装配整体式混凝土结构应按照标准化设计、工业化生产、装配化施工、一体化装修、信息化管理的原则进行全流程设计,并综合考虑预制构件总体布置、构件设计、节点设计等要点进行预制构件深化设计。在预制构件总体布置中,要确定现浇与预制的范围和边界,明确后浇区与预制构件、预制构件与预制构件之间的关系。在构件设计中,要按照更有利于装配化施工的方式进行配筋设计,对预制构件的钢筋进行精细化排布,对吊装、运输等短暂设计状况进行全方面承载力验算。在节点设计中,要明确预制构件与预制构件、预制构件与现浇混凝土之间的连接,包括确定连接方式和连接构造。

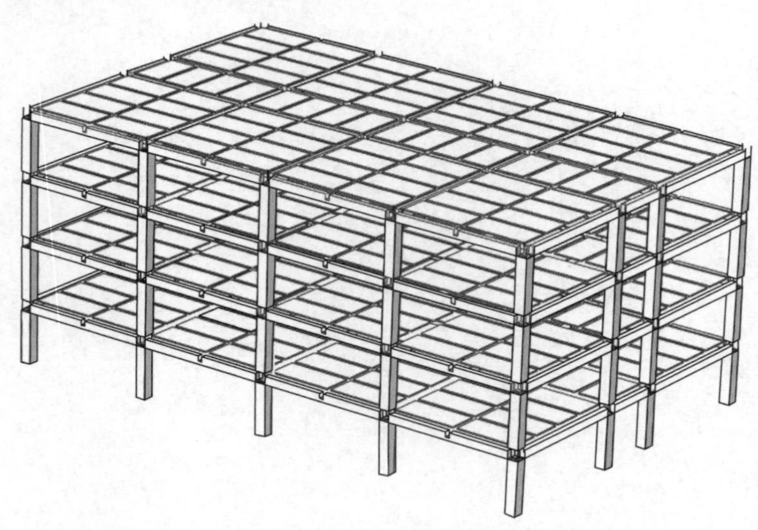

图 5.1　装配整体式混凝土框架结构示意图

5.2 结构构件拆分方案

装配整体式混凝土框架结构的构件拆分应按照“少规格、多组合”的原则，并综合考虑建筑功能和外观、结构合理性、制作、运输和安装的可行性和便利性、经济合理性等多方面影响因素，由建筑、结构、制作工厂、运输及安装等各个环节的技术人员协作完成。其中“少规格、多组合”的设计原则能够减少预制构件的规格种类，提高预制构件模板的重复使用率，有利于预制构件的生产制造与施工，有利于提高生产速度和工人的劳动效率，从而降低造价。预制构件的连接部位宜设置在结构受力较小的部位，接缝的位置以及预制构件的尺寸和形状应同时满足建筑模数协调、建筑物理性能、机构和预制构件的承载能力、便于施工和进行质量控制等多项要求。

目前，我国装配整体式混凝土框架结构常常按照竖向构件、水平构件、维护构件、非结构构件的拆分方式将其拆分为：预制柱、预制梁+后浇叠合层、预制板+后浇叠合层、预制外墙、预制内隔墙、预制楼梯、预制阳台、预制女儿墙、预制空调板等。其中预制梁、柱设计详见本章第5.3节和第5.4节，叠合板设计详见第4章，预制外挂墙板、预制内隔墙、预制楼梯、预制阳台、预制空调板的设计详见第8章。除目前我国常用的该拆分方案外，国内外尚存多种装配式混凝土框架结构的拆分方案，根据这些可能的拆分方案的共性与特性，可将其按照梁柱节点核心区是否为现浇分为两类：第一类是梁柱节点核心区现浇，梁柱采用部分预制或全部预制的拆分方式；第二类是梁柱节点核心区单独预制，或与梁、柱一体化预制的拆分方式。

5.2.1 梁柱节点核心区现浇

1）梁预制、柱和梁柱节点核心区现浇

该拆分方案是在混凝土框架结构中，梁采用预制梁+后浇叠合层，柱子和梁柱节点核心区采用整体现浇的方式，如图5.2所示。在该拆分方案中，预制梁底部纵筋伸出梁端并在现浇节点区内锚固，预制梁箍筋伸出预制梁顶面并在后浇叠合层内锚固，预制梁顶部纵筋贯穿梁柱节点并在梁跨中位置连接。相对于现浇混凝土框架结构，该拆分形式可为施工现场节省梁的模板及支撑的工程量，加快施工速率。

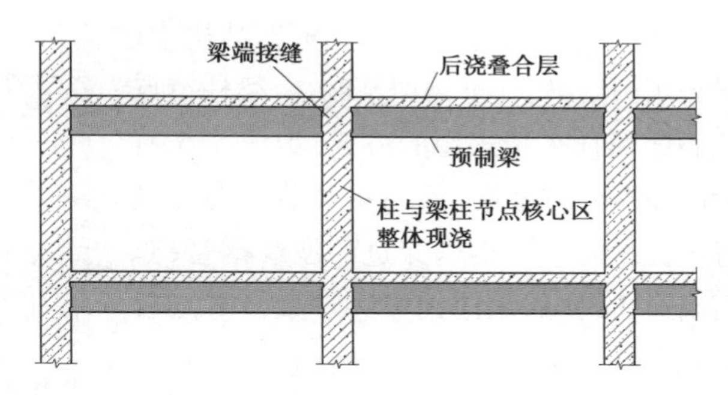

图5.2 叠合梁+现浇柱+现浇梁柱节点框架立面示意图

2）梁与柱分别预制、节点现浇（本章关于构件、节点以及接缝的设计均以该拆分方案为基准）

该拆分方案是在混凝土框架结构中，梁采用预制梁+后浇叠合层，柱子采用预制柱，而梁柱节点核心区采用现浇的方式，如图5.3和图5.4所示。该拆分形式是我国现行装配式混凝土结构规范《装配式混凝土结构技术规程》（JGJ 1）和《装配式混凝土建筑技术标准》（GB/T 51231）中结构设计与规定的基础，也是目前国内装配整体式混凝土框架结构工程实践应用最广泛的拆

分形式。在该梁柱框架结构体系的基础上再结合叠合板的使用,能够大大减少施工现场的模板工程量,但是大量的预制构件也对吊装器械、施工工人的装配专业度、施工现场的组织管理能力提出了更高的要求。在该拆分方案中,预制梁底部纵筋伸出梁端并在节点区内锚固,顶部纵筋贯穿节点区;预制柱受力纵筋贯穿节点区并伸出楼面一定距离后与上层预制柱纵筋相连。该拆分方案中大量预留钢筋的锚固以及节点区的箍筋布置,使得梁柱节点钢筋排布密集,在混凝土浇筑时难以保证浇捣的密实性。同时,在设计过程中也需要考虑预制构件预留钢筋之间是否会发生碰撞的问题,否则将可能导致预制构件无法顺利安装。

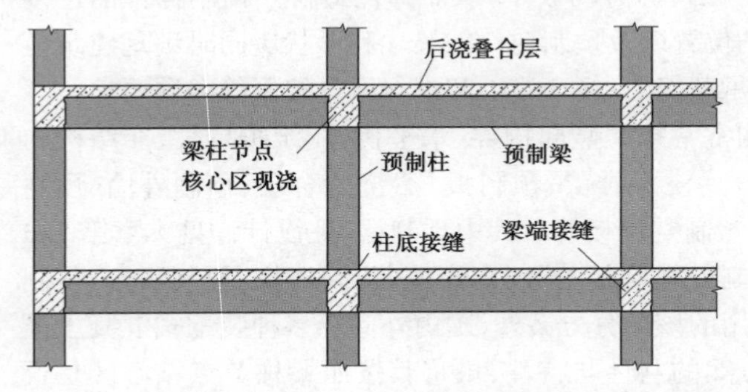

图 5.3　预制柱+叠合梁+现浇梁柱节点框架立面示意图

图 5.4　梁、柱预制,梁柱节点核心区现浇实物图

5.2.2　梁柱节点核心区预制

1)梁、柱与节点分别预制

该拆分方案是在混凝土框架结构中,梁采用预制梁,柱子采用预制柱,梁柱节点核心区同样采用预制的方式,如图 5.5 所示。该拆分方案中,预制梁柱节点中应设置供柱纵向受力钢筋穿过的波纹钢管、套筒或通孔,柱的纵向钢筋穿过梁柱节点后用灌浆料填满钢筋与套筒间的空隙,在波纹钢管或套筒外应设置规程要求的梁柱节点区箍筋。考虑到在构件制作和施工过程中存在的偏差,同时为了让灌浆料有足够的空间流动并填满波纹钢管管壁与钢筋之间的空隙,要求波纹钢管或套筒内径相较于钢筋直径更大且具备灌浆作业空间。预制梁柱节点侧面应伸出钢筋并通过套筒或焊接等方式与预制梁端面伸出的钢筋对接连接,并在梁端钢筋连接区域后浇混凝土。由于梁柱节点单独预制,节点内钢筋以及预埋能够严格按照设计要求进行定位和布置,保证了梁柱节点的制作质量,解决了施工现场节点处钢筋密集容易“打架”,以及节点区混凝土难以振捣密实的问题。该拆分形式的现场湿作业量相对于上述两种拆分方案更低。

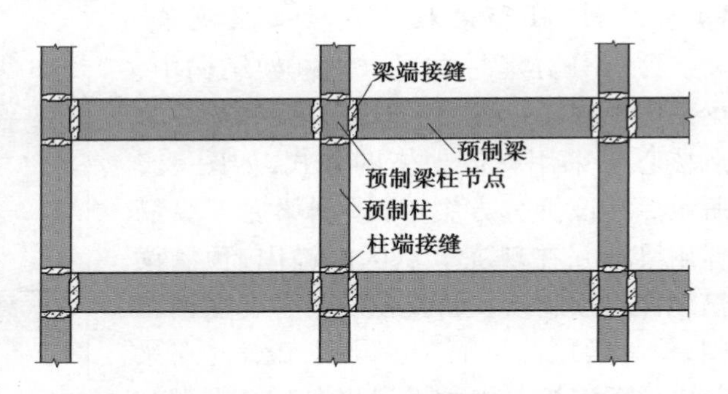

图 5.5　梁、柱与节点分别预制框架立面示意图

2)节点与梁的一体化预制

该拆分方案是在混凝土框架结构中,梁采用预制梁或预制梁+后浇叠合层,柱子采用预制柱,梁柱节点与节点左右半跨梁一体化预制,如图5.6、图5.7所示。在该拆分方案中,梁与节点一体化预制构件之间的连接被设置在梁的跨中的位置,预制梁受力纵筋在跨中连接部位伸出构件端面,并通过套筒、焊接等方式与相邻预制梁端伸出的钢筋相连接,在梁与节点一体化预制的构件中应设置供预制柱纵向受力钢筋穿过的波纹钢管、套筒或通孔等,其构造形式以及连接方式与上一拆分方案一致。该拆分方案也能够解决施工现场节点区钢筋密集而混凝土浇筑不能保证密实的问题,相对于上一拆分,该拆分方案还能够省去预制节点的安装过程。

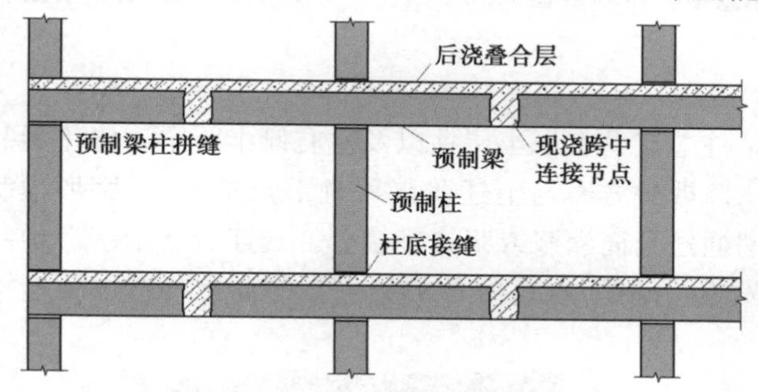

图5.6 节点与梁一体化预制框架立面示意图

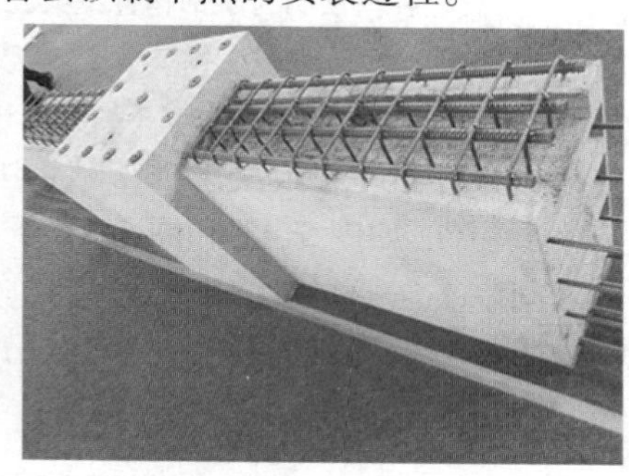

图5.7 节点与梁一体化预制实物图

3)节点与柱的一体化预制

该拆分方案是在混凝土框架结构中,梁采用预制梁,梁柱节点与上下半层高的柱一体化预制,如图5.8所示。在该拆分方案中,节点与柱一体化预制构件的受力钢筋伸出构件顶面一定距离,并在半层高处通过套筒灌浆或浆锚搭接等方式与上层的节点与柱一体化预制构件对接连接。该构件应在有梁的一侧伸出钢筋,并与预制梁端伸出的钢筋采用套筒、焊接等方式对接连接,梁端钢筋连接区域后浇混凝土。该拆分方案同梁与节点一体化预制具备相同的优点。

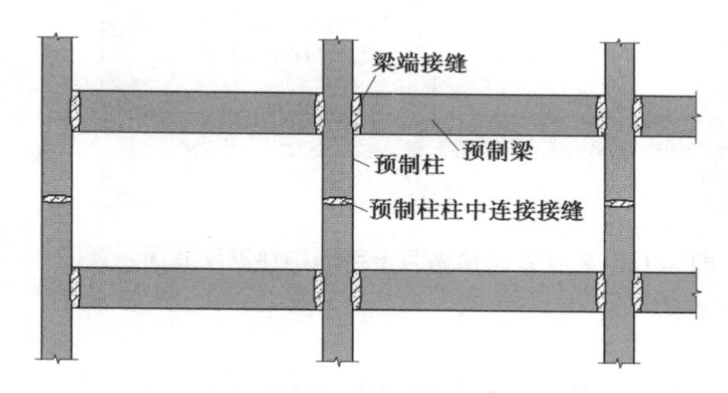

图5.8 节点与柱一体化预制框架立面图

4)梁柱共同预制为T形构件

该拆分方案是在混凝土框架结构中,梁柱节点与下层柱以及左右侧半跨梁一体化预制为T形构件,如图5.9和图5.10所示。该拆分方案中,T形构件底端通过套筒灌浆或浆锚搭接等方式与下层T形构件伸出的钢筋相连,T形构件左右两侧均伸出钢筋并与相邻T形构件伸出钢筋在梁跨中的位置对接连接后浇筑混凝土。该拆分方案使得预制构件数量大大减少,同时施工现场的湿作业以及吊装作业量都显著减少,提高了框架结构的装配程度,加快了施工现场的装配效率。但是该一体化T形预制构件相对于上述几种拆分形式的预制梁、预制柱等,构件体型更大、形状更复杂,在运输和吊装过程中需要更加注意做好构件的保护措施。

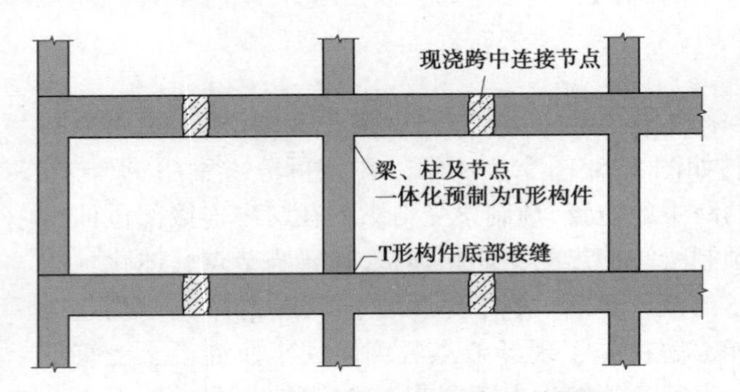

图 5.9　梁柱共同预制为 T 形构件框架立面示意图

图 5.10　梁柱共同预制为 T 形构件实物图

5）梁柱共同预制为十字形构件

该拆分方案是在混凝土框架结构中，梁柱节点与上下半层柱以及左右侧半跨梁一体化预制为十字形构件，如图 5.11 和图 5.12 所示。该拆分方案与上述 T 形梁柱节点类似，十字形预制构件之间水平向通过后浇混凝土连接，竖向通过套筒灌浆或浆锚搭接等方式连接。十字形预制构件同 T 形预制构件一样存在运输、吊装困难的问题，且这两种拆分方案的连接构造以及结构整体受力性能还有待深入研究。

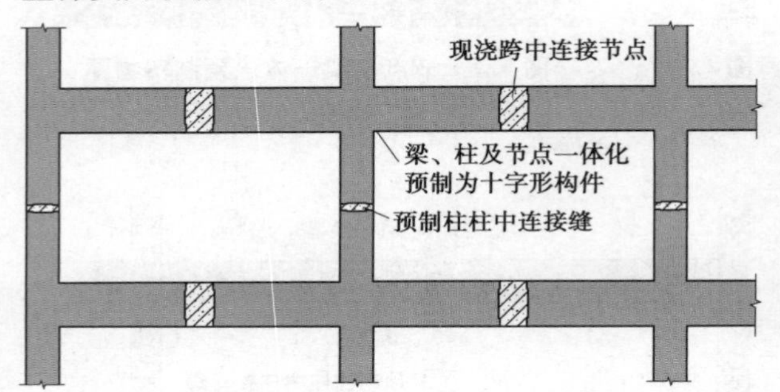

图 5.11　梁柱共同预制为十字形构件框架立面示意图

图 5.12　梁柱共同预制为十字形构件实物图

5.3　叠合梁设计

叠合梁是装配整体式混凝土框架结构中主要的水平受力构件。叠合梁由预制梁和后浇叠合层组成，是在预制梁上部架设受力负筋后，再浇筑叠合层形成的整体梁，如图 5.13 和图 5.14 所示。预制梁的箍筋伸出预制梁顶面并与梁顶部纵筋组合后锚固在后浇叠合层中，使预制梁与后浇混凝土叠合层形成共同受力的构件单元。预制梁端部常常设置剪力键和粗糙面来增加其与节点核心区连接接缝的受剪承载力。梁端伸出钢筋需锚固在梁柱节点区内并满足一定的锚固长度和构造要求，以此来保证连接节点的受力性能与现浇结构相同。

图 5.13　叠合梁

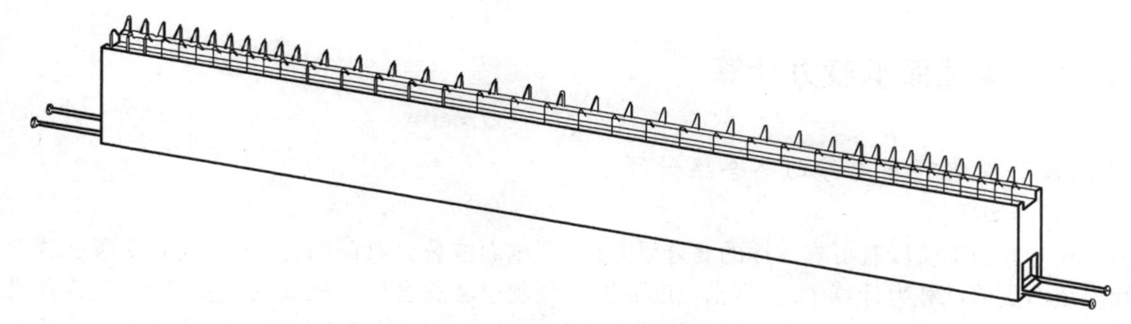

图 5.14 叠合梁示意图

5.3.1 设计方法

由于叠合梁的安装过程为先吊装预制梁,再浇筑后浇层形成叠合梁,故叠合梁在设计时,需要根据施工时梁跨中是否具有可靠支撑,将叠合梁按受力性能分为“一阶段受力叠合梁”和“二阶段受力叠合梁”两类。前者是指施工阶段除梁端支撑外在预制梁下也设有可靠支撑,能保证施工阶段作用的荷载不使预制梁受力而全部传给支撑,待叠合层后浇混凝土达到一定强度后,再拆除支撑,由整个叠合梁来承受施工阶段的全部荷载;后者则是指施工阶段在简支的预制梁下不设支撑,施工阶段作用的全部荷载完全由预制梁承担,而正常使用阶段的荷载由叠合梁承担。

1)施工阶段有可靠支撑的叠合梁设计

对于二阶段成形的水平叠合受弯构件,当预制构件高度不足全截面高度的40%时,预制构件较薄,此时为了避免预制构件在施工荷载作用下产生影响内力的变形,应在预制构件下方每隔一定距离设置支撑。对施工阶段有可靠支撑的叠合受弯构件,按整体受弯构件设计计算,但其斜截面受剪承载力和叠合面受剪承载力应按《混凝土结构设计规范》(GB 50010)的相关规定计算。

2)施工阶段不加支撑的叠合梁设计

施工阶段不加支撑的叠合受弯构件,内力应分别按下列两个阶段计算。

①后浇的叠合层混凝土未达到强度设计值之前的阶段。荷载由预制构件承担,预制构件按简支构件计算;荷载包括预制构件自重、预制板自重、叠合层自重以及本阶段的施工活荷载。

②叠合层混凝土达到强度设计值之后的阶段。叠合构件按整体结构计算,荷载考虑下列两种情况并取较大值:

a. 施工阶段考虑叠合构件自重、预制板自重、面层、吊顶等自重以及本阶段的施工活荷载;

b. 使用阶段考虑叠合构件自重、预制板自重、面层、吊顶等自重以及使用阶段的可变荷载。

3)接缝和节点设计

除梁的两阶段设计外的另一个关键问题是梁端结合面以及预制梁顶面新旧混凝土结合面的抗剪计算。叠合梁端结合面主要包括框架梁与梁柱节点的结合面、主次梁连接的结合面、梁对接连接的结合面,相关的设计计算和说明详见第5.5节和第5.6节。

5.3.2 梁截面承载力计算

1)施工阶段有可靠支撑的叠合梁计算

(1)计算方法

在计算施工阶段有可靠支撑的叠合梁时,计算截面取叠合梁截面,但在正截面受弯承载力和斜截面受剪承载力计算中,混凝土强度等级取预制梁和叠合层中较低的强度等级,且叠合梁的斜截面受剪承载力不低于预制梁的斜截面受剪承载力,并应使叠合面的受剪承载力大于叠合梁剪力设计值。

(2)正截面受弯承载力计算

矩形截面或翼缘位于受拉边的倒T形截面受弯构件,其正截面受弯承载力应符合下列规定

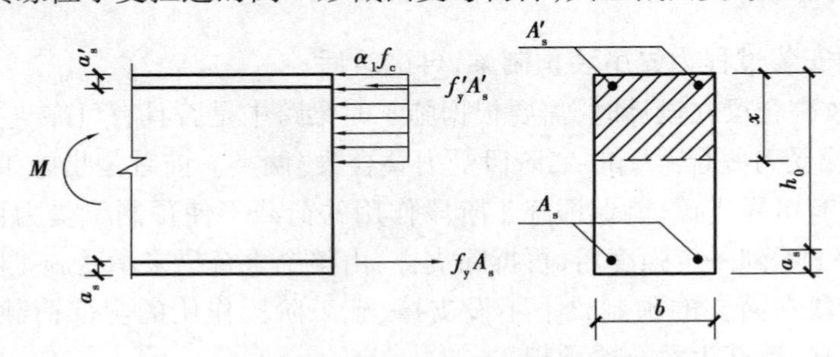

图5.15 矩形截面受弯构件正截面受弯承载力计算

(图5.15):

$$M \leqslant \alpha_1 f_c bx(h_0 - x/2) + f_y' A_s'(h_0 - a_s') \tag{5.1}$$

混凝土受压区高度应按下列公式确定:

$$\alpha_1 f_c bx = f_y A_s - f_y' A_s' \tag{5.2}$$

混凝土受压高度尚应符合下列条件:

$$x \leqslant \xi_b h_0 \tag{5.3}$$

$$x \geqslant 2a_s' \tag{5.4}$$

式中 M——弯矩设计值;

α_1——计算系数,按《混凝土结构设计规范》(GB 50010)相关规定计算;

f_c——混凝土轴心抗压强度设计值;

A_s、A_s'——受拉区、受压区纵向普通钢筋的截面面积;

b——矩形截面的宽度或倒T形截面的腹板宽度;

h_0——截面有效高度;

a_s'——受压区纵向普通钢筋合力点至截面受压边缘的距离。

(3)斜截面及叠合面受剪承载力

计算叠合梁配置的单位长度箍筋面积 A_{sv}/s 取式(5.7)、式(5.10)和式(5.11)3项计算结果的最大值。

①预制梁斜截面受剪承载力计算。

预制梁斜截面受剪承载力按一般钢筋混凝土梁的斜截面受剪承载力公式计算,应符合下列

规定：

$$V_1 \leqslant V_{cs1} \tag{5.5}$$

$$V_1 = V_{1G} + V_{1Q} \tag{5.6}$$

$$V_{cs1} = 0.7f_{t1}bh_{01} + f_{yv}\frac{A_{sv}}{s}h_{01} \tag{5.7}$$

式中 V_1——预制梁计算截面的剪力设计值；

V_{cs1}——预制梁受剪承载力设计值；

V_{1G}——按简支梁计算的由预制梁自重、预制板自重和叠合层自重在计算截面产生的剪力设计值；

V_{1Q}——按简支梁计算的由施工活荷载在计算截面产生的剪力设计值；

f_{t1}——预制梁混凝土的抗拉强度设计值；

h_{01}——预制梁截面有效高度；

f_{yv}——箍筋抗拉强度设计值。

②叠合梁斜截面受剪承载力计算。

叠合梁斜截面受剪承载力按一般钢筋混凝土梁的斜截面受剪承载力公式计算，且应符合下列规定：

$$V_2 \leqslant V_{cs2} \tag{5.8}$$

$$V_2 = V_{1G} + V_{2G} + V_{2Q} \tag{5.9}$$

$$V_{cs2} = 0.7f_t bh_{02} + f_{yv}\frac{A_{sv}}{s}h_{02} \tag{5.10}$$

式中 V_2——叠合梁计算截面的剪力设计值；

V_{cs2}——叠合梁受剪承载力设计值；

V_{2G}——按整体结构计算的由面层、吊顶等自重在计算截面产生的剪力设计值；

V_{2Q}——按整体结构计算的可变荷载在计算截面产生的剪力设计值，取施工活荷载和使用阶段可变荷载在计算截面产生的剪力设计值中的较大值；

f_t——混凝土抗剪强度设计值取预制梁和后浇叠合层混凝土强度等级中的较低值；

h_{02}——叠合梁截面有效高度。

③叠合面受剪承载力计算。

叠合梁底部预制梁与叠合层后浇混凝土之间的叠合面，在符合构造措施的条件下，其受剪承载力应符合下列规定：

$$V_2 \leqslant 1.2f_t bh_{02} + 0.8f_{yv}\frac{A_{sv}}{s}h_{02} \tag{5.11}$$

式中 f_t——混凝土的抗拉强度设计值，取叠合层和预制梁中的较低值。

在计算中，叠合梁斜截面受剪承载力设计值 V_{cs2} 应不低于预制梁斜截面受剪承载力设计值 V_{cs1}，满足下式要求：

$$V_{cs1} \leqslant V_{cs2} \tag{5.12}$$

2）施工阶段不加支撑叠合梁计算

（1）计算方法

施工阶段无支撑的叠合梁，二次成型浇筑混凝土的重力及施工活荷载的作用影响了构件的内力和变形,应按二阶段受力的叠合梁进行设计计算。预制梁和叠合梁的正截面受弯承载力、斜截面受剪承载力的验算,应按一般受弯构件的规定和计算公式进行。

在计算中,正弯矩区段的混凝土强度等级,按叠合层取用;负弯矩区段的混凝土强度等级,按计算截面受压区的实际情况取用。在计算中,叠合构件斜截面上混凝土和箍筋的受剪承载力设计值 V_{cs} 应取叠合层和预制构件中较低的混凝土强度等级进行计算,且不低于预制构件的受剪承载力设计值。其中,正弯矩区段(跨中截面)的配筋,应取预制梁和叠合梁计算结果的较大值,并进行叠合面的受剪承载力计算、叠合梁纵向受拉钢筋的应力验算、裂缝宽度验算、挠度验算等。

(2)荷载计算及内力设计值

①施工阶段(计算预制梁)。

预制梁按简支梁计算,如图5.16(a)所示。弯矩设计值 M_1 和剪力设计 V_1 值按下式确定:

$$M_1 = M_{1G} + M_{1Q} \tag{5.13}$$

$$V_1 = V_{1G} + V_{1Q} \tag{5.14}$$

式中 M_{1G},V_{1G}——按简支梁计算的由预制梁自重、预制板自重和叠合层自重(q_{1G})在计算截面产生的弯矩设计值、剪力设计值;

M_{1Q},V_{1Q}——按简支梁计算的由施工活荷载(q_{1Q})在计算截面产生的弯矩设计值、剪力设计值。

②使用阶段(计算叠合梁)。

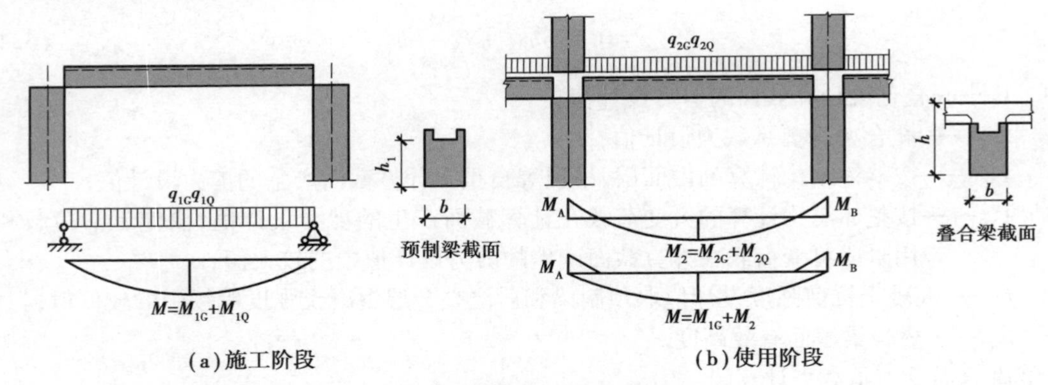

图5.16 叠合梁的两受力阶段

叠合层混凝土达到强度设计值,如图5.16(b)所示。计算叠合梁时,按整体结构分析,按下列公式计算。

对叠合梁的正弯矩区:

$$M_2 = M_{1G} + M_{2G} + M_{2Q} \tag{5.15}$$

对叠合构件负弯矩区:

$$M_2 = M_{2G} + M_{2Q} \tag{5.16}$$

叠合梁剪力:

$$V_2 = V_{1G} + V_{2G} + V_{2Q} \tag{5.17}$$

式中 M_{2G},V_{2G}——按整体结构计算的由面层、吊顶等自重(q_{2G})在计算截面产生的弯矩设计值、剪力设计值;

M_{2Q},V_{2Q}——按整体结构计算的可变荷载由(q_{2Q})在计算截面产生的弯矩设计值、剪力设计值,取施工活荷载和使用阶段可变荷载在计算截面产生的内力设计值中的较大值。

(3)梁正截面受弯及斜截面受剪承载力验算

预制梁的正截面边缘混凝土法向拉、压应力验算以及开裂截面处的钢筋应力验算按照式(4.15)—式(4.17)计算;预制梁正截面受弯承载力、斜截面受剪承载力的验算,应按一般受弯构件的规定和计算公式进行,按式(5.1)—式(5.4)验算受弯纵向钢筋,按式(5.5)—式(5.7)验算受剪箍筋,其弯矩设计值按式(5.13)取值,剪力设计值按式(5.14)取值。

叠合梁正截面受弯承载力、斜截面受剪承载力的验算,应按一般受弯构件的规定和计算公式进行,按式(5.1)—式(5.4)验算受弯纵向钢筋。按式(5.8)—式(5.10)验算受剪箍筋,其弯矩设计值按式(5.15)和式(5.16),剪力设计值按式(5.17)取值,并应按照式(5.11)—式(5.12)验算叠合面的受剪承载力。

(4)梁纵向受拉钢筋应力验算

不加支撑的叠合梁在两阶段受力过程中,由于叠合构件在施工阶段先以截面高度小的预制构件承担该阶段全部荷载,使得受拉钢筋中的应力比用叠合构件全截面承担同样荷载时大,出现了受拉钢筋应力超前的现象,在使用阶段受力过程中,虽然受拉钢筋应力超前的现象有所减小,但仍使叠合构件与同样截面普通受弯构件相比钢筋拉应力及曲率偏大,并有可能使受拉钢筋在准永久值组合的弯矩作用下过早达到屈服,这种情况在设计中应予以防止。

梁的纵向受拉钢筋应力验算应参考第4.2.2节中板的纵向受拉钢筋应力验算过程,并按照式(4.29)—式(4.34)验算纵向受拉钢筋应力。

(5)梁裂缝宽度验算

①预制梁的裂缝宽度验算。

预制梁的裂缝宽度验算应参考第4.2.2节中的预制板裂缝宽度验算过程,并按照式(4.20)—式(4.25)验算预制梁的裂缝宽度。

②叠合梁的裂缝宽度验算。

叠合梁的裂缝宽度验算应参考第4.2.2节中的叠合板裂缝宽度验算过程,并按照式(4.35)和式(4.36)验算叠合梁的裂缝宽度。

(6)梁挠度验算

①预制梁挠度验算。

预制梁的挠度验算应参考第4.2.2节中预制板的挠度验算过程,并按照式(4.26)计算预制梁的短期刚度,按照式(4.27)计算预制梁的挠度,梁的挠度限值见《混凝土结构设计规范》(GB 50010)的有关规定。

②叠合梁挠度验算。

叠合梁的挠度验算应参考第4.2.2节中叠合板的挠度验算过程,并按照式(4.37)计算叠合梁的短期刚度,按照式(4.38)计算考虑长期荷载作用的叠合梁的刚度,再按照式(4.39)计算叠合梁的挠度值。

(7)预制梁吊装验算

预制梁在脱模、翻转、起吊、运输、堆放、安装等短暂设计状况下的施工验算系数取值应参考第4章预制板的吊装验算。预制梁短暂设计状况的内力值按式(4.40)—式(4.43)计算。

①吊点选取。

对预制梁,设总长为 l,吊点距端部为 a。根据起吊后构件内力最小化的原则,两点吊装时,吊点边距 $a=0.207l$;三点吊装时,吊点边距 $a=0.153l$,第 3 点为构件中点。预制梁吊装示意图如图 5.17 所示。

②预制梁验算。

预制梁在短暂设计状况下的受弯验算、受剪验算以及预埋件和临时支撑验算应参考第 4.2.2 节中预制板吊装验算。

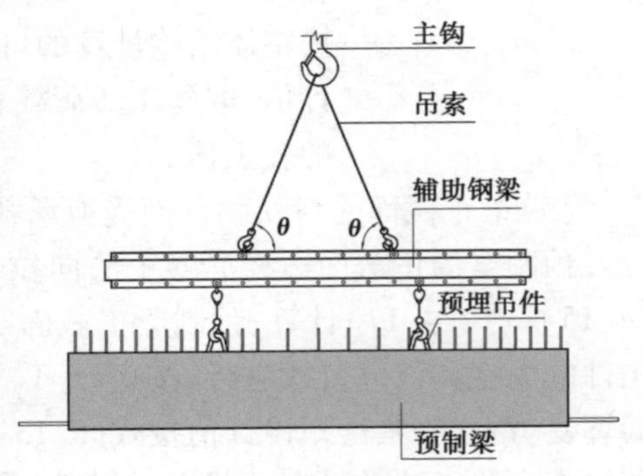

图 5.17　预制梁吊装示意图

5.3.3　叠合梁构造

1)截面尺寸、形状

钢筋混凝土房屋的梁一般为矩形截面,框架梁的高跨比 h/l_0 在 1/18 ~ 1/10,次梁的高跨比 h/l_0 在 1/20 ~ 1/12,并且梁截面高度不宜大于 $1/4l_n$,其中 l_0 为梁的计算跨度,可取支座中心线之间的距离和 1.15 l_n(l_n 为梁的净跨)两者中的较小值。在选用时,上限值适用于荷载较大的情况,对于一般民用建筑的荷载,宜选接近下限值为宜。梁截面宽度不宜小于 200 mm,且高宽比不宜大于 4。

在装配整体式框架结构中,当采用叠合梁时,框架梁的后浇混凝土叠合层厚度不宜小于 150 mm,次梁的后浇混凝土叠合层厚度不宜小于 120 mm;预制梁截面形形状主要有两种,如图 5.18 所示。预制梁的截面形状应根据叠合板的厚度来确定,当采用叠合板时,预制梁后浇层往往与叠合板后浇层一起浇筑,即浇筑后两者顶面是齐平的。当叠合板的总厚度不小于梁的后浇层厚度要求时,选择矩形截面预制梁;当叠合板的总厚度小于梁的后浇层厚度要求时,选择凹口形截面梁,如叠合板总厚度为 130 mm,预制梁叠合层厚度要求不小于 150 mm,此时应选择为顶面带凹口的预制梁来抬高预制板,使叠合板顶面与梁的后浇混凝土顶面齐平。当采用凹口截面预制梁时,凹口深度不宜小于 50 mm,凹口边厚度不宜小于 60 mm,如图 5.18(b)所示。

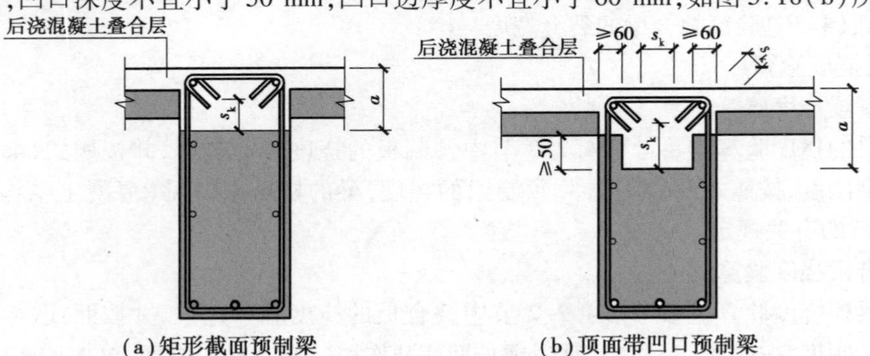

图 5.18　叠合梁截面示意图(单位:mm)

注:①图中 a 为叠合梁的叠合层厚度,应满足梁顶部纵筋的安装空间要求。

②图中 s_k 为梁顶部受力纵筋的安装间隙,指箍筋端点到预制构件顶面的净距或相邻箍筋的净距,s_k 不宜小于梁顶部受力纵筋直径加 10 mm。

2)纵向钢筋

(1)纵向受力钢筋配筋率

梁端截面的底面和顶面纵向钢筋配筋量的比值,除按计算确定外,对一级抗震等级框架结构不应小于0.5,二、三级不应小于0.3。抗震设计时,梁端计入受压钢筋的混凝土受压区高度和有效高度之比,一级不应大于0.25,二、三级不应大于0.35。

非抗震设计时,梁纵向受拉钢筋的最小配筋百分率 $\rho_{\min}$ 不应小于0.2和45 f_t/f_y 二者的较大值。

抗震设计时,梁纵向受拉钢筋的最小配筋率 $\rho_{\min}$ 不应小于表5.1规定的数值,梁端纵向受拉钢筋的配筋率不宜大于2.5%。

(2)纵筋直径

非抗震设计时,梁高不小于300 mm时,梁的纵向受力钢筋直径不应小于10 mm;梁高小于300 mm时,钢筋直径不应小于8 mm。

抗震设计时,沿梁全长顶面、底面至少应各配置两根通长的纵向钢筋。对于一、二级抗震等级,钢筋直径不应小于14 mm,且分别不应少于梁顶面、底面两端纵向配筋中较大截面面积的1/4;对于三、四级抗震等级,钢筋直径不不应小于12 mm。

框架中间层中间节点处,框架梁的顶部纵向钢筋应贯穿中间节点。贯穿中柱的每根梁纵向钢筋直径,对于9度设防烈度的各类框架和一级抗震等级的框架结构,当柱为矩形截面时,不宜大于柱在该方向截面尺寸的1/25,当柱为圆形截面时,不宜大于纵向钢筋所在位置柱截面弦长的1/25;对一、二、三级抗震等级,当柱为矩形截面时,不宜大于柱在该方向截面尺寸的1/20,对圆柱截面,不宜大于纵向钢筋所在位置柱截面弦长的1/20。

表5.1 梁纵向受拉钢筋的最小配筋率 $\rho_{\min}$

抗震等级	钢筋混凝土梁	
	支座(取较大值)	跨中(取较大值)
一级	0.40和80 f_t/f_y	0.30和65 f_t/f_y
二级	0.30和65 f_t/f_y	0.25和55 f_t/f_y
三、四级	0.25和55 f_t/f_y	0.20和45 f_t/f_y

(3)纵筋排布

梁上部钢筋水平方向的净间距不应小于30 mm和1.5d(d为钢筋的最大直径);梁下部钢筋水平方向的净间距不应小于25 mm和d。当下部钢筋多于2层时,2层以上钢筋水平方向的中距应比下面2层的中距增大一倍;各层钢筋之间的净间距不应小于25 mm和d,如图5.19所示。在梁的配筋密集区域宜采用并筋的配筋形式。

预制梁底部受力纵筋排布应根据框架节点连接形式进行钢筋排布检查,确保叠合梁现场顺利吊装就位。必要时应增设辅助纵向构造钢筋,该钢筋可不伸入梁柱节点,可按图5.20进行锚固。

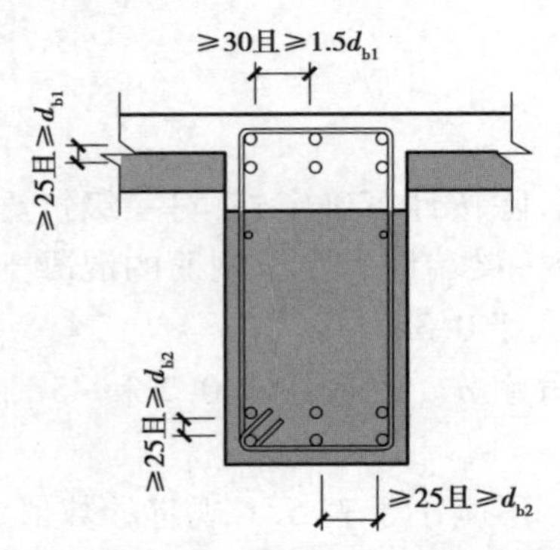

图 5.19 叠合梁纵筋布置间距(单位:mm)

注:图中 d_{b1} 为叠合梁顶部纵筋的最大直径,d_{b2} 为叠合梁底部纵筋的最大直径

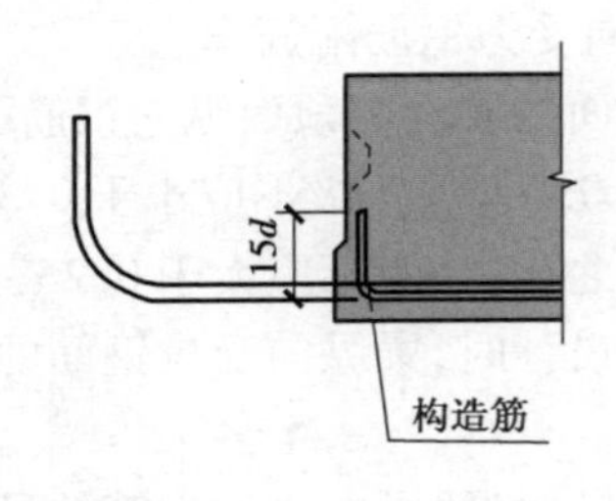

图 5.20 预制梁下部辅助纵筋不伸入梁柱节点的锚固构造

注:图中 d 为梁内端部弯起钢筋直径

(4)受扭纵向钢筋

受扭纵向钢筋的最小配筋率应满足《混凝土结构设计规范》(GB 50010)的相关规定。受扭纵向钢筋除应在梁截面四角设置外,其余应沿截面周边均匀对称布置。其间距不应大于 200 mm 和梁截面短边长度。受扭纵向钢筋应按受拉钢筋要求锚固在支座内。

同时受有弯剪扭作用的框架梁,配置在截面弯曲受拉边的纵向受力钢筋截面面积,不应小于该梁受弯计算的纵向受力钢筋截面面积和按受扭计算的纵向受力钢筋配置在弯曲受拉边的截面面积之和,如图 5.21 所示。

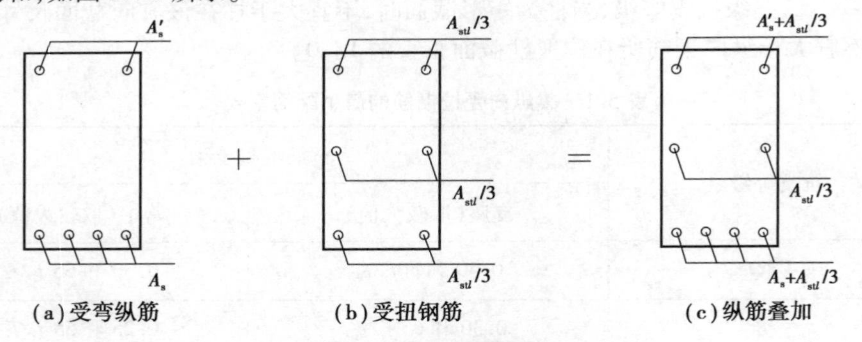

(a)受弯纵筋　(b)受扭钢筋　(c)纵筋叠加

图 5.21 弯扭纵筋的叠加

(5)梁侧纵向构造钢筋

当梁的腹板高度 h_w ≥450 mm 时,为了抑制大尺寸梁在其腹板范围内产生垂直于梁轴线的收缩裂缝,应在梁的两个侧面沿高度配置纵向构造钢筋,其间距不宜大于 200 mm,每侧纵向构造钢筋(不包括梁上、底部受力纵筋及架立钢筋)的截面面积不应小于腹板截面面积 bh_w 的 0.1%,如图 5.22 所示。当梁宽较大时可适当放松,腹板高度 h_w 按《混凝土结构设计规范》的有关规定取值。叠合梁预制部分的纵向构造钢筋不承受扭矩时,可不伸入梁柱节点。

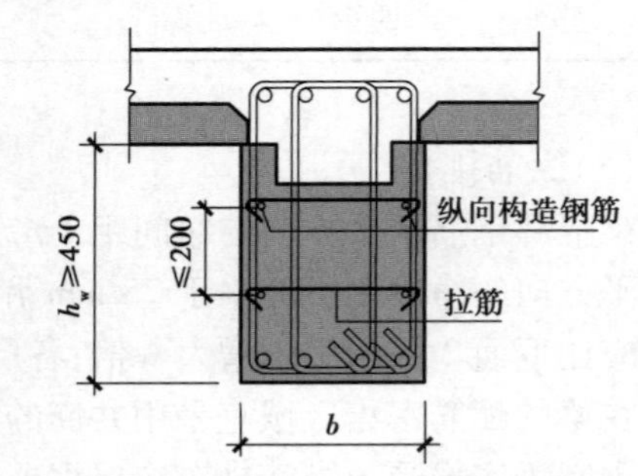

图 5.22 梁侧构造纵筋及拉筋布置(单位:mm)

注:h_w—梁截面的腹板高度

b—梁截面宽度

3）箍筋要求

（1）箍筋形式

叠合梁的箍筋形式有整体封闭箍筋[图5.23（a）]和组合封闭箍筋[图5.23（b）]两种。由于组合封闭箍的研究尚不完善，叠合梁在施工允许的情况下应考虑采用整体封闭箍筋。当不便于安装梁上部钢筋时，则可采用组合封闭箍筋。叠合梁的箍筋配置应符合下列规定：

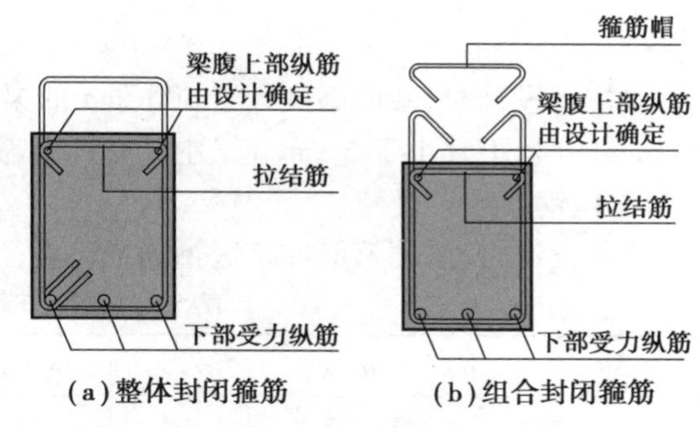

（a）整体封闭箍筋　（b）组合封闭箍筋

图5.23　叠合梁箍筋示意图

①抗震等级为一、二级的叠合框架梁的梁端箍筋加密区宜采用整体封闭箍筋；当叠合梁受扭时宜采用整体封闭箍筋，且整体封闭箍筋的搭接部分宜设置在预制部分[图5.23（a）]。

②当采用组合封闭箍筋[图5.23（b）]时，开口箍筋上方两端应做成135°弯钩或180°弯钩[图5.24（c）、（d）]，对框架梁开口箍筋弯钩平直段长度不应小于$10d$（d为箍筋直径）和75 mm的较大值，次梁弯钩平直段长度不应小于$5d$。现场应采用箍筋帽封闭开口箍，箍筋帽宜两端做成135°弯钩[图 5.24（a）]，也可做成一端135°另一端90°弯钩[图5.24（b）]，但135°弯钩和90°弯钩应沿纵向受力钢筋方向交错设置。对框架梁箍筋帽弯钩平直段长度不应小于$10d$（d为箍筋直径）和75 mm的较大值，次梁135°弯钩平直段长度不应小于$5d$，90°弯钩平直段长度不应小于$10d$。

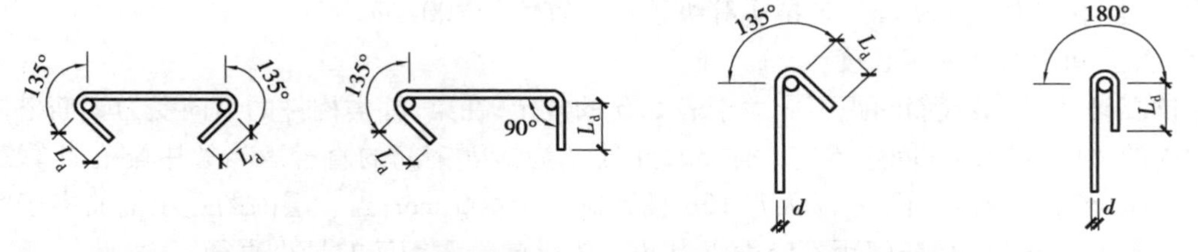

（a）箍筋帽弯钩做法一　（b）箍筋帽弯钩做法二　（c）开口箍弯钩做法一　（d）开口箍弯钩做法二

图5.24　箍筋帽和开口箍筋弯钩做法

注：图中d为箍筋的直径；L_d为箍筋弯钩的弯后直线段长度

（2）箍筋配箍率

非抗震设计时，当梁的剪力设计值大于$0.7 f_t bh_0$时，其箍筋面积配筋率ρ_{sv}[$\rho_{sv}=A_{sv}/(bs)$]$\geqslant 0.24 f_t/f_{yv}$。

抗震设计时，框架梁沿梁长箍筋面积配筋率应符合下列要求：

一级抗震等级：

$$\rho_{sv} \geqslant 0.30\frac{f_t}{f_{yv}} \tag{5.18}$$

二级抗震等级：

$$\rho_{sv} \geqslant 0.28\frac{f_t}{f_{yv}} \tag{5.19}$$

三、四级抗震等级：

$$\rho_{sv} \geqslant 0.26 \frac{f_t}{f_{yv}} \tag{5.20}$$

(3)箍筋直径

非抗震设计时，截面高度大于 800 mm 的梁，箍筋直径不宜小于 8 mm；对截面高度不大于 800 mm 的梁，不宜小于 6 mm。梁中配有计算需要的纵向受压钢筋时，箍筋直径尚不应小于$d/4$(d 为受压钢筋最大直径)。

抗震设计时，梁端箍筋加密区箍筋最小直径应符合表 5.2 的要求。

表 5.2　梁端加密区箍筋最小直径　　单位：mm

抗震等级	箍筋最小直径
一级	10(12)
二、三级	8(10)
四级	6(8)

注：当梁端纵向受拉钢筋配筋率大于 2% 时，表中箍筋最小直径取括号内的数值。

(4)箍筋肢距

非抗震设计时，当梁的宽度大于 400 mm 且一层内的纵向受压钢筋多于 3 根时，或当梁的宽度不大于 400 mm 但一层内的纵向受压钢筋多于 4 根时，应设置复合箍筋。

抗震设计时，箍筋加密区长度内的箍筋肢距：对一级抗震等级，不宜大于 200 mm 和 20 倍箍筋直径的较大值，且不应大于 300 mm；对二、三级抗震等级，不宜大于 250 mm 和 20 倍箍筋直径的较大值，且不应大于 350 mm，各抗震等级下均不宜大于 300 mm。

(5)箍筋间距及加密区长度

非抗震设计时，梁箍筋间距不应大于表 5.3 的规定；在梁、柱类构件的纵向受力钢筋搭接长度范围内的横向构造钢筋间距不应大于 $5d$，此处 d 为锚固钢筋的直径。当梁中配有计算需要的纵向受压钢筋时，箍筋间距不应大于 $15d$ 且不应大于 400 mm；当一层内的受压钢筋多于 5 根且直径大于 18 mm 时，箍筋间距不应大于 $10d$(d 为纵向受压钢筋的最小直径)。

表 5.3　非抗震设计梁箍筋最大间距　　单位：mm

h_b(mm)	V	
	$V>0.7f_tbh_0$	$V\leqslant 0.7f_tbh_0$
$h_b\leqslant 300$	150	200
$300<h_b\leqslant 500$	200	300
$500<h_b\leqslant 800$	250	350
$h_b>800$	300	400

抗震设计时，梁端箍筋加密区长度、箍筋最大间距应符合表 5.4 的要求。框架梁非加密区箍筋最大间距不宜大于加密区箍筋间距的 2 倍。在纵向钢筋的搭接长度范围内，箍筋间距尚不应大于搭接钢筋较小直径的 5 倍，且不应大于 100 mm。预制梁内箍筋布置如图 5.25 所示。

表 5.4 梁端加密区长度、箍筋最大间距 单位:mm

抗震等级	加密区长度(取较大值)	箍筋最大间距(取最小值)
一级	$2.0h_b$,500	$h_b/4$,$6d$,100
二级	$1.5h_b$,500	$h_b/4$,$8d$,100
三、四级	$1.5h_b$,500	$h_b/4$,$8d$,150

注:①d 为纵向钢筋直径,h_b 为梁截面高度;

②一、二级抗震等级框架,当箍筋直径大于 12 mm,肢数不少于 4 肢且肢距不大于 150 mm 时,箍筋加密区最大间距应允许适当放松,但不应大于 150 mm。

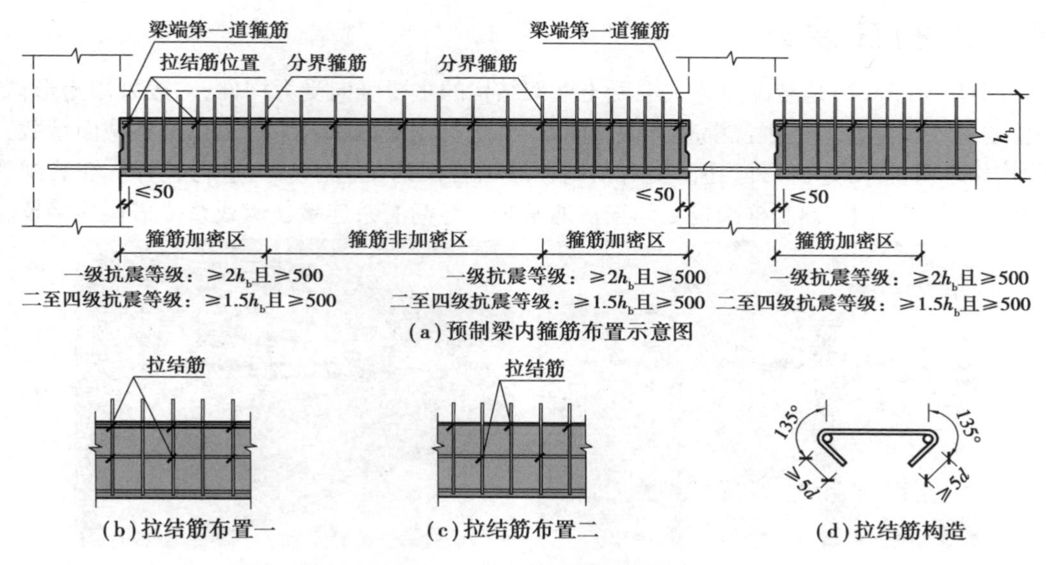

图 5.25 预制梁内箍筋构造

注:①图中 h_b 为叠合梁的截面高度,d 为拉结筋直径。

②在不同配置要求的箍筋区域分界处应设置一道分界箍筋,分界箍筋应按相邻区域中的较高要求配置。

③梁腹两侧纵筋用拉结筋联系,拉结筋紧靠箍筋并勾住梁腹纵筋。拉结筋的钢筋牌号与箍筋相同。梁宽不大于 350 mm 时,拉结筋直径不小于 6 mm;梁宽大于 350 mm 时,拉结筋直径不小于 8 mm。拉结筋的间距为非加密区箍筋间距的 2 倍,且不大于 400 mm。

④图中尺寸标注单位为 mm。

(6)剪扭箍筋

受扭所需的箍筋应做成封闭式,且应沿截面周边布置;当采用复合箍筋时,位于截面内部的箍筋不应计入受扭所需的箍筋面积,受扭所需的箍筋的末端应做成 135°弯钩,弯钩端头平直段长度不应小于 $10d$(d 为箍筋直径)。

同时受弯剪扭作用的框架梁,其受扭箍筋的最小配箍率为 $0.28\,f_t/f_{yv}$。配置在截面上的箍筋面积,不应小于该梁按受剪计算的箍筋面积和受扭计算的箍筋面积之和。以 4 肢箍为例,图 5.26(b)为受扭箍筋$\frac{A_{stl}}{s}$沿截面周边配置,图 5.26(a)为受剪箍筋$\frac{A_{svl}}{s}$的配置,图 5.26(c)为两者叠加的结果。

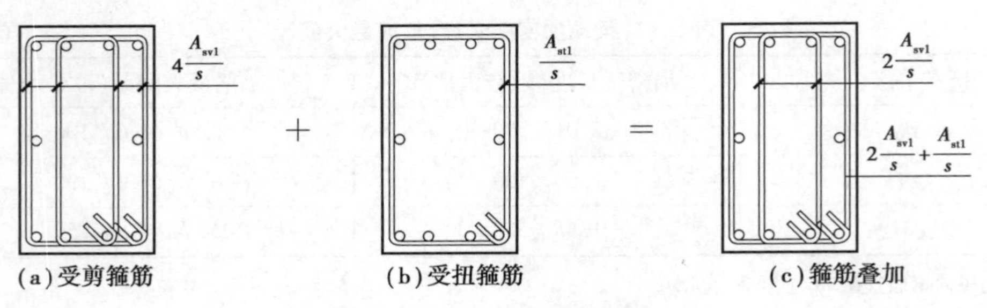

(a)受剪箍筋　(b)受扭箍筋　(c)箍筋叠加

图5.26　剪扭箍筋的叠加

5.4　预制柱设计

预制柱(图5.27)是装配整体式混凝土框架结构的主要竖向受力构件,一般采用矩形截面。预制柱的构件设计与普通现浇混凝土柱相同,需要进行正截面承载力计算以及斜截面承载力计算,除构件本身的承载力以外,还需要对预制柱底结合面的受剪承载力进行验算。在装配整体式混凝土框架结构中,预制框架柱之间连接通常采用套筒灌浆连接技术或浆锚搭接连接技术。

(a)预制柱底面　(b)预制柱顶面

图5.27　预制柱

5.4.1　预制柱截面承载力计算

1)预制柱计算长度

对多层装配整体式框架结构,各层柱的计算长度 l_0 可按表5.5取用。

表5.5　框架结构各层柱的计算长度

楼盖类型	柱的类别	l_0
装配式楼盖	底层柱	$1.25H$
	其余各层柱	$1.5H$
现浇楼盖	底层柱	$1.0H$
	其余各层柱	$1.25H$

注:表中 H 为底层柱从基础顶面到一层楼盖顶面的高度;对其余各层柱为上下两层楼盖顶面之间的高度。

2)预制柱正截面承载力计算

预制柱配筋值取以下二者的较大值:轴心受压构件正截面承载力计算配筋值和偏心受压构件正截面承载力计算配筋值。

(1)轴心受压构件正截面受压承载力计算

$$N \leqslant 0.9\varphi(f_c A + f_y' A_s') \tag{5.21}$$

式中 N——轴向压力设计值;

φ——预制柱的稳定系数,按《混凝土结构设计规范》的有关规定取值;

l_0——构件计算长度;

b——矩形截面短边尺寸;

f_c——混凝土轴心抗压强度设计值;

A——构件截面面积;

A_s'——全部纵向钢筋的截面面积,当纵向普通钢筋的配筋率大于3%时,上式中的A应改用$(A-A_s')$代替。

(2)矩形截面偏心受压构件的正截面受压承载力计算

$$N_u \leqslant \alpha_1 f_c bx + f_y' A_s' - f_y A_s \tag{5.22}$$

$$N_u e \leqslant \alpha_1 f_c bx(h_0 - x/2) + f_y' A_s'(h_0 - a_s') \tag{5.23}$$

$$e = e_i + h/2 - a_s \tag{5.24}$$

$$e_i = e_0 + e_a \tag{5.25}$$

式中 N_u——受压承载力设计值;

e——轴向压力作用点至纵向受拉钢筋合力点的距离;

e_i——初始偏心距;

a_s——纵向受拉钢筋合力点至截面近边缘的距离;

a_s'——纵向受压钢筋合力点至截面近边缘的距离;

e_0——轴向压力对截面重心的偏心距,取为M/N,当需要考虑二阶效应时,M按《混凝土结构设计规范》(GB 50010)相关内容确定弯矩设计值;

e_a——附加偏心距,其值取20 mm和偏心方向截面最大尺寸的1/30两者中的较大值,如图5.28所示。

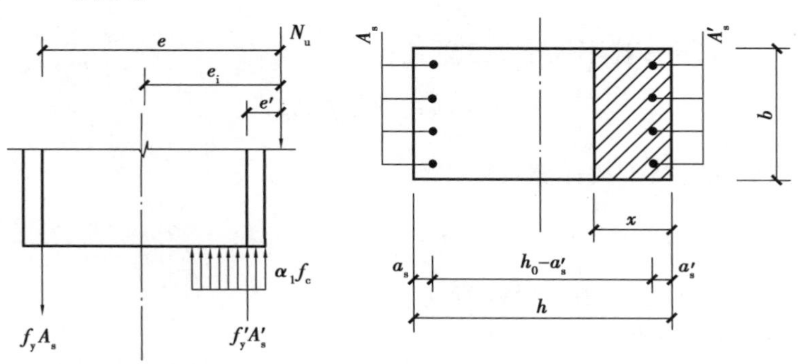

图5.28 矩形截面偏心受压构件正截面受压承载力计算

3）预制柱斜截面承载力计算

（1）矩形截面偏心受压框架柱的斜截面受剪承载力计算

①持久、短暂设计状况：

$$V \leqslant \frac{1.75}{\lambda + 1} f_t b h_0 + f_{yv} \frac{A_{sv}}{s} h_0 + 0.07N \tag{5.26}$$

②地震设计状况：

$$V \leqslant \frac{1}{\gamma_{RE}} \left(\frac{1.05}{\lambda + 1} f_t b h_0 + f_{yv} \frac{A_{sv}}{s} h_0 + 0.056N \right) \tag{5.27}$$

式中 N——考虑风荷载或地震荷载作用组合的框架柱轴向压力设计值，当 N 大于 $0.3f_cA_c$ 时，取 $0.3f_cA_c$；

λ——框架柱的剪跨比，宜取 $\lambda = M/(Vh_0)$，当框架柱反弯点在层高范围内时，可取 $\lambda = H_n/(2h_0)$，当 $\lambda<1$ 时，取 $\lambda=1$，当 $\lambda>3$ 时，取 $\lambda=3$。此处，M 为计算截面上与剪力 V 对应的弯矩，H_n 为柱净高。

（2）当矩形截面框架柱出现拉力时，其斜截面受剪承载力应按下列公式计算

①持久、短暂设计状况：

$$V \leqslant \frac{1.75}{\lambda + 1} f_t b h_0 + f_{yv} \frac{A_{sv}}{s} h_0 - 0.2N \tag{5.28}$$

②地震设计状况：

$$V \leqslant \frac{1}{\gamma_{RE}} \left(\frac{1.05}{\lambda + 1} f_t b h_0 + f_{yv} \frac{A_{sv}}{s} h_0 - 0.2N \right) \tag{5.29}$$

式中 N——剪力 V 对应的轴向拉力设计值，取绝对值。

当公式(5.28)右端的计算值或公式(5.29)右端括号内的计算值小于 $f_{yv}h_0A_{sv}/s$ 时，应取 $f_{yv}h_0A_{sv}/s$，且 $f_{yv}h_0A_{sv}/s$ 值不应小于 $0.36f_tbh_0$。

（3）框架柱受剪截面要求

①持久、短暂状况：

$$V \leqslant 0.25\beta_c f_c b h_0 \tag{5.30}$$

②地震设计状况：

剪跨比 λ 大于 2，跨高比大于 2.5 的柱：

$$V \leqslant \frac{1}{\gamma_{RE}} (0.2\beta_c f_c b h_0) \tag{5.31}$$

剪跨比 λ 不大于 2，跨高比不大于 2.5 的柱：

$$V \leqslant \frac{1}{\gamma_{RE}} (0.15\beta_c f_c b h_0) \tag{5.32}$$

③框架柱的剪跨比可按下式计算：

$$\lambda = \frac{M^c}{V^c h_0} \tag{5.33}$$

式中 V——框架柱计算截面的剪力设计值；

λ——框架柱的剪跨比；

β_c——混凝土强度影响系数，当混凝土强度不大于 C50 时，取 1.0，当混凝土强度不小于 C80 时，取 0.8，当混凝土强度等级在 C50 和 C80 之间可按线性内插取值；

h_0——柱截面计算方向有效高度；

M^c——柱截面未经调整的组合弯矩设计值，可取上、下端的较大值；

V^c——柱端截面与组合弯矩设计值对应的组合剪力设计值。

4）预制柱吊装验算

预制柱在脱模、翻转、起吊、运输、堆放、安装等短暂设计状况下的施工验算系数取值应参考第4章预制板的吊装验算。预制柱短暂设计状况的内力值按式(4.40)—式(4.43)计算。

①吊点选取。

预制柱的吊运分为两个阶段：第一阶段为预制柱脱模，运输时的水平吊运，如图5.29(a)所示；第二阶段为预制柱现场安装就位时的竖向吊运，如图5.29(b)所示。

当预制柱水平吊运时，设总长为l，吊点距端部为a。一点吊装时，吊点边距$a=0.293l$；两点吊装时，吊点边距$a=0.207l$；三点吊装时，吊点边距$a=0.153l$，第3点为构件中点。

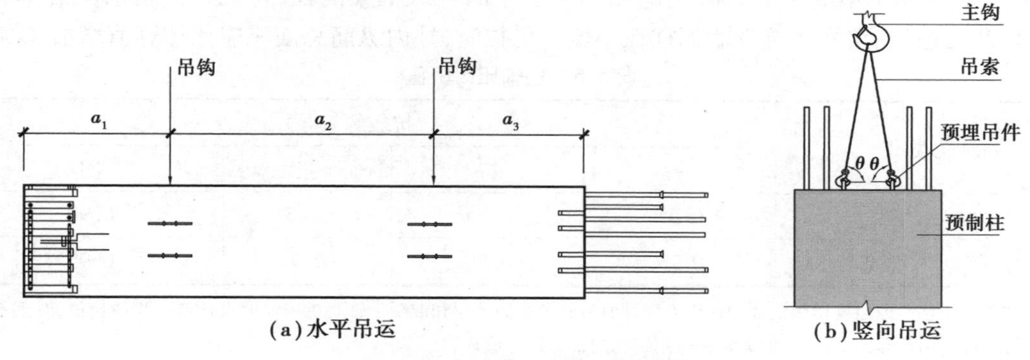

(a)水平吊运　　(b)竖向吊运

图5.29　预制柱吊运示意图

注：起重设备的主钩位置和构件重心在竖直方向上应重合。吊索与水平面夹角θ不宜小于60°，不应小于45°。

②预制柱验算。

预制柱在短暂设计状况下的受弯验算、受剪验算以及预埋件及临时支撑验算，应参考第4.2.2节中预制板吊装验算。

5.4.2　预制柱构造

采用钢筋套筒灌浆连接的预制柱基本构造如图5.30所示，其中H_n为框架柱净高；Δl为柱顶预留间隙，由设计确定；l_{cn}为预制柱长度。

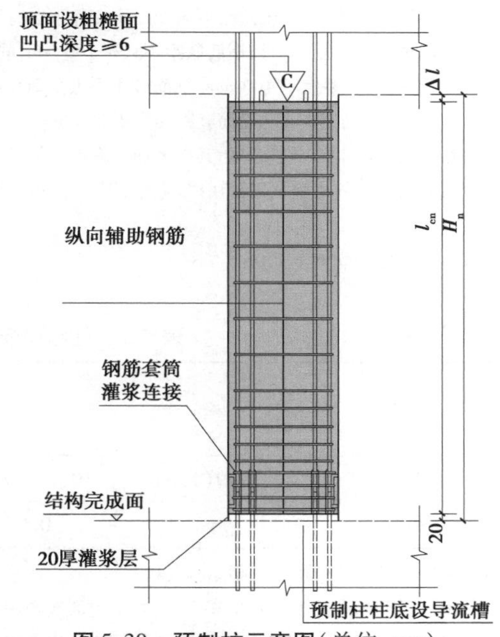

图5.30　预制柱示意图(单位：mm)

1）柱截面尺寸

预制柱截面形状一般为正方形或矩形，由于装配整体式混凝土框架结构的梁柱节点中梁、柱钢筋布置密集且复杂，为了加大节点区作业空间和钢筋间距，柱截面边长不宜小于400 mm。同时，为了避免节点区梁的锚固钢筋与柱纵向钢筋的位置冲突，要求柱截面边长不宜小于同方向梁宽的1.5倍。当采用圆形截面时，直径不宜小于450 mm。

2）柱轴压比限值

抗震设计时，为了保证柱的延性要求，钢筋混凝土柱轴压比不宜超过表5.6的规定；对于Ⅳ类场地上较高的高层建筑（如高于40 m的框架结构或高于60 m的其他结构体系的混凝土房屋建筑），其轴压比限值应适当减小，可比表5.6减小0.05。

3）纵向钢筋

（1）纵向受力钢筋配筋率

柱全部纵向钢筋的配筋率，不应小于表5.7的规定值，且柱截面每一侧纵向钢筋配筋率不应小于0.2%；抗震设计时，对于Ⅳ类场地上较高的高层建筑，表中数值应增加0.1。

柱中总配筋率不应大于5%；剪跨比不大于2的一级框架的柱，每侧纵向钢筋配筋率不宜大于1.2%；边柱、角柱及抗震墙端柱在小偏心受拉时，柱内纵筋总面积应比计算值增加25%。

表5.6　柱轴压比限值

结构类型	抗震等级			
	一	二	三	四
框架结构	0.65	0.75	0.85	0.90
框架-剪力墙（核心筒）	0.75	0.85	0.9	0.95

注：①轴压比指柱考虑地震作用组合的轴压力设计值与柱全截面面积和混凝土轴心抗压强度设计值乘积的比值；对于不进行地震作用计算的结构，可取无地震作用组合的轴力设计值计算；

②当混凝土强度等级为C65、C70时，轴压比限值宜按表中数值减小0.05；混凝土强度等级为C75、C80时，轴压比限值宜按表中数值减小0.10；

③表内限值适用于剪跨比大于2、混凝土强度等级不高于C60的柱；剪跨比不大于2的柱，轴压比限值应降低0.05；剪跨比小于1.5的柱，轴压比限值应专门研究并采取特殊构造措施；

④沿柱全高采用复合箍且箍筋肢距不大于200 mm，间距不大于100 mm，直径不小于12 mm，或沿柱全高采用复合螺旋箍，螺旋间距不大于100 mm，箍筋肢距不大于200 mm、直径不小于12 mm，或沿柱全高采用连续复合矩形螺旋箍，螺旋净距不大于80 mm，箍筋肢距不大于200 mm，直径不小于10 mm，轴压比限值均可能加0.10；

⑤在柱的截面中部附加芯柱，其中另加的纵向钢筋的总面积不少于柱截面面积的0.8%，轴压比限值可增加0.05；此项措施与注③的措施共同采用时的轴压比限值可增加0.15，但箍筋的配箍特征值λ_v仍按轴压比增加0.10的要求确定；

⑥柱轴压比不应大于1.05。

表5.7　柱纵向受力钢筋最小配筋率百分比

柱类型	抗震等级				非抗震
	一	二	三	四	
中柱、边柱	0.9(1.0)	0.7(0.8)	0.6(0.7)	0.5(0.6)	0.5
角柱	1.1	0.9	0.8	0.7	0.7

注：①表中括号内数值用于框架结构的柱；

②钢筋强度标准值小于400 MPa时，表中数值应增加0.1；钢筋强度标准值为400 MPa时，表中数值应增加0.05；

③混凝土强度等级高于C60时，上述数值应相应增加0.1。

(2)纵向钢筋布置

预制柱的纵向受力钢筋宜对称布置,纵向受力钢筋的间距不宜大于 200 mm 且不应大于 400 mm。通常预制柱有两种布筋方式:沿截面四周均匀布置和集中于四个角布置(图 5.31)。其中,当梁的纵筋和柱的纵筋在节点区位置有冲突时,可将柱的钢筋集中在角部布置。能够提高装配式框架梁柱节点的安装效率和施工质量,当采用角部集中布置使纵筋间距较大、箍筋肢距不满足现行规范要求时,可在受力纵筋之间设置辅助纵筋(图 5.31),并设置箍筋箍住辅助纵筋,箍筋可采用拉筋、菱形箍筋等形式。对于辅助纵向钢筋,为了保证对混凝土的约束作用,纵向辅助钢筋直径不宜小于 12 mm 和箍筋直径。当正截面承载力计算不计入纵向辅助钢筋时,辅助纵筋可不伸入节点。

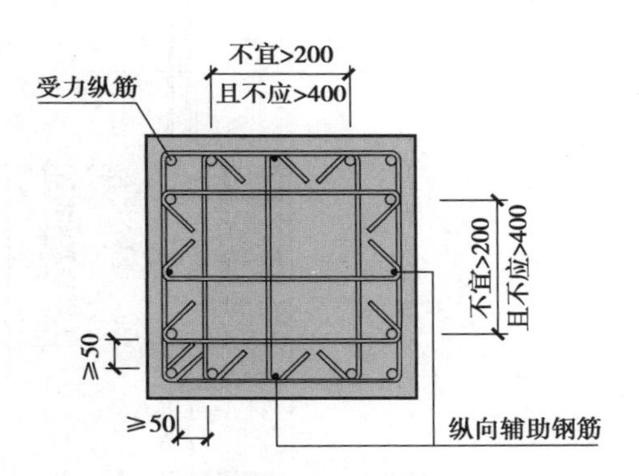

图 5.31　预制柱纵筋布置(单位:mm)

当柱纵向钢筋集中布置时,应考虑截面有效高度的减小,并复核纵筋面积是否满足计算要求,其中截面有效高度 h_0 为纵向受拉钢筋合力点至截面受压边缘的距离,按下式计算:

$$h_0 = \frac{\sum_{i=1}^{n} n_i h_i A_{si}}{\sum_{i=1}^{n} n_i A_{si}} \tag{5.34}$$

式中　A_{si}——受拉钢筋 i 的截面面积;

h_i——受拉钢筋 i 至截面受压边缘的距离;

n_i——受拉钢筋 i 的根数。

(3)纵向钢筋直径及保护层厚度

预制柱纵向受力钢筋直径不宜小于 20 mm,因为采用较大直径的钢筋可减少钢筋根数,增大钢筋间距,便于柱钢筋及节点区的钢筋布置。

预制柱纵向受力钢筋采用套筒灌浆连接接头时,套筒外侧箍筋的混凝土保护层厚度不应小于 20 mm[图 2.23(a)],相邻套筒之间的净距不应小于 25 mm(图 2.22),预制柱中纵向受力钢筋的混凝土保护层厚度还应满足《混凝土结构设计规范》(GB 50010)的相关规定。

4)箍筋

(1)箍筋加密区范围

除具体工程设计标注有箍筋全高加密外,框架柱的箍筋加密区范围尚应满足:

①取柱长边的截面高度、柱净高的 1/6 和 500 mm 三者的最大值。

②底层柱的下端箍筋加密区不小于框架柱净高的 1/3。

③刚性地面上下各 500 mm。

当柱纵向受力钢筋在柱底连接时,柱箍筋加密区长度不应小于纵向受力钢筋连接区域长度与 500 mm 之和;当采用套筒灌浆连接或浆锚搭接连接等方式时,套筒或搭接段上端第一道箍筋距离套筒或搭接段顶部不应大于 50 mm,如图 5.32 所示。

(2)加密区箍筋间距和直径

一般情况下,箍筋的最大间距和最小直径应按表 5.8 采用。

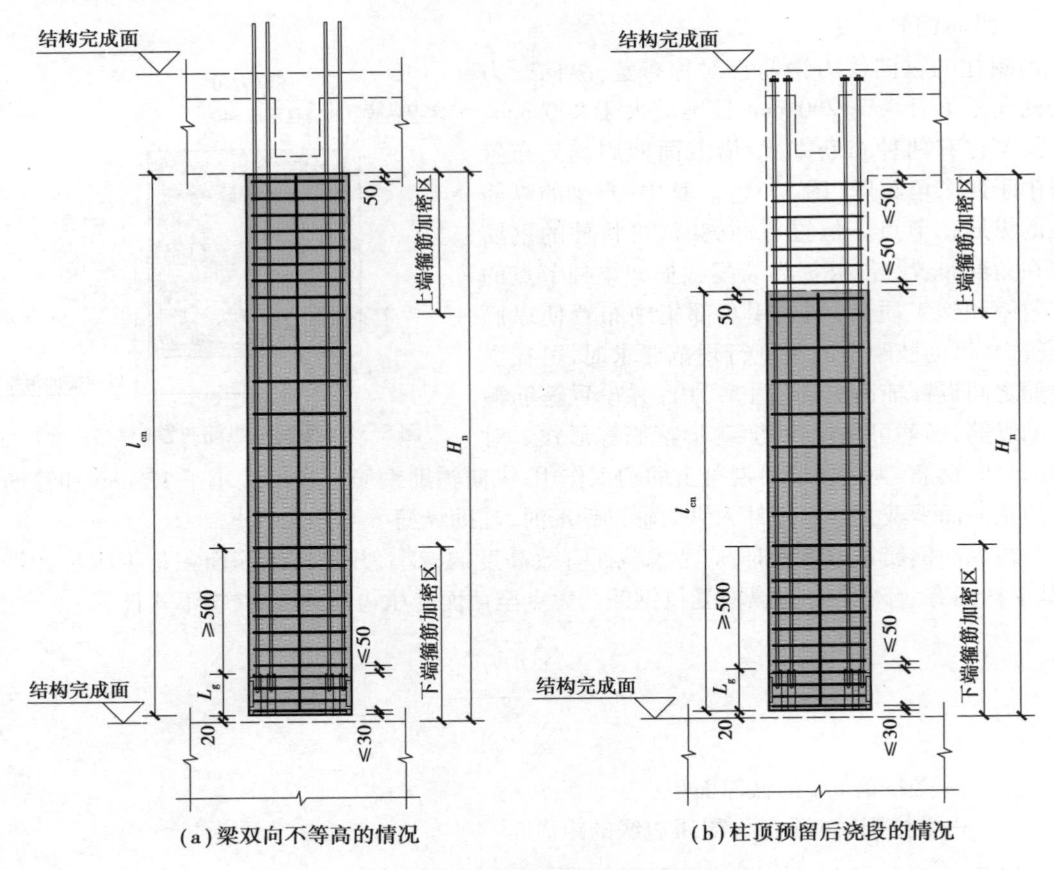

图 5.32　预制柱的箍筋加密区范围(单位:mm)

H_n—框架柱净高;l_{cn}—预制柱长度;L_g—灌浆套筒的长度

表 5.8　柱箍筋加密区的箍筋最大间距和最小直径　单位:mm

抗震等级	箍筋最大间距	箍筋最小直径
一	$6d$ 或 100 中的较小值	10
二	$8d$ 或 100 中的较小值	8
三	$8d$ 或 150(柱根 100)中的较小值	8
四	$8d$ 或 150(柱根 100)中的较小值	6(柱根 8)

注:①d 为柱纵筋最小直径。

②柱根指底层柱下端箍筋加密区。

一级抗震等级框架柱的箍筋直径大于 12 mm 且箍筋肢距不大于 150 mm 及二级抗震等级框架柱的箍筋直径不小于 10 mm 且箍筋肢距不大于 200 mm 时,除底层柱下端外,最大间距应允许采用 150 mm;三级抗震等级框架柱的截面尺寸不大于 400 mm 时,箍筋最小直径应允许采用 6 mm;四级抗震等级框架柱剪跨比不大于 2 时,箍筋直径不应小于 8 mm。

框支柱和剪跨比不大于 2 的框架柱应在柱全高范围内加密箍筋,且箍筋间距应符合表 5.8 中一级抗震等级的要求。

(3)加密区箍筋肢距

一级抗震等级,不大于 200 mm;二、三级抗震等级,不大于 250 mm 和 20 倍纵筋直径的较大值;四级抗震等级,不大于 300 mm。纵向钢筋至少每隔一根纵向钢筋宜在两个方向有箍筋或拉筋约束;采用拉筋复合箍时,拉筋宜紧靠纵向钢筋并钩住箍筋。

(4)箍筋加密区体积配箍率

柱箍筋加密区的体积配箍率应符合下式要求:

$$\rho_v \geqslant \lambda_v f_c / f_{yv} \tag{5.35}$$

式中 λ_v——最小配箍特征值,宜按《混凝土结构设计规范》(GB 50010)相关规定采用;

f_c——混凝土轴心抗压强度设计值,强度等级低于 C35 时,应按 C35 计算;

f_{yv}——箍筋或拉筋抗拉强度设计值;

ρ_v——柱箍筋加密区的体积配箍率,一级不应小于 0.8%,二级不应小于 0.6%,三、四级不应小于 0.4%;计算复合螺旋箍的体积配箍率时,其非螺旋箍的箍筋体积应乘以折减系数 0.80。

(5)非加密区箍筋配置

柱箍筋非加密区的体积配箍率不宜小于加密区的 50%;箍筋间距,对于一、二级框架柱不应大于 10 倍纵向钢筋直径,对于三、四级框架柱不应大于 15 倍纵向钢筋直径。

5.5 节点设计

5.5.1 柱-柱连接节点

1)纵向钢筋连接方式的选择

在装配整体式框架结构中,预制柱的纵向钢筋连接应符合下列规定:

①当房屋高度大于 12 m 或层数超过 3 层时,即结构层数较多时,柱的纵向钢筋采用套筒灌浆连接可保证结构的安全。

②当房屋高度不大于 12 m 或层数不超过 3 层时,即对低层框架结构,柱的纵向钢筋连接也可以采用一些相对简单及造价较低的方法,如浆锚搭接、焊接等连接方式。

③当纵向钢筋采用套筒灌浆连接时,接头应满足现行行业标准《钢筋机械连接技术规程》(JGJ 107)中Ⅰ级接头的性能要求,套筒外侧箍筋的保护层厚度以及套筒之间的净距要求,应满足本章 5.3 节中预制柱的构造要求。

当上、下层相邻预制柱纵向受力钢筋采用挤压套筒连接时(图 5.33),柱底后浇段的箍筋应满足下列要求:

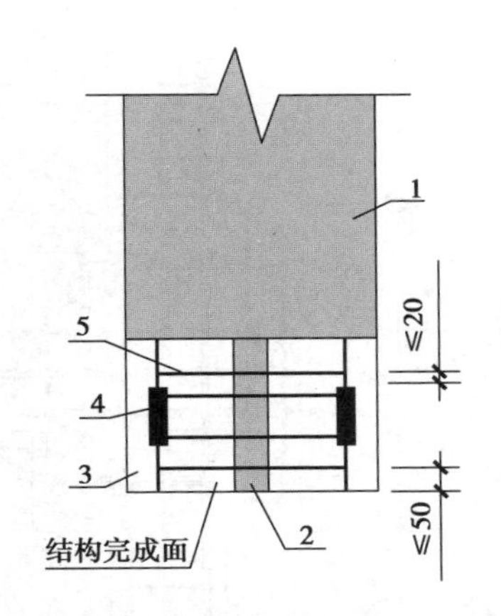

图 5.33 预制柱纵筋采用挤压套筒连接时后浇段内的箍筋构造

1—预制柱;2—支腿;3—柱底后浇段;4—挤压套筒;5—箍筋

图中尺寸标注单位为 mm

①套筒上端第一道箍筋距离套筒顶部不应大于20 mm,柱底部第一道箍筋距柱底面不应大于50 mm,箍筋间距不宜大于75 mm。

②抗震等级为一、二级时,箍筋直径不应小于10 mm,抗震等级为三、四级时,箍筋直径不应小于8 mm。

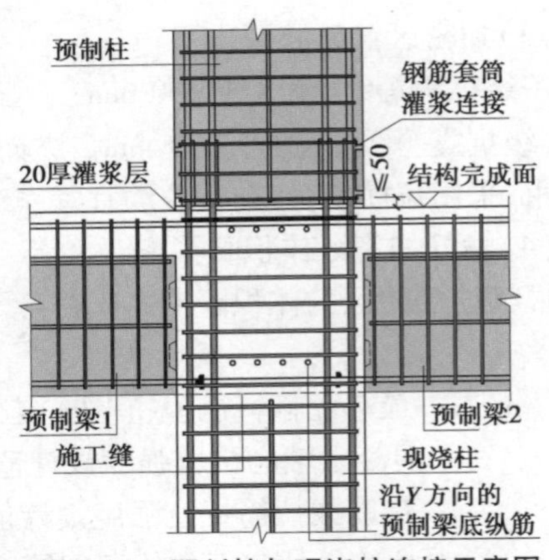

图5.34　预制柱与现浇柱连接示意图

2)柱-柱连接构造

(1)预制柱与现浇柱连接

预制柱与现浇柱的连接如图5.34所示,现浇混凝土柱纵筋伸出楼面的长度根据所选灌浆套筒的规格确定,预制柱底与后浇混凝土的接触面应设置键槽。

(2)预制柱与预制柱连接

预制柱与预制柱连接时(图5.35),下层预制柱在节点顶面处伸出钢筋并与上层预制柱内纵筋采用套筒灌浆连接,预制柱底及柱顶与后浇混凝土的接触面应设置键槽。

(3)预制柱与预制柱变截面连接

预制柱与预制柱的变截面连接根据柱子的平面位置不同,可分为中间层边柱变截面连接(图5.36)、中间层角柱变截面连接(图5.37)及中间层中柱变截面连接(图5.38)。

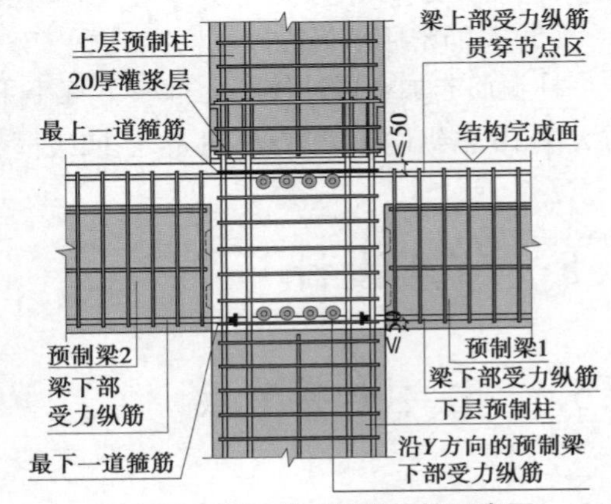

图5.35　预制柱之间的连接示意图

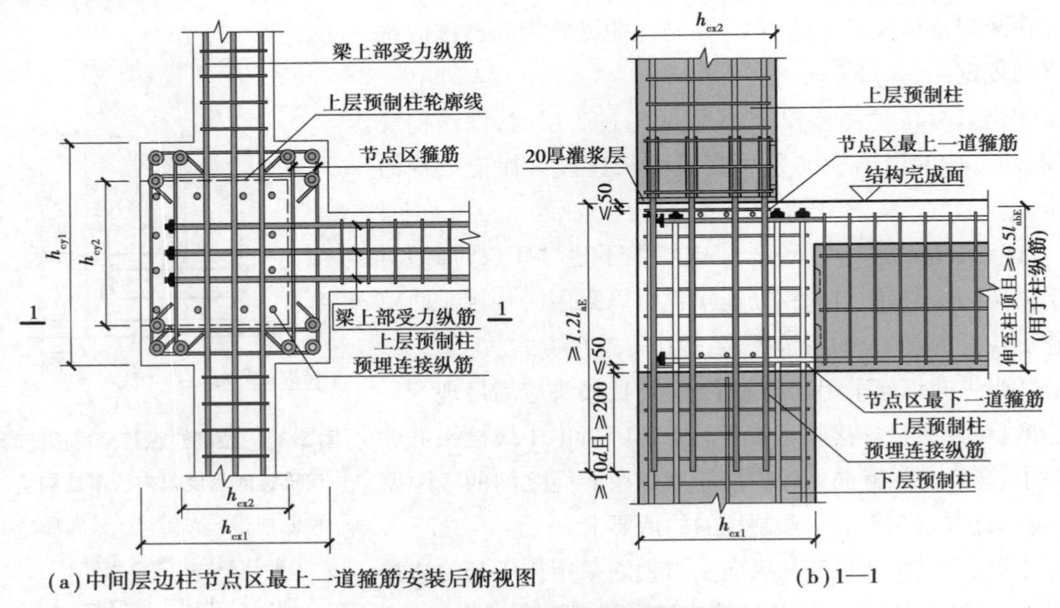

(a)中间层边柱节点区最上一道箍筋安装后俯视图

(b)1—1

图5.36　中间层边柱变截面连接示意图

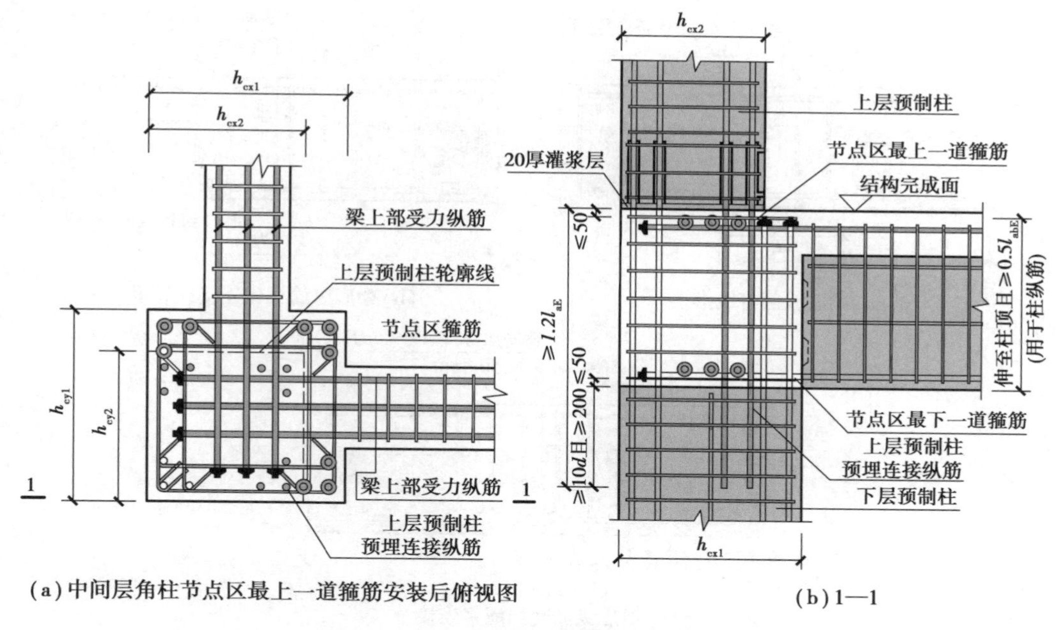

(a)中间层角柱节点区最上一道箍筋安装后俯视图　　(b)1—1

图5.37　中间层角柱变截面连接示意图

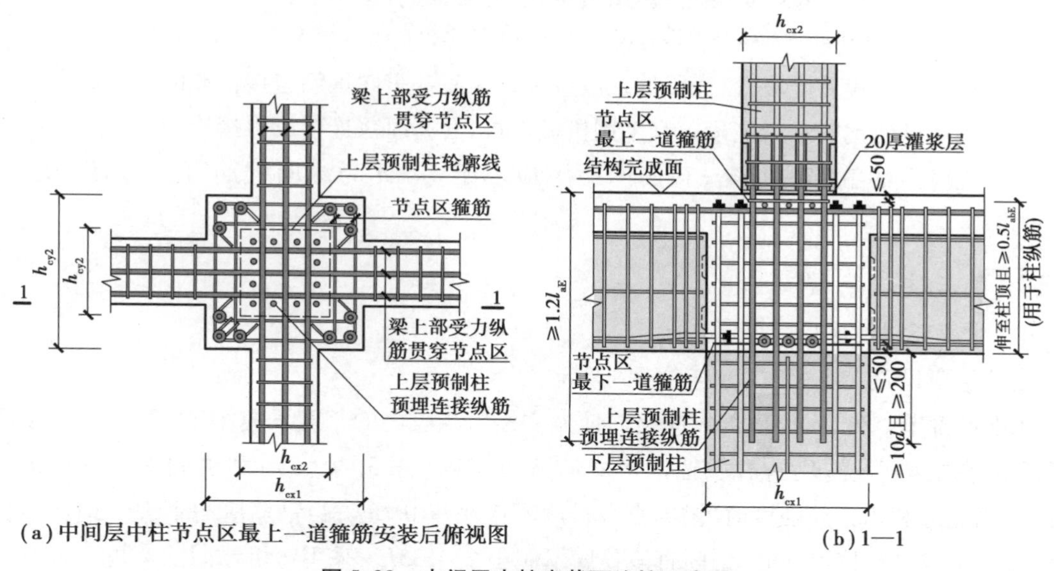

(a)中间层中柱节点区最上一道箍筋安装后俯视图　　(b)1—1

图5.38　中间层中柱变截面连接示意图

注:图中 h_{cx1}、h_{cy1} 为下层框架柱在 X、Y 方向上的截面高度,h_{cx2}、h_{cy2} 为上层框架柱在 X、Y 方向上的截面高度,d 为预留连接纵筋的直径,图中尺寸标注单位为 mm

5.5.2　梁-梁连接节点

1)叠合梁对接连接

叠合梁采用对接连接时(图5.39),应符合以下规定:

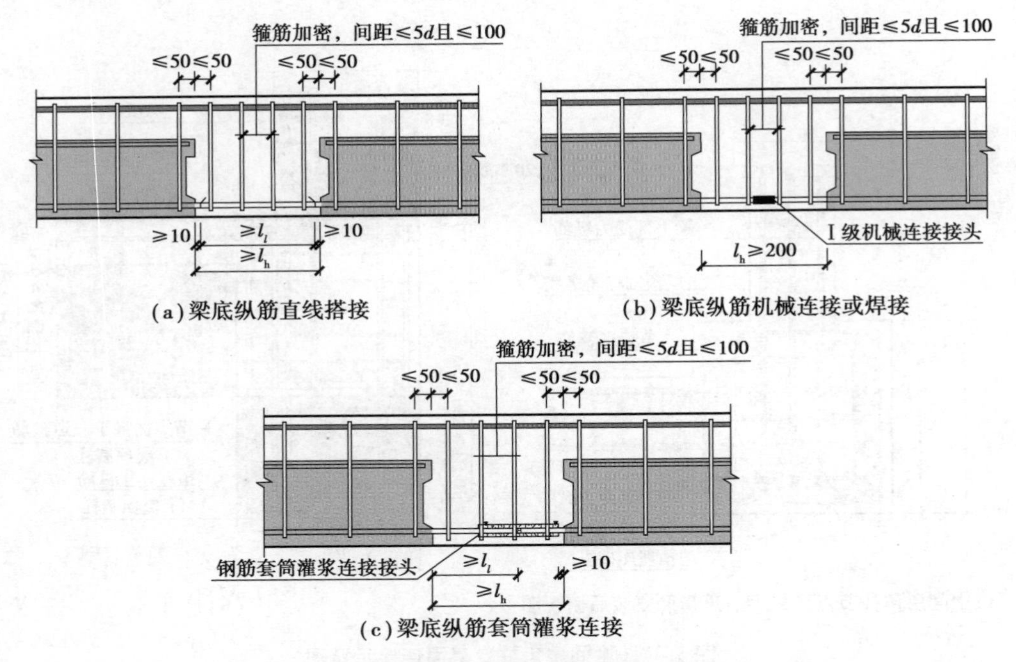

图 5.39　叠合梁对接连接梁底纵筋连接方式(单位:mm)

注:图中 l_l 为灌浆套筒长度,d 为连接纵筋的最小直径,l_h 为对接后浇段长度

①连接处应设置后浇段,后浇段的长度应满足梁底部纵向钢筋连接作业的空间需求。

②梁底部纵向钢筋在后浇段内宜采用机械连接、套筒灌浆连接或焊接连接。

③后浇段内的箍筋应加密,箍筋间距不应大于 $5d$(d 为纵向钢筋直径),且不应大于 100 mm。

2)主次梁后浇段连接

(1)主梁后浇段连接

当后浇段设置在主梁时,应符合下列规定:

①在端部节点处,次梁底部纵向钢筋伸入主梁后浇段内的长度不应小于 $12d$。次梁顶部纵向钢筋应在主梁后浇段内锚固,锚固形式有弯折锚固[图 5.40(a)]和锚固板锚固[图 5.40(b)]。当充分利用钢筋强度时,锚固直段长度不应小于 $0.6l_{ab}$;当钢筋应力不大于钢筋强度设计值的 50% 或按铰接设计时,锚固直段长度不应小于 $0.35l_{ab}$;采用弯折锚固的弯折后直段长度不应小于 $15d$(d 为纵向钢筋直径)。

②在中间节点处,两侧次梁的底部纵向钢筋伸入主梁后浇段内长度不应小于 $12d$(d 为纵向钢筋直径);次梁顶部纵向钢筋应在现浇层内贯通,如图 5.41 所示。

(2)次梁后浇段连接

当后浇段设在次梁端部时,应符合下列规定:

①在端部节点处(图 5.42),次梁底部纵向钢筋伸至主梁侧面与主梁侧面伸出的连接纵筋搭接连接,搭接长度为 l_l,连接纵筋为端部经螺纹处理并在现场安装于主梁侧面预埋钢筋机械

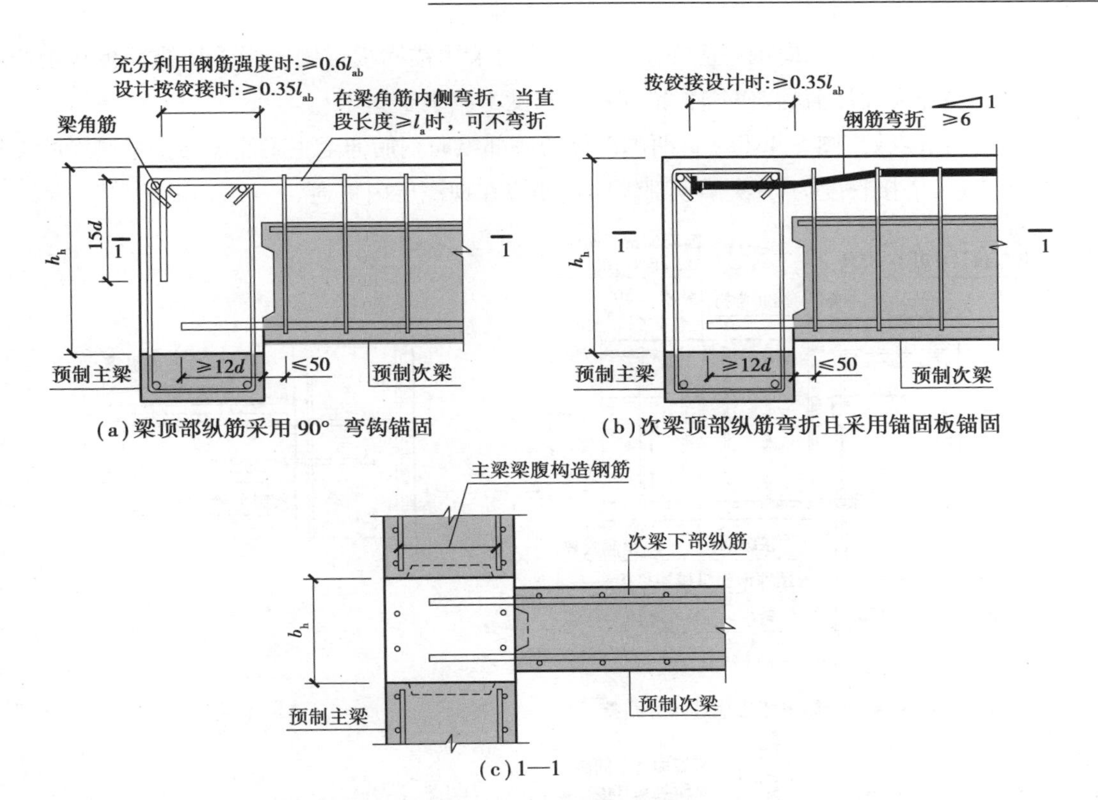

图 5.40　主梁后浇段端部节点连接构造(单位:mm)

注:该节点主梁梁腹配置的纵筋为构造纵筋。次梁梁底预留伸入支座的纵向钢筋。当主梁梁腹配置受扭纵筋时,受扭纵筋应在主梁预留槽口处贯通。主梁预留槽口高度 h_h 和宽度 b_h 由设计确定;预制主梁吊装时需采取加强措施。

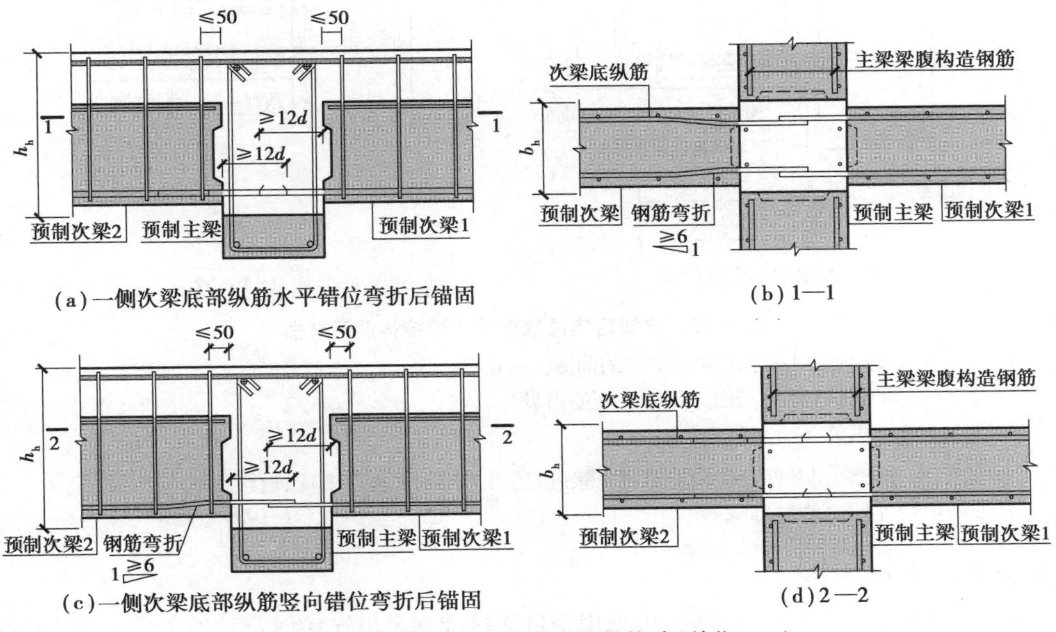

图 5.41　主梁后浇段中间节点连接构造(单位:mm)

连接接头上。次梁顶部纵向钢筋应在主梁叠合层内采用锚固板锚固。当采用锚固板且钢筋应力不大于钢筋强度设计值的50%时，锚固直段长度不应小于$0.35l_{ab}$。

②在中间节点处[图5.43(a)]，两侧次梁的底部纵向钢筋伸至主梁侧面与主梁侧面的连接纵筋搭接连接，搭接长度为l_l；次梁顶部纵向钢筋应在现浇层内贯通。

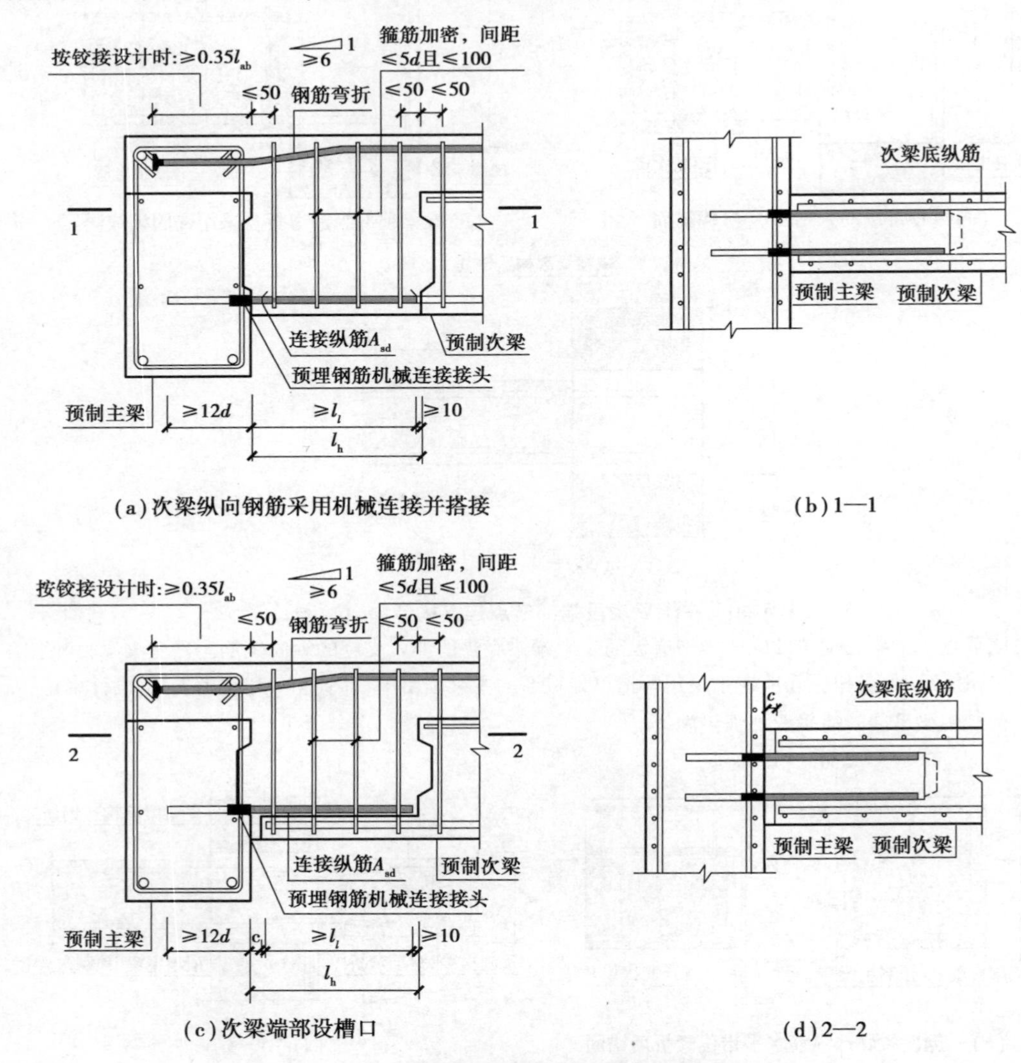

(a)次梁纵向钢筋采用机械连接并搭接

(b)1—1

(c)次梁端部设槽口

(d)2—2

图5.42　次梁后浇段端部节点连接构造示意图

注：①图(c)(d)中预制次梁端部到主梁的间隙c由设计确定；

②图(c)中预制次梁端部槽口尺寸及配筋由设计确定；

③图中连接纵筋A_{sd}由设计确定；

④图(a)中除采用套筒连接钢筋直接搭接外，还可采用钢筋灌浆套筒进行连接；

⑤图中尺寸标注单位为mm。

3)主次梁钢企口连接

当次梁与主梁采用铰接连接时，可采用企口连接或钢企口连接形式。当次梁不直接承受动

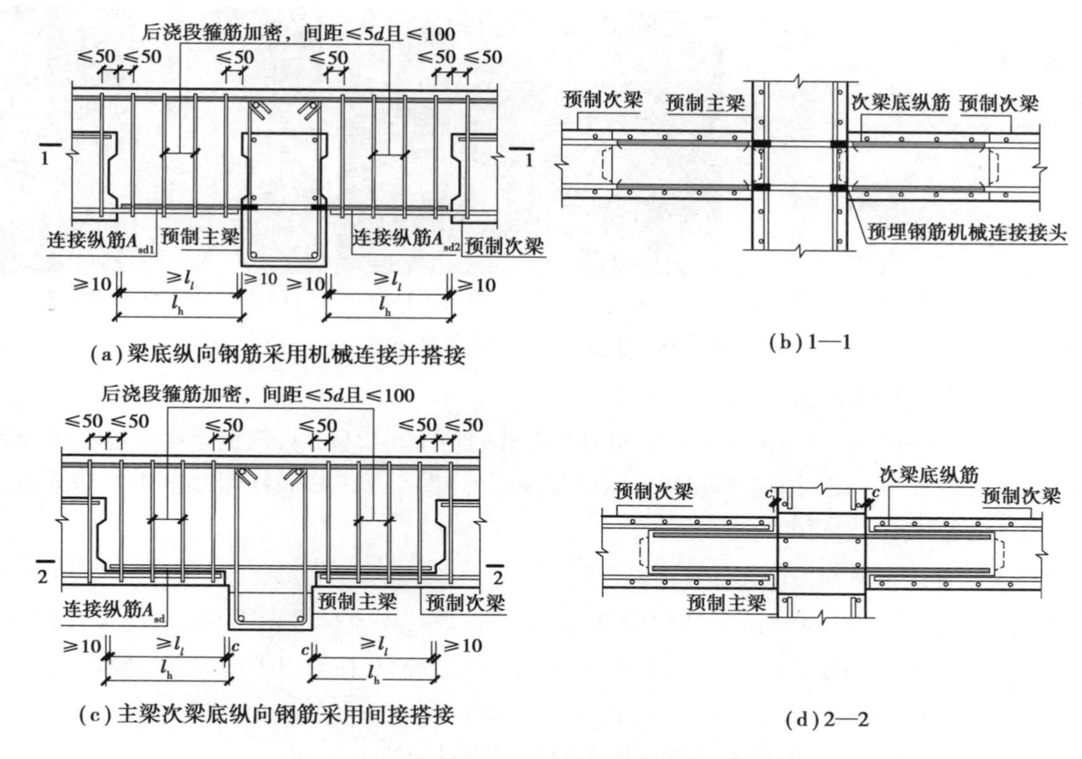

(a)梁底纵向钢筋采用机械连接并搭接

(b)1—1

(c)主梁次梁底纵向钢筋采用间接搭接

(d)2—2

图5.43 次梁后浇段中间节点连接构造示意图

注:①图中连接纵筋 A_{sd1} 和 A_{sd2} 由设计确定;

②图(a)中梁底部纵筋可竖向搭接,也可水平搭接;

③图(c)中 c 为预制次梁槽口端部到主梁的间隙,由设计确定;

④图(c)中预制次梁端部槽口尺寸及配筋等由设计确定;

⑤图中尺寸标注单位为 mm。

力荷载且跨度不大于9 m时,可采用钢企口连接(图5.44、图5.45),钢企口连接在工程中也常被称为牛担板连接。主次梁采用钢企口连接时,荷载通过预制次梁端部的预埋抗剪钢板(钢企口)传递至预制主梁预留槽口中的预埋承压钢板上,再传递至预制主梁,形成作用于主梁跨中的集中荷载。

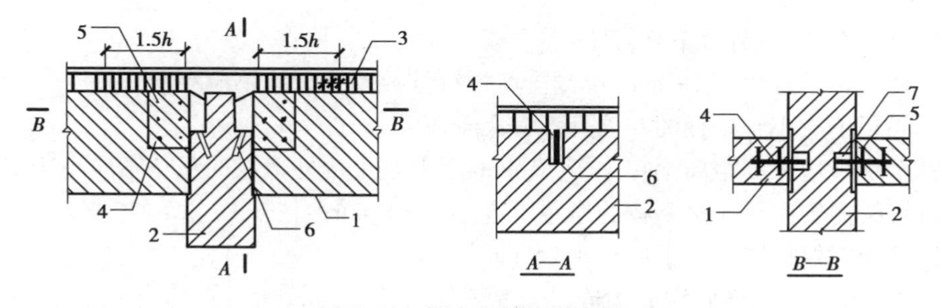

图5.44 钢企口接头示意图

1—预制次梁;2—预制主梁;3—次梁端部加密箍筋;

4—预埋抗剪钢板(钢企口);5—栓钉;6—预埋承压钢板;7—灌浆料

(a)预制次梁（端部带抗剪钢板）

(b)预制主梁（预留槽口）

(c)主次梁钢企口连接俯视图

图 5.45　主次梁钢企口连接实物图

(1)预埋抗剪钢板构造

预埋抗剪钢板(钢企口)两侧应对称布置抗剪栓钉[图 2.12(c)],钢板厚度不应小于栓钉直径的 0.6 倍;预制主梁与钢企口连接处应设置预埋件[图 2.12(d)];次梁端部 1.5 倍梁高范围内,箍筋间距不应大于 100 mm。

(2)次梁预埋抗剪钢板设计计算内容

预埋抗剪钢板(图 5.46)的承载力验算,除应符合现行国家标准《混凝土结构设计规范》(GB 50010)和《钢结构设计规范》(GB 50017)的有关规定外,还应对以下内容进行验算:

①钢企口接头应能够承受施工及使用阶段的荷载;

②应验算预埋抗剪钢板截面 A 处在施工及使用阶段的抗弯、抗剪强度;

③应验算预埋抗剪钢板截面 B 处在施工及使用阶段的抗弯强度;

④凹槽内灌浆料未达到设计强度前,应验算预埋抗剪钢板外挑部分的稳定性;

⑤应验算栓钉的抗剪强度;

⑥应验算预埋抗剪钢板外挑部分搁置处的局部受压承载力。

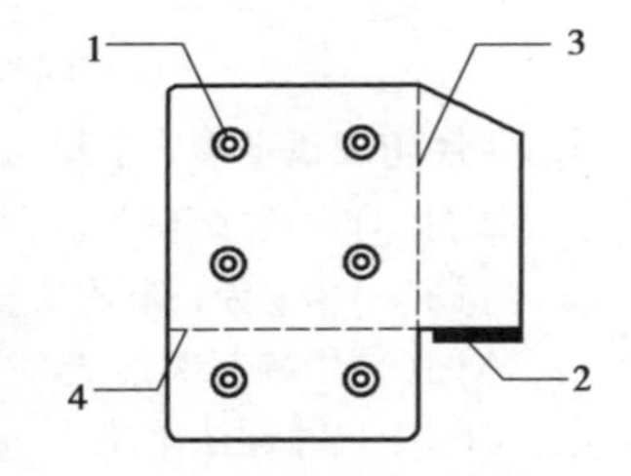

图 5.46　预埋抗剪钢板示意图

1—栓钉;2—预埋承压钢板;3—截面 A;4—截面 B

(3)抗剪栓钉构造

抗剪栓钉的布置,应符合下列规定:

①栓钉杆直径不宜大于 19 mm,单侧抗剪栓钉排数及列数均不应小于 2;

②栓钉间距不应小于杆径的 6 倍且不宜大于 300 mm;

③栓钉至钢板边缘的距离不宜小于 50 mm,至混凝土构件边缘的距离不应小于 200 mm;

④栓钉钉头内表面至连接钢板的净距不宜小于 30 mm;

⑤栓钉顶面的保护层厚度不应小于 25 mm。

(4)主次梁节点附加横向钢筋构造

主梁与次梁连接处应设置附加横向钢筋,相关计算及构造应符合现行国家标准《混凝土结构设计规范》(GB 50010)的有关规定。当集中荷载在梁高范围内或梁下部传入时,为防止集中荷载影响区下部混凝土的撕裂及裂缝,并弥补间接加载导致的梁斜截面受剪承载力降低,应在集中荷载影响区范围内配置附加横向钢筋，如图 5.47 所示。

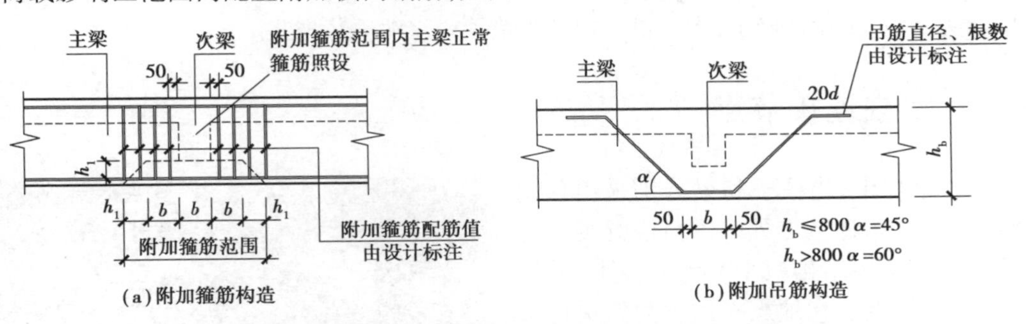

图 5.47　梁截面高度范围内有集中荷载作用时附加横向钢筋布置（单位：mm）

位于梁下部或梁截面高度范围内的集中荷载，应全部由附加横向钢筋承担；附加横向钢筋宜采用箍筋。箍筋应布置在长度为 $2h_1$ 与 $3b$ 之和的范围内[图 5.47(a)]。当采用吊筋时，弯起段应伸至梁的上边缘[图 5.47(b)]，且末端水平段长度应满足《混凝土结构设计规范》(GB 50010)的相关规定。

附加横向钢筋所需的总截面面积应符合下列规定：

$$A_{sv} \geqslant \frac{F}{f_{yv} \sin \alpha} \tag{5.36}$$

式中　A_{sv}——承受集中荷载所需的附加横向钢筋总截面面积，当采用附加吊筋时，A_{sv} 应为左、右弯起段截面面积之和；

F——作用在梁的下部或梁截面高度范围内的集中荷载设计值；

α——附加横向钢筋与梁轴线间的夹角。

4) 搁置式主次梁连接

搁置式主次梁端节点以及中节点连接构造如图 5.48 所示。

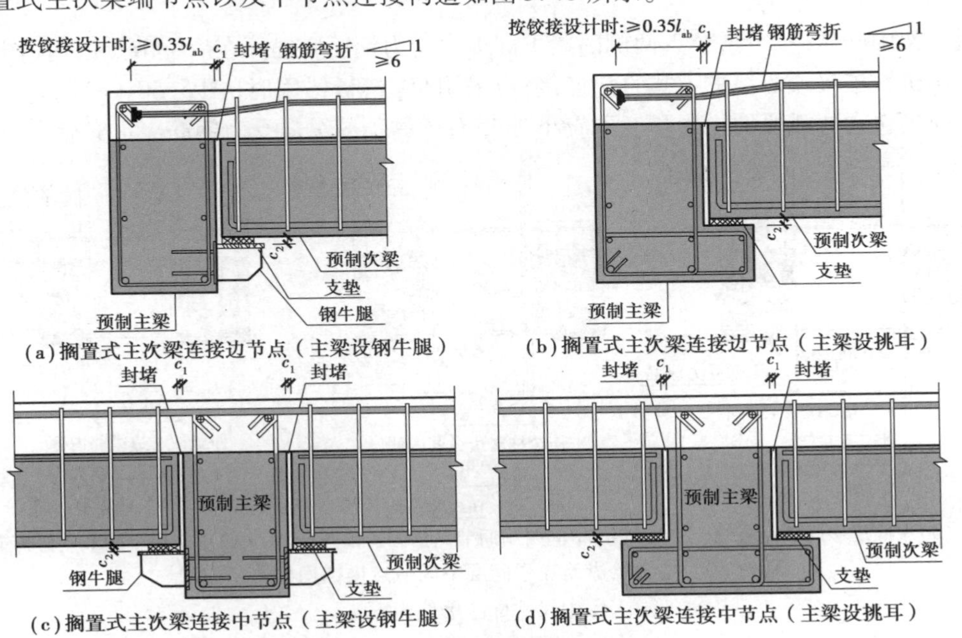

图 5.48　搁置式主次梁连接节点构造

图中 c_1 为预制梁端到边梁的间隙，c_2 为支垫的高度，c_1、c_2 由设计确定；图中梁、挑耳配筋和钢牛腿仅为示意，由设计确定；支垫可采用橡胶垫片或水泥砂浆坐浆。

5.5.3 梁-柱连接节点

在框架结构中，当柱子和梁分别采用预制柱和叠合梁时，梁柱节点处采用后浇混凝土进行连接。根据框架结构“强节点弱构件”的抗震设防思想，节点区在地震作用下需要保持其处于弹性状态不发生严重破坏，这就需要预制梁柱钢筋在节点区的锚固和搭接应可靠且满足一定的构造要求。对于装配整体式混凝土结构，梁柱节点的钢筋构造主要涉及预制梁顶部纵筋、预制梁底部纵筋、预制梁腰筋、预制柱纵向钢筋、预制柱纵向辅助钢筋、节点区箍筋、节点区拉筋等。如图 5.49 所示，钢筋数量、种类繁多，因此在设计阶段还需要特别考虑钢筋之间的空间关系以保证构件的顺利安装。

图 5.49　梁柱节点实物图

根据《装配式混凝土结构技术规程》(JGJ 1)的有关规定，梁、柱纵向钢筋在后浇节点区内采用直线锚固、弯折锚固或锚固板锚固的方式时，其锚固长度应符合现行国家标准《混凝土结构设计规范》(GB 50010)中的有关规定；当梁、柱纵向钢筋采用锚固板锚固时，还应符合现行行业标准《钢筋锚固板应用技术规程》(JGJ 256)中的有关规定。

1) 叠合梁受力纵筋在框架节点内锚固构造

(1) 中间层中间节点

对框架中间层中节点，节点两侧的梁下部纵向受力钢筋宜锚固在后浇节点区内(图 5.50)，也可采用机械连接或焊接的方式直接连接；当采用 90°弯折锚固时[图 5.50 (c)]，弯折钢筋在弯折平面内包含弯弧段的投影长度不应小于 $15d$；梁的顶部纵向受力钢筋应贯穿后浇节点区。

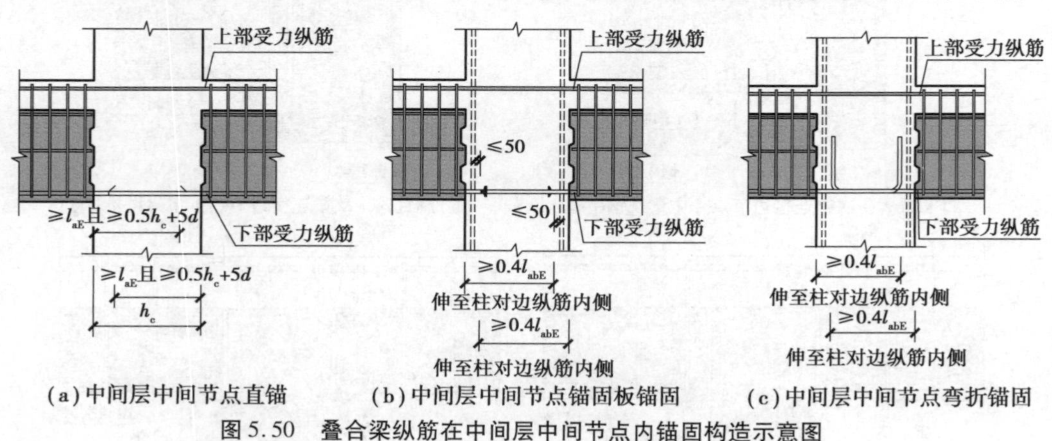

(a) 中间层中间节点直锚　(b) 中间层中间节点锚固板锚固　(c) 中间层中间节点弯折锚固

图 5.50　叠合梁纵筋在中间层中间节点内锚固构造示意图

图中尺寸标注单位为 mm

(2)中间层端节点

对框架中间层端节点，当柱截面尺寸不满足梁纵向受力钢筋的直线锚固要求时，宜采用锚固板锚固(图5.51)，也可采用90°弯折锚固。

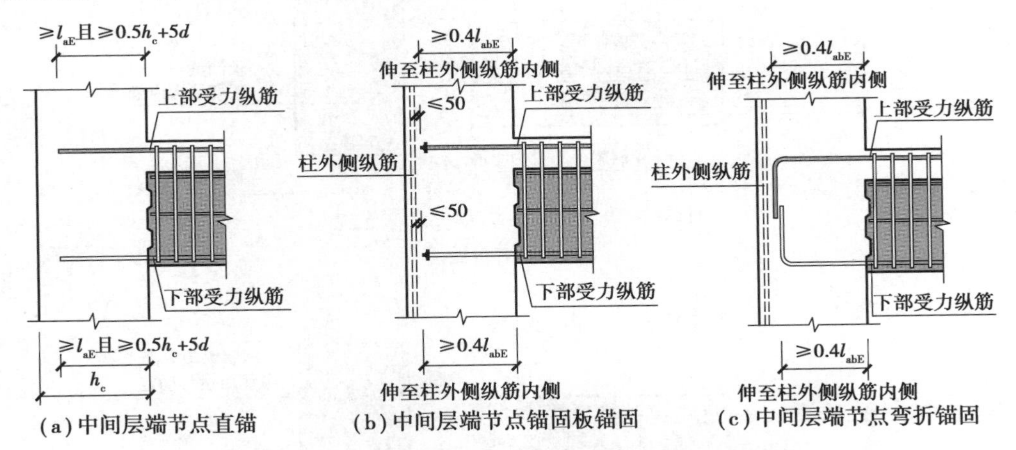

图5.51 叠合梁纵筋在中间层端节点内锚固构造示意图

图中尺寸标注单位为mm

(3)顶层端节点

对框架顶层端节点，梁下部纵向受力钢筋应锚固在后浇节点区内，且宜采用锚固板的锚固方式，如图5.52所示。

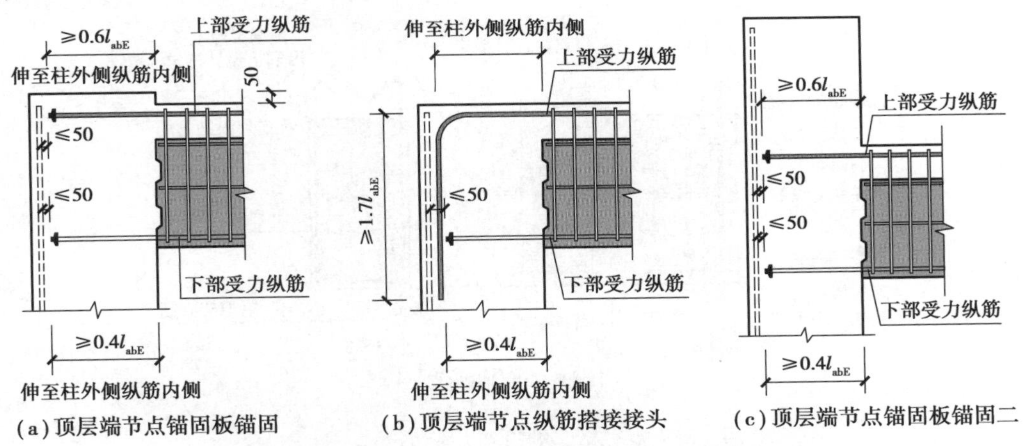

图5.52 叠合梁纵筋在顶层端节点内锚固构造示意图

图中尺寸标注单位为mm

2)叠合梁受力纵筋在节点内的钢筋避让构造

(1)预制梁底部纵筋在节点内的钢筋避让构造

预制梁底部纵筋在节点内的避让措施包括弯折和偏位，避让方向可以是水平方向也可以是竖直方向，如图5.53所示。

(2)叠合梁顶部纵筋在节点内的钢筋避让构造

叠合梁顶部纵筋一般在节点区内贯通，其避让措施包括顶部纵筋的整体平移和顶部纵筋在节点区范围的局部弯折，如图5.54所示。

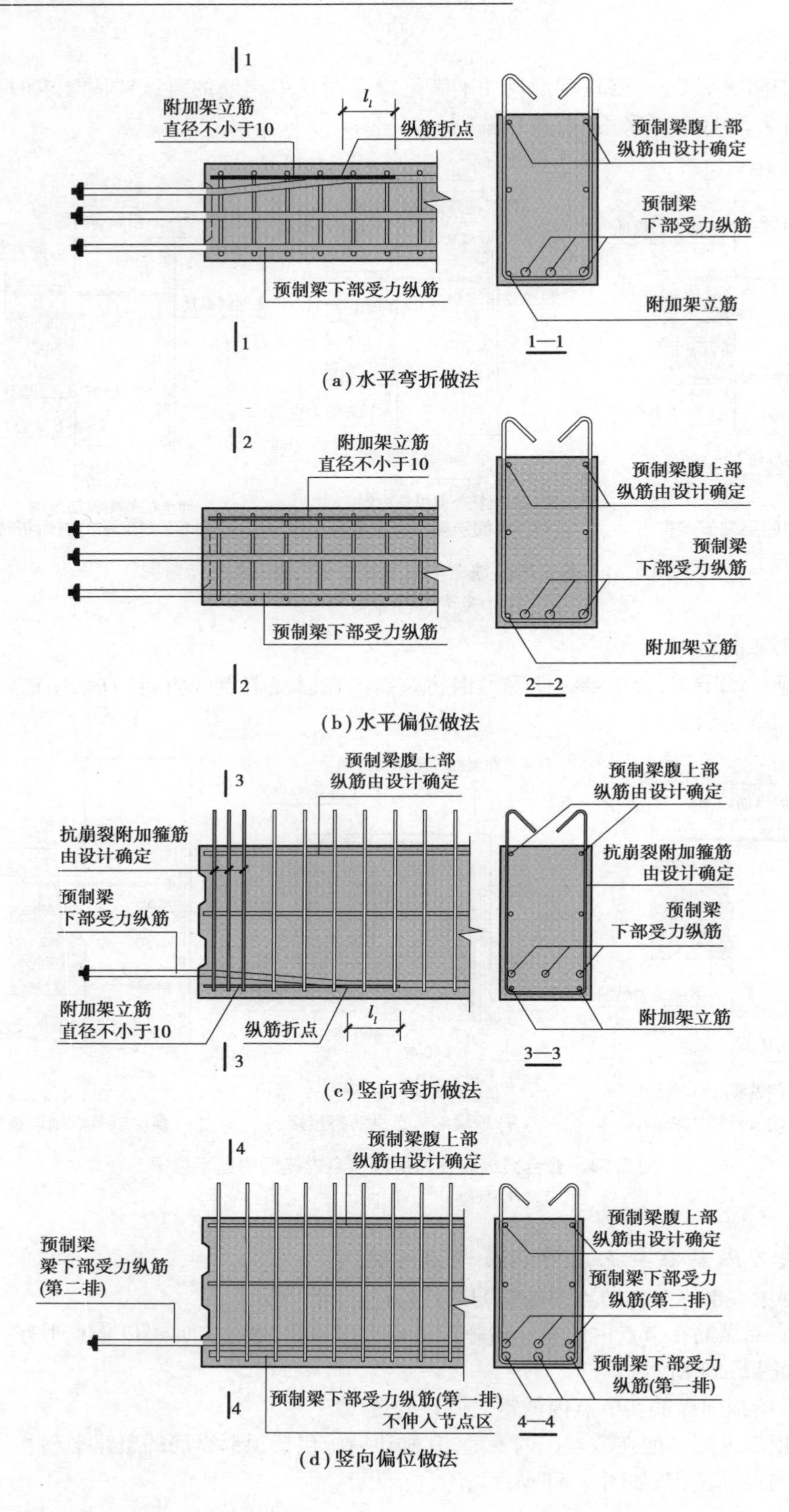

(a)水平弯折做法

(b)水平偏位做法

(c)竖向弯折做法

(d)竖向偏位做法

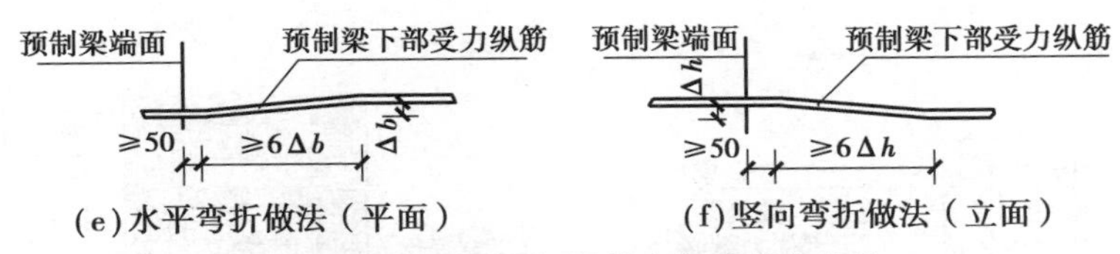

(e)水平弯折做法(平面)　　(f)竖向弯折做法(立面)

图 5.53　预制梁底部纵筋弯折或偏位构造

注:①图中 Δb、Δh 分别为预制梁端底部纵向钢筋的水平弯折量和竖向弯折量,由设计确定;

②图中 l_l 为附加架立筋与梁底部受力纵筋的搭接长度,从纵筋折点算起的 l_l 不小于 150 mm;

③受力纵筋竖向弯折或偏位将引起梁端底部纵筋的有效高度减小,设计时应予以考虑;

④图中尺寸标注单位为 mm。

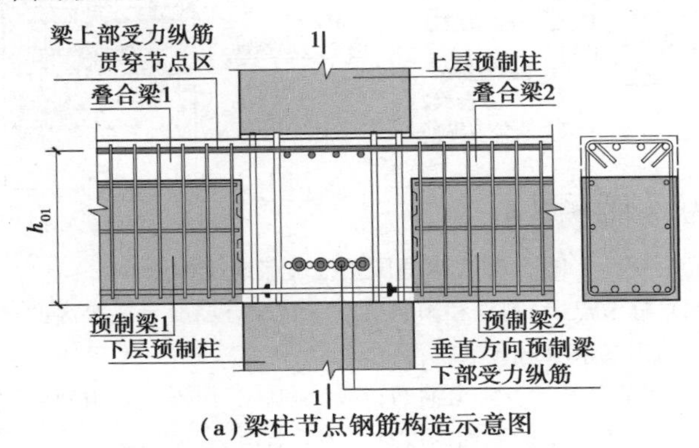

(a)梁柱节点钢筋构造示意图

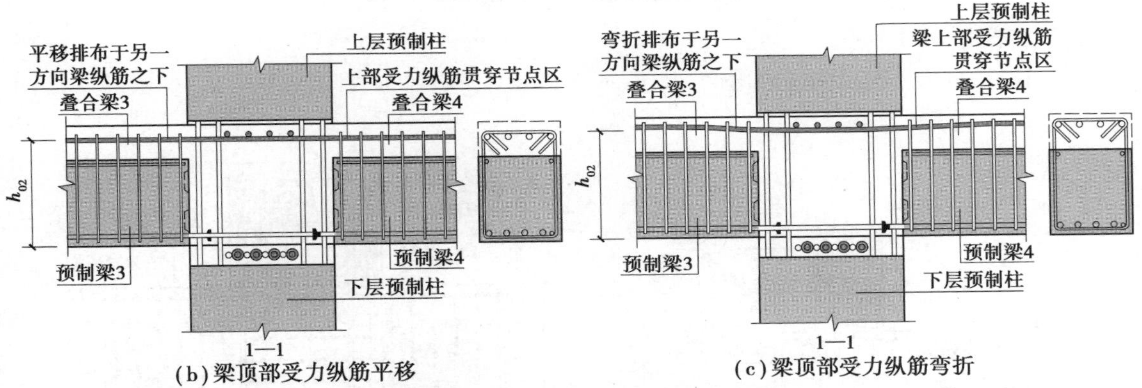

(b)梁顶部受力纵筋平移　　(c)梁顶部受力纵筋弯折

图 5.54　节点处叠合梁顶部受力纵筋避让构造

注:①图中预制梁和预制柱中的配筋均为示意;

②图中 h_{01} 和 h_{02} 分别为叠合梁 1 和叠合梁 2、叠合梁 3 和叠合梁 4 的顶部受力纵筋在叠合梁根部接缝截面的有效高度,(c)图中梁端顶部纵向钢筋竖向弯折量,由设计确定;

③叠合梁中箍筋的高度应考虑梁的顶部受力纵筋位置的影响,由设计确定。

3)框架连接节点构造

框架连接节点按照其所处楼层高度不同分为中间层节点和顶层节点,根据平面位置不同又可将上述两者分为角柱节点、边柱节点和中柱节点。

(1)中间层角柱节点

中间层角柱节点连接构造如图 5.55 所示。

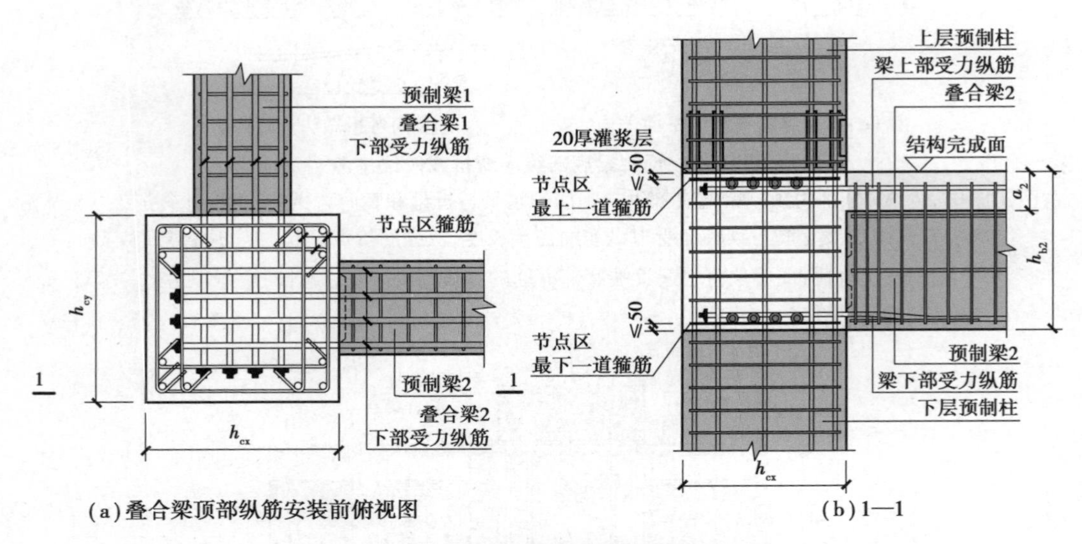

图5.55　中间层角柱节点连接构造

注:①本图适用于中间层角柱节点、预制柱和预制梁对中且两方向叠合梁等高的情况;

②图中预制梁底部纵向钢筋采取避让措施;

③安装预制梁前,先安装节点区最下一道箍筋;安装预制梁时,先安装预制梁1,再安装预制梁2;

④h_{cx},h_{cy} 为预制柱沿 X、Y 方向上的截面高度;h_{b2} 为叠合梁2高度;a_2 为叠合层厚度。

(2)中间层边柱节点

中间层边柱节点连接构造如图5.56所示。

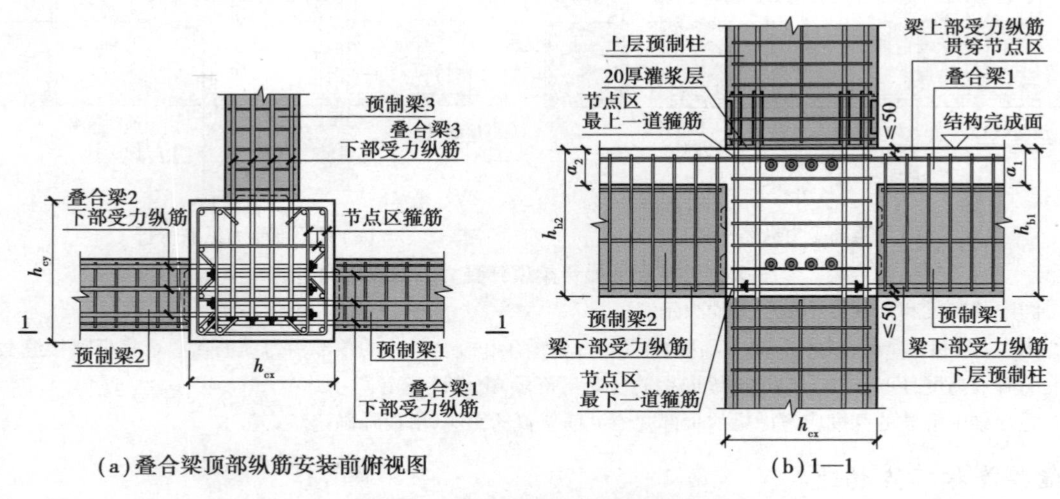

图5.56　中间层边柱节点连接构造

注:①本图适用于中间层边柱节点、预制柱和预制梁偏心且两方向叠合梁不等高的情况;

②图中预制梁1与预制梁2等高且高于预制梁3;

③安装预制梁前,先安装节点区最下一道箍筋;安装预制梁时,先安装预制梁1和预制梁2,再安装预制梁3;预制梁3梁底纵筋以下的箍筋应在预制梁3安装前放置。

(3)中间层中柱节点

中间层中柱节点连接构造如图5.57所示。

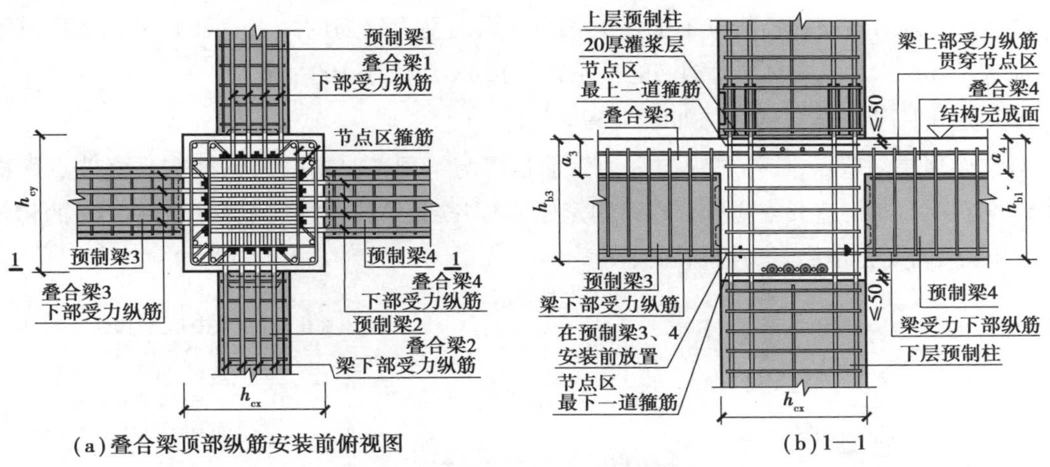

(a)叠合梁顶部纵筋安装前俯视图　　(b)1—1

图5.57　中间层中柱节点连接构造

注:①本图适用于中间层中柱节点、预制柱和预制梁对中且两方向叠合梁不等高的情况;

②图中预制梁1与预制梁2等高,预制梁3与预制梁4等高,前者高于后者;

③安装预制梁前,先安装节点区最下一道箍筋;安装预制梁时,先安装预制梁1和预制梁2,再安装预制梁3和预制梁4;预制梁3和预制梁4梁底纵筋以下的箍筋应在预制梁3安装前放置。

(4)顶层角柱节点

①顶层角柱节点连接构造一如图5.58所示。

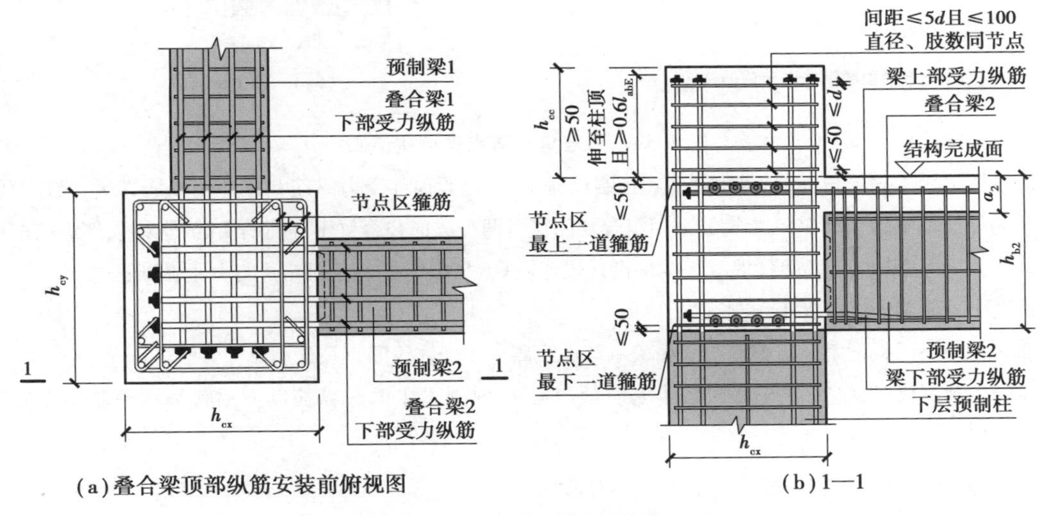

(a)叠合梁顶部纵筋安装前俯视图　　(b)1—1

图5.58　顶层角柱节点连接构造一

注:①本图适用于顶层角柱节点、预制柱和预制梁对中、框架柱向上延伸且两方向叠合梁等高的情况;

②图中预制梁1与预制梁2等高;

③图中d为柱纵筋直径最小值,柱纵筋锚固板下第一道箍筋与锚固板承压面距离应小于d;

④安装预制梁前,先安装节点区最下一道箍筋。安装预制梁时,先安装预制梁1,再安装预制梁2;

⑤当柱顶伸出长度满足柱纵筋直锚的构造要求时,柱纵筋也可采用直锚。

对框架顶层端节点，柱宜伸出屋面并将柱纵向受力钢筋锚固在伸出段内[图5.58(b)]，伸出段长度不宜小于500 mm，柱纵向受力钢筋宜采用锚固板的锚固方式，此时锚固长度不应小于$0.6l_{abE}$。伸出段内箍筋直径不应小于$d/4$(d为柱纵向受力钢筋的最大直径)，伸出段内箍筋间距不应大于$5d$(d为柱纵向受力钢筋的最小直径)且不应大于100 mm。

②顶层角柱节点连接构造二如图5.59所示。

对框架顶层端节点，柱外侧纵向受力钢筋也可与梁顶部纵向受力钢筋在后浇节点区搭接[图5.59 (b)]，其构造要求应符合现行国家标准《混凝土结构设计规范》(GB 50010)的相关规定；柱内侧纵向受力钢筋宜采用锚固板锚固。

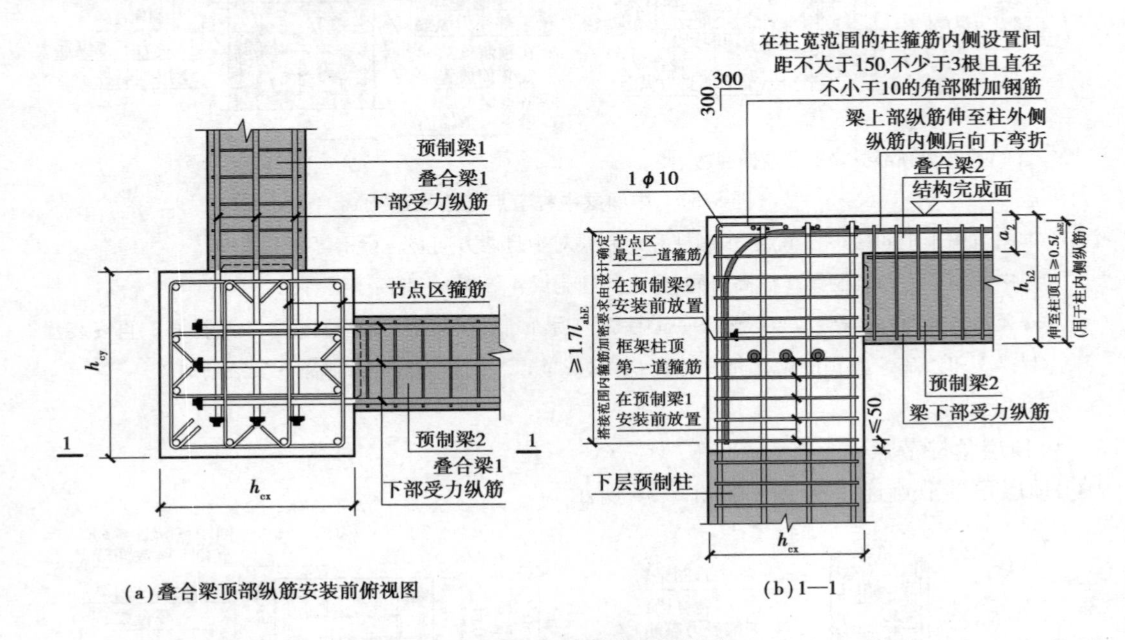

图5.59　顶层角柱节点连接构造二

注：①本图适用于顶层角柱节点、预制柱和预制梁对中、叠合梁顶部受力纵筋和柱外侧纵筋搭接、梁顶部纵筋配筋率不大于1.2%、梁箍筋采用组合封闭箍且两个方向叠合梁不等高的情况；当梁顶部纵筋配筋率大于1.2%时，应按照《混凝土结构设计规范》(GB 50010)的相关规定进行分批截断；

②图中预制梁1高度大于预制梁2；

③柱纵筋锚固板下第一道箍筋与锚固板承压面距离应小于柱纵筋直径最小值；

④安装预制梁时，先安装预制梁1，再安装预制梁2；预制梁2梁底纵筋以下的箍筋在预制梁2安装前放置。

③顶层角柱节点连接构造三如图5.60所示。

(5)顶层边柱节点

①顶层边柱节点连接构造一如图5.61所示。

②顶层边柱节点连接构造二如图5.62所示。

③顶层边柱节点连接构造三如图5.63所示。

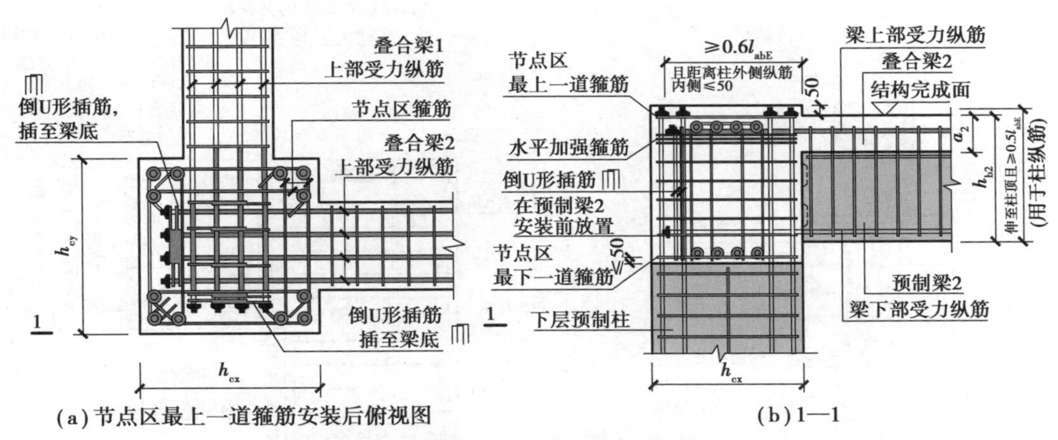

图 5.60　顶层角柱节点连接构造三

注:①本图适用于顶层角柱节点、预制柱和预制梁对中、叠合梁顶部受力钢筋和柱纵筋均采用锚固板锚固、框架柱向上延伸 50 mm 且两方向叠合梁不等高的情况;

②图中预制梁 1 高度大于预制梁 2;

③倒 U 形插筋与水平加强箍筋均由设计计算确定。倒 U 形插筋从梁纵筋顶面起算,向下延伸的长度不小于 l_{aE},并伸至预制柱顶面;

④柱纵筋锚固板下第一道箍筋与锚固板承压面距离应小于柱纵筋直径最小值;

⑤安装预制梁前,先安装节点区最下一道箍筋;安装预制梁时,先安装预制梁 1,再安装预制梁 2。

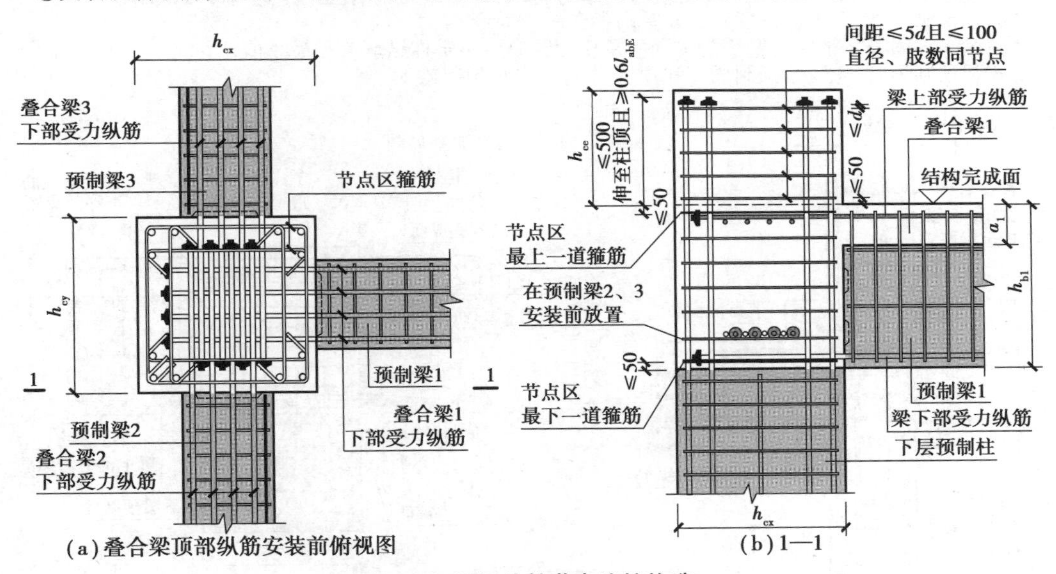

图 5.61　顶层边柱节点连接构造一

注:①本图适用于顶层边柱节点、预制柱和预制梁对中框架柱向上延伸且两方向叠合梁不等高的情况;

②图中 h_{ce} 为框架柱从结构完成面外伸长度,由设计确定;图中预制梁 2 与预制梁 3 等高,预制梁 1 高度大于预制梁 2 和预制梁 3;

③图中 d 为柱纵筋直径最小值,柱纵筋锚固板下第一道箍筋与锚固板承压面距离应小于 d;

④安装预制梁前,先安装节点区最下一道箍筋。安装预制梁时,先安装预制梁 1,再安装预制梁 2 和预制梁 3;预制梁 2 梁底纵筋以下的箍筋在预制梁 2 安装前放置;

⑤当柱顶伸出长度满足柱纵筋直锚的构造要求时,柱纵筋也可采用直锚。

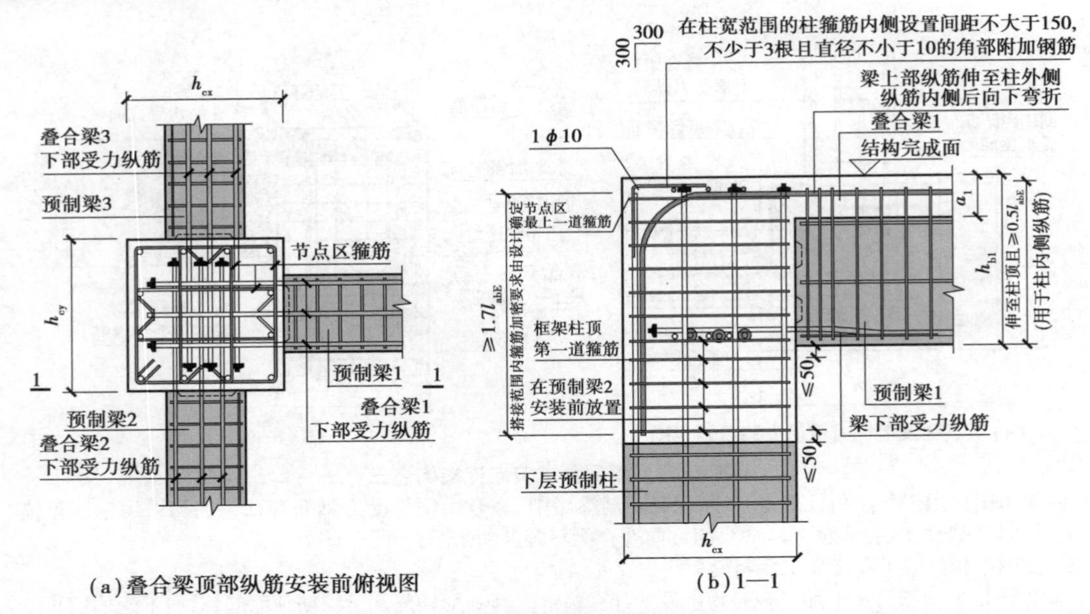

(a)叠合梁顶部纵筋安装前俯视图　　(b)1—1

图5.62　顶层边柱节点连接构造二

注:①本图适用于顶层边柱节点、预制柱和预制梁对中、叠合梁顶部受力纵筋和柱外侧纵筋搭接、梁顶部纵筋配筋率不大于1.2%、梁箍筋采用组合封闭箍且两个方向叠合梁等高的情况,当梁顶部纵筋配筋率大于1.2%时,应按照《混凝土结构设计规范》(GB 50010)的有关规定进行分批截断;

②图中预制梁1、预制梁2、预制梁3等高;

③柱纵筋锚固板下第一道箍筋与锚固板承压面距离应小于柱纵筋直径最小值;

④安装预制梁时,先安装预制梁2和预制梁3,再安装预制梁1。

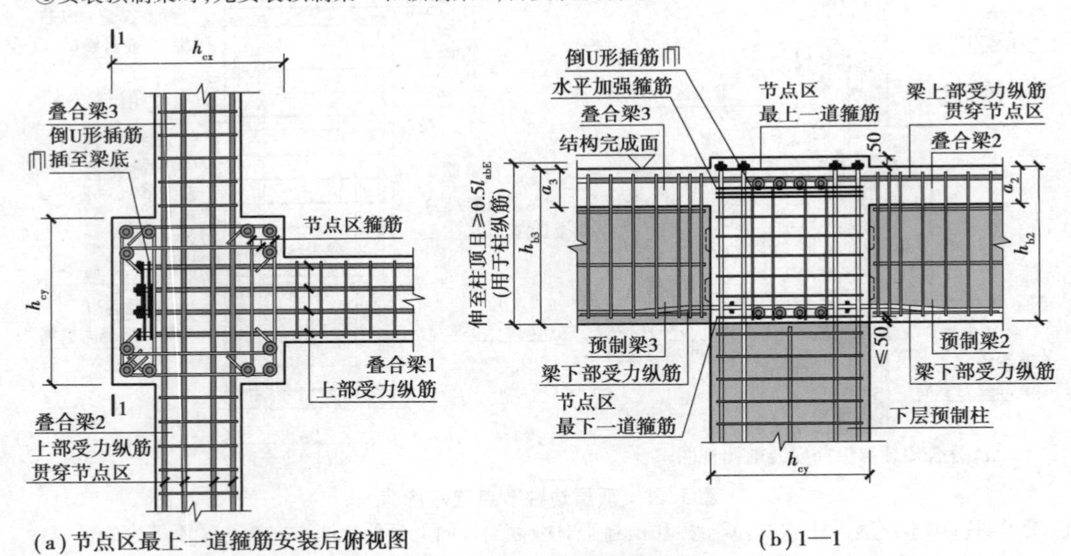

(a)节点区最上一道箍筋安装后俯视图　　(b)1—1

图5.63　顶层边柱节点连接构造三

注:①本图适用于顶层边柱节点、预制柱和预制梁对中、叠合梁顶部受力钢筋和柱纵筋均采用锚固板锚固、框架柱向上延伸50 mm且两方向叠合梁等高的情况;

②图中预制梁1、预制梁2、预制梁3等高;

③倒U形插筋与水平加强箍筋均由设计计算确定。倒U形插筋从梁纵筋顶面起算,向下延伸的长度不小于l_{aE},并伸至预制柱顶面;

④柱纵筋锚固板下第一道箍筋与锚固板承压面距离应小于纵筋直径最小值;

⑤安装预制梁前,先安装节点区最下一道箍筋。安装预制梁时,先安装预制梁1,再安装预制梁2和预制梁3。

(6)顶层中柱节点

顶层中柱节点连接构造如图 5.64 所示。

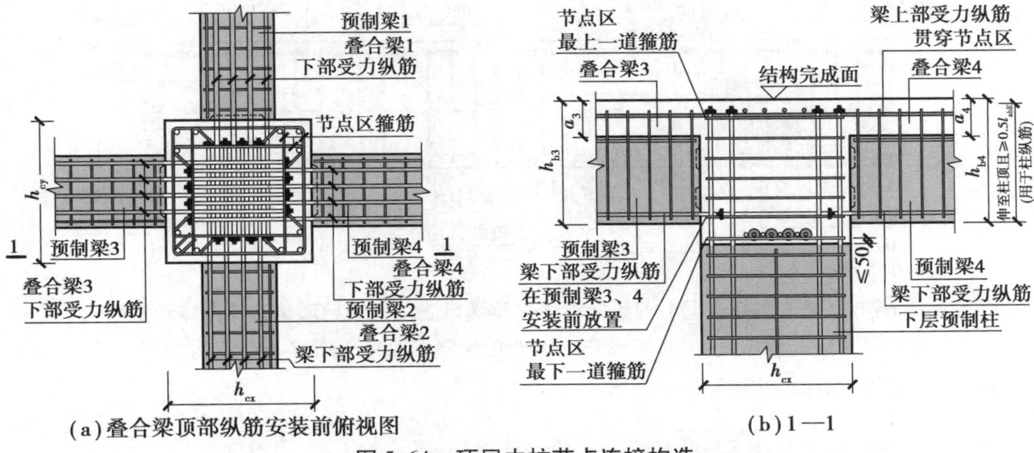

(a)叠合梁顶部纵筋安装前俯视图　　(b)1—1

图 5.64　顶层中柱节点连接构造

注:①本图适用于顶层中柱节点、预制柱和预制梁对中且两方向叠合梁不等高的情况;

②图中预制梁 1 与预制梁 2 等高,预制梁 3 与预制梁 4 等高,前者高度大于后者;

③柱纵筋锚固板下第一道箍筋与锚固板承压面距离应小于柱纵筋直径最小值;

④安装预制梁前,先安装节点区最下一道箍筋。安装预制梁时,先安装预制梁 1 和预制梁 2,再安装预制梁 3 和预制梁 4;预制梁 3 和预制梁 4 梁底纵筋以下的箍筋,应在预制梁 3 和预制梁 4 安装前放置。

4)梁底纵筋在节点区外后浇段连接构造

在预制柱叠合梁框架节点中,如果柱截面较小、梁底部纵向钢筋在节点内连接较困难,可在节点区外设置后浇段,并在后浇段内连接梁底纵向钢筋,如图 5.65 所示。为保证梁端塑性铰区的性能,钢筋连接部位距离梁端需要超过 $1.5h_0$(h_0 为梁截面有效高度)。当连接采用套筒灌浆连接时,梁内钢筋布置如图 5.66 所示。

除上述节点后浇段连接构造外,《装配式混凝土建筑技术标准》(GB/T 51231)提出,采用预制柱及叠合梁的装配整体式框架结构节点,两侧叠合梁底部水平钢筋挤压套筒连接时,可在核心区外一侧梁端后浇段内连接(图 5.67),也可在核心区外两侧梁端后浇段内连接(图 5.68)。以该连接形式为基础的装配整体式框架中节点试件拟静力实验表明,该连接形式可以实现梁端弯曲破坏和核心区剪切破坏,承载力试验值大于规范公式计算值,极限位移角大于 1/30,满足规范要求。

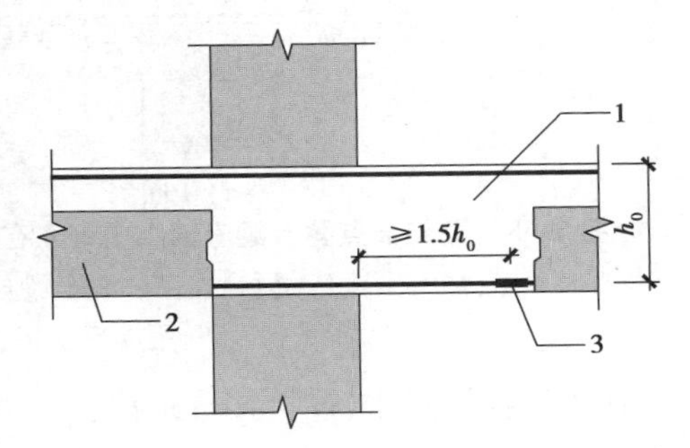

图 5.65　梁纵向钢筋在节点区外的后浇段内连接示意图

1—后浇段;2—预制梁;3—纵向受力钢筋连接;h_0—叠合梁有效高度

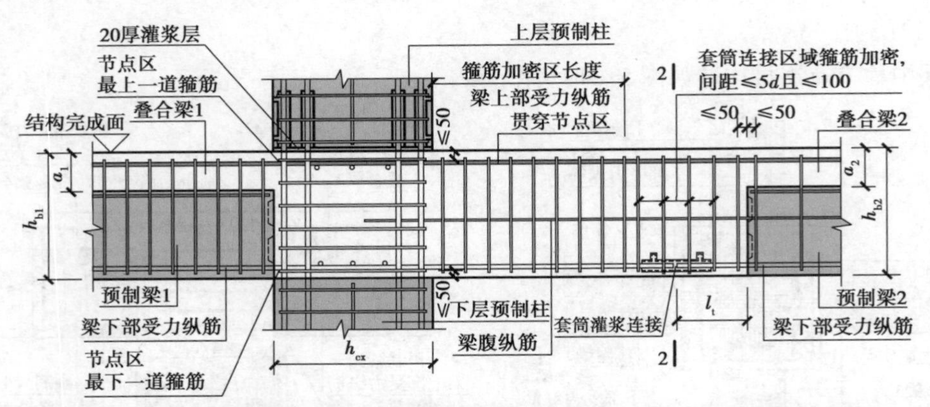

图 5.66　框架节点叠合梁底部纵向钢筋在梁端后浇段内采用灌浆套筒连接示意图

注:图中比为钢筋伸出长度,当灌浆套筒附带在预制梁纵筋上时,$l_t \geq l_l$,l_l 为灌浆套筒的长度,图中尺寸标注单位为 mm

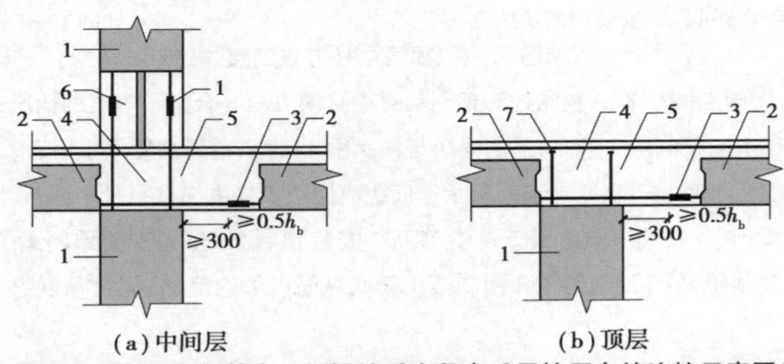

图 5.67　框架节点叠合梁底部纵向钢筋在一侧梁端后浇段内采用挤压套筒连接示意图(单位:mm)

1—预制柱;2—叠合梁预制部分;3—挤压套筒;4—后浇区;5—梁端后浇段;6—柱底后浇段;7—锚固板

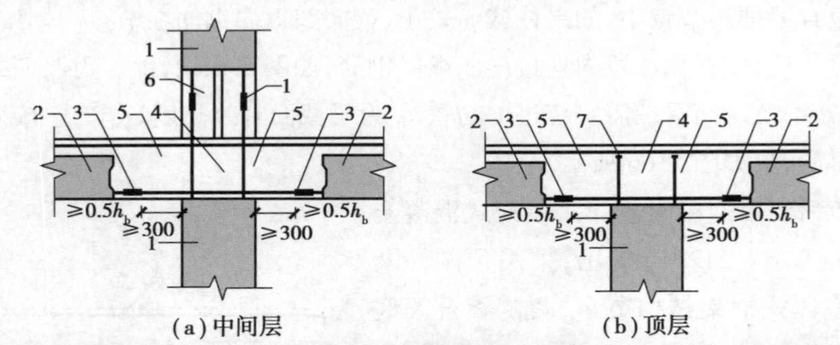

图 5.68　框架节点叠合梁底部纵向钢筋在两侧梁端后浇段内采用挤压套筒连接示意(单位:mm)

1—预制柱;2—叠合梁预制部分;3—挤压套筒;4—后浇区;

5—梁端后浇段;6—柱底后浇段;7—锚固板

在该连接形式中,连接接头距柱边不小于 $0.5h_b$(h_b 为叠合梁截面高度)且不小于 300 mm,叠合梁后浇叠合层顶部的水平钢筋应贯穿后浇核心区,梁端后浇段的箍筋宜适当加密且尚应满足下列要求:

①箍筋间距不宜大于 75 mm。

②抗震等级为一、二级时,箍筋直径不应小于 10 mm;抗震等级为三、四级时,箍筋直径不应小于 8 mm。

5)节点核心区的箍筋构造

节点核心区的箍筋当采用复合箍筋时,可采用拉筋式封闭箍筋且箍筋肢距应满足规范要求,如图5.69所示。

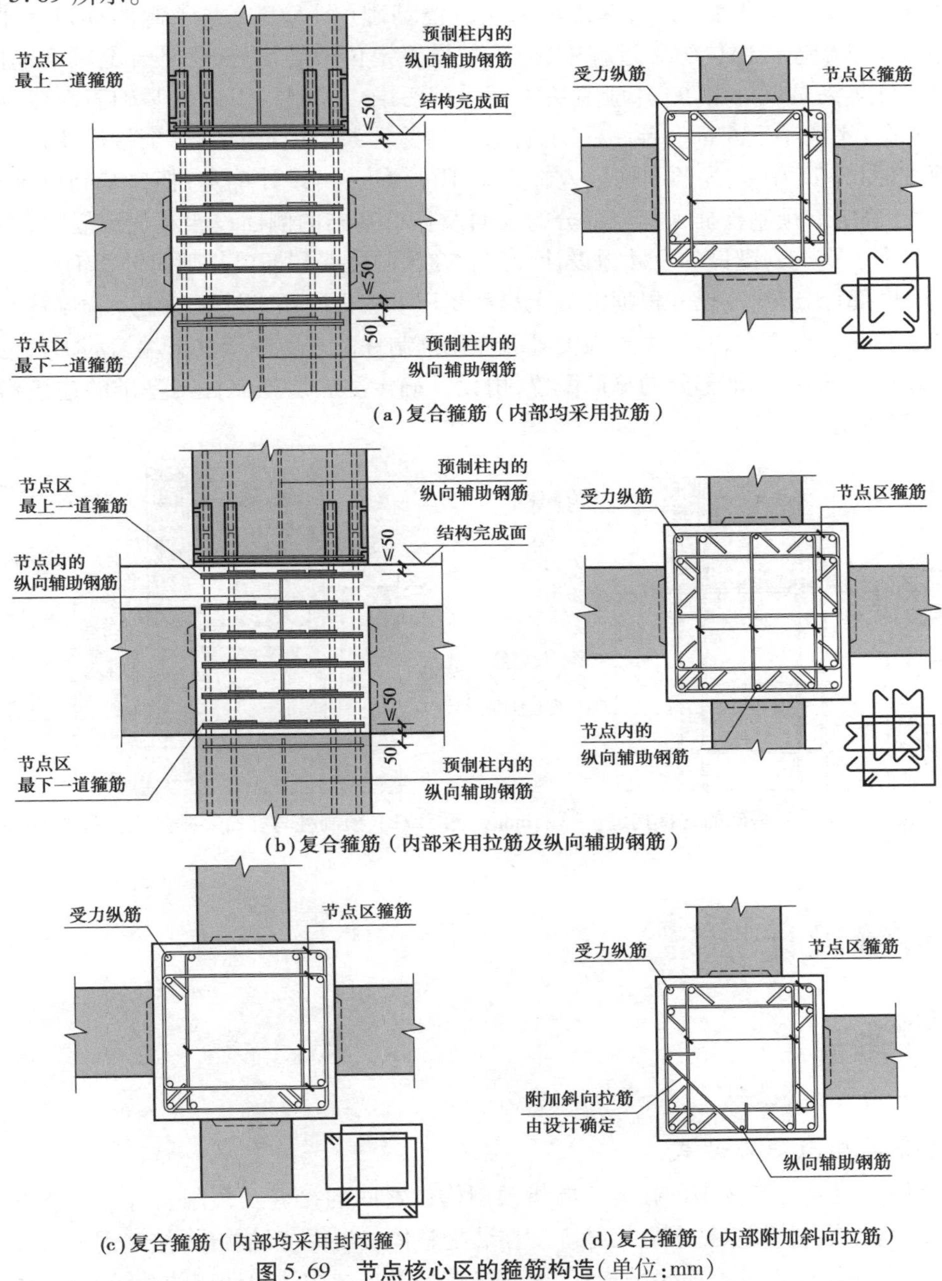

图5.69　节点核心区的箍筋构造(单位:mm)

注:①节点核心区的箍筋配置由设计确定。当设计未具体规定时,其构造与柱端箍筋加密区一致;

②对图(c)也可采用图(b)的做法,通过附加纵向辅助钢筋以保证箍筋肢距的构造要求;

③节点内与预制柱内的纵向辅助钢筋可不连接;

④图(d)给出的角柱节点核心区内附加纵向辅助钢筋和斜向拉筋做法可以增强节点区的箍筋约束作用,具体配筋由设计确定;

5.5.4 柱脚连接节点

在装配式混凝土框架结构中，基础可采用现浇基础(图5.70)或预制的杯口基础(图5.71)，其中现浇基础连接部位施工过程中，应采取设置定位架等措施，保证外露柱插筋的位置、长度和顺直度等满足设计要求，并应避免钢筋受到污染。预制柱下方的基础表面应设置粗糙面，其凹凸深度不应小于6 mm；预制柱安装前，应清除浮浆、松动石子、软弱混凝土层。当采用杯口基础时，图5.71中h_r为预制柱插入杯口基础的深度，由设计确定；杯口基础可预制，也可现浇，由设计确定。预制柱插入杯口部分的表面及杯口基础的侧面设粗糙面或键槽，粗糙面的凹凸深度不小于6 mm，键槽的尺寸由设计确定。在预制柱底和杯口基础间设置钢质垫片，以调整预制柱的底部标高，垫片尺寸根据混凝土局部受压承载力的要求计算确定。预制柱与杯口的空隙采用细石混凝土填实，其混凝土强度等级应比预制柱的高。框架柱下端箍筋加密范围从基础顶面算起；插入杯口基础部分的箍筋配置，由设计确定。底层预制柱与基础的连接构造如图5.70、图5.71所示。

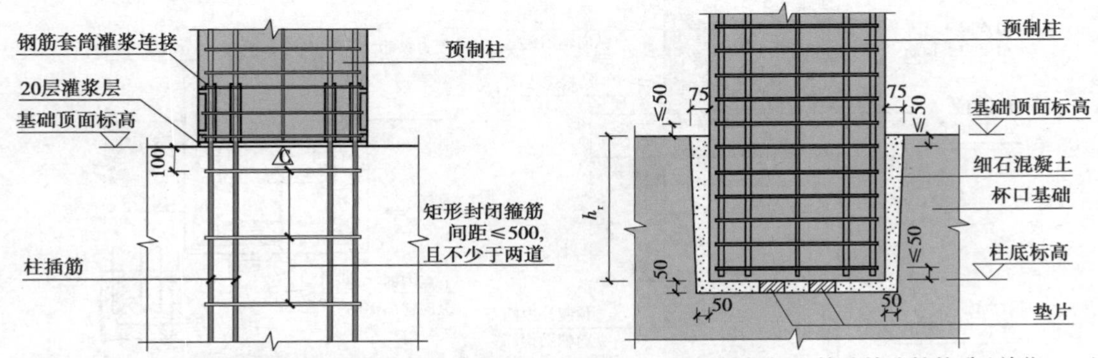

图5.70　预制柱与现浇基础的连接构造(单位:mm)　图5.71　预制柱与杯口基础的连接构造(单位:mm)

5.6 接缝设计

5.6.1 一般规定

1)接缝主要类型及传力方式

装配整体式混凝土结构中的接缝主要指预制构件之间的接缝及预制构件与后浇混凝土之间的结合面，包括梁端接缝、柱顶底接缝等。在装配整体式混凝土结构中，接缝需要传递构件之间的力，且需要保证接缝处不能轻易损坏，因此接缝是影响结构受力性能的关键部位，需要进行专门的设计计算。

接缝的压力通过后浇混凝土、灌浆料或坐浆材料直接传递；拉力通过钢筋、预埋件等传递；剪力由结合面混凝土的黏结作用、键槽或粗糙面的抗剪作用、剪摩擦作用、钢筋的销栓抗剪作用其中的一种或几种作用组合来抵抗；接缝处于受压或受弯状态时，静力摩擦可承担一部分剪力。

2)连接接缝正截面承载力计算

预制构件连接接缝一般采用强度等级高于构件的后浇混凝土、灌浆料或坐浆材料。当穿过接缝的钢筋不少于构件内钢筋并且构造符合相关规范规定时,节点及接缝的正截面受压、受拉及受弯承载力一般不低于构件,可不必进行承载力验算。当需要计算时,可按照混凝土构件正截面承载力的计算方法进行,混凝土强度取接缝及构件混凝土材料强度的较低值,钢筋取穿过正截面且有可靠锚固的钢筋数量。

3)连接接缝受剪承载力计算

后浇混凝土、灌浆料或坐浆材料与预制构件结合面的黏结抗剪强度往往低于预制构件本身混凝土的抗剪强度。因此,预制构件的接缝一般都需要进行受剪承载力的计算,以保证在地震作用下接缝不会先于构件破坏。连接接缝的受剪承载力应符合下列规定:

持久设计状况:

$$\gamma_0 \cdot V_{jd} \leqslant V_u \tag{5.37}$$

地震设计状况:

$$V_{jdE} \leqslant \frac{V_{uE}}{\gamma_{RE}} \tag{5.38}$$

在梁、柱端部箍筋加密区及剪力墙底部加强部位,尚应符合下式要求:

$$\eta_j \cdot V_{mua} \leqslant V_{uE} \tag{5.39}$$

式中 γ_0——结构重要性系数,安全等级为一级时不应小于1.1,安全等级为二级时不应小于1.0;

V_{jd}——持久设计状况下接缝剪力设计值;

V_{jdE}——地震设计状况下接缝剪力设计值;

V_u——持久设计状况下梁端、柱端、剪力墙底部接缝受剪承载力设计值;

V_{uE}——地震设计状况下梁端、柱端、剪力墙底部接缝受剪承载力设计值;

V_{mua}——被连接构件端部按实配钢筋面积计算的斜截面受剪承载力设计值;

η_j——接缝受剪承载力增大系数,抗震等级为一、二级取1.2,抗震等级为三、四级取1.1。

对于装配整体式结构的控制区域,即梁、柱箍筋加密区及剪力墙底部加强部位,接缝要实现强连接,保证不在接缝处发生破坏,即要求接缝的承载力设计值大于被连接构件的承载力设计值乘以强连接系数。强连接系数根据抗震等级、连接区域的重要性以及连接类型,参照美国规范ACI 318中的规定确定。同时,也要求接缝的承载力设计值大于设计内力,保证接缝的安全。对于其他区域的接缝,可采用延性连接,允许连接部位产生塑性变形,但要求接缝的承载力设计值大于设计内力,保证接缝的安全。

5.6.2 预制柱底水平接缝

1)水平接缝构造

采用预制柱及叠合梁的装配整体式框架中,柱底接缝宜设置在楼面标高处,如图5.72所示,并应符合下列规定:

①后浇节点区混凝土上表面应设置粗糙面;

②柱纵向受力钢筋应贯穿后浇节点区；

③柱底接缝厚度宜为20 mm,并应采用灌浆料填实；

④预制构件与后浇混凝土、灌浆料、坐浆材料的结合面应设置粗糙面、键槽。预制柱的底部应设置键槽且宜设置粗糙面(图5.73),键槽应均匀布置,键槽深度不宜小于30 mm,键槽端部斜面倾角不宜大于30°。同时柱顶也应设置粗糙面,粗糙面的面积不宜小于结合面的80%,粗糙面凹凸深度不应小于6 mm。试验表明,键槽受剪承载力一般大于粗糙面,且易于控制加工质量及检验。当键槽深度太小时,易发生承压破坏;当不会发生承压破坏时,增加键槽深度对增加受剪承载力没有明显帮助,故键槽深度一般在30 mm左右。

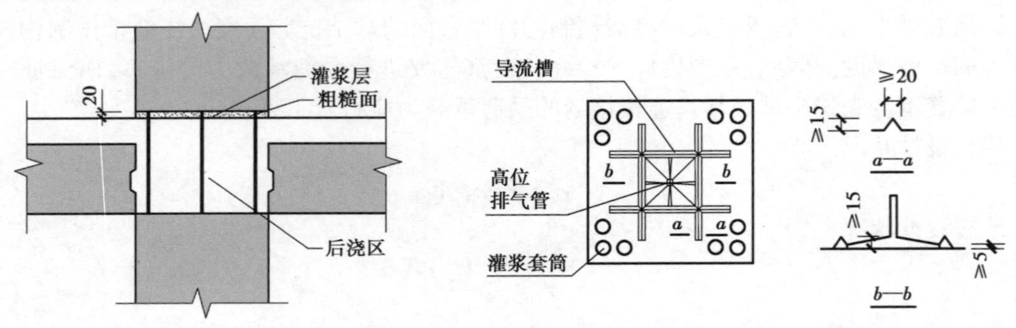

图5.72　预制柱底接缝构造示意图　　图5.73　预制柱端面井字形键槽示意图(单位:mm)

采用套筒灌浆连接的预制柱,不仅要保证套筒内灌浆的密实度,还要灌满构件的接缝缝隙。若接缝不能保证灌注密实,则预制构件结合面上的抗剪键难以发挥作用。构件接缝灌浆时需将接缝四周封堵,避免漏浆或灌浆不密实,如图5.74所示。接缝的封堵类型及使用材料见第2章。

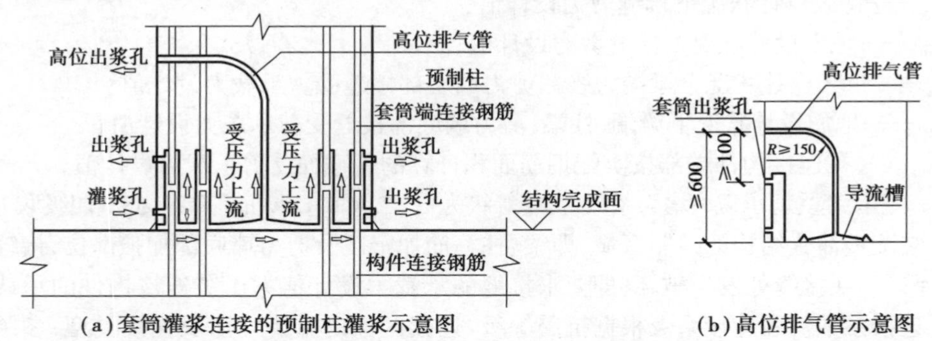

(a)套筒灌浆连接的预制柱灌浆示意图　　(b)高位排气管示意图

图5.74　预制柱灌浆示意图(单位:mm)

2)水平接缝受剪承载力验算

(1)接缝承载力计算

预制柱底结合面的受剪承载力主要包括:新旧混凝土结合面的黏结力、粗糙面或键槽的抗剪能力、轴压力作用下结合面的摩擦力、与接缝垂直并贯穿接缝的钢筋销栓抗剪作用及剪摩擦作用。其中,轴压力作用下结合面的摩擦力以及钢筋的销栓抗剪作用是预制柱结合面受剪承载力的主要组成部分。在非抗震设计时,柱底剪力通常较小,不需要验算。在地震往复作用下,混凝土自然黏结及粗糙面的受剪承载力丧失较快,计算中不考虑其作用。

当柱受压时,计算轴压力作用下结合面的摩擦力时,柱底接缝灌浆层上下表面接触的混凝土均有粗糙面及键槽构造,摩擦系数取0.8。当柱受拉时,没有相应的结合面摩擦抗剪,且由于钢筋受拉,计算钢筋销栓作用时需要根据钢筋中的拉应力结果对销栓抗剪承载力进行折减。

在地震设计状况下,预制柱底水平接缝的受剪承载力设计值应按下列公式计算:

当预制柱受压时:

$$V_{uE}=0.8N+1.65A_{sd}\sqrt{f_c f_y} \tag{5.40}$$

当预制柱受拉时:

$$V_{uE}=1.65A_{sd}\sqrt{f_c f_y\left[1-\left(\frac{N}{A_{sd}f_y}\right)^2\right]} \tag{5.41}$$

式中　f_c——预制构件混凝土轴心抗压强度设计值;

f_y——垂直穿过结合面钢筋的抗拉强度设计值;

N——与剪力设计值 V 相应的垂直于结合面的轴向力设计值,取绝对值进行计算;

A_{sd}——垂直穿过结合面所有钢筋的面积;

V_{uE}——地震设计状况下接缝受剪承载力设计值。

(2)“强节点”验算

强节点验算是指接缝的强度高于与其相连的预制构件的强度。根据第 5.1 节连接接缝的受剪承载力计算中的式(5.39)可知,接缝要实现强连接,保证不在接缝处发生破坏,就需要保证预制柱柱底接缝的受剪承载力设计值大于预制柱箍筋加密区的受剪承载力设计值与增大系数的乘积。预制柱的箍筋加密区受剪承载力计算应参照第 5.3 节中的预制柱斜截面受剪承载力计算。

5.6.3　叠合梁端竖向接缝

1)预制梁梁端构造要求

预制梁端面应设置键槽(图 5.75)且宜设置粗糙面。键槽的尺寸和数量应按式和式计算确定;键槽的深度 t 不宜小于 30 mm,宽度 w 不宜小于深度的 3 倍且不宜大于深度的 10 倍;键槽可贯通截面,当不贯通时槽口距离截面边缘不宜小于 50 mm;键槽间距宜等于键槽宽度;键槽端部斜面倾角不宜大于 30°。粗糙面的面积不宜小于结合面的 80%,预制梁端的粗糙面凹凸深度不应小于 6 mm。

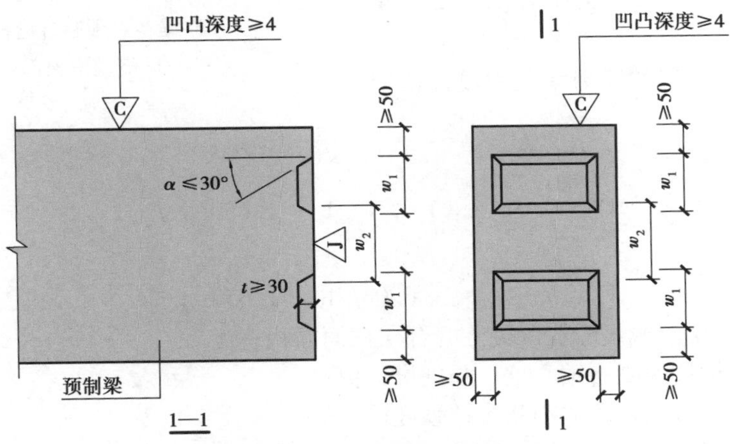

(a)顶面无凹口预制梁端面键槽不贯通

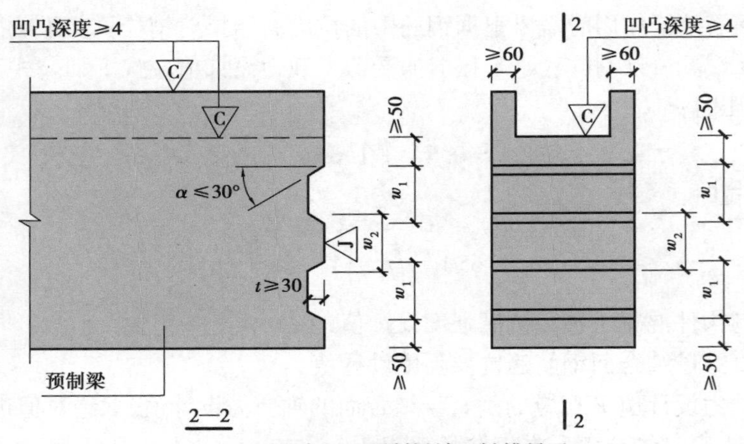

(b)顶面有凹口预制梁端面键槽贯通

图5.75　预制梁梁端键槽示意图(单位:mm)

注:①预制梁端应设键槽,其具体形式、数量、尺寸及布置由设计确定;

②图中 w_1 为后浇键槽根部宽度,w_2 为预制键槽根部宽度,t 为键槽深度,α 为键槽侧边倾斜角度,w_1 宜等于 w_2;

③C 为粗糙面,J 为链槽。

2)叠合梁梁端竖向接缝受剪承载力验算

(1)接缝承载力计算

梁端竖向结合面的受剪承载力主要包括:新旧混凝土结合面的黏结力、键槽的抗剪能力、后浇混凝土叠合层的抗剪能力、垂直并贯穿梁端结合面的钢筋销栓抗剪作用。《装配式混凝土结构技术规程》(JGJ 1)在计算结合面的受剪承载力时,偏于安全地不考虑混凝土的自然黏结作用,取混凝土抗剪键槽的受剪承载力、后浇叠合层混凝土的受剪承载力以及贯穿结合面的钢筋销栓抗剪作用之和,作为结合面的受剪承载力。

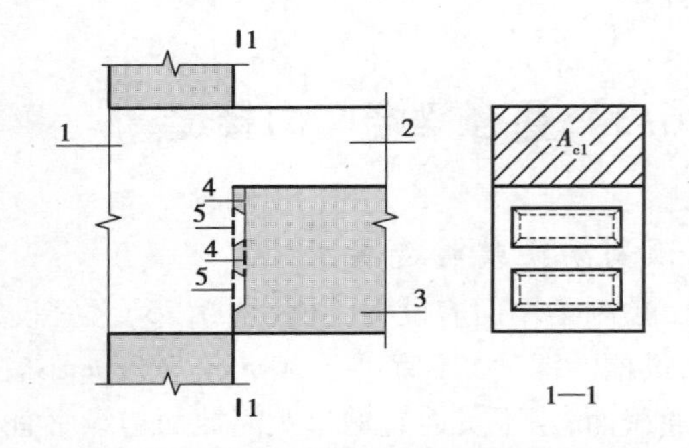

图5.76　叠合梁端受剪承载力计算参数示意图

1—后浇节点区;2—后浇混凝土叠合层;

3—预制梁;4—预制键槽根部面积;

5—后浇键槽根部面积

叠合梁端竖向接缝的受剪承载力设计值应按下式计算:

持久设计状况:

$$V_u = 0.07f_c A_{c1} + 0.10f_c A_k + 1.65A_{sd}\sqrt{f_c f_y} \tag{5.42}$$

地震设计状况:

$$V_u = 0.04f_c A_{c1} + 0.06f_c A_k + 1.65A_{sd}\sqrt{f_c f_y} \tag{5.43}$$

式中　A_{c1}——叠合梁端截面后浇混凝土叠合层截面面积;

f_c——预制构件混凝土轴心抗压强度设计值;

f_y——垂直穿过结合面的钢筋抗拉强度设计值;

A_k——各键槽的根部截面面积(图5.76)之和,应分别计算后浇混凝土部分键槽根部截

面积和预制构件键槽根部截面积,并取二者的较小值进行承载力计算;

A_{sd}——垂直穿过结合面所有钢筋的面积,包括叠合层内的纵向钢筋面积。

上式中,等号右侧的3项分别对应于后浇混凝土层的受剪承载力、梁端键槽的受剪承载力、穿过接缝的梁纵筋销栓抗剪承载力。相对于持久设计状况,在地震设计状况中,由于地震作用循环往复的特点,需要对后浇层混凝土部分的受剪承载力进行折减。参照混凝土斜截面受剪承载力设计方法,将折减系数取为0.6,就得到了式(5.43)中第1项系数为0.04。

研究表明,混凝土抗剪键槽的受剪承载力一般为$(0.15 \sim 0.2)f_c A_k$,但由于混凝土抗剪键槽的受剪承载力和钢筋的销栓抗剪作用一般不会同时达到最大值,因此《装配式混凝土结构技术规程》(JGJ 1)在梁端结合面承载力计算公式中,对混凝土抗剪键槽的受剪承载力予以折减,取为$0.1f_c A_k$。抗剪键槽的受剪承载力取各抗剪键槽根部受剪承载力之和,梁端抗剪键槽数量一般较少,沿高度方向一般不会超过3个,故不考虑群键作用。抗剪键槽破坏时,可能沿现浇键槽或预制键槽的根部破坏,因此在计算抗剪键槽受剪承载力时应按现浇键槽和预制键槽根部剪切面分别计算,并取二者的较小值。在设计中,应尽量使现浇键槽和预制键槽根部剪切面面积相等,这样有利于充分发挥预制键槽与现浇键槽的强度。

钢筋销栓作用的受剪承载力计算公式主要是参照日本的装配式框架设计规程中的规定,以及中国建筑科学研究院的试验研究结果,同时还考虑了混凝土强度及钢筋强度的影响。

(2)"强节点"验算

预制梁的"强节点"验算方法同预制柱,预制梁梁端箍筋加密区的受剪承载力应参考第5.2节进行计算。

5.6.4 预制梁顶面与后浇层水平接缝

预制梁顶面粗糙面构造与预制板顶顶的粗糙面构造相同,粗糙面的面积不宜小于结合面的80%,凹凸深度不小于4 mm。

预制梁顶面与后浇层的水平接缝受剪计算已在第5.2节中有说明,此处不多赘述。需要注意的是,叠合构件的叠合面有可能先于斜截面达到其受剪承载能力极限状态,故叠合式受弯构件的箍筋应按斜截面受剪承载力计算和叠合面受剪承载力计算得出的较大值配置。

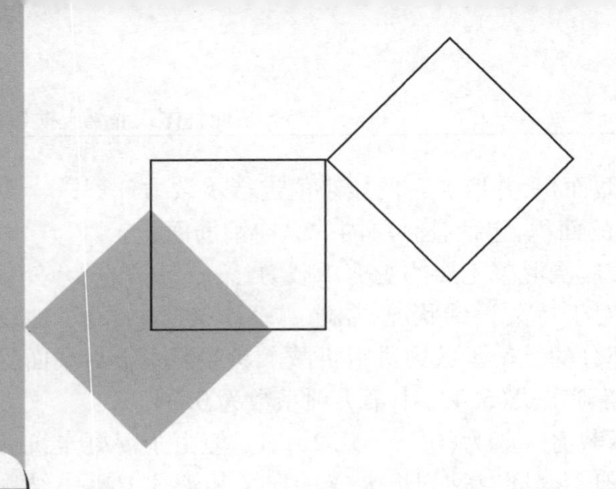

6 全装配式混凝土框架结构

6.1 概述

我国装配整体式结构采用等同现浇的设计和建造方式,该结构具有整体性强、抗震性能好等优点。但是在现场连接时,连接节点处不可避免会伴随湿作业,因此会加大施工周期,对环境也会产生一定影响。而全装配式混凝土结构在现场对构件进行连接时,采用的是干式连接的装配方式,现场连接完成后即可投入使用,施工周期短,对环境影响小,完全符合我国现阶段的发展需要。相关研究表明,通过合理的节点设计,全装配式混凝土干式连接节点也能具有良好的传力机制和耗能能力。巨大的建筑需求量和节能环保要求的提高、劳动力成本的增长,促使全装配式混凝土结构成为未来我国建筑领域大力推广的技术之一。下面简要介绍目前主要的几种全装配式框架结构体系的构成与研究应用背景。

1)预应力混凝土框架结构体系

预应力混凝土框架结构体系是一种利用后张预应力的方式将待连接的预制构件压紧,实现构件之间连接的结构体系。预应力预制拼装技术最早起源于美国和日本。为推动装配式框架结构在高烈度区的应用,美国和日本联合开展了 PRESSS 项目(Precast Seismic Structural System Research Program)和 NIST(National Institute of Standards and Technology)项目,其中重点提出并系统研究了预应力框架结构体系。图 6.1 为预应力框架结构体系示意图,各构件在预制时对位预留后张预应力筋孔道,在现场通过后穿预应力筋,并利用后张预应力在节点处压紧,实现主体框架的干式连接。采用后张预应力方式连接的框架结构具有良好的自复位特性。以如图 6.2 所示的预应力梁柱

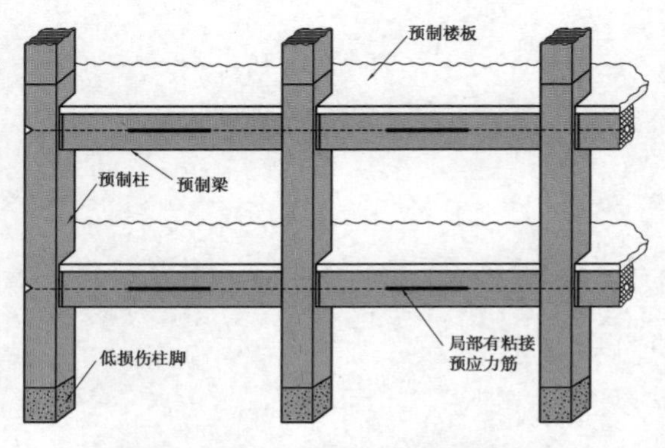

图 6.1 预应力框架结构体系示意图

节点为例,在地震作用下梁柱节点会产生相对转动,由于后张预应力筋的存在,梁端会产生压着力[图6.2(a)],在压着力作用下可使梁柱节点恢复到初始状态[图6.2(b)],从而有效减少残余变形。预应力混凝土框架结构体系结合了预制混凝土结构与预应力混凝土结构的优势,具有构件自重小、结构整体性好、变形恢复能力强等优点,在大开间住宅、公共建筑与工业建筑中具有广阔的应用前景。

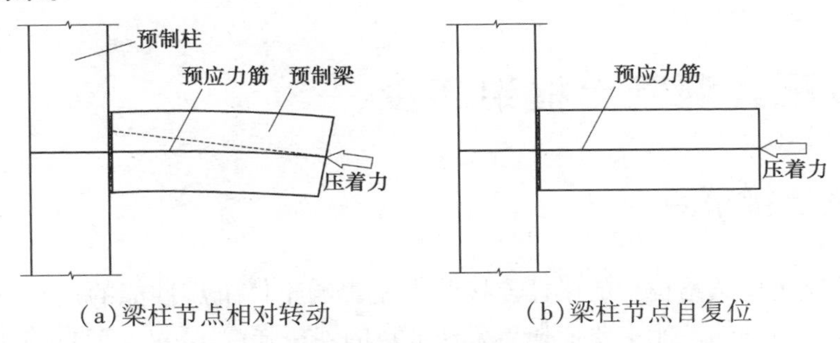

(a)梁柱节点相对转动　　(b)梁柱节点自复位

图6.2　预应力梁柱节点自复位示意图

2)承载型全装配式混凝土框架结构体系

承载型全装配式混凝土框架结构是通过在连接的构件内植入钢板或其他钢构件,或者在构件预制时做成用于支撑的牛腿形状,通过焊接、螺栓连接等方法来保证节点的可靠连接。该结构体系的预制构件之间在连接时无湿作业,施工周期短,各构件之间通过节点连接处的钢构件或牛腿等承担并传递荷载,传力简单明确,因此是目前普遍采用的一种全装配式混凝土结构体系,目前该体系在国内外已有一定实际工程应用。如图6.3所示的西班牙建筑,预制构件之间采用预埋连接件螺栓连接完成。通过这种连接形式,大幅缩短了现场施工时间。充分体现了该结构体系的优势,具有广泛的应用前景。

图6.3　承载型全装配式混凝土框架结构体系

3)承载-耗能型装配式框架结构体系

为了进一步提高全装配式混凝土结构的抗震性能和整体性,在承载型全装配式混凝土框架结构的基础上,在梁端增设如图6.4所示的耗能件。耗能件可用于预制构件之间的连接,同时还可作为结构重要的耗能部位,通过合理设计,可使地震作用下梁端设置的耗能件先于预制构件屈服。耗能件具有良好的塑性变形能力,可在地震过程中耗散大量的能量,因此可大幅提高全装配式混凝土结构节点的

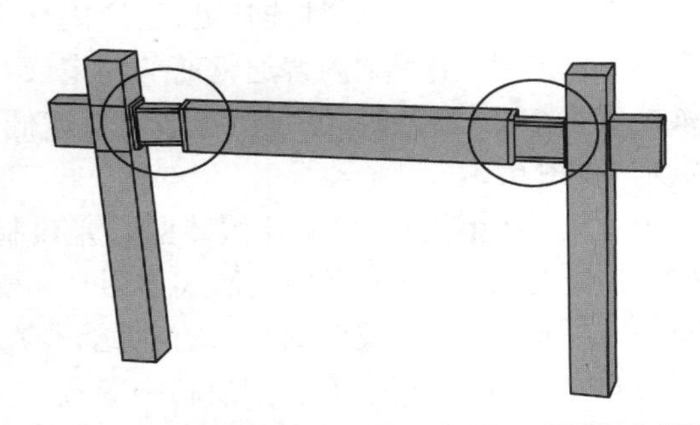

图6.4　装设剪切钢板阻尼器的全装配式混凝土框架

耗能能力。全装配式混凝土框架结构在梁端布设耗能件的形式,既保留了承载型全装配式混凝土框架结构的特点,又能提高节点的耗能水平,故称该结构体系为承载-耗能型装配式框架结构体系。该结构体系还具有可更换特性,地震过程中的塑性损伤主要集中在梁端设置的耗能件上,在震后只需要对耗能件进行更换即可完成修复工作,降低了结构震后修复的难度。该结构体系作为一种韧性结构,仍处于研究阶段。目前实际应用较少。

6.2 全装配式混凝土框架连接

6.2.1 梁柱连接节点

全装配式混凝土框架结构中的梁柱连接节点是影响整体抗震性能的核心受力部位。由于装配式混凝土框架结构的性能主要依托于梁柱节点的连接强度,故梁柱节点的连接始终制约着装配式混凝土结构能否广泛应用。因此,分析全装配式混凝土梁柱节点连接性能并进行深入的理论和试验研究,显得尤为重要。本节针对梁柱节点的干式连接形式进行分析,梁柱节点的干式连接主要有预应力连接、高强螺栓连接、牛腿连接、焊接连接、可更换耗能连接件连接等连接方式。

1)**预应力连接**

预制梁柱构件在预制时,需要对安装孔道位置进行定位预留。在施工现场采用预应力钢绞线或预应力筋的形式进行后张连接。在外荷载作用下,这种连接形式具有良好的承载能力和自我恢复能力,同时预应力的存在能够提高框架节点的强度、刚度和延性。因此,在装配式混凝土结构中采用预应力技术,可以加强节点的连接,改善全装配式混凝土结构结合部位的性能。

早在20世纪,美国、日本等国就开始研究利用后张预应力连接装配式混凝土梁柱节点,并设想了一系列预应力梁柱节点连接形式。通过对节点进行的理论和试验研究,证明了采用预应力的方式连接梁柱节点的可行性。

(1)压着工法

20世纪90年代初,日本开始研发及应用预制预应力混凝土工法,也称压着工法,其施工技术如图6.5所示。该工法利用高强度的后张预应力筋将预制梁、柱构件连接在一起,通过灌浆等手段,使得预应力筋与混凝土之间有粘结。该梁柱连接节点中,预应力筋不但作为装配手段,还能承担荷载,同时由于预应力筋的预压力,不仅能够提高梁柱节点的连接强度,还能够提高框架的刚度和延性,是一种等同现浇连接中的延性连接。对该节点进行现场试验,在荷载作用下,梁柱节点塑性铰发生在梁柱连接处,管道内预应力筋发生锚固失效,引起了塑性铰向节点内和梁跨中方向延伸,由于梁内普通钢筋的约束,塑性铰的延伸长度比现浇结构小。采用压着工法的梁柱节点相比较普通钢筋混凝土节点耗能低,但残余变形小,外露的锚头对建筑外观处理有一定难度[图6.5(d)]。

20世纪90年代末,日本开始转型研究预制中等预应力混凝土节点工法,该工法采用后张有粘结预应力技术,其节点构造形式如图6.6所示。预制梁在工厂生产时配置后张有粘结预应力筋(一次张拉),现场安装时后张有粘结预应力筋(二次张拉),通过预压力连接梁柱节点,节点连接详图如图6.6(b)所示。预制中等预应力混凝土节点工法在节点连接处柱侧设有暗牛腿,既可作为施工阶段梁的支座,还有利于梁端剪力的传递,避免地震作用下梁端微小的累计滑移。该工法通过二次张拉有粘结预应力筋与接缝处的灌浆料摩擦耗能,改善了压着工法的耗能能力,同时该工法延性好、梁端界面抗剪可靠、震后损伤评估容易,可以作为实际应用推广使用。

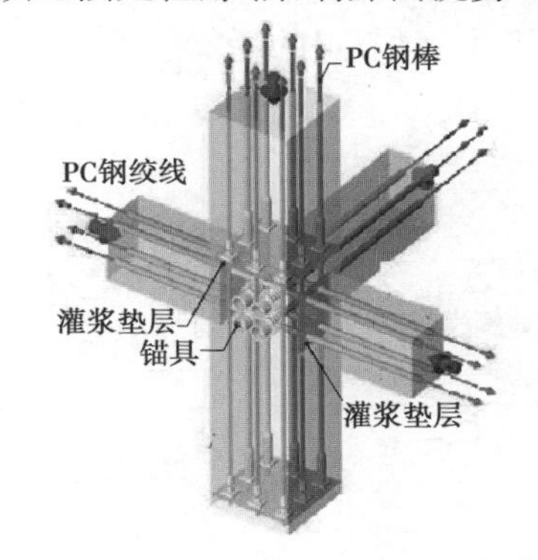

(a)压着工法梁柱节点的三向预应力示意图

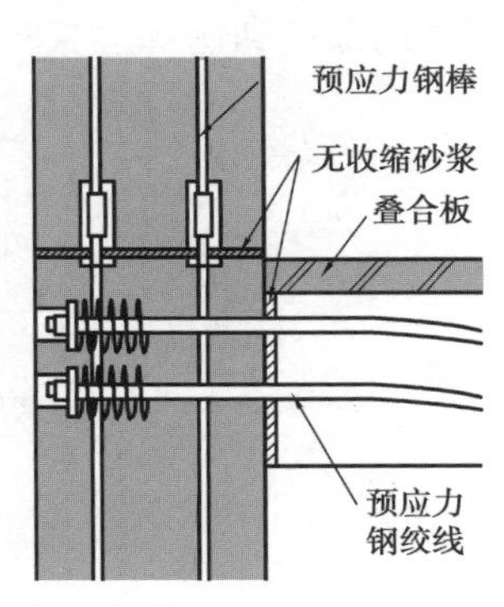

(b)压着工法梁柱节点连接详图

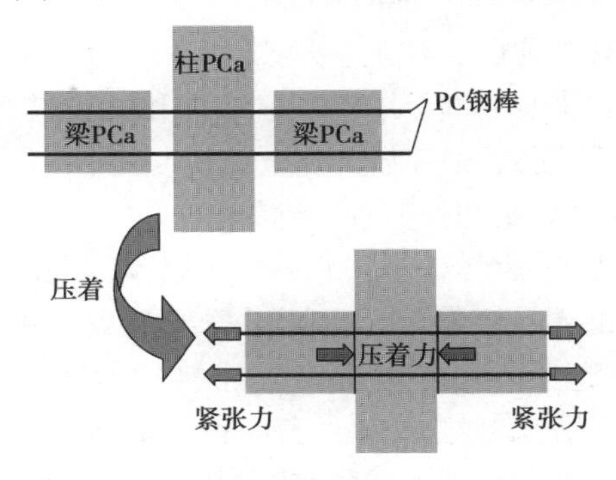

(c)压着工法连接机理

(d)应用实例

图 6.5　压着工法梁柱连接节点

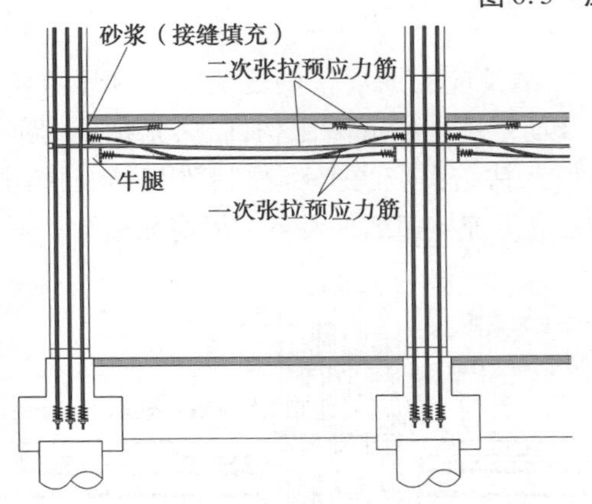

(a)预制中等预应力混凝土节点工法示意图

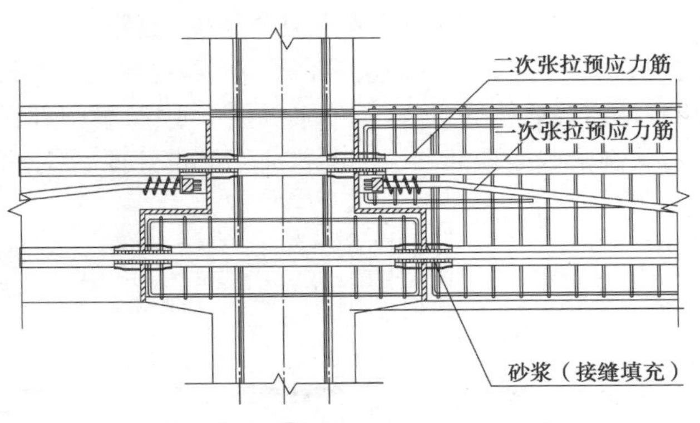

(b)梁柱节点连接详图

图 6.6　预制中等预应力混凝土节点工法

(2)预制抗震结构体系 PRESSS 项目

20 世纪 90 年代,Priestley 基于美国的建筑产业结构的发展和预制钢筋混凝土结构抗震性能的需求,主导了 PRESSS 研究计划。研究计划分 3 期进行,分别进行了不同形式的装配式预应力混凝土干式连接节点构造和抗震性能拟静力试验研究(1 期)、数值计算分析软件研究与装配式预应力混凝土结构的抗震设计方法研究(2 期)、装配式预应力混凝土结构拟动力试验研究(3 期)。

PRESSS 项目 1 期研究中包含有仅配置无粘结预应力筋的预制梁柱节点(图 6.7)的抗震性能拟静力试验研究,该节点通过在梁端截面受压区布置约束螺旋筋以增强混凝土抗压强度。在荷载作用下,梁端的顶部和底部边缘轻微损伤,残余变形小,但节点的耗能能力相对较差。

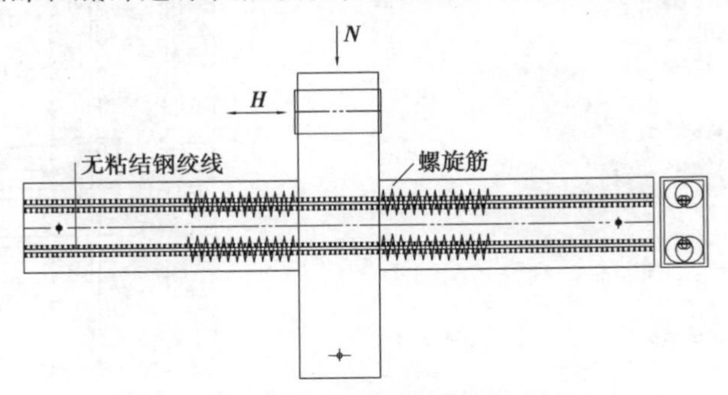

图 6.7　无粘结预应力筋梁柱节点构造

PRESSS 项目 2 期研究的主要任务是软件模拟及抗震方法研究。其中,Priestley 等采用两个平行并联的转动弹簧模拟混合配筋梁柱节点受弯滞回性能,并将模拟结果和试验进行对比,证明了该模拟的可行性。同时,Priestley 等还针对装配式预应力混凝土结构高延性、自复位的抗震性能,提出了基于位移的抗震设计方法来计算框架梁和框架柱的弯矩。

PRESSS 项目 3 期研究中(最后一期),在加利福尼亚大学进行了一个 5 层预制混凝土结构的 60% 实际尺寸的拟动力试验,对节点设计方法和抗震性能进行验证。框架节点采用了优化后的 TCY-gap(Tension/Compression Yielding-gap)连接(预应力筋偏置连接)、TCY(Tension/Compression Yielding)连接(无预应力筋连接)、先张法无粘结预应力连接和后张预应力混合连接 4 种节点,如图 6.8 所示。结构按照 UBC 规范 4 类地震区地震强度,用基于位移的方法进行设计,在框架方向,最大层间位移达到 4%,在承受相同的载荷情况下损伤程度远低于普通钢筋混凝土结构,各种连接节点的抗震性能均符合预期。

3 期研究中的后张预应力混合连接,是为了改善无粘结预应力筋连接的耗能能力和压着工法中有粘结预应力压接连接在后期刚度退化问题。混合连接由预制混凝土构件、后张预应力筋和有粘结普通钢筋组成[图 6.8(a)]。预制梁中部后张无粘结预应力筋将预制梁与预制柱压接,预制梁截面顶部和底部的普通钢筋贯穿预制柱,并在靠近连接截面处设置为局部无粘结。该

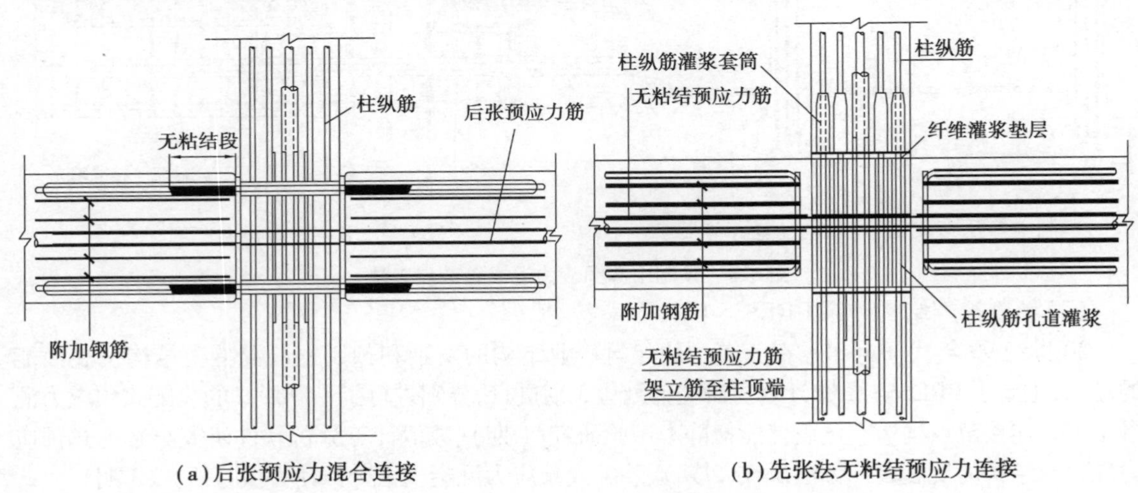

(a)后张预应力混合连接　　(b)先张法无粘结预应力连接

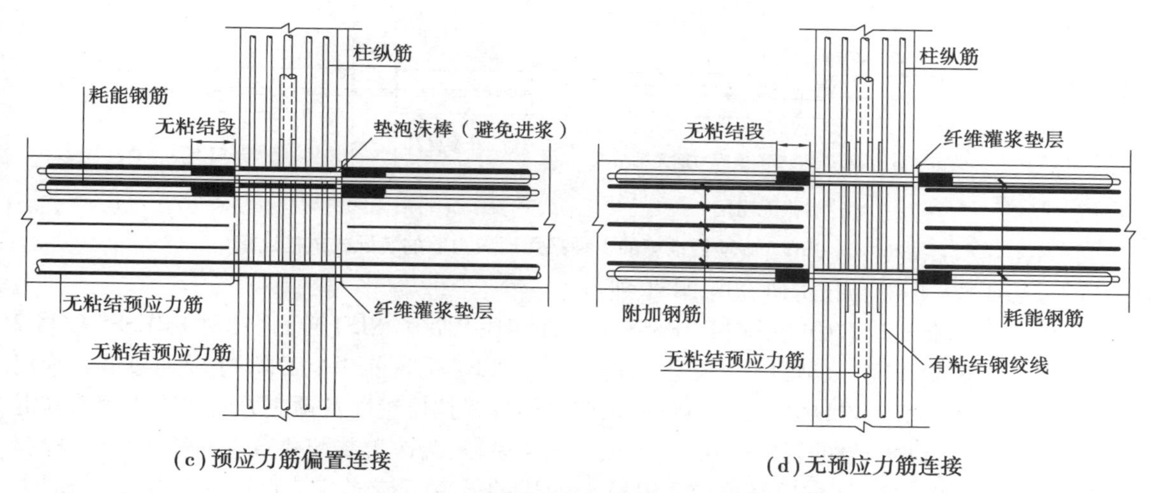

(c)预应力筋偏置连接

(d)无预应力筋连接

图6.8 4种预应力梁柱连接节点类型

连接节点中预制梁中部无粘结预应力筋能够提供较强的恢复力，减小了地震作用下残余变形，普通钢筋在地震作用下屈服，增强了节点的耗能能力。对该节点进行拟动力试验，结果表明其具有优良的连接性能。位于美国旧金山的39层Paramount Building是在地震区采用后张预应力混合连接技术建造的装配式混凝土建筑[图1.1(a)]，它曾是旧金山最高的建筑。

3期研究中的预应力筋偏置连接也称后张预应力-间隙连接[图6.8(c)]。在地震作用下，由于梁端中性轴高度的变化，将引起梁轴线的伸长，给结构如楼面板带来不利影响，间隙连接的主要目的之一是通过人为设置梁端间隙处固定的转动基点，从而有效防止梁轴线长度变化。该节点连接形式中，梁端下缘后张预应力筋，以下部预应力筋处为转动的支点，通过上部间隙的开合实现梁端转动，并使上部钢筋在间隙处拉压屈服耗能(图6.9)。因为位于柱左右两侧的梁转动支点位于同一高度，所以梁轴线不会出现伸长现象，同样可以反转转动支点和间隙的位置，这能避免上部楼面板的开裂。此连接最终应用于PRESSS计划3期5层结构的试验中，表现良好。

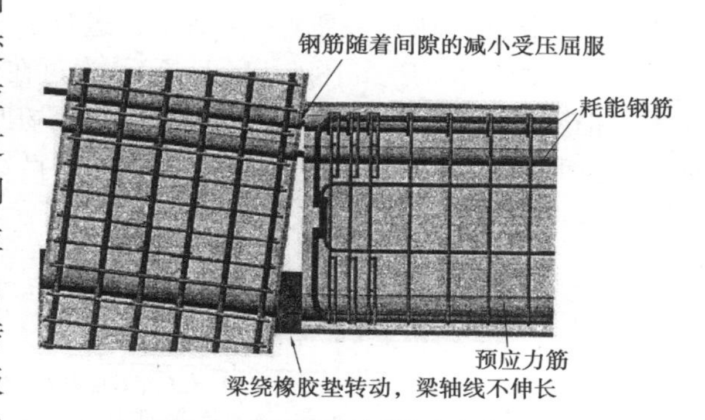

图6.9 间隙连接梁柱节点变形图

美国和日本联合开展长达十余年的PRESSS研究计划，进行了多种装配式混凝土梁柱预应力连接的研究，最终形成并推荐了4种采用预应力筋的装配式混凝土框架梁柱连接形式，如图6.10所示。

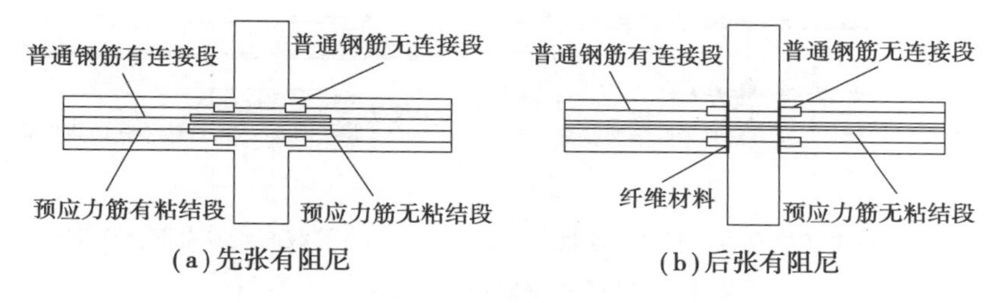

(a)先张有阻尼

(b)后张有阻尼

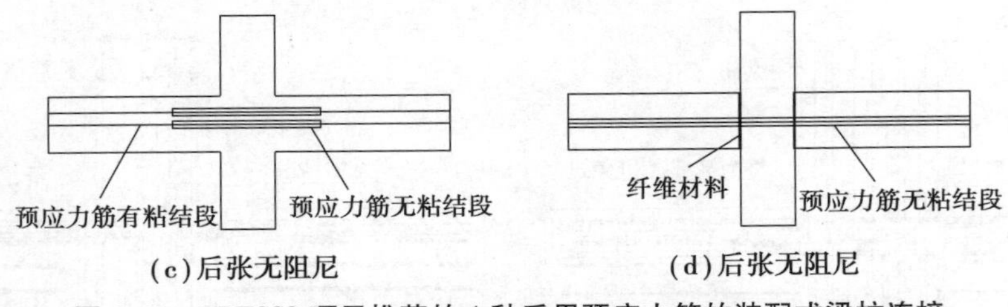

(c)后张无阻尼　　(d)后张无阻尼

图 6.10　PRESSS 项目推荐的 4 种采用预应力筋的装配式梁柱连接

(3)美国国家标准与技术研究所 NIST 项目

美国国家标准与技术研究所在 PRESSS 项目期间还开展了 NIST 项目,针对 PRESSS 项目 2 期进行了大量试验研究,该项目分 4 个阶段进行。在 NIST 项目前 3 个阶段,主要通过试验确定采用预应力筋作为节点连接方式的可行性、预应力筋的张拉位置以及预应力筋和普通钢筋与混凝土的粘结性对试验结果的影响。在 NIST 项目第 4 阶段,为改善装配式节点的耗能特性,检验了非预应力低强度(软)钢与后张预应力筋结合使用的效率。该连接节点以软钢耗能,预应力提供恢复力和梁柱间摩擦抗剪为特征,并通过重力试验验证了混合节点抗剪性能的有效性。

在第 4 阶段的 A 系列试验中,共测试了 3 种不同节点构造的四个试件,用以确定软钢和后张预应力筋的最佳组合。第 1 种节点构造如图 6.11(a)所示,预制梁为狗骨形,梁中部穿有完全有粘结的后张预应力筋,梁上下部分别布置了完全有粘结的软钢;第 2 种节点构造如图 6.11(b)所示,在梁的上下部同时使用了完全有粘结的软钢和无粘结的后张预应力筋;第 3 种节点构造如图 6.11(c)所示,采用了可更换的无粘结软钢以及无粘结预应力筋。试验结果表明,这 3 种装配式节点在强度、耗能、残余位移、极限位移角以及结构损伤等方面均表现出与传统现浇混凝土相当的性能。在 B 系列对第 4 种试件进行了研究,主要分析钢筋材料与数量对节点性能的影响。试件的节点构造如图 6.11(d)所示,通过在梁中部后张预应力筋、梁顶部和底部开槽、放置普通钢筋并保留一定无粘结长度。节点的现场加载试验结果表明,装配式节点的破坏均由普通钢筋拉断引起,节点残余变形几乎为零,具有良好的自复位能力。

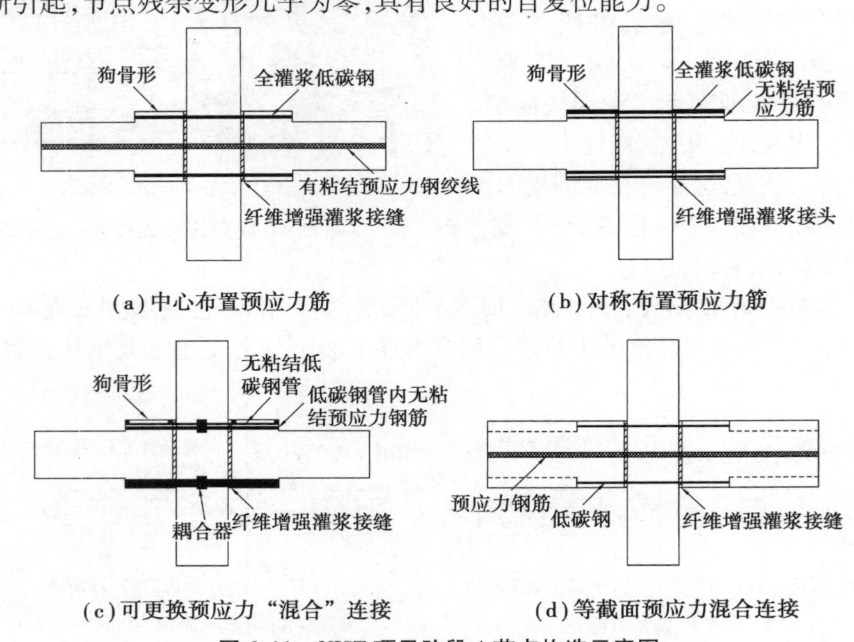

(c)可更换预应力“混合”连接　　(d)等截面预应力混合连接

图 6.11　NIST 项目阶段 4 节点构造示意图

我国针对后张预应力连接装配式混凝土梁柱节点的形式同样进行了理论和试验的研究，通过对预应力梁柱节点进行分析改进并进行大量试验研究，最终形成国内预应力框架结构体系，以及一些新型预应力梁柱节点连接形式。

(4)PPEFF 体系

中建科技提出了预制梁通过贯穿梁柱节点的预应力筋压接装配于预制柱上的 PPEFF(Precast Prestressed Efficiently Fabricated Frame)梁柱节点。该节点连接如图 6.12(b)所示，预制柱贯通节点，预制梁通过中部贯穿的后张预应力钢绞线装配于柱身，梁上部纵筋置于梁后浇叠合层内，并通过钢筋连接器与柱内预埋的钢筋连接。梁后浇叠合层内的纵筋，一部分置于梁顶部以提高抗弯耗能，另一部分纵筋位置稍低，采取防屈服措施以提高节点抗剪能力。该体系中节点采用干式连接的形式对梁柱构件进行装配，预制构件本身(梁)涉及一定后浇工作。PPEFF 体系已相对成熟，在国内已投入实际应用。图 6.12(a)为广州白云机场三期扩建配套养老院项目，不但实现了“五天两层”的高效建造，而且具有高抗灾性能、节能环保、成本经济等优势，实现了建造高效、性能优异和成本经济的统一。

(a)广州白云机场三期扩建配套养老院项目

(b)PPEFF体系梁柱节点

图 6.12 PPEFF 体系

除此之外，我国学者还研发出一系列采用预应力连接形式的梁柱节点。在 PPEFF 体系梁柱节点的基础上，对无后浇叠合层的预制梁可采取图 6.13 所示的节点连接形式。梁柱节点中的普通耗能钢筋布置于预制梁顶部，通过将预制梁顶部挖去凹槽，现场连接后穿钢筋，配合预制梁中部后张无粘结预应力筋将梁柱构件连接成整体。其与 PRESSS 项目中混合型连接节点的区别在于，该节点普通钢筋仅布置在梁截面上部。对该节点进行试验研究，发现试件的破坏属于典型的梁端塑性铰破坏形式，由于普通钢筋的不对称配置，节点在两个方向加载时耗能能力明显不同。

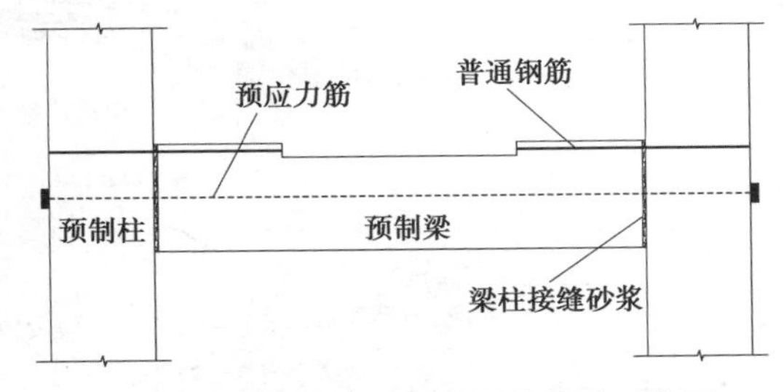

图 6.13 不对称混合连接节点构造示意图

为进一步提高预应力梁柱连接节点的抗震性能和整体性，可采用预应力和附加耗能件配合使用的形式。以图 6.14 所示的节点连接为例，该节点是一种附加全钢耗能杆-后张预应力梁柱节点，通过无粘结预应力筋提供恢复力，使竹节形耗能杆起到耗能作用。对该节点进行低周期往复试验，结果表明：该节点具有良好的自复位能力和抗震性能。但针对于图 6.14 中的这类节点，目前仍处于研究阶段，还需要考虑其在实际应用中存在的一系列问题，运用于工程中时需研究该类节点的适用性。

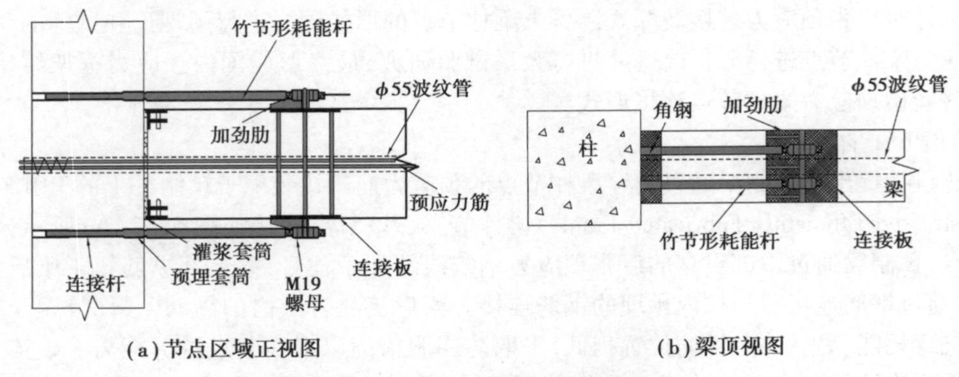

(a)节点区域正视图　　(b)梁顶视图

图 6.14　装配式混凝土节点构造图

2)高强螺栓连接

在节点连接处通过选用合适的螺栓对构件进行拼接。这种连接方式需要用到高强螺栓以保证节点核心区有足够的强度,其在钢结构框架节点连接中应用广泛。但由于预制混凝土构件采用预留孔道和预埋钢板的形式,螺栓连接也逐渐应用于混凝土框架结构中,梁柱节点采用螺栓连接的形式可以在短时间内获得足够承载能力,满足结构使用功能要求。同时,该连接方式操作简单、施工周期短,现场仅需要对连接螺栓进行拧紧加固即可,结构凭借螺栓自身抵抗外部作用,无需后浇混凝土,且受外界环境影响小,因此将螺栓连接形式应用到装配式混凝土结构中,可使施工更加简便快捷,更加符合装配式发展理念,符合建筑工业化发展的需要。

针对高强螺栓梁柱连接节点,芬兰 Peikko 集团进行了相关研究,并提出一种连接形式,如图 6.15 所示。通过在梁内预埋 BECO 梁端连接座,并与柱中预埋的 COPRA 锚固螺栓配套使用,实现混凝土梁柱构件之间的连接。BECO 梁端连接座和 COPRA 锚固螺栓连接详图如图 6.15(a)所示。在现场安装时,将梁端连接座和锚固螺栓吊装对位,通过螺帽紧固[图 6.15(c)]即可完成节点连接。

(a)梁端连接座和锚固螺栓连接简图

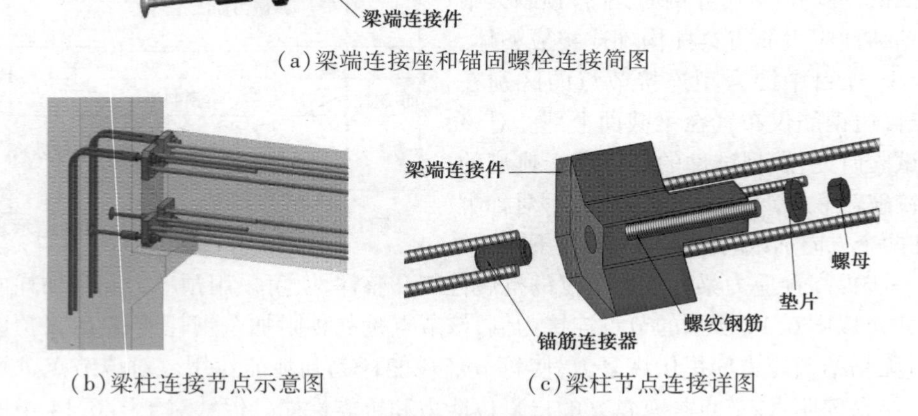

(b)梁柱连接节点示意图　　(c)梁柱节点连接详图

图 6.15　Peikko 螺栓连接梁柱节点

我国《装配式多层混凝土结构技术规程》(CECS 604)通过借鉴国内外的研究成果,针对梁柱刚性连接推荐了一种螺栓连接形式,该梁柱连接节点示意图如图 6.16 所示。预制柱在节点连接处预埋钢筋，预制梁在梁端挖去凹槽，并预埋螺栓连接器。现场装配连接，先将预制梁吊装就位，使梁搁置在柱中的牛腿上，待定位完成后采用连接螺栓连接柱中预埋钢筋和梁中预埋螺栓连接件。该梁柱节点弯矩由螺栓承受，剪力由牛腿承受，传力路径清晰，安全可靠。对规程推荐的梁柱节点进行试验研究，结果表明：此种节点的刚度及承载力均可满足刚性节点的要求，与现浇节点的性能接近。

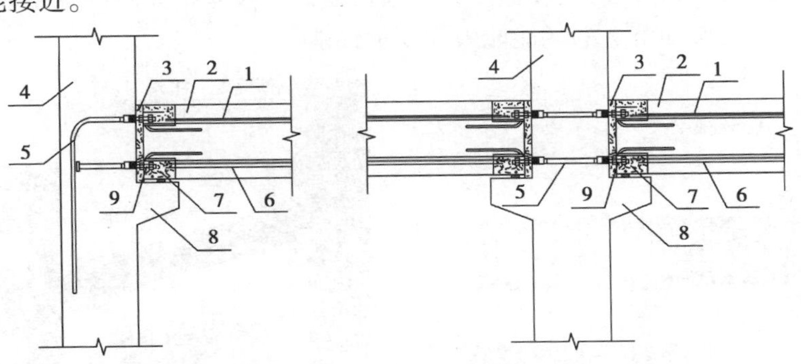

图 6.16　全预制混凝土梁柱节点

1—梁上部纵筋；2—预制梁；3—灌浆接缝；4—预制柱；5—节点内预埋钢筋；6—梁下部纵筋；7—螺栓连接器；8—牛腿；9—连接螺栓

《装配整体式钢连接混合框架结构节点构造》（22TG306）针对装配式混凝土梁柱节点提出一种干式连接方案，如图 6.17 所示。预制梁和预制柱在节点连接处分别预埋型钢，型钢外伸一定长度用于节点连接。在现场装配时，对梁柱外伸的型钢按照钢结构的方式进行连接，梁腹板与柱中腹板连接件采用螺栓连接；梁上下翼缘与柱中型钢通过焊接连接，形成刚性梁柱节点，有利于节点区域弯矩和剪力的传递。

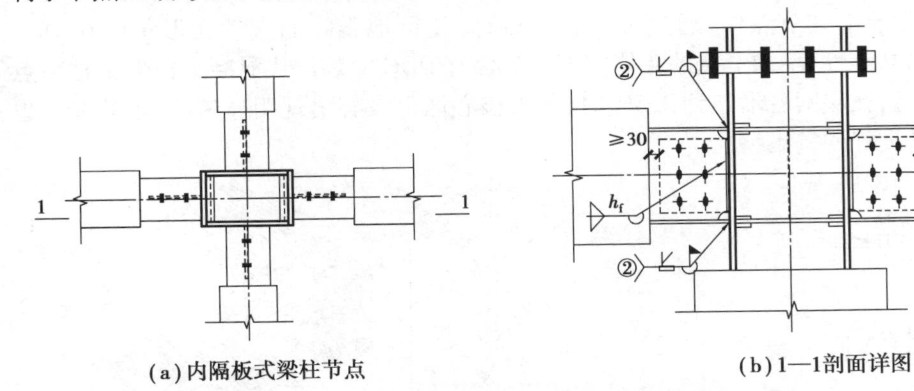

(a) 内隔板式梁柱节点　　(b) 1—1剖面详图

图 6.17　梁柱刚接节点构造图

同济大学参与了以研究新型预制混凝土框架结构抗震性能为目标的项目。基于此项目，设计了一种新型螺栓梁柱连接节点，预制柱中预埋螺杆，梁端部设置有连接端板的工字形短梁接头，端板通过节点支座、垫板和螺帽与柱实现半刚性的螺栓连接（图 6.18），对该半刚性连接节点进行低周期往复加载试验。结果表明：该半刚性连接节点主要抗震性能指标与现浇高强混凝土梁柱组合件基本接近，表明螺栓连接节点具有良好的抗震性能。

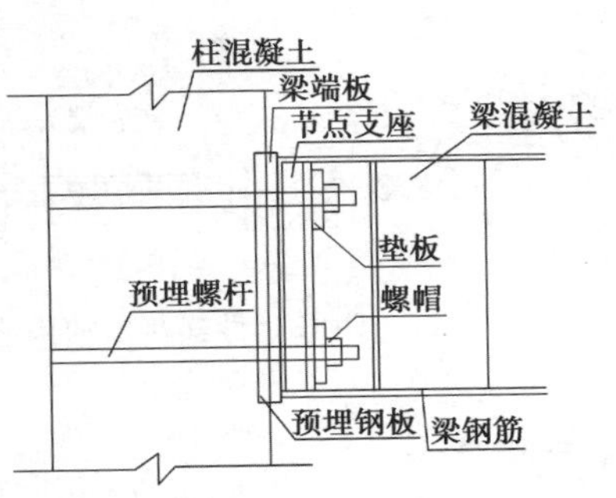

图 6.18　全装配式螺栓连接节点

考虑现场装配时预制梁沿水平方向对位,施工难度相对较大。为保证预制梁的竖向吊装,可通过在柱中节点连接区域预埋螺纹套筒,与梁端设置的钢梁端板通过高强螺栓进行连接,如图6.19(a)所示;或将预制柱与混凝土梁端预制的钢梁段通过高强预应力对拉螺栓等方式进行连接,如图6.19(b)所示。将预制梁节点连接区一定长度用钢梁段替换,一方面方便了节点的干式连接;另一方面通过合理设计,在地震作用下可使钢梁段先于预制构件屈服,从而利用钢梁良好的塑性变形能力,增加节点的耗能能力和变形性能。

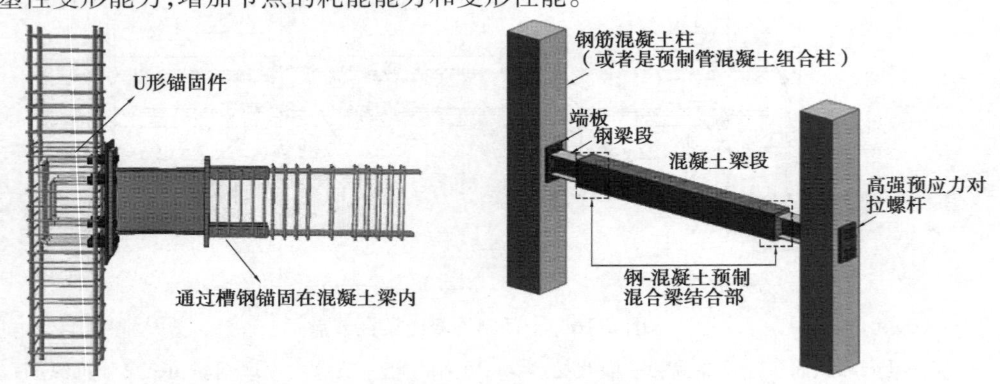

(a)预埋螺纹套筒—高强螺栓连接　　(b)高强预应力对拉螺栓连接

图6.19　螺栓连接混凝土梁柱节点

伴随着基于性能的抗震设计理论研究的深入,人们越来越关注对结构损伤的控制,延性耗能元件的研究与应用受到了越来越多专家和学者的青睐。一些专家开始着手研究性能优异的延性耗能件,并将其应用到全装配式混凝土梁柱连接节点中。图6.20(a)为设计的一款延性连接器(Dywidag Ductile Connector,DDC),DDC为一种低屈服高延性的金属元件,将其以图6.20(b)所示的形式预埋于梁柱节点中,通过节点合理设计,使得地震时的塑性变形集中在DDC上,依靠元件本身的高延性,增加节点的耗能能力。对含有DDC的装配式混凝土框架梁柱节点进行了往复荷载试验,在层间变形达到3.5%时,节点核心区仍没有出现明显破坏,承载能力也保持稳定,验证了其良好的抗震性能。

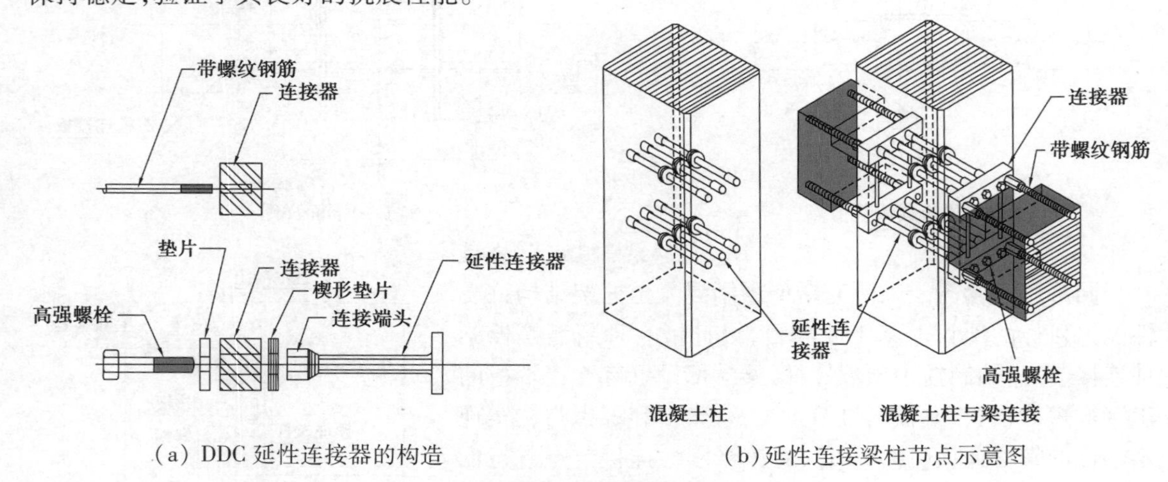

(a) DDC延性连接器的构造　　(b)延性连接梁柱节点示意图

图6.20　延性连接梁柱节点

3)牛腿连接

由于牛腿自身的承载力很高,能可靠地承担并传递竖向荷载,因此牛腿连接在干式连接中的应用相当普遍。厂房的空间很大,对牛腿的建筑要求不高,但是对牛腿的承载力要求较高,因此单层或多层厂房中多用承载力较高的明牛腿。在住宅或商业用房中,牛腿应尽量满足建筑的要求,此时常把牛腿做成不影响美观的暗牛腿。对于暗牛腿,可以有很多种做法,如混凝土暗牛腿,型钢暗牛腿等。下面将对各种样式的牛腿及其受力性能进行简要的分析。

(1)明牛腿连接

预制装配式钢筋混凝土单层或多层厂房中广泛采用明牛腿节点,这种节点承载力大,受力可靠,节点刚性好,施工安装方便,如图6.21所示。明牛腿的设置不仅方便传力,还可以作为预制梁施工时的支座。但是,由于明牛腿的作法在建筑上影响美观且占用空间,因此它只适用于对美观要求不高的房屋建筑或用于吊车梁支座。

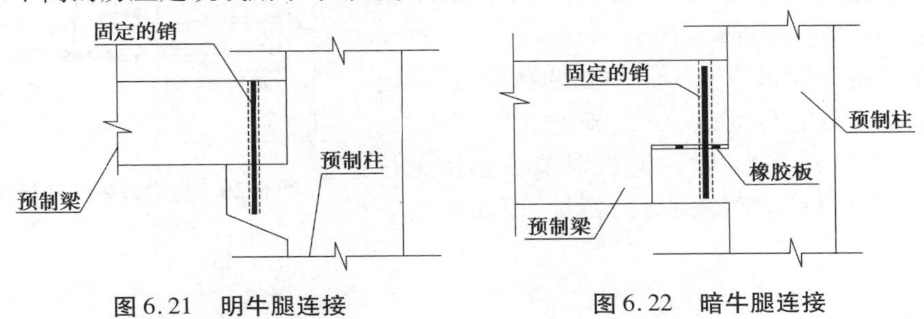

图6.21 明牛腿连接

图6.22 暗牛腿连接

(2)混凝土暗牛腿连接

考虑到明牛腿连接不适用于住宅等对美观要求比较高的建筑,可设想将柱中设置的牛腿隐藏在梁柱节点中,形成如图6.22所示的暗牛腿。这种节点连接构造不但包含明牛腿连接的特点,还不占用空间,有利于建筑美观,但这种应用暗牛腿的作法给结构性能带来了缺陷,特别是不利于静力和动力性能的设计,会使节点抗剪性能有所降低。若使梁的一半高度能够承受剪力,则另一半梁高用作柱中的牛腿,为保证节点区有足够的抗剪承载力,则梁端和牛腿的配筋相对复杂。

美国针对混凝土暗牛腿梁柱连接节点开展了系统研究,并在PCI手册中推荐了一种暗牛腿连接装配式混凝土梁柱节点。节点连接形式如图6.23所示,预制柱在连接区域设置混凝土块,作为梁柱节点连接的暗牛腿,混凝土块顶部外伸竖向螺栓;预制梁对应挖去凹槽,并在凹槽顶部预埋槽钢,现场连接时,将梁预埋槽钢和柱中竖向螺杆吊装对位,通过螺帽紧固连接梁柱节点。

我国利用混凝土暗牛腿也形成了一系列梁柱节点连接形式。以如图6.24所示的梁柱连接节点为例,该节点通过螺栓、L型钢、暗牛腿进行连接。这种连接方式要求在梁、柱和暗牛腿处分

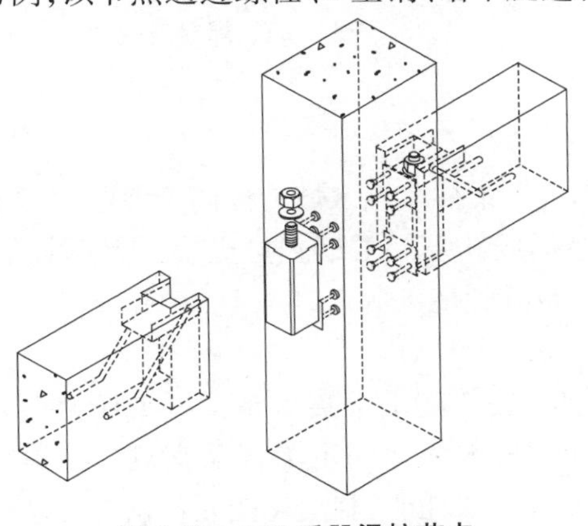

图6.23 PCI手册梁柱节点

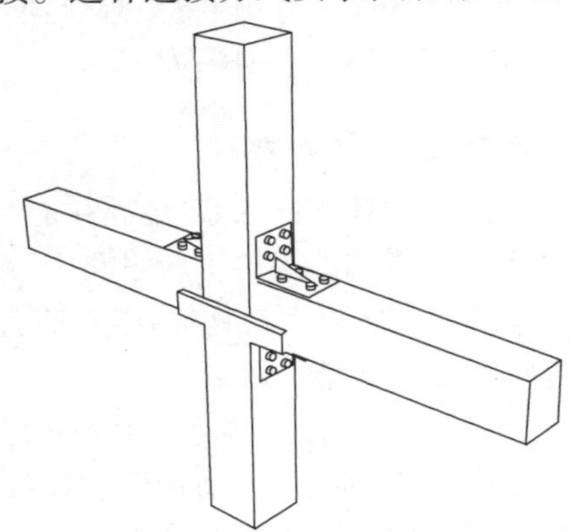

图6.24 暗牛腿-角钢梁柱节点

别预留螺栓孔，利用L型钢和对拉螺栓连接预制梁、柱构件。节点区梁端的剪力由暗牛腿和螺栓共同承受，弯矩由对拉螺栓、角钢、暗牛腿共同承担，节点传力路径明确，而且该连接方式现场安装便捷、快速、无现场湿作业，因此是一种良好的节点连接形式。

(3)型钢暗牛腿连接

混凝土暗牛腿由于削弱了梁端截面，对节点抗剪是一个极大的考验，可考虑将混凝土牛腿用型钢替代，即为型钢暗牛腿梁柱节点。如图6.25所示为型钢暗牛腿连接示意图，该节点中梁端的剪力可以直接通过牛腿传递到柱子上，梁端的弯矩可以通过梁端和牛腿顶部设置的预埋件传递，节点传力可靠。当剪力较大时，用型钢做成的牛腿可以减小暗牛腿的高度，相应地可增加梁端缺口梁的高度，以增加节点的抗剪能力。由于型钢具有良好的变形特性，通过对节点连接进行合理设计还可以较好地发挥钢材的特性，增加连接节点的耗能能力。

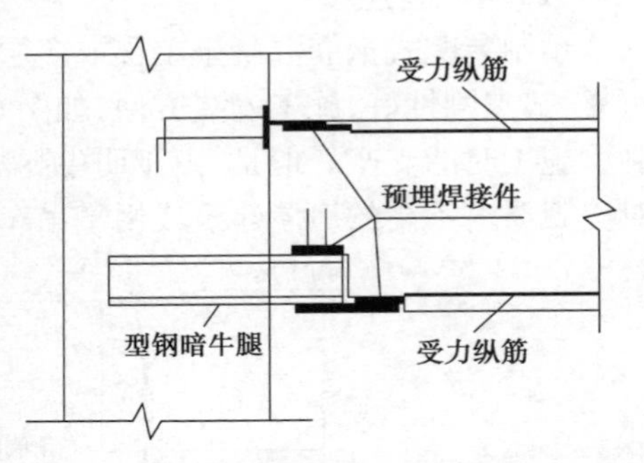

图6.25　型钢暗牛腿连接示意图

4)焊接连接

焊接连接的装配式混凝土梁柱节点是预制构件中常用的连接方式，这种节点技术已相对成熟，主要被广泛应用在日本、美国、英国等国。采用该种连接方式的节点可以缩短工期，避免现场浇筑，节约造价成本。但该节点需要现场焊接，要求拥有较高的焊接技术，否则无法保障节点的质量。与此同时，在地震荷载下这种焊接节点的承载力不是很高，且容易发生脆性破坏。

如图6.26所示为美国焊接连接方法之一。该焊接连接的抗震性能较不理想，主要原因是该连接方法中无明显的塑性铰设置，在反复地震荷载作用下焊缝处容易发生脆性破坏，该节点连接处的耗能能力较差。但塑性铰设置良好的焊接接头的优越性还是相当明显的，开发变形性能较好的焊接连接构造是当前焊接连接的发展方向。在施工中应该充分安排好相应构件的焊接工序，以提高焊接质量，减小焊接的残余应力，保证节点连接安全可靠。

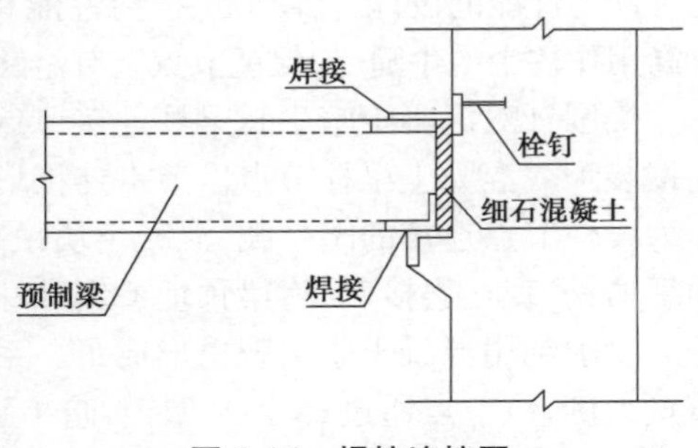

图6.26　焊接连接图

5)可更换耗能连接件连接

随着消能减震设计的深入，将金属耗能装置内置于梁柱节点区域为提高全装配式框架结构在大震水平下的抗震韧性提供了新思路，目前已经形成和发展了诸多可更换节点形式如销轴-可更换耗能元件、牛腿-可更换耗能钢板、剪力键-可更换耗能条等。

(1)销轴-可更换耗能元件

可更换销轴-耗能元件连接是一种利用销轴连接，在梁端上下翼缘布置可更换耗能元件的梁柱节点。如图6.27所示，销轴在保证连接的同时，还人为地固定了转动支点。在地震作用下，梁柱节点绕销轴转动，梁上下翼缘布置的耗能元件屈服耗能，利用耗能元件良好的塑性变形特性，提高节点的耗能能力。震后对耗能元件更换即可继续使用，满足震后功能的可恢复性和快速恢复特性。

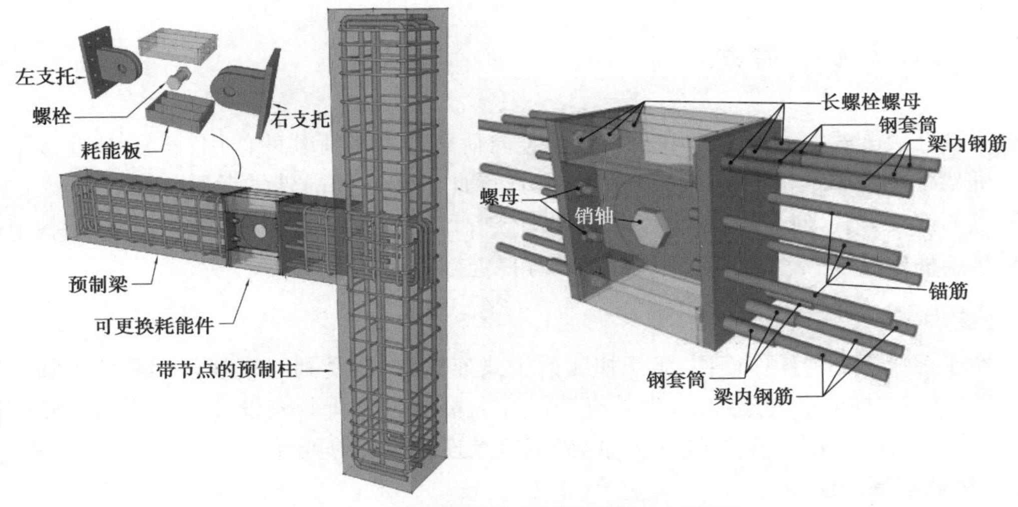

图 6.27　可更换销轴-耗能元件节点示意图

(2)牛腿-可更换耗能钢板

在水平往复荷载下,由于梁内钢筋塑形变形累积和梁中性轴高度的变化,框架易产生梁伸长效应,影响梁-楼板的协调变形能力。为了解决这个问题,同时考虑节点耗能部位的可更换特性,可采用将外置的耗能件与预制梁铰接连接的方式。如图 6.28 所示是一种带外置钢板阻尼器顶部铰接的牛腿-可更换耗能钢板梁柱节点。钢板阻尼器的竖肢连接区域与预制柱固定连接,水平肢连接区域与预制梁之间的连接仅允许两者之间水平向单调及循环往复位移,借此可以有效协调梁-板变形。除此之外,通过耗能钢板耗能段塑性变形,可有效提高节点的耗能能力,在震后只需对耗能钢板更换即可完成修复,简化修复工序,提高修复效率。

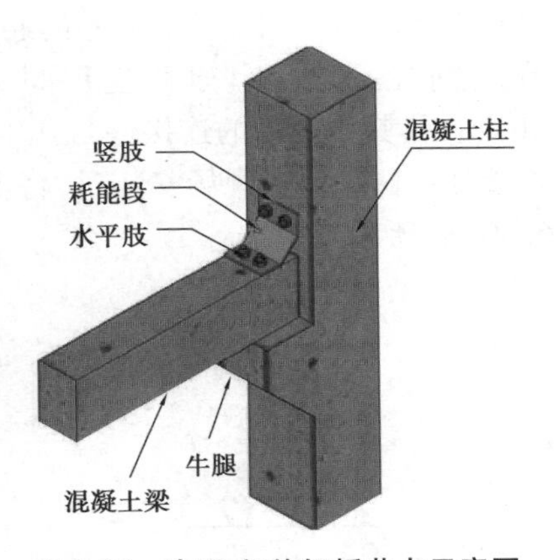

图 6.28　牛腿-耗能钢板节点示意图

(3)剪力键-可更换耗能条

牛腿-耗能钢板连接形式虽对楼板起到了很好的保护作用,但是明牛腿对建筑美观有一定影响,且梁顶耗能钢板外置会造成楼板铺设困难。基于此,可考虑将耗能件设置于梁截面内部。如图 6.29 所示为一种底部附加可更换耗能条的节点连接形式。通过对该节点进行合理设计,在低周反复荷载作用下,底部耗能条首先屈服耗能,梁端塑性铰区域转动的中性轴控制在楼板转角区域内,从而有效减轻楼板的开裂现象。对该节点进行现场加载试验,试验中对耗能条进行两次更换,更换前后节点性

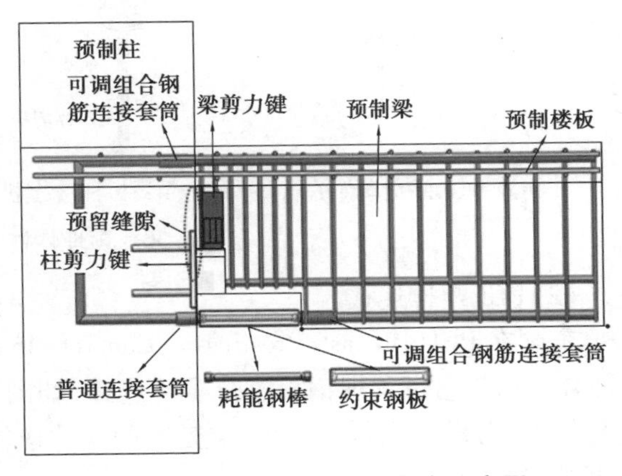

图 6.29　剪力键-耗能条节点示意图

能接近，证明了节点良好的震后可修复特性，可以加以推广应用。

6.2.2 柱-柱连接节点

框架柱在装配式混凝土结构中起着承担竖向荷载和水平荷载的作用，其柱-柱连接节点更是保证框架柱及整体结构抗震性能的关键部分，因此近年来国内外学者对装配式混凝土柱-柱连接节点的连接方式及抗震性能做了较多理论分析和试验研究。全装配式混凝土柱-柱节点的连接可采用螺栓连接、法兰连接、预埋连接件焊接连接等连接方式。

1）螺栓连接

螺栓连接作为一种操作简便、施工快捷的干式连接方式，受到越来越多学者的青睐。针对装配式混凝土柱-柱节点的连接，国内外有关研究人员通过分析研究设计了一系列螺栓连接的节点连接形式，并对节点进行分析研究，以确定节点连接形式的可行性。

（1）预埋连接件连接

芬兰 Peikko 公司、德国 HALFEN 集团和 PFEIFER 公司等针对装配式混凝土柱-柱节点的连接分别研发出了预埋于上柱中的连接件和下柱中的锚件，利用连接件和锚件的配合使用来保证节点连接的可靠性。以芬兰 Peikko 公司为例，该公司设计的柱-柱节点的连接机理如图 6.30(b)所示，其中上部的连接件与柱中的纵筋和箍筋固定连接[图 6.30(c)]，下部的锚件与上柱连接件对位预埋。现场安装时，将上下柱吊装就位，仅需将螺帽旋紧即完成节点的连接，如图 6.30(a)所示。

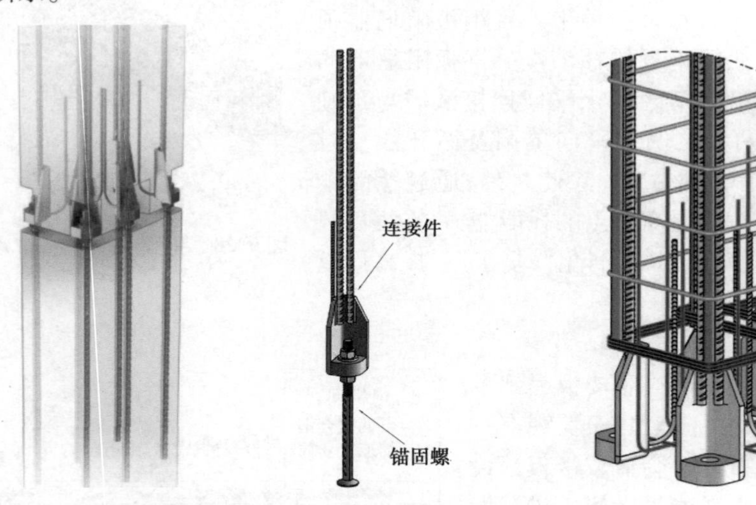

（a）柱-柱连接节点示意图　（b）柱-柱连接机理　（c）上柱连接件与柱中钢筋连接图

图 6.30　预埋件柱-柱连接节点示意图

（2）PCI 螺栓连接

美国在 PCI(Precast/Prestressed Concrete Institute)协会手册中有 3 种干式连接的方法。这 3 种方法都是通过预埋钢板进行螺栓连接，如图 6.31 所示。这 3 种连接方式都具有现场连接操作简便、劳动强度低的优点，但是前两种的连接部位截面削弱较多，对承载力、刚度会有一定程度的影响。

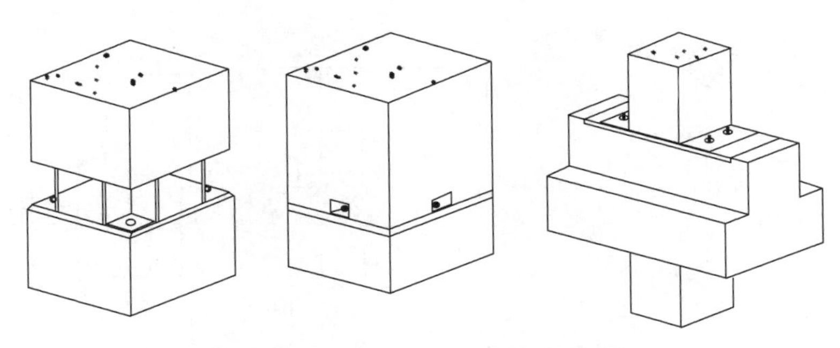

图 6.31 PCI 手册 3 种螺栓连接形式

2）法兰连接

我国针对螺栓连接柱-柱节点也有一定的研究成果，部分连接节点已投入实际应用。其中法兰连接是一种将法兰盘和螺栓连接相结合的方式连接预制柱构件的干式连接方式，这种连接形式充分利用了法兰盘和高强螺栓良好的受力性能，安装便捷、快速、抗震性能良好，是一种良好的节点连接形式。

《装配整体式钢连接混合框架结构节点构造》（22TG306）列举了一种利用高强螺栓法兰连接柱-柱节点的连接形式，如图 6.32 所示。在节点连接区，上柱底（下柱顶）预埋钢连接件，连接件另一端头连接法兰板。该节点在现场连接转化为钢结构的连接形式，对吊装对位的上下柱只需利用分布在法兰盘四周的高强螺栓即可连成整体。

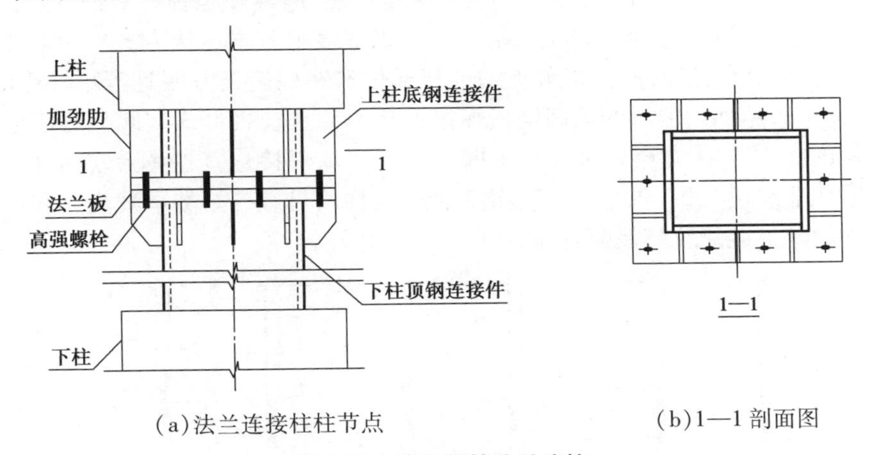

（a）法兰连接柱柱节点　　（b）1—1 剖面图

图 6.32 高强螺栓法兰连接

除此之外，我国学者相继研究出各种形式的法兰连接柱柱节点，图 6.33 所示节点中，上、下端板，加劲肋板，腹板组成的节点区预制，上下柱纵筋外露并刻丝，与节点区上下法兰盘预留孔对位安装，通过螺帽紧固连接节点。对试件开展拟静力试验，试验表明：钢节点虽然在钢腹板和加劲肋板处发生了屈服，但节点区整体性保持较好，能够达到连接破坏晚于试件破坏的要求，预制混凝土柱在试验过程中表现出良好的延性特性和耗能能力。

如图 6.34 所示为一种将榫式连接与法兰盘型钢连接结合的柱柱节点连接形式，上下法兰盘分别与上下柱锚定，在法兰盘外露部分孔洞处采用螺栓连接完成上下柱的固定，由于齿槽的存在，节点区域的抗弯和抗剪承载力均有所提高，但是法兰盘外露对美观有一定影响。

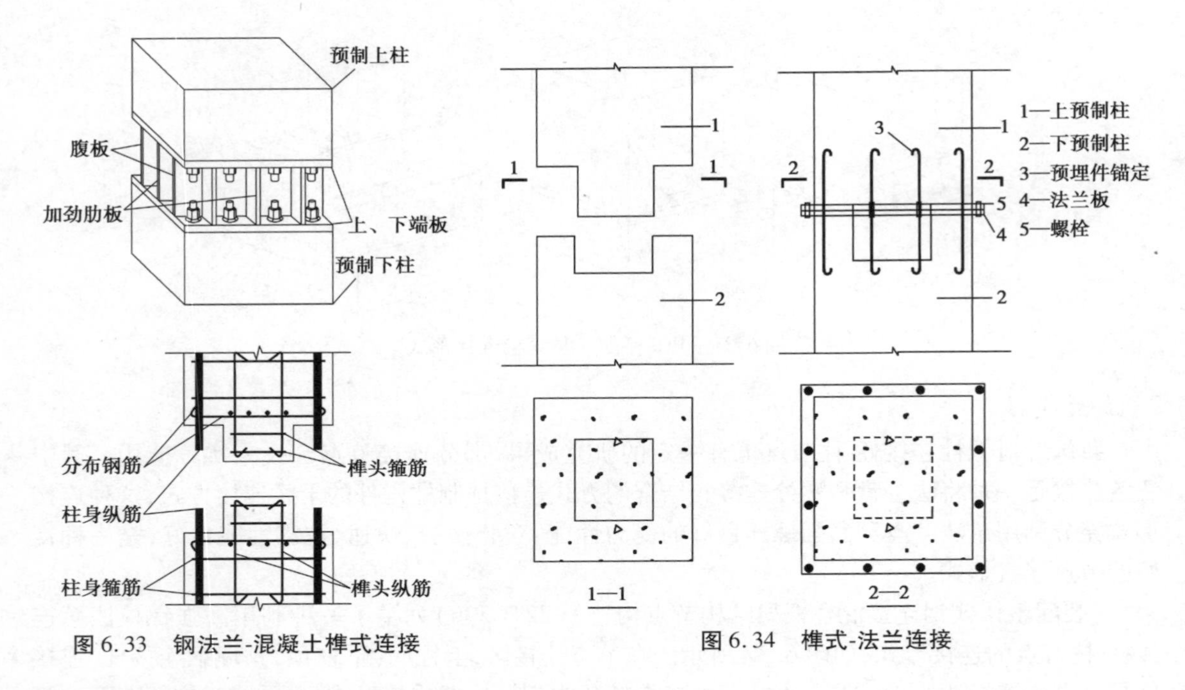

图 6.33　钢法兰-混凝土榫式连接

图 6.34　榫式-法兰连接

3)预埋连接件焊接连接

焊接连接在装配式混凝土柱-柱节点连接中应用广泛,国内外学者针对焊接连接柱-柱节点提出了不同的节点连接形式。图 6.35 列举了一种以焊接为基本连接方式的全装配式柱-柱干式连接方法。柱-柱节点在设计时,将节点的连接部位选在柱施工方便且弯矩较小的反弯点附近,连接部位周边采用如图所示的预埋钢板焊接连接的节点连接形式。此类连接施工方便,是一种简单实用的柱-柱连接方法。对 3 种不同截面形式的焊接连接柱-柱节点进行抗震性能试验分析和有限元非线性分析,研究结果表明:3 种连接柱均具有良好的承载能力和耗能性能,其中二齿连接柱的综合性能较其他两者高,建议采用二齿连接柱。

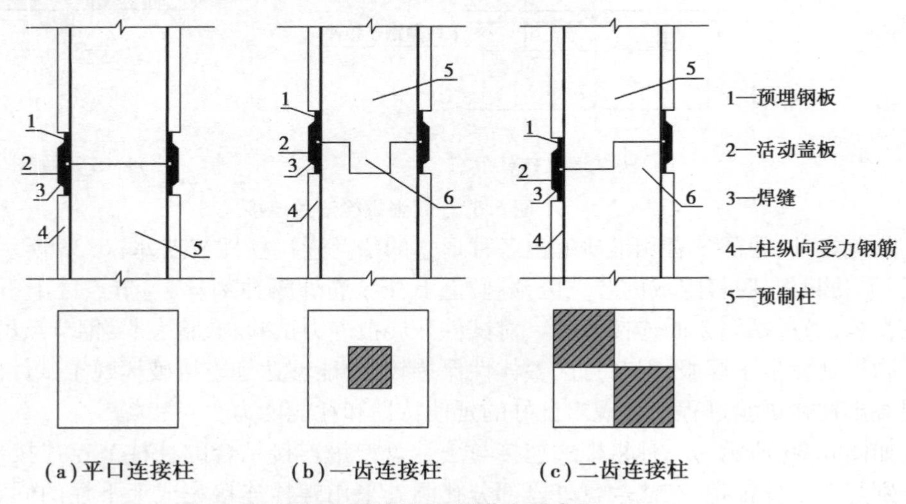

图 6.35　预埋钢板焊接柱-柱节点示意图

6.2.3　柱脚连接节点

柱脚作为上部结构与基础连接的重要部位，是决定建筑结构稳定的重要因素。在地震作用下，框架柱与基础连接节点的损伤往往是结构失效的关键原因，不同的节点构造形式对于预制柱的抗震性能影响各有不同。在实际工程中，柱脚节点构造形式的复杂程度对装配式结构施工效率以及工程造价有一定的影响，为提高装配式柱脚节点抗震性能、节点的受力性能与装配效率，并进一步推进装配式混凝土结构的发展，研究学者相继提出了不同构造形式的节点连接，并对其进行抗震性能研究。

装配式混凝土底层柱与基础之间可以通过柱底预埋基础盘，基础沿竖向预埋螺杆，在现场采用螺栓连接的方式进行装配连接，如图6.36(a)所示；可以通过基础顶部和柱侧边预埋钢板焊接连接的形式，如图6.36(b)所示；也可在预制柱和基础对应位置预留预应力筋孔道，现场通过后张预应力筋连接柱脚节点，后张预应力筋一方面可保证连接，另一方面其产生的压着力可使柱脚节点在地震作用下具有良好的自复位特性，如图6.36(c)所示。

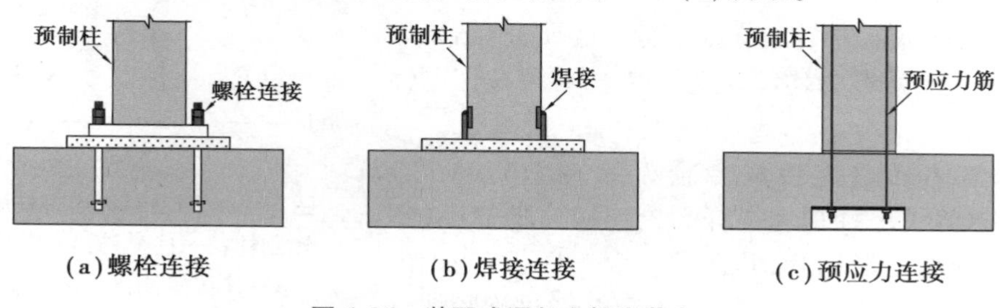

(a)螺栓连接　　(b)焊接连接　　(c)预应力连接

图6.36　装配式混凝土柱脚节点

后张预应力连接柱脚节点在现场需要后穿预应力筋，并进行预应力筋的张拉工序，现场施工相对复杂；焊接连接需要对预埋钢板进行施焊，焊接质量不易把控；而螺栓连接现场安装简单方便，装配效率高，适应装配式的发展需要。

美国PCI手册推荐了一种基础盘尺寸等同柱截面尺寸的柱脚节点螺栓连接形式(图6.37)。预制柱底部预埋基础盘并在柱底四角削去一定高度的混凝土块，为旋紧螺栓预留操作空间；基础顶部预埋外伸螺栓。在现场将外伸螺栓和基础盘采用高强螺栓连接的方式进行装配，即可完成柱脚节点的连接。

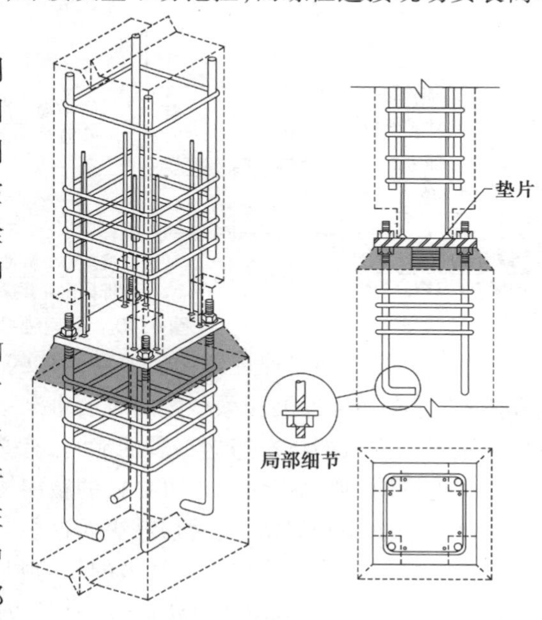

图6.37　PCI手册柱脚节点

除此之外，芬兰Peikko公司、德国HALFEN集团和PFEIFER公司等通过研究，分别设计了预埋连接件螺栓连接的节点连接形式。以芬兰Peikko公司为例，该公司研发的上柱预埋连接件和下柱预埋锚件同样可以用于装配式混凝土柱脚节点的连接，该柱脚连接原理和第6.2.2节中Peikko公司设计的柱与柱之间连接节点相同，都是利用连接件和锚件配合连接，不同之处在于柱脚节点中的锚件预埋于基础中,柱脚节点连接示意图如图 6.38 所示。

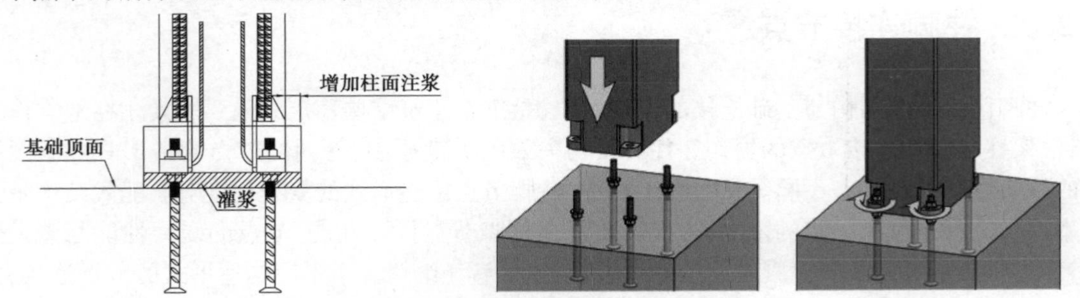

图 6.38 预埋件柱脚连接节点示意图

我国《装配式多层混凝土结构技术规程》(CECS 604)通过借鉴国内外的研究成果,针对螺栓连接柱脚节点设计并推荐了一种刚性连接形式,该柱脚连接节点如图 6.39 所示,预制柱底部预埋螺栓连接器,基础内预埋螺栓。通过螺栓连接器和螺栓配合,旋紧螺帽连接柱脚节点。同济大学等单位对该节点进行试验研究,结果表明:其节点刚度与承载力均与现浇节点类似,可按照刚性节点进行设计。

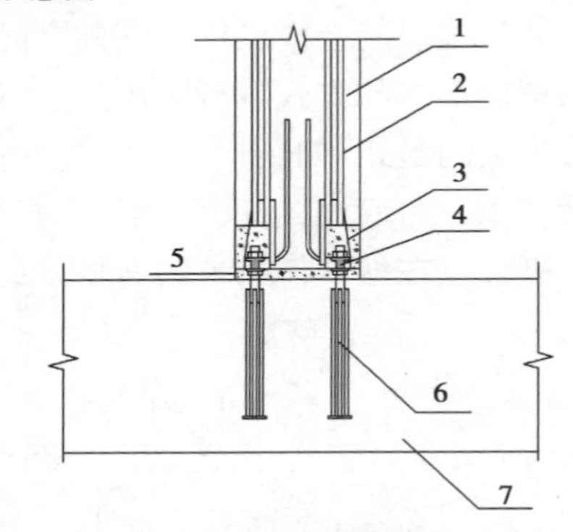

图 6.39 刚性螺栓连接柱脚节点

1—预制柱;2—柱纵筋;3—螺栓连接器;4—连接螺栓;5—接缝灌浆;6—基础内预埋螺栓;7—基础

《装配整体式钢连接混合框架结构节点构造》(22TG306)推荐了一种预埋锚杆螺栓连接柱脚节点(图 6.40),柱底预埋矩形钢管,并在端部设置底板,基础内预埋锚杆,锚杆从底板预留的孔洞中穿出,通过旋紧螺栓装配柱脚节点。

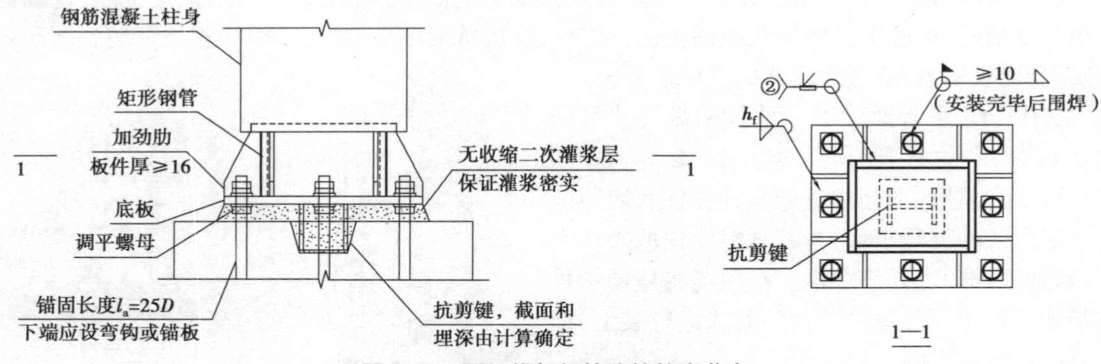

图 6.40 预埋锚杆螺栓连接柱脚节点

损伤构件易更换是保证结构性能易修复的关键,耗能连接依靠材料的塑性滞回耗能来耗散地震能量,但在塑性发展和累积的同时会带来结构损伤的逐步加剧。为保证地震后结构具有承受后续服役期内可能再次遭遇地震的能力,有必要探索简单高效的耗能结构,在保证结构主体部分完好的同时,使损伤集中于可更换的耗能构件中,让这些构件吸收和消耗地震能量,从而有效控制结构的响应和损伤,震后仅需更换这些构件即可完成结构功能的快速恢复。

框架结构底层混凝土柱承受较大的压力和弯矩的共同作用,柱脚处很容易发生弯曲破坏形成塑性铰,存在严重的混凝土剥落压碎、纵筋压曲等现象。如何减小地震作用下柱脚所受损伤,或使损伤集中于便于修复的地方，是研究者们共同关心的问题。针对这一问题，国内外研究人员在此维度上进行了不断探索与研究，设想了多种可更换柱脚节点连接形式。图6.41是几种可更换柱脚节点示意图，底层柱与基础之间可采用如图所示节点连接方式(也可以采用其他连接形式)，并在节点连接处两侧对称安装可更换柱脚连接件。通过节点的合理设计，在地震作用下，可更换柱脚连接件先于预制构件屈服，可以利用其塑性变形能力改善节点的耗能性能。震后对可更换柱脚连接件进行更换即可继续使用，从而保证了构件损伤的易修复特性。

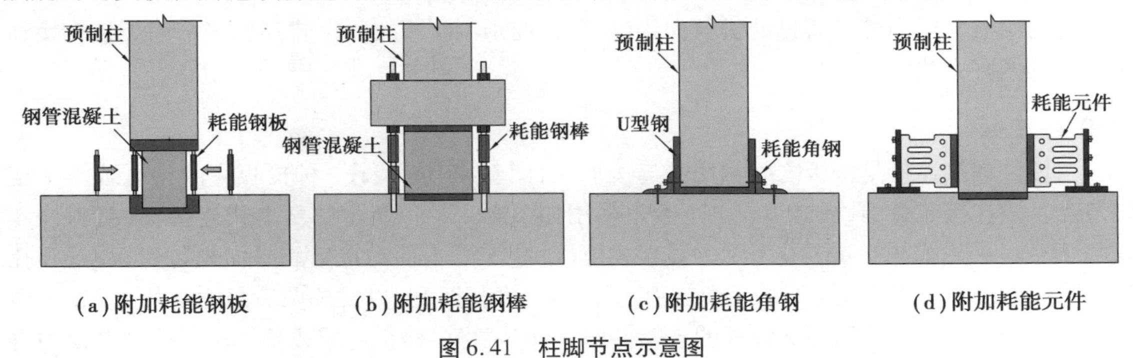

图6.41 柱脚节点示意图

6.3 全装配式混凝土楼板连接

6.3.1 梁-板连接节点

梁板是楼盖中相互作用梁、板的结合，由工厂预制构配件，运输到施工现场，通过梁板连接结构实现装配。目前国内外针对预制梁板之间纯干式连接的研究相对较少，针对普通预制板多数采用螺栓连接的方法与预制梁连接；对于双T板，由于其截面特性，梁板接触面有可供施工人员操作的空间，其与预制梁的连接可以采用预埋件焊接的连接方式。本节针对梁-板之间的干式连接形式进行介绍，对于叠合梁-叠合板之间的连接详见第5章。

《预应力混凝土双T板》(18G432-1)中给出了预制梁和双T板螺栓连接和焊接连接的节点连接形式，具体节点连接构造详见4.5.3节。除此之外，相关学者还研究出一系列干式连接梁-板节点的形式，以图6.42所示的螺栓连接装配式混凝土梁-空心板节点为例，在该梁-板连接节点中利用钢板搭建起两预制构件之间的联系，钢板一端插入到滑动器/剪力机械连接器上的卡槽处，另一端与空心板通过对拉螺栓固定连接。在地震作用下，当楼板与梁成直角移动时梁上器械可作为剪力键，当楼板平行于梁移动时梁上器械作为滑动器。因此，该系统能够通过创建在两个方向上有效解耦的铰接或接合机构来适应楼板和框架之间的位移兼容性需求。

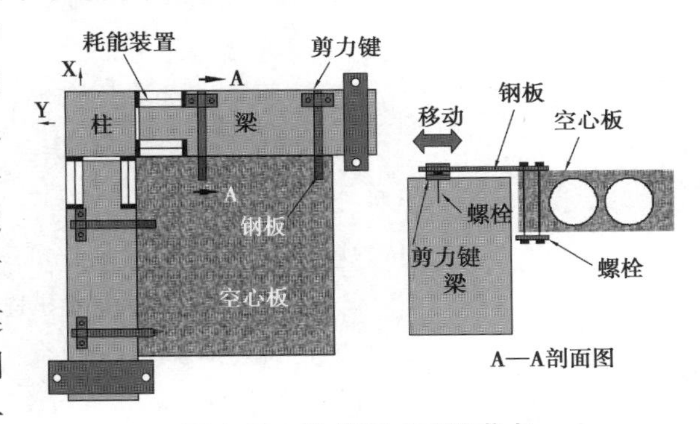

图6.42 梁-板干式连接节点

6.3.2 板-板连接节点

目前,现有的装配式混凝土结构中楼板大多采用叠合板,叠合板的后浇叠合层虽然保证了板间的整体性,但仍存在湿作业规模大、工序较多、养护周期长等缺点。为解决以上技术问题,有必要开发高效快捷、性能可靠的装配式混凝土楼板干式连接方案,以便充分发挥装配式混凝土结构的优点。国内外学者据此进行深入研究,目前预制楼板之间干式连接多采用焊接连接和螺栓连接两种方法。

1)焊接连接

预埋件焊接连接是楼板之间常用的连接形式,图 6.43 展示了一种楼板之间全干式焊接连接节点。该连接节点中,板缝节点的上企口采用如图 6.43(a)所示的发卡式连接件(抗剪性能好);下企口采用如图 6.43(b)所示的盖板式连接件[兼顾平面内抗剪和平面外抗弯,通过开孔尺寸与焊缝设计实现与上企口发卡式连接件强(刚)度相匹配,以发挥两者最大效用]。相邻两楼板在现场通过对顶部和底部设置的连接件施焊,即可将梁楼板装配成整体。对该楼盖模型进行竖向均布荷载作用的静力加载试验,结果表明:楼盖的承载力较高,连接件传力性能良好,在竖向均布荷载作用下楼盖呈现出与现浇双向楼盖类似的性质,具有双向板的变形特征。

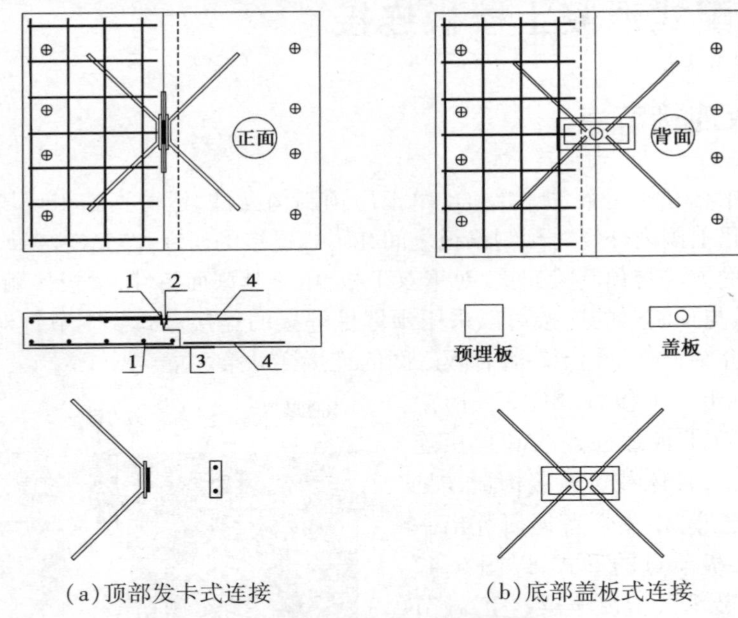

(a)顶部发卡式连接　　(b)底部盖板式连接

图 6.43　发卡-盖板连接节点示意图

1—锚板;2—嵌条;3—盖板;4—锚筋

2)螺栓连接

全装配式混凝土楼盖体系在板与板之间采用焊接的连接方式,施工现场焊接量较大,焊接质量要求高,对环境也有一定影响。而在板间采用螺栓连接的形式,现场连接操作简便,可有效提高装配化施工效率,因此采用螺栓连接的方式对相邻板进行连接,受到学者的广泛关注。图 6.44 即为一种螺栓连接板-板节点,该节点设计时,右侧预制板预埋外伸连接钢板;左侧板预留凹槽,并预埋锚栓。在现场安装时,相邻两预制板通过外伸连接钢板与预埋锚栓对位安装,通过螺帽紧固将相邻两板连成整体,最后可在节点连接凹槽处做相应的防水处理。

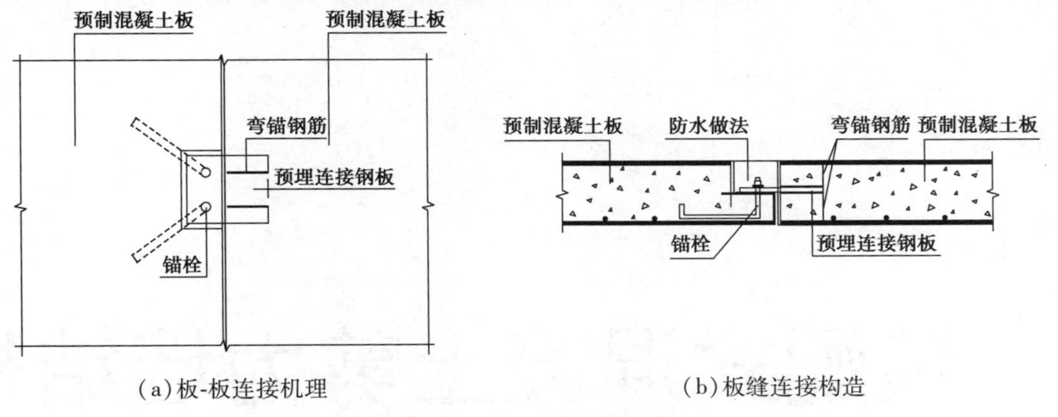

(a)板-板连接机理　　(b)板缝连接构造

图6.44　下沉式楼板螺栓连接

7 装配式混凝土剪力墙结构

7.1 概述

近年来，随着我国建筑工业化的发展，装配式混凝土剪力墙结构体系在我国多高层住宅中的应用逐渐增多。国内装配式混凝土剪力墙结构主要采用全部或部分剪力墙预制，通过可靠的连接方式进行连接，并与现场后浇混凝土、水泥基灌浆料形成整体的装配式混凝土剪力墙结构。装配式混凝土剪力墙结构主要分为装配整体式混凝土剪力墙结构、装配整体式混凝土叠合剪力墙结构和多层装配式墙板结构。

1）装配整体式混凝土剪力墙结构

全部或部分剪力墙采用预制墙板，通过节点部位的后浇混凝土形成具有可靠传力机制，并满足承载力和变形要求的剪力墙结构，简称装配整体式混凝土剪力墙结构。装配整体式混凝土剪力墙结构竖向接缝的后浇节点一般设置在剪力墙边缘构件和转角处，上下层预制剪力墙水平接缝主要通过灌浆套筒或者浆锚搭接连接，如图 7.1 所示。

2）装配整体式混凝土叠合剪力墙结构

装配整体式混凝土叠合剪力墙是将剪力墙从厚度方向划分为 3 层，内外两层预制，通过桁架钢筋连接，中间现浇混凝土，墙板竖向分布钢筋和水平分布钢筋通过附加钢筋实现间接搭接。叠合剪力墙可分为单面叠合剪力墙和双面叠合剪力墙。单面叠合剪力墙是两侧预制板中，仅一侧预制板参与叠合，与中间空腔的后浇混凝土共同受力而形成的叠合剪力墙，另一侧的预制板不参与结构受力，仅作为施工时的一侧模板或保温层的外保护板；双面叠合剪力墙中的预制墙板可作为内外侧的模板，既可用于外墙，又可用于内墙，如图 7.2 所示。

图 7.1 装配整体式混凝土剪力墙

3）多层装配式墙板结构

全部或部分墙体采用预制墙板构建成的多层装配式混凝土结构，简称多层装配式墙板结构，适用于城市保障住房、商业开发的别墅、新农村城镇建设的康居工程住房、学生公寓、安置房等建筑结构体系，如图 7.3 所示。

图 7.2　双面叠合剪力墙

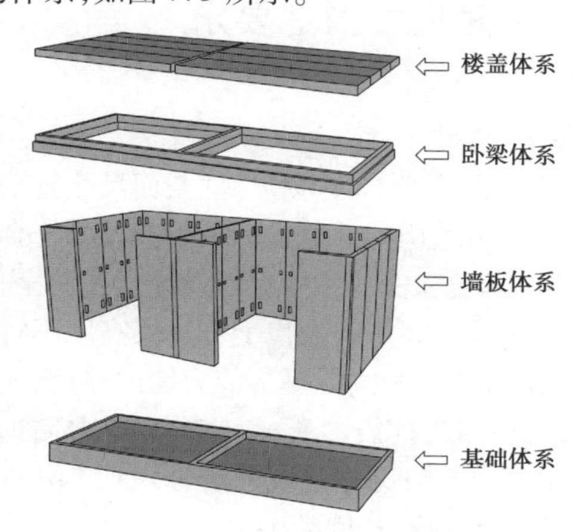

图 7.3　多层装配式墙板

7.2　一般规定

装配式混凝土剪力墙结构的布置应沿两个方向布置剪力墙；剪力墙平面布置宜简单、规则，自下而上宜连续布置，避免层间侧向刚度突变；剪力墙门窗洞口宜上下对齐、成列布置，形成明确的墙肢和连梁。抗震等级为一、二、三级的剪力墙底部加强部位不应采用错洞墙，结构全高均不应采用叠合错洞墙。

装配整体式混凝土剪力墙应符合：对预制剪力墙进行抗震设计时，同一层内既有现浇墙肢也有预制墙肢的装配整体式剪力墙结构，现浇墙肢水平地震作用弯矩、剪力宜乘以不小于 1.1 的增大系数；抗震设防烈度为 8 度时，高层装配整体式混凝土剪力墙结构中的电梯井筒宜采用现浇混凝土结构。

抗震设计时，高层装配整体式剪力墙结构不应全部采用短肢剪力墙；抗震设防烈度为 8 度时，不宜采用具有较多短肢剪力墙的剪力墙结构。当采用具有较多短肢剪力墙的剪力墙结构时，应符合下列规定：

①在规定的水平地震作用下，短肢剪力墙承担的底部倾覆力矩不宜大于结构底部总地震倾覆力矩的 50%。

②房屋适用高度应在装配整体式剪力墙结构的最大适用高度的基础上适当降低，抗震设防烈度为 7 度和 8 度时宜分别降低 20 m。

装配式混凝土剪力墙结构遵循“等同现浇”的设计原则，按照现浇混凝土剪力墙结构设计方法进行设计。当同一层内既有预制又有现浇抗侧力构件时，地震设计状况下宜对现浇抗侧力构件在地震作用下的弯矩和剪力适当放大。多层装配式剪力墙结构与高层装配整体式剪力墙结构相比，结构计算可采用弹性方法进行结构分析，并按照结构实际情况建立分析模型，以建立适用的计算与分析方法。高层装配整体式混凝土剪力墙结构的截面设计方法，剪力墙的墙肢受轴力和弯矩的共同作用时，计算方法与柱类似。

7.3 剪力墙截面设计

7.3.1 截面尺寸构造要求

1)最小截面尺寸

装配整体式混凝土剪力墙构件截面尺寸宜采用一字形,也可采用L形、T形或U形;装配整体式混凝土剪力墙构件的形状和大小不仅要符合建筑功能和结构平立面布置的要求,还需符合墙体的生产、运输和安装条件进行设计。开洞全预制剪力墙的洞口宜居中布置,洞口两侧的墙肢宽度不应小于200 mm,洞口上方连梁高度不宜小于250 mm。

一、二级抗震装配式混凝土剪力墙的厚度,不应小于160 mm且不宜小于层高或无“肢”长度的1/20,三、四级抗震装配式混凝土剪力墙的厚度,不应小于140 mm且不宜小于层高或无“肢”长度的1/25;无端柱或翼墙时,一、二级不宜小于层高或无“肢”长度的1/16,三、四级不宜小于层高或无“肢”长度的1/20。

底部加强部位的装配式混凝土剪力墙厚,一、二级抗震不应小于200 mm且不宜小于层高或无“肢”长度的1/16,三、四级抗震不应小于160 mm且不宜小于层高或无支长度的1/20;无端柱或翼墙时,一、二级不宜小于层高或无支长度的1/12,三、四级不宜小于层高或无支长度的1/16。

装配整体式混凝土剪力墙的连梁不宜开洞。若需开洞,在工厂留洞时,在洞口宜预埋套管,且需保证洞口上、下截面的有效高度不宜小于梁高的1/3和200 mm中的较大值。

对于单面叠合剪力墙结构,一般最小板厚不应小于60 mm;单面叠合剪力墙由于存在拼缝,应取有效厚度参与结构整体计算,以有效厚度计算的墙厚、截面承载力及分布钢筋配筋率与普通全现浇剪力墙一样应满足现行规范《高层建筑混凝土结构技术规程》(JGJ 3)有关的规定。

对于双面叠合墙板结构,当墙板总厚度小于200 mm时,扣除100 mm厚的预制墙板,现浇部分不足100 mm,不能满足受力要求,也不利于施工。因此,规定任何情况下墙板总厚度不得小于200 mm。双面叠合剪力墙结构的截面设计除满足现行规范《装配式混凝土建筑技术标准》(GB/T 51231)外,还应符合《高层建筑混凝土结构技术规程》(JGJ 3)的有关规定,其中剪力墙厚度b取双面叠合剪力墙的全截面厚度。

对于多层装配式墙板结构,预制墙板厚度不宜小于140 mm,且不宜小于层高的1/25,当房屋高度不大于10 m且不超过3层时,预制剪力墙截面厚度不应小于120 mm;当房屋超过3层时,预制剪力墙截面厚度不宜小于140 mm。

2)墙肢截面剪力设计值

研究表明,当剪力墙的名义剪应力值超过一定限值时,墙肢将会过早出现斜裂缝,抗剪钢筋不能充分发挥作用,即使配置足够的抗剪钢筋,也会过早发生剪切破坏。为避免墙肢出现此情况,需要限制墙肢截面的平均剪应力与混凝土轴心抗压强度的比值,即限制剪压比。

(1)永久、短暂设计状况

$$V=0.25\beta_c f_c b_w h_{w0} \tag{7.1}$$

(2)地震设计状况

剪跨比 $\lambda>2.5$ 时

$$V=\frac{1}{\gamma_{RE}}(0.20\beta_c f_c b_w h_{w0}) \tag{7.2}$$

剪跨比 $\lambda\leqslant2.5$ 时

$$V=\frac{1}{\gamma_{RE}}(0.15\beta_c f_c b_w h_{w0}) \tag{7.3}$$

式中　V——墙肢截面剪力设计值,一、二、三级剪力墙底部加强部位墙肢截面的剪力设计值按式(7.4)和式(7.5)进行调整;

β_c——混凝土强度影响系数,混凝土的强度等级不大于C50时,取1.0;混凝土强度等级为C80时,取0.8,中间按线性插值取值;

λ——计算截面处的剪跨比,即 $M_c/V_c h_{w0}$。

3)轴压比限值

与钢筋混凝土柱相同,轴压比是影响墙肢弹塑性变形能力的主要因素之一,剪力墙墙肢的轴压力随建筑高度的增加而增大。相同条件的剪力墙,轴压比低的,其延性大,轴压比高的,其延性小;通过设置约束边缘构件,可以提高轴压比,提高剪力墙的塑性变形能力,但当轴压比大于一定值后,即使设置约束边缘构件,在强震作用下,剪力墙仍可能因混凝土压溃而丧失承受重力荷载的能力。因此,实际结构设计中规定了剪力墙的轴压比限值。一、二、三级剪力墙在重力荷载代表值作用下,墙肢的轴压比限值如表7.1所示。

表7.1　剪力墙轴压比限值

抗震等级	一级(9度)	一级(6、7、8度)	二、三级
轴压比限制	0.4	0.5	0.6

墙肢轴压比按 $\mu_N=N/(f_cA)$ 计算:N 为重力荷载代表值作用下墙肢的轴压力设计值(分项系数取1.3),f_c 为混凝土轴心抗压强度设计值,A 为墙肢的截面面积。各类预制剪力墙的轴压比限值除满足上述要求外,还应满足现行规范《装配式混凝土结构技术规程》(JGJ 1)及《装配式混凝土建筑技术标准》(GB/T 51231)的相关规定。

7.3.2　内力设计值

剪力墙的荷载效应组合需考虑有无地震作用两种情况,选取控制截面最不利组合的内力设计值进行截面承载力验算。一般情况下,选取墙肢的底部截面,墙厚、混凝土强度以及配筋量发生改变的截面作为控制截面。

对于抗震等级为一级的剪力墙,为了使墙肢的塑性铰出现在底部加强部位,避免底部加强部位以上的墙肢屈服,其弯矩设计值取法如下:底部加强部位采用墙肢截面组合的弯矩计算值,不增大;底部加强部位以上部分,墙肢组合的弯矩计算值需乘以增大系数,其值为1.2。为了实现"强剪弱弯",剪力设计值应作相应调整。其他抗震等级和非抗震设计的剪力墙的弯矩设计值采用墙肢截面组合的弯矩计算值。

当墙肢出现小偏心受拉时,墙肢的全截面受拉,混凝土开裂贯通整个截面高度。部分框支剪力墙结构的落地剪力墙,不应出现小偏心受拉的墙肢。若双肢剪力墙中一个墙肢出现小偏心受拉,该墙肢可能会出现水平通缝而严重削弱其抗剪能力,抗侧刚度会严重退化,由荷载产生的剪力将全部转移到另一个墙肢而导致另一墙肢抗剪承载力不足。因此,应尽可能避免出现墙肢小偏心受拉情况。当墙肢出现大偏心受拉时,墙肢极易出现裂缝,使其刚度退化,剪力将在墙肢中重分配,此时,可将另一受压墙肢按弹性计算的剪力设计值乘以 1.25 增大系数后计算水平钢筋,以提高其受剪承载力。注意,在地震反复作用荷载下,两个墙肢都要增大设计剪力。

抗震设计时,为实现强剪弱弯的原则,剪力设计值应由实配受弯钢筋反算得到。为了方便实际操作,一、二、三级剪力墙底部加强部位的剪力设计值是由计算组合剪力按式 7.4 乘以增大系数得到,按一、二、三级的不同要求,增大系数不同。一般情况下,应乘以增大系数得到的设计剪力,有利于保证强剪弱弯的实现。

$$V=\eta_{vw}V_w \tag{7.4}$$

在设计 9 度一级抗震的剪力墙时,剪力墙底部加强部位要求用实际抗弯配筋计算的受弯承载力反算其设计剪力,如下式所示。

$$V=1.1\frac{M_{wua}}{M_w}V_w \tag{7.5}$$

式中 V——底部加强部位剪力墙截面剪力设计值;

V_w——底部加强部位剪力墙截面考虑地震作用组合的剪力计算值;

M_{wua}——剪力墙正截面抗震受弯承载力,应考虑采用实配纵筋面积、材料强度标准值和组合的轴力设计值等计算,有翼墙时应计入墙两侧各一倍翼墙厚度范围内的纵向钢筋;

M_w——底部加强部位剪力墙底截面弯矩的组合计算值;

η_{vw}——剪力增大系数,一级取 1.6,二级取 1.4,三级取 1.2。

7.3.3 墙肢斜截面受剪承载力计算

墙肢(实体墙)的斜截面剪切破坏大致可归纳为剪拉破坏、斜压破坏和剪压破坏 3 种破坏形态。墙肢斜截面受剪承载力的计算公式建立在剪压破坏的基础上,由两部分组成:混凝土的受剪承载力和横向受力钢筋的受剪承载力。同时,作用在墙肢上的轴向压力加大了截面的受压区,提高了受剪承载力;轴向拉力会降低截面受剪承载力。因此,在计算墙肢斜截面的受剪承载力时,应考虑轴力的影响。

1)偏心受压墙肢的斜截面受剪承载力计算

持久、短暂设计状况:

$$V=\frac{1}{\lambda-0.5}\left(0.5f_tbh_0+0.13N\frac{A_w}{A}\right)+f_{yv}\frac{A_{sh}}{s_v}h_0 \tag{7.6}$$

在偏心受压墙肢中,轴向压力有利于截面抗剪,但压力增大到一定程度后,对抗剪的有利作用减小,因此对轴力的取值需加以限制。而在后续偏心受拉墙肢中,考虑了轴向拉力的不利影响。

地震设计状况:

$$V=\frac{1}{\gamma_{RE}}\left[\frac{1}{\lambda-0.5}\left(0.4f_tbh_0+0.1N\frac{A_w}{A}\right)+0.8f_{yv}\frac{A_{sh}}{s}h_0\right] \tag{7.7}$$

式中　N——与剪力设计值 V 相应的轴向压力设计值，当 N 大于 $0.2f_c bh$ 时，取 $0.2f_c bh$；

A——剪力墙的截面面积；

A_w——T 形、I 形截面剪力墙腹板的截面面积，对矩形截面剪力墙，取为 A；

A_{sh}——配置在同一截面内的水平分布钢筋的全部截面面积；

S_v——水平分布钢筋的竖向间距；

λ——计算截面的剪跨比，取为 $M/(Vh_0)$。当 λ 小于 1.5 时，取 1.5，当 λ 大于 2.2 时，取 2.2；此处，M 为与剪力设计值 V 相应的弯矩设计值；当计算截面与墙底之间的距离小于 $h_o/2$ 时，λ 可按距墙底 $h_o/2$ 处的弯矩设计值与剪力设计值计算。

剪力墙的反复和单调加载受剪承载力对比试验表明，反复加载时的受剪承载力比单调加载时降低 15% ~20%。因此，可将非抗震受剪承载力计算公式中各个组成项均乘以降低系数 0.8，作为抗震偏心受压剪力墙肢的斜截面受剪承载力计算公式。鉴于对高轴压力作用下的受剪承载力尚缺乏试验研究，公式中对轴压力的有利作用给予了必要的限制，即不超过 $0.2f_c$bh。

2）***偏心受拉墙肢的斜截面受剪承载力计算***

持久、短暂设计状况：

$$V=\frac{1}{\lambda-0.5}\left(0.5f_t bh_0-0.13N\frac{A_w}{A}\right)+f_{yv}\frac{A_{sh}}{s_v}h_0 \tag{7.8}$$

地震设计状况：

$$V_w=\frac{1}{\gamma_{RE}}\left[\frac{1}{\lambda-0.5}\left(0.4f_t bh_0-0.1N\frac{A_w}{A}\right)+0.8f_{yv}\frac{A_{sh}}{s}h_0\right] \tag{7.9}$$

式(7.8)右端的计算结果小于 $f_{yv}\frac{A_{sh}}{s_v}h_0$ 时，取 $f_{yv}\frac{A_{sh}}{s_v}h_0$；式(7.9)右端方括号内的计算结果小于 $0.8f_{yv}\frac{A_{sh}}{s}h_0$ 时，取 $0.8f_{yv}\frac{A_{sh}}{s}h_0$。

根据其受力特征，参照一般偏心受拉构件的受剪性能规律及偏心受压剪力墙的受剪承载力计算公式，给出了偏心受拉剪力墙的受剪承载力计算公式。

7.4　装配整体式混凝土剪力墙

7.4.1　装配整体式混凝土剪力墙设计

装配整体式混凝土剪力墙的开洞应在工厂完成，墙体开洞的应参照现行规范《高层建筑混凝土结构技术规程》(JGJ 3)的要求确定。如图 7.4 所示，当墙体开有边长小于 800 mm 洞口的预制剪力墙，且在结构整体计算中不考虑其影响时，应沿洞口周边配置补强钢筋，钢筋直径不应小于 12 mm，补强钢筋截面面积不应小于同方向被洞口截断的钢筋面积；该钢筋自孔洞边角算起伸入墙内的长度，非抗震设计时不应小于 l_a，抗震设计时不应小于 l_{aE}。

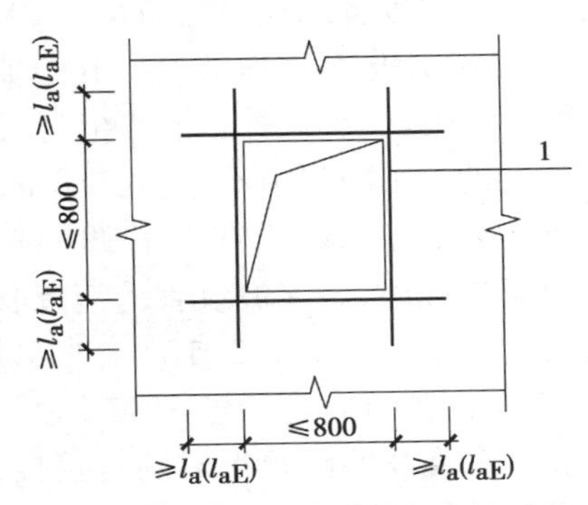

图 7.4　预制剪力墙洞口补强钢筋配置图

1—洞口补强钢筋

对洞口削弱的装配整体式混凝土剪力墙连梁截面应进行承载力验算，洞口处应按计算配置补强纵向钢筋和箍筋，补强纵向钢筋的直径不应小于 12 mm。

装配整体式混凝土剪力墙应合理地设计配筋，应避免剪切破坏先于弯曲破坏、混凝土压溃先于钢筋屈服、钢筋的锚固黏结破坏先于构件破坏。

剪力墙底部竖向钢筋连接区域，裂缝较多且较为集中，因此，对该区域应加强水平分布钢筋的布置，以提高墙板的抗剪能力和变形能力，并使该区域的塑性铰可以充分发展，提高墙板的抗震性能。

考虑到地震作用的复杂性，在没有充分依据的情况下，剪力墙塑性发展集中和延性要求较高的部位，墙身分布钢筋不宜采用单排连接。对预制墙板边缘配筋应适当加强，形成边框以保证墙板在形成整体结构之前的刚度、延性及承载力。端部无边缘构件的预制剪力墙，宜在端部配置 2 根直径不小于 12 mm 的竖向构造钢筋，沿该钢筋竖向应配置拉筋，拉筋直径不宜小于 6 mm、间距不宜大于 250 mm。

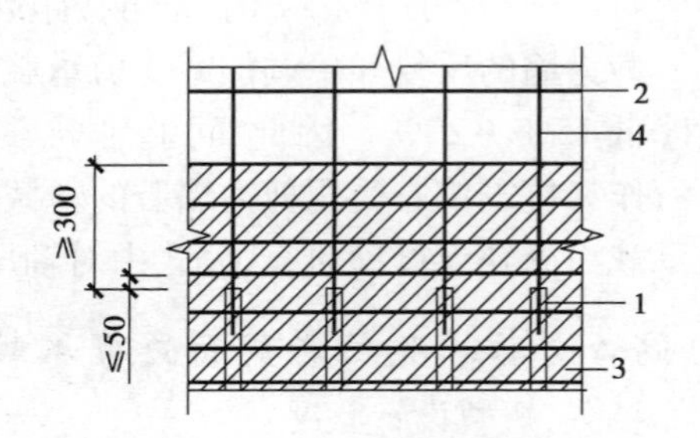

图 7.5 钢筋套筒灌浆连接部位水平分布钢筋加密构造示意

1—灌浆套筒；2—水平分布钢筋；
3—水平分布钢筋加密区域(阴影区域)；
4—竖向钢筋

抗震等级为一级的剪力墙以及二、三级底部加强部位的剪力墙，剪力墙的边缘构件竖向钢筋宜采用套筒灌浆连接。如图 7.5 所示，当采用套筒灌浆连接时，自套筒底部至套筒顶部并向上延伸 300 mm 范围内。加密区水平分布钢筋的最大间距及最小直径应符合表 7.2 的规定，套筒上端第一道水平分布钢筋距离套筒顶部不应大于 50 mm。

表 7.2 加密区水平分布钢筋的要求

抗震等级	最大间距(mm)	最小直径(mm)
一、二级	100	8
三、四级	150	8

当竖向钢筋采用浆锚搭接连接时，应符合如下规定：墙体底部预留灌浆孔道直线段长度应大于下层预制剪力墙连接钢筋伸入孔道内的长度 30 mm，孔道上部应根据灌浆要求设置合理孤度。孔道直径不宜小于 40 mm 和 2.5 d(d 为伸入孔道的连接钢筋直径)的较大值，孔道之间的水平净间距不宜小于 50 mm；孔道外壁至剪力墙外表面的净间距不宜小于 30 mm。当采用预埋金属波纹管成孔时，金属波纹管的钢带厚度不宜小于 0.3 mm，波纹高度不应小于 2.5 mm；当采用其他成孔方式时，应对不同预留成孔工艺、孔道形状、孔道内壁的粗糙度或花纹深度及间距等形成的连接接头进行力学性能以及适用性的试验验证。

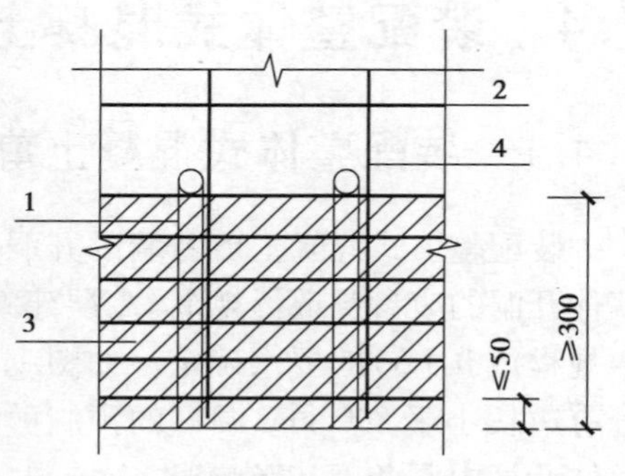

图 7.6 钢筋浆锚搭接连接部位水平分布钢筋加密构造示意

1—预留灌浆孔道；2—水平分布钢筋；
3—水平分布钢筋加密区域(阴影区域)；
4—竖向钢筋

如图 7.6 所示，竖向钢筋连接长度范围内的水平分布钢筋应加密,加密范围自剪力墙底部至预留灌浆孔道顶部,且不应小于 300 mm。加密区水平分布钢筋的最大间距及最小直径应符合表 7.2 的规定,最下层水平分布钢筋距离墙身底部不应大于 50 mm。当剪力墙竖向分布钢筋连接长度范围内未采取有效横向约束措施时,水平分布钢筋加密范围内的拉筋应加密;拉筋沿竖向的间距不宜大于300 mm 且不少于2 排;拉筋沿水平方向的间距不宜大于竖向分布钢筋间距,直径不应小于 6 mm;拉筋应紧靠被连接钢筋,并钩住最外层分布钢筋。

边缘构件竖向钢筋连接长度范围内应采取加密水平封闭箍筋的横向约束措施或其他可靠措施。如图 7.7 所示,当采用加密水平封闭箍筋约束时,应沿预留孔道直线段全高加密。箍筋沿竖向的间距,一级不应大于 75 mm,二、三级不应大于 100 mm,四级不应大于 150 mm;箍筋沿水平方向的肢距不应大于竖向钢筋间距,且不宜大于 200 mm;箍筋直径一、二级不应小于 10 mm,三、四级不应小于 8 mm,宜采用焊接封闭箍筋。

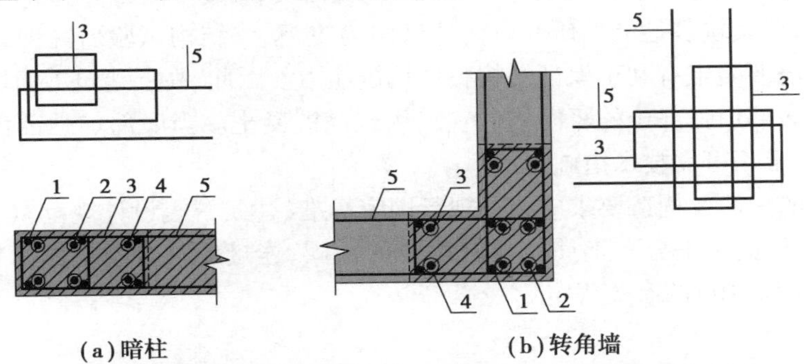

图 7.7 钢筋浆锚搭接连接长度范围内加密水平封闭箍筋约束构造示意

1—上层预制剪力墙边缘构件竖向钢筋;2—下层剪力墙边缘构件竖向钢筋;
3—封闭箍筋;4—预留灌浆孔道;5—水平分布钢筋

在高层结构中,抗震设计时剪力墙底部加强部位的范围,应符合下列规定:

①底部加强部位的高度应从地下室顶板算起。

②部分框支剪力墙结构的剪力墙,底部加强部位的高度取框支层加框支层以上两层的高度和落地剪力墙总高度的 1/10 二者的较大值。其他结构的剪力墙,房屋高度大于 24 m 时,底部加强部位的高度可取底部两层和墙肢总高度的 1/10 二者的较大值;房屋高度不大于 24 m 时,底部加强部位可取底部一层。

③当结构计算嵌固端位于地下一层的底板或以下时,按第①、②条确定的底部加强部位的范围尚宜向下延伸到计算嵌固端。

④抗震设防烈度为 8 度时,高层装配整体式剪力墙结构中的电梯井筒宜采用现浇混凝土结构。

⑤抗震设计时,高层装配整体式剪力墙结构不应全部采用短肢剪力墙;抗震设防烈度为 8 度时,不宜采用具有较多短肢剪力墙的剪力墙结构。

⑥抗震设防烈度为 8 度时,高层装配整体式剪力墙结构中的电梯井筒宜采用现浇混凝土结构。

预制夹心外墙板在国内外均有广泛应用,具有结构、保温、装饰一体化的优点。当预制外墙板采用夹心墙板时,应满足下列要求:

①外叶墙板厚度不应小于 50 mm,且外叶墙板应与内叶墙板可靠连接。

②夹心外墙板的夹层厚度不宜大于 120 mm。

③当作为承重墙时，内叶墙板应按剪力墙进行设计。

相关震害调查表明，有地下室的高层建筑破坏比较轻，地下室对提高地基的承载力有利；高层建筑设置地下室，可提高其在风、地震作用下的抗倾覆能力。因此，高层建筑装配整体式混凝土结构宜按照现行行业标准《高层建筑混凝土结构技术规程》(JGJ 3)的有关规定设置地下室。地下室顶板作为上部结构的嵌固部位时，宜采用现浇混凝土以保证其嵌固作用。对嵌固作用没有直接影响的地下室结构构件，当有可靠依据时，也可采用预制混凝土。

高层建筑装配整体式剪力墙结构和部分框支剪力墙结构的底部加强部位是结构抵抗罕遇地震的关键部位。弹塑性分析和实际震害均表明，底部墙肢的损伤往往较上部墙肢严重，因此对底部墙肢的延性和耗能能力的要求较上部墙肢高。目前，高层建筑装配整体式剪力墙结构和部分框支剪力墙结构的预制剪力墙竖向钢筋连接接头面积百分率通常为100%，其抗震性能尚无实际震害经验，对其抗震性能的研究以构件试验为主，整体结构试验研究剪力墙的主要塑性发展区域采用现浇混凝土有利于保证结构整体抗震能力。因此，高层建筑剪力墙结构和部分框支剪力墙结构的底部加强部位的竖向构件宜采用现浇混凝土。当底部加强部位的剪力墙采用预制混凝土时，应采用可靠技术措施。

边缘构件内的配筋及构造要求应符合现行国家标准《建筑抗震设计规范》(GB 50011)的有关规定；预制剪力墙的水平分布钢筋在后浇段内的锚固、连接应符合现行国家标准《混凝土结构设计规范》(GB 50010)的有关规定。

7.4.2 连接设计

装配整体式混凝土剪力墙结构墙板的连接构造，根据墙板所在位置，可分为墙体水平连接、墙体竖向连接和墙梁连接。

1) 墙体水平连接

对于约束边缘构件，位于墙肢端部的通常与墙板一起预制；纵横墙交接部位一般存在接缝，阴影区宜全部后浇(图 7.8)，纵向钢筋主要配置在后浇段内，且在后浇段内应配置封闭箍筋及拉筋，预制墙中的水平分布钢筋在后浇段内锚固。预制的约束边缘构件的配筋构造要求与现浇结构一致。

墙肢端部构造边缘构件通常全部预制；采用 L 形、T 形或者 U 形墙板时，拐角处的构造边缘构件可全部预制在剪力墙中。当采用一字形时，纵横墙交接处的构造边缘构件可全部后浇，为了满足构件的设计要求或施工方便，也可部分后浇部分预制。当构造边缘构件后浇部分预制时，需要合理布置预制构件及后浇段中的钢筋，使边缘构件内形成封闭箍筋。非边缘构件区域，剪力墙拼接位置，剪力墙水平钢筋在后浇段可采用锚环的形式锚固，两侧伸出的错环宜相互搭接。

一字形预制墙板进行 L 形、T 形拼接时，其约束边缘、构造边缘需现浇拼接。对于一字形预制墙板端部、L 形和 T 形预制墙板边缘构件通常与预制墙板一起预制，但边缘构件竖向连接需采用套筒灌浆或浆锚连接。当边缘构件采用部分现浇部分预制时，需合理布置预制构件及后浇构件中的钢筋使边缘构件中的箍筋在预制构件与现浇构件中形成完整的封闭箍筋，非边缘构件位置相邻的预制剪力墙段需设后浇段进行连接。L 形、T 形构造边缘构件与翼内边尺寸为 200 mm，而《高层建筑混凝土结构技术规程》(JGJ 3)规定为 300 mm，建议高层建筑采用 300 mm。

楼层内相邻装配整体式混凝土剪力墙之间应采用整体式接缝连接，且应符合下列规定：

①当接缝位于纵横墙交接处的约束边缘构件区域时，约束边缘构件的阴影区域宜全部采用后浇混凝土（图 7.8），并应在后浇段内设置封闭箍筋。

②当接缝位于纵横墙交接处的构造边缘构件区域时，构造边缘构件宜全部采用后浇混凝土（图 7.9）；当仅在一面墙上设置后浇段时，后浇段的长度不宜小于 300 mm（图 7.10）。

③边缘构件内的配筋及构造要求应符合现行国家标准《建筑抗震设计规范》（GB 50011）的有关规定；预制剪力墙的水平分布钢筋在后浇段内的锚固、连接应符合现行国家标准《混凝土结构设计规范》（GB 50010）的有关规定。

④非边缘构件位置，相邻预制剪力墙之间应设置后浇段，后浇段的宽度不应小于墙厚且不宜小于 200 mm；后浇段内应设置不少于 4 根竖向钢筋，钢筋直径不应小于墙体竖向分布筋直径且不应小于 8 mm；两侧墙体的水平分布筋在后浇段内的锚固、连接应符合现行国家标准《混凝土结构设计规范》（GB 50010）的有关规定。

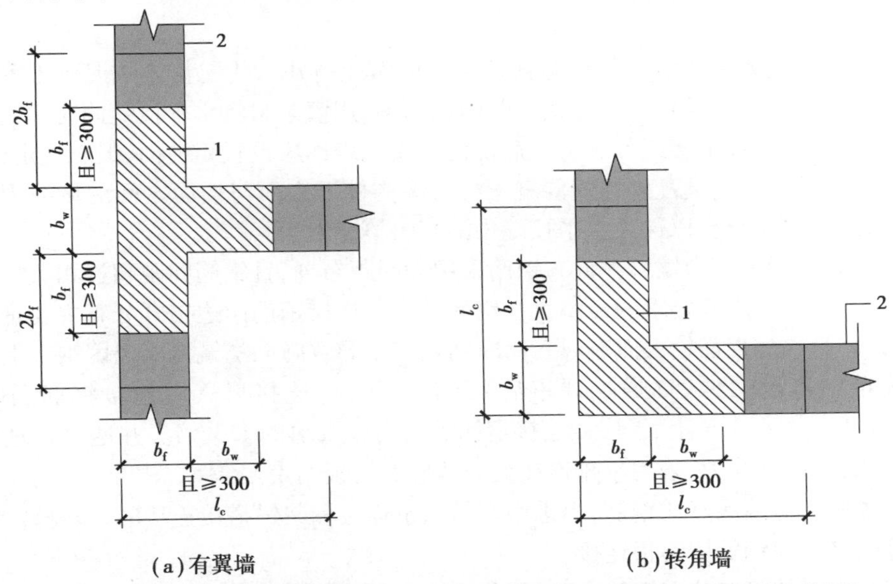

图 7.8 约束边缘构件阴影区域全部后浇构造示意（阴影区域为斜线填充范围）

1—后浇段；2—预制剪力墙

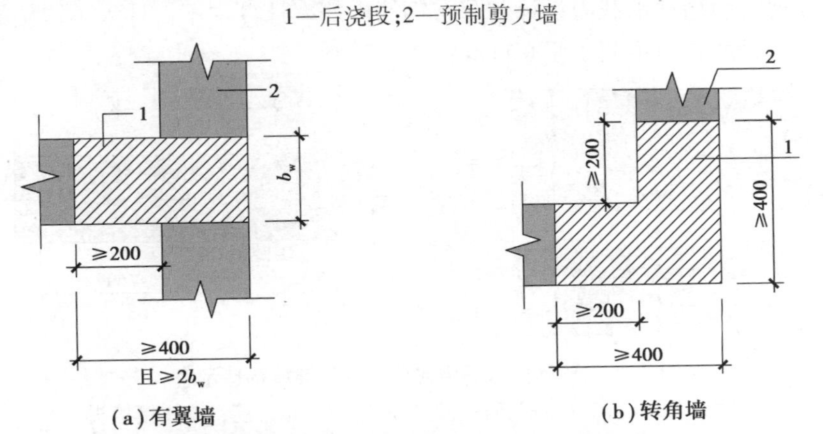

图 7.9 构造边缘构件全部后浇构造示意（阴影区域为构造边缘构件范围）

1—后浇段；2—预制剪力墙

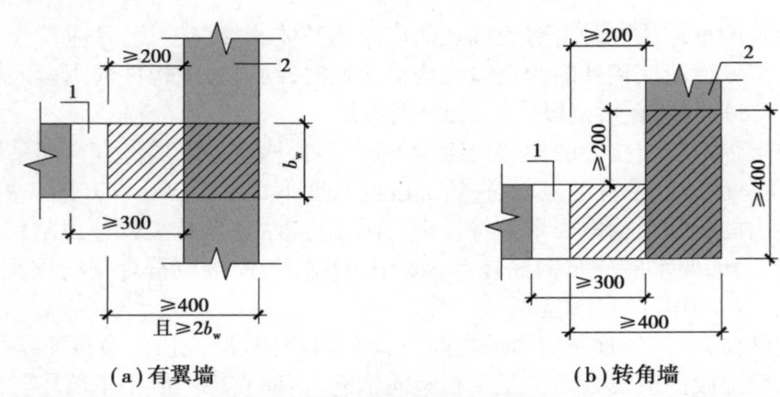

图 7.10　构造边缘构件部分后浇构造示意(阴影区域为构造边缘构件范围)

1—后浇段;2—预制剪力墙

2)墙体竖向连接

装配整体式混凝土剪力墙底部接缝宜设置在楼面标高处。装配整体式混凝土剪力墙竖向钢筋一般采用套筒灌浆或浆锚搭接连接,在灌浆时宜采用灌浆料将水平接缝同时填满。灌浆料强度较高且流动性好,保证接缝承载力。后浇混凝土上表面应设置粗糙面,但未规定凹凸深度,建议采用6 mm。灌浆时,装配整体式混凝土剪力墙构件下表面与楼面之间的接缝周围可采用封边砂浆进行封堵和分仓,以保证水平接缝中灌浆料填充饱满。

装配整体式混凝土剪力墙墙身分布钢筋采用大间距布置,且钢筋间距超过相关规范间距限制的,应采用符合相关规范要求的最小直径钢筋补足。连接钢筋两边错开分布主要是考虑到一般墙厚不大,套筒本身直径较大而造成套筒净间距较小导致施工浇筑混凝土困难。上海地区采用套筒灌浆单排连接剪力墙(通过评审后)已有应用,该连接形式中连接钢筋间距不大于400 mm,受拉承载力不小于上、下层被连接钢筋承载力较大值的1.1倍。并通过合理的结构布置,避免剪力墙平面外受力,采用单排连接剪力墙应有楼板约束。

上下层预制剪力墙的竖向钢筋,当采用套筒灌浆连接和浆锚搭接连接时,应符合下列规定:

①边缘构件竖向钢筋应逐根连接。

②预制剪力墙的竖向分布钢筋,当仅部分连接时(图7.11),被连接的同侧钢筋间距不应大于600 mm,且在剪力墙构件承载力设计和分布钢筋配筋率计算中不得计入不连接的分布钢筋;不连接的竖向分布钢筋直径不应小于6 mm。

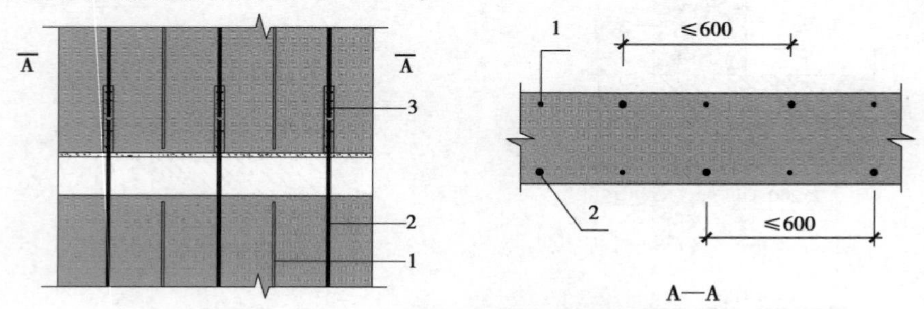

图 7.11　预制剪力墙竖向分布钢筋连接构造示意

1—不连接的竖向分布钢筋;2—连接的竖向分布钢筋;3—连接接头

③一级抗震等级剪力墙以及二、三级抗震等级底部加强部位,剪力墙的边缘构件竖向钢筋宜采用套筒灌浆连接。

在抗震设计状况下,剪力墙水平接缝的受剪承载力设计值应按下式计算:

$$V_{uE}=0.6f_yA_{sd}+0.8N \tag{7.10}$$

式中 f_y——垂直穿过结合面的钢筋抗拉强度设计值;

N——与剪力设计值 V 相应的垂直于结合面的轴向力设计值,压力时取正,拉力时取负值,当大于 $0.6f_cbh_o$ 时,取为 $0.6f_cbh_o$,其中 f_c 为混凝土轴心抗压强度设计值,b 为剪力墙厚度,h_o 为剪力墙截面有效高度;

A_{sd}——垂直穿过结合面的竖向钢筋面积。

从式(7.10)可以看出,当出现拉力时,将严重地削弱剪力墙水平接缝承载力。因此,剪力墙应采取合理的结构布置、适宜的高宽比,避免墙肢出现较大拉力。

最后,还需用下式复核剪力墙底部加强部位的“强连接”。

$$\eta_jV_{mua}=V_{uE} \tag{7.11}$$

式中 V_{uE}——地震设计状况下加强区接缝受剪承载力设计值;

V_{mua}——被连接构件端部按实配钢筋配筋面积计算的斜截面受剪承载力设计值;

η_j——接缝受剪承载力增大系数,抗震等级为一、二级时取1.2,抗震等级为三、四级时取1.1。

3)墙梁连接

①封闭连续的后浇钢筋混凝土圈梁是保证结构整体性和稳定性、连接楼盖结构与预制剪力墙的关键构件,应在楼层收进及屋面处设置,如图7.12所示,并应符合下列规定:

a. 圈梁截面宽度不应小于剪力墙的厚度,截面高度不宜小于楼板厚度及250 mm的较大值;圈梁应与现浇或者叠合楼、屋盖浇筑成整体。

b. 圈梁内配置的纵向钢筋不应少于4Φ12,且按全截面计算的配筋率不应小于0.5%和水平分布筋配筋率的较大值,纵向钢筋竖向间距不应大于200 mm;箍筋间距不应大于200 mm,且直径不应小于8 mm。

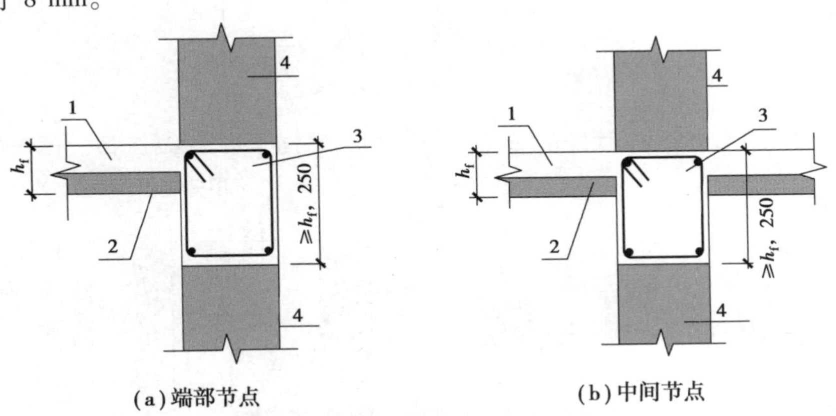

图7.12 后浇钢筋混凝土圈梁构造示意

1—后浇混凝土叠合层;2—预制板;3—后浇圈梁;4—预制剪力墙

②在不设置圈梁的楼面处,水平后浇带及在其内设置的纵向钢筋也可起到保证结构整体性和稳定性,连接楼盖结构与预制剪力墙的作用。因此,各层楼面位置,预制剪力墙顶部无后浇圈梁时,应设置连续的水平后浇带,如图7.13所示。水平后浇带应符合下列规定:

a. 水平后浇带宽度应取剪力墙的厚度,高度不应小于楼板厚度;水平后浇带应与现浇或者叠合楼、屋盖浇筑成整体。

b. 水平后浇带内应配置不少于 2 根连续纵向钢筋,其直径不宜小于 12 mm。

③当预制叠合连梁端部与预制剪力墙在平面内拼接时,接缝构造应符合下列规定:

a. 当墙端边缘构件采用后浇混凝土时,连梁纵向钢筋应在后浇段中可靠锚固[图 7.14(a)]或连接[图 7.14(b)]。

b. 当预制剪力墙端部上角预留局部后浇节点区时,连梁的纵向钢筋应在局部后浇节点区内可靠锚固[图 7.14(c)]或连接[图 7.14(d)]。

④当采用后浇连梁时,宜在预制剪力墙端伸出预留纵向钢筋,并与后浇连梁的纵向钢筋可靠连接(图 7.15)。

⑤当预制剪力墙洞口下方有墙时,宜将洞口下墙作为单独的连梁进行设计(图 7.16)。

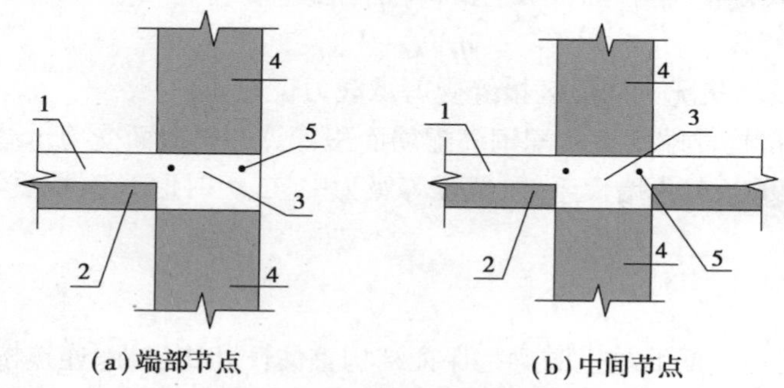

(a)端部节点　　**(b)中间节点**

图 7.13　水平后浇带构造示意

1—后浇混凝土叠合层;2—预制板;3—水平后浇带;4—预制墙板;5—纵向钢筋

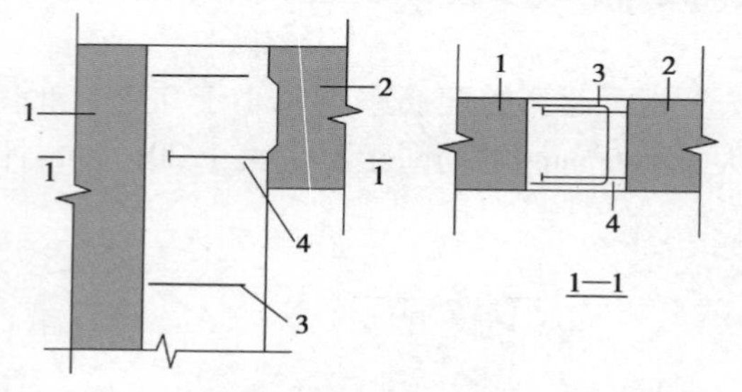

(a)预制连梁钢筋在后浇段内锚固构造示意

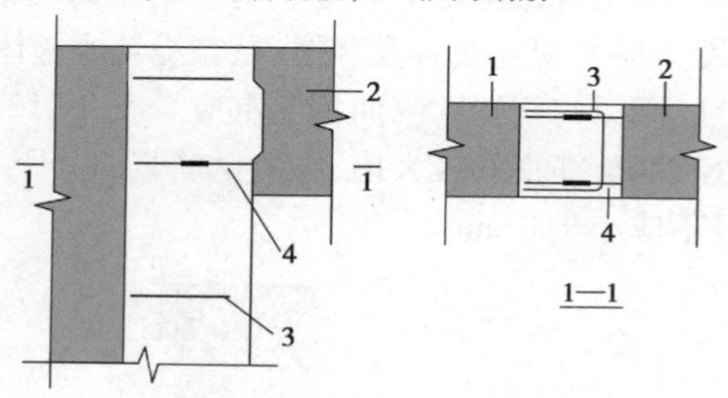

(b)预制连梁钢筋在后浇段内与预制剪力培预留钢筋连接构造示意

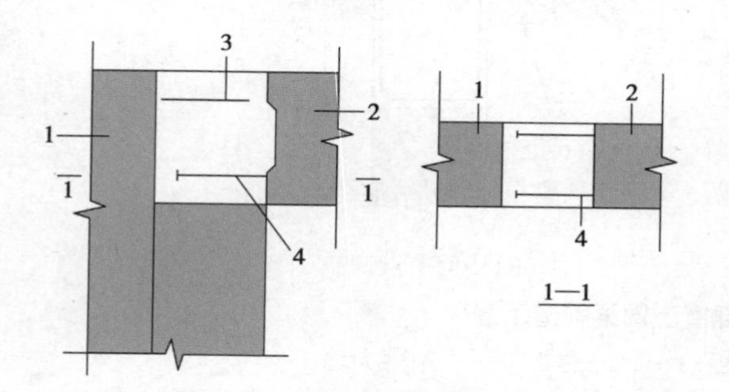

(c)预制连梁钢筋在预制剪力墙局部后浇节点区内锚固构造示意

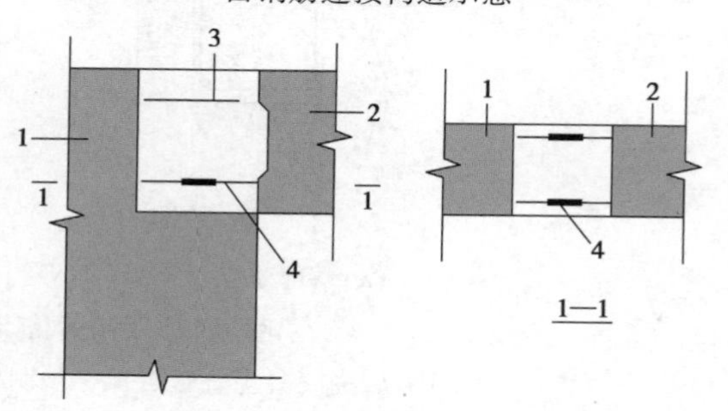

(d)预制连梁钢筋在预制剪力墙局部后浇节点区内与墙板预留钢筋连接构造示意

图 7.14　同一平面内预制连梁与预制剪力墙连接构造示意

1—预制剪力墙;2—预制连梁;3—边缘构件箍筋;4—连梁下部纵向受力钢筋锚固或连接

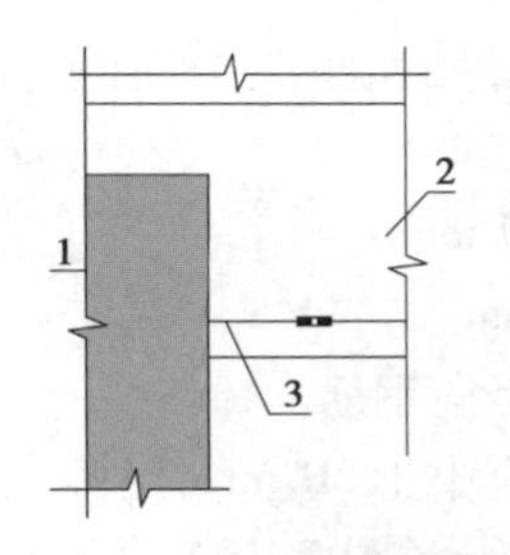

图 7.15 后浇连梁与预制剪力墙连接构造示意

1—预制墙板;2—后浇连梁;
3—预制剪力墙伸出纵向受力钢筋

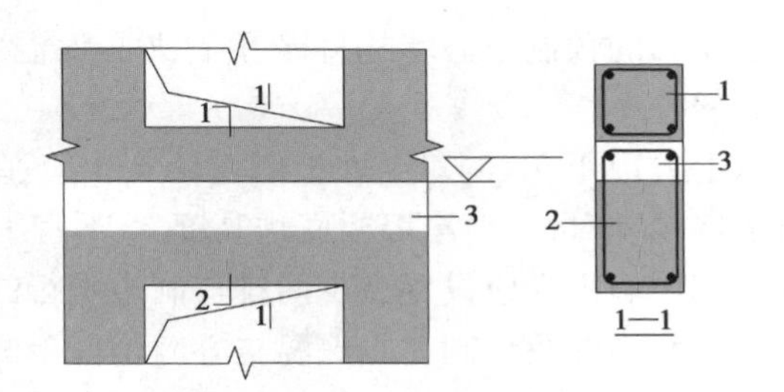

图 7.16 预制剪力墙洞口下墙与叠合连梁的关系示意

1—洞口下墙;2—预制连梁;3—后浇圈梁或水平后浇带

7.5 装配整体式混凝土叠合剪力墙

装配整体式混凝土叠合剪力墙应符合:当叠合剪力墙房屋高度超过 100 m 时,应按国家现行标准《建筑抗震设计规范》(GB 50011)和行业标准《高层建筑混凝土结构技术规程》(JGJ 3)规定的结构抗震性能设计方法进行补充分析和论证;叠合结构的平面布置、竖向布置及高宽比要求应符合现行行业标准《装配式混凝土结构技术规程》(JGJ 1)的有关规定;高层建筑的叠合剪力墙及夹心保温叠合剪力墙承重部分的墙肢厚度不宜小于 200 mm。

7.5.1 装配整体式混凝土叠合剪力墙设计

纵横向叠合剪力墙相交布置时,一个方向的剪力墙可作为另一个方向剪力墙的翼缘,从而有效增加其抗侧刚度和抗扭刚度。洞口距离房屋端部太近,有效翼缘作用将削弱,抗侧刚度和抗扭刚度也将随之降低。因此,按抗震设计的纵横墙端部不宜开设洞口。当必须开设洞口时,洞口与房屋端部内壁的距离,内纵墙上不应小于 2 000 mm,外纵墙上不应小于 500 mm,内横墙上不应小于 300 mm,外横墙上不应小于 800 mm。内墙洞上部距梁高度不宜小于 400 mm。

细高的剪力墙(高宽比大于 2)容易设计成弯曲破坏的延性剪力墙,从而可避免脆性的剪切破坏。当墙的长度较长时,为了满足每个墙段高宽比大于 2 的要求(现浇混凝土结构要求各墙段的高度与墙段长度之比不宜小于 3,墙段长度不宜大于 8 m),可通过开设洞口将长墙分成长度较小、较均匀的联肢墙或整体墙,洞口连梁宜采用约束弯矩较小的弱连梁(其跨高比宜大于 6),使其可近似认为分成了独立墙段。

在抗震设计状况下,装配整体式混凝土叠合剪力墙水平接缝参照第 7.4 节相关内容进行计算。叠合剪力墙洞口及其补强措施应满足现行行业标准《装配式混凝土结构技术规程》(JGJ 1)的有关要求,且补强钢筋宜与同方向墙体网片筋平行布置,如图 7.17 所示。

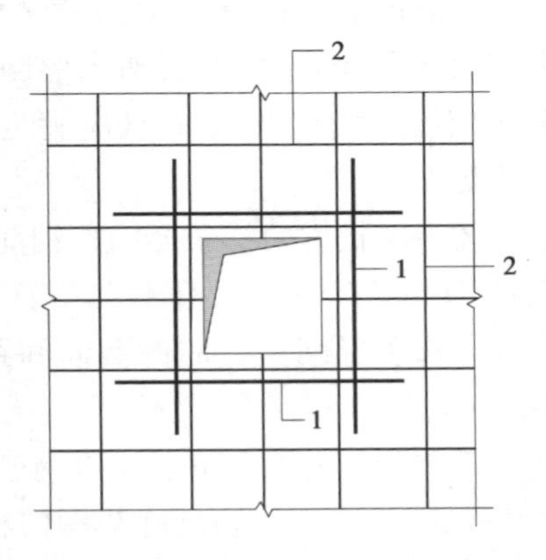

图 7.17 叠合剪力墙洞口补强钢筋

1—洞口补强钢筋;2—墙体钢筋

含门窗洞口的预制空心墙构件及预制夹心保温空心墙构件，如图 7.18 所示，应符合下列规定：

①洞口上方边距 b_2、洞口至墙板侧边距 a_1 均不宜小于 250 mm。

②窗下墙预制时，洞口至墙板底边高度 b_1 不宜小于 250 mm。

③洞口四周墙板内应设置至少两排与洞边平行的水平或竖向钢筋。

预制空心墙构件及预制夹心保温空心墙构件单侧板厚不应小于 50 mm，空腔宽度 t 不应小于 100 mm，预制夹心保温空心墙构件外叶板厚度不应小于 50 mm（图 7.19）。

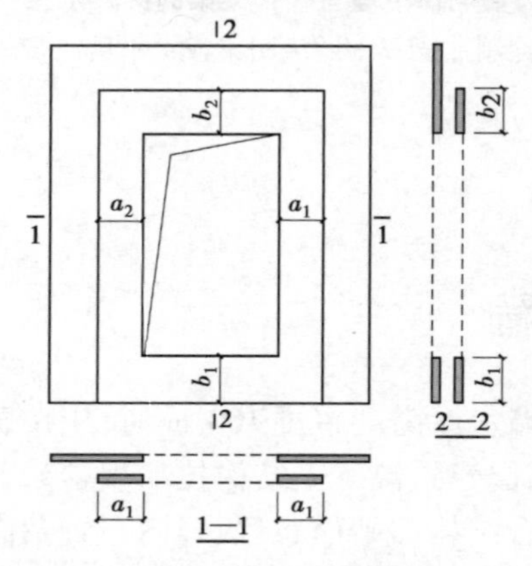

图 7.18　带窗洞口预制空心墙构件及预制夹心保温空心墙构件尺寸构造

a_1—洞口至墙板侧边距；b_1—洞口至墙板底边高度；b_2—洞口上方边距

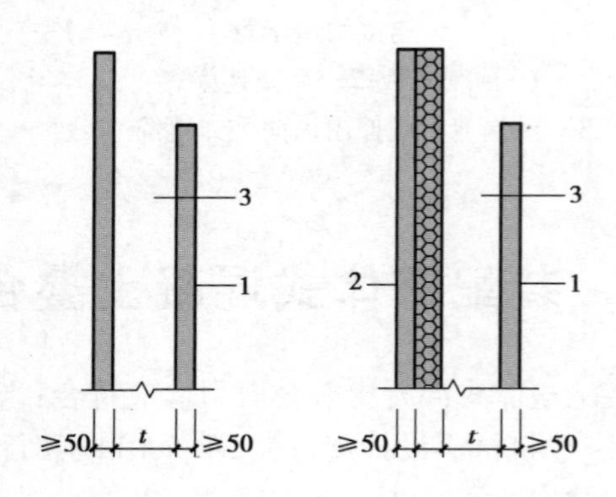

图 7.19　预制空心墙构件及预制夹心保温空心墙构件厚度构造

1—预制空心墙构件、预制夹心保温空心墙构件单侧板；2—预制夹心保温空心墙构件外叶板；3—空腔；t—空腔宽度

叠合剪力墙宜采用整体成型钢筋笼，如图 7.20 所示。钢筋笼内梯子形网片纵向钢筋、水平横筋分别满足墙体水平分布钢筋及拉筋的要求，并应符合下列规定：

①墙体竖向钢筋应置于梯子形网片纵筋内侧。

②墙体最下层梯子形网片至墙底端距离 α_4 不宜大于 30 mm，最上层梯子形网片至墙顶端距离 a_2 不宜大于 100 mm，且应满足钢筋保护层厚度的要求。

③沿墙长方向梯子形网片钢筋端头保护层厚度 c 不应小于 15 mm，且不宜大于 30 mm。

④梯子形网片之间的竖向间距 a_3 不宜大于 200 mm。

⑤叠合剪力墙上下层连接钢筋保护层厚度不大于 5 d 时，连接钢筋高度范围内，梯子形网片的间距不应大于 10 d，且不应大于 100 mm，d 为连接钢筋直径。

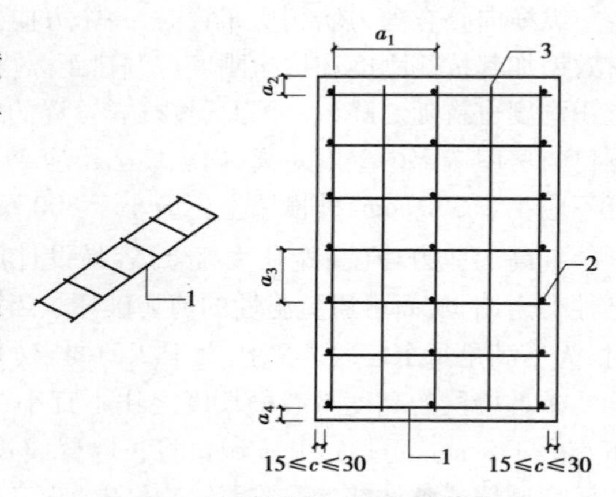

图 7.20　叠合剪力墙钢筋构造

1—梯子形网片；2—水平横筋；3—墙体竖向钢筋；c—梯子形网片端头保护层厚度；a_1—梯子形网片水平横筋间距；a_2—梯子形网片至墙顶端距离；a_3—梯子形网片间距；a_4—梯子形网片至墙底端距离

⑥梯子形网片水平横筋直径不宜小于 6 mm,间距 a_1 不宜大于 600 mm。

当叠合剪力墙连梁与墙板整体预制时,连梁高度 H 的取值应符合下列规定:

①连梁高度 H 宜取门窗洞口顶至板底距离[图 7.21(a)],梁顶附加环状连接筋,连接筋直径不宜小于 8 mm,间距不宜大于 200 mm。

②若上述连梁无法满足刚度或承载力要求时,可采用复合连梁[图 7.21(b)],复合连梁高度 H 可取门窗洞口顶至板顶距离,并应符合下列规定:

a.复合连梁由下部预制部分与上部叠合层共同组成,叠合层内设置暗梁,暗梁箍筋应由计算确定,构造要求与整体连梁一致。

b.下部预制部分与上部叠合层通过附加环状连接筋进行连接,连接筋应通过计算确定,直径不小于连梁箍筋直径,间距不大于连梁箍筋间距。

③连梁也可采用叠合连梁[图 7.21(c)],叠合连梁高度 H 可取门窗洞口顶至板顶距离,连梁构造应满足现行行业标准《装配式混凝土结构技术规程》(JGJ 1)的有关要求。

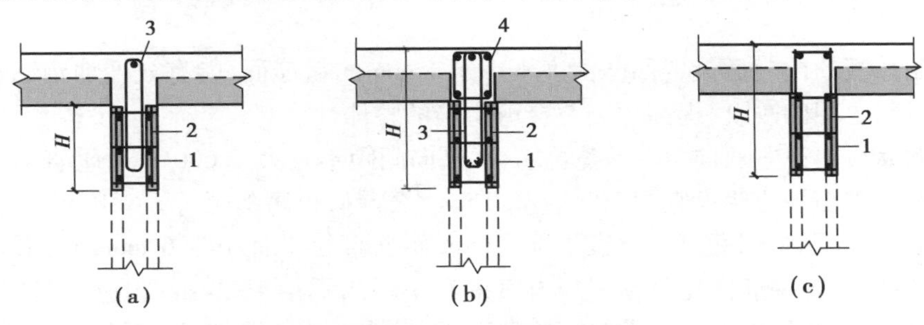

图 7.21　单连梁构造

1—连梁;2—连梁箍筋;3—梁内环状连接筋;

4—梁顶箍筋;H—连梁高度

④当上下层洞口对齐且上层墙体有窗下墙时,洞口间墙体可按整体连梁进行设计(图 7.22),连梁高度 H 可取门窗洞口顶至上层窗下墙顶距离,并应符合下列规定:

a.窗上墙、窗下墙宜分别配置箍筋,并在上下墙体间设置环状连接筋,连接筋配筋面积不应小于整体连梁箍筋面积,连接筋间距不应大于 200 mm。

b.环状连接筋应分别伸入上下层墙体 l_{aE} 或伸至上下层墙体顶部及底部纵向钢筋的内侧。

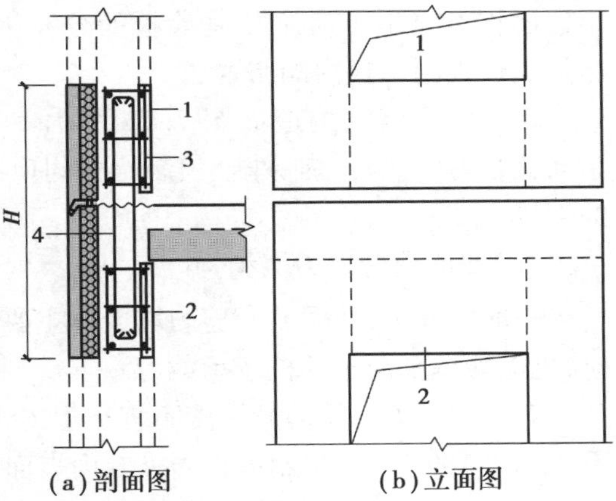

(a)剖面图　　(b)立面图

图 7.22　窗间墙整体连梁构造

1—窗下墙;2—窗上墙;3—连梁箍筋;

4—环状连接筋;H—连梁高度

预制叠合剪力墙的设计除需满足上述要求外,还需满足以下规定:

(1)单面叠合剪力墙结构

考虑到制作、存放、吊装、运输及安装的方便,预制墙板的设计对板的形状、尺寸及质量都要有所限制。例如,为防止预制剪力墙板在存放、搬运及施工中损坏,需要规定开洞预制剪力墙板洞口边至板边距离不能过小;同时要求洞口不宜跨板边布置,以减小拼缝的处理难度,保证墙体的整体性。一般单面叠合预制墙板端部会进行 45°或 30°的切角处理,这样做有利于浇筑混凝土后切角处被混凝土填充而形成拼缝补强钢筋的保护层，增加预制叠合墙的有效厚度。同时，为防止搬运及安装施工过程中损坏，切角后的预制剪力墙板端部不能太薄，不计建筑饰面厚，一般切角后的端板厚度不应小于 20 mm。

单面叠合墙板中桁架筋的主要作用：一是为了在预制墙板脱模、存放、安装及浇筑混凝土时提供必要的强度和刚度，避免预制剪力墙损坏、开裂；二是保证叠合剪力墙中预制剪力墙板和现浇部分具有良好的整体性，避免出现界面破坏或预制剪力墙板边缘翘起的现象。桁架钢筋横断面适用高度主要根据预制剪力墙的常用厚度确定。为保证浇筑混凝土时具有良好的充盈度，叠合桁架的上弦钢筋内皮至预制剪力墙板内表面的距离不能太小。此外，为保证预制剪力墙板和梁、柱相交处具有良好的整体性，叠合筋高度应能保证和梁、柱平行的上弦筋能锚固在梁、柱内部。为了保证桁架筋的高度、叠合筋三角形断面夹角、斜筋和上下弦钢筋的夹角适中，从而获得较好的支撑刚度，叠合筋横断面宽度取 80 ~ 100 mm 及斜筋焊接节点间距取 200 mm。

为了保证叠合剪力墙的整体性以达到共同受力的目的，需在现浇和预制的结合面采取以下措施：

①在预制墙板的内表面设置凹凸深度不小于 4 mm 的粗糙面，能有效增加预制剪力墙板和现浇混凝土骨料之间的咬合，提高预制叠合剪力墙的整体性。

②在预制墙板内设置双向“K”形叠合筋，水平向间距不宜大于 600 mm，垂直向间距不宜大于 900 mm，叠合筋至板边距离宜为 200 ~ 250 mm，至洞口距离不应大于 150 mm。上弦钢筋直径不宜小于 10 mm，下弦钢筋直径不宜小于 6 mm，斜筋直径不宜小于 6 mm，上、下弦节点间距取 200 mm。应使上弦钢筋内皮至预制板内表皮最小距离不小于 20 mm，且应保证当预制内墙板和梁、柱相交时，和梁、柱平行的上弦钢筋处于梁、柱箍筋的内侧，上弦钢筋端部出现预制板距离也不宜大于 50 mm。

③应在水平及竖向拼缝中设置补强钢筋，其单位面积不应小于对于预制墙板的分布钢筋，并尽量靠近预制墙板内侧布置。

单面剪力墙的构造如图 7.23 所示。当采用单面叠合剪力墙时，内、外叶预制墙板间应有可靠的连接。

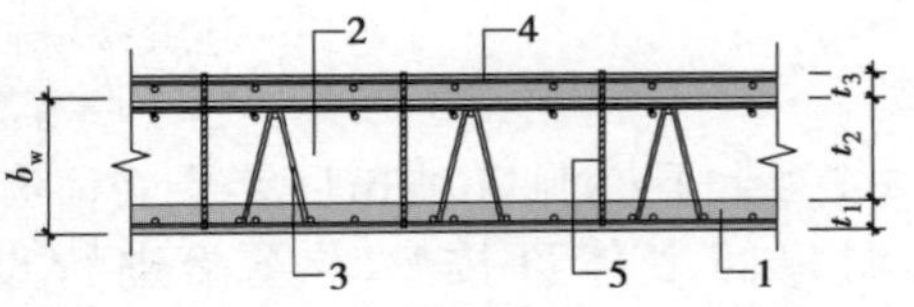

图 7.23　单面叠合剪力墙构造(无夹心保温层)

1—预制部分；2—现浇部分；3—钢筋桁架；

4—外叶板钢筋网片；5—连接件

(2)双面叠合剪力墙结构

一般情况下，双面叠合剪力墙墙体主要验算剪力墙平面内的承载力，当平面外有较大弯矩时，也应验算平面外的抗弯承载力。

双面叠合剪力墙墙肢厚度不宜小于 200 mm，单叶预制墙板厚度不宜小于 50 mm，空腔净距不宜小于 100 mm。预制墙板内外叶内表面应设置粗糙面，粗糙面凹凸深度不应小于 4 mm。

双面叠合剪力墙空腔内宜浇筑自密实混凝土，自密实混凝土应符合现行行业标准《自密实混凝土应用技术规程》(JGJ/T 283)的规定；当采用普通混凝土时，混凝土粗骨料的最大粒径不宜大于 20 mm，并应采取保证后浇混凝土浇筑质量的措施。

试验表明，双面叠合剪力墙受力性能与整体浇筑的剪力墙基本相同，预制板与核心混凝土部分能够较好地工作，其承载力对现浇混凝土剪力墙有一定程度降低。因此，正截面受弯计算公式在我国现行行业标准《高层建筑混凝土结构技术规程》(JGJ 3)中偏心受压和偏心受拉构件的计算公式的基础上，将有效翼缘宽度适当折减以反映实际承载力降低情况。为安全起见，建议折减系数取0.85 ~ 0.95,对于矩形截面折减系数取上限值。在设计中,考虑到现场二次浇筑混凝土的设计强度比预制墙体的混凝土设计强度低,出于安全考虑,混凝土强度设计值取二者较小值,混凝土其他参数均与其一致。

抗震设计时,二、三级抗震等级的双面叠合剪力墙,计算轴压比时,叠合截面宜按同一截面考虑,当预制和现浇混凝土强度等级不同时,取较小值,以保证底部加强部位有足够的延性。

当计算连接钢筋承载力时,双面叠合剪力墙截面宽度应取两层预制板中间现浇部分混凝土厚度。计算双面叠合剪力墙分布钢筋配筋率时,剪力墙截面宽度取全截面宽度。

在双面叠合剪力墙设计时,通过计算确定墙中水平钢筋,防止发生剪切破坏,通过构造措施防止发生剪拉破坏和斜压破坏。

叠合式墙板应沿竖向设置桁架钢筋,设置桁架钢筋主要用来增加墙板的刚度,以便生产、运输、安装、施工时墙板不开裂。混凝土浇筑时,桁架钢筋用于两面墙板的连接的作用,是叠合式墙板必不可少的组成部分。施工混凝土浇筑时,施工荷载以及混凝土的侧压力依旧靠桁架钢筋支撑。

双面叠合剪刀墙的钢筋桁架应满足运输、吊装和现浇混凝土施工的要求,并应符合下列规定:

①钢筋桁架宜竖向设置,单片预制叠合剪力墙墙肢不应少于 2 榀。

②钢筋桁架中心间距不宜大于 400 mm,且不宜大于竖向分布筋间距的 2 倍;钢筋桁架距叠合剪力墙预制墙板边的水平距离不宜大于 150 mm,如图 7.24 所示。

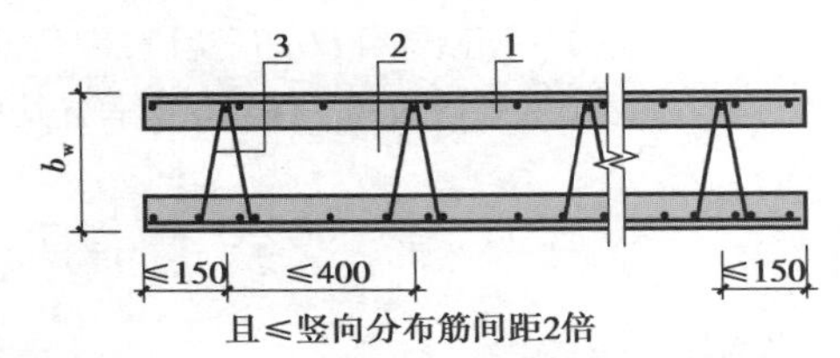

图 7.24 双面叠合剪力墙中钢筋桁架的预制布置要求
1—预制部分;2—现浇部分;3—钢筋桁架

③钢筋桁架的上弦钢筋直径不宜小于 10 mm,下弦钢筋及腹杆钢筋直径不宜小于 6 mm,且格构钢筋的配筋量不低于我国现行行业标准《高层建筑混凝土结构技术规程》(JGJ 3)关于拉筋的规定。

④钢筋桁架应与两层分布筋网片可靠连接,连接方式可采用焊接。

7.5.2 连接设计

1)单面叠合剪力墙

单面叠合剪力墙的竖向接缝应通过后浇段连接。单面叠合剪力墙约束边缘构件和构件边缘构件的阴影区域图中斜线区,宜采用后浇混凝土,并在后浇段内设置封闭箍筋。约束边缘构件和构造边缘构件阴影区域可采用如图 7.25 和图 7.26 所示的构造形式。

单面叠合剪力墙的竖向接缝可采用如图 7.27 所示的连接构造。

单面叠合剪力墙水平接缝高度,外叶板处 Δ_2 宜为 20 mm,内叶板处 Δ_1 宜为 50 mm。内叶板接缝处后浇混凝土应浇筑密实,如图 7.28 所示。

单面叠合剪力墙水平接缝可采用图 7.29 所示的连接构造。

单面叠合剪力墙与女儿墙水平接缝连接构造如图 7.30 所示。

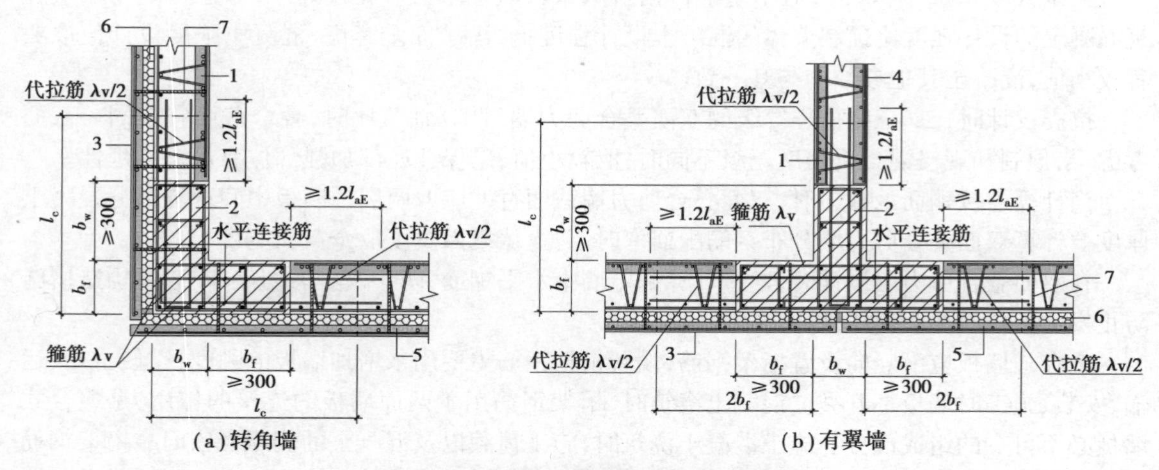

图 7.25　单面叠合剪力墙约束边缘构件

1—预制部分;2—后浇段;3—单面叠合剪力墙;4—双面叠合剪力墙;

5—外叶板;6—保温层;7—连接件;l_c—约束边缘构件沿墙肢的长度

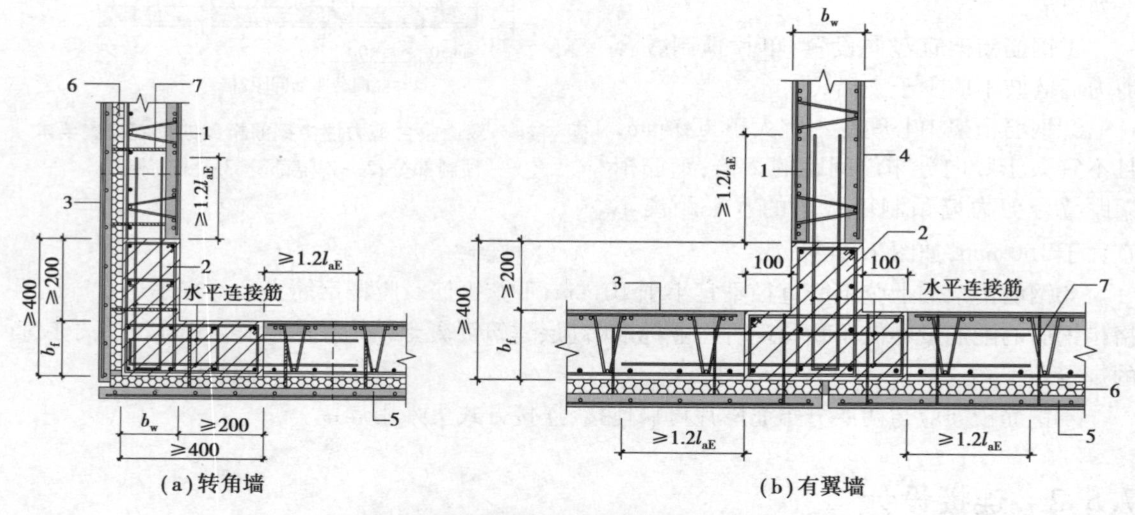

图 7.26　单面叠合剪力墙构造边缘构件

1—预制部分;2—后浇段;3—单面叠合剪力墙;4—双面叠合剪力墙;

5—外叶板;6—保温层;7—连接件

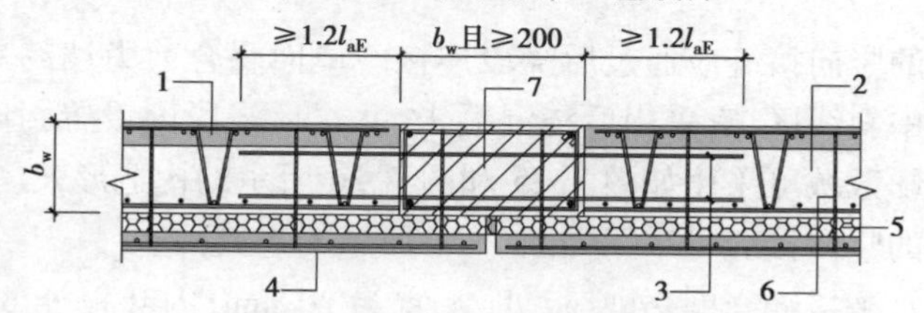

图 7.27　单面叠合剪力墙竖向接缝连接构造

1—预制部分;2—后浇部分;3—搭接钢筋;4—外叶板;

5—保温层;6—连接件;7—后浇段

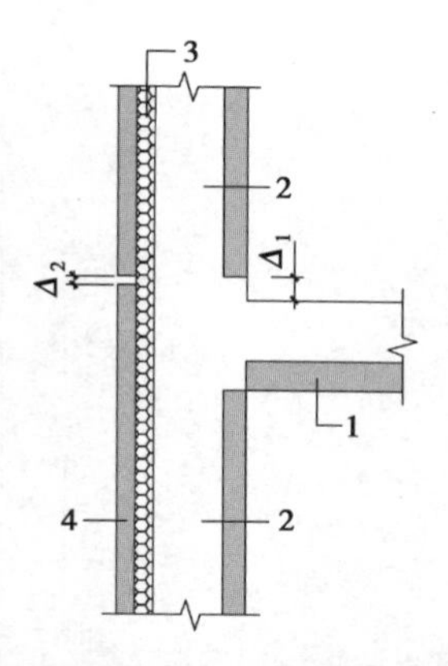

图 7.28　单面叠合剪力墙水平接缝高度要求

1—叠合楼板；2—单面叠合剪力墙；3—保温层；4—外叶板；Δ_1—内叶板拼缝高度；Δ_2—外叶板拼缝高度

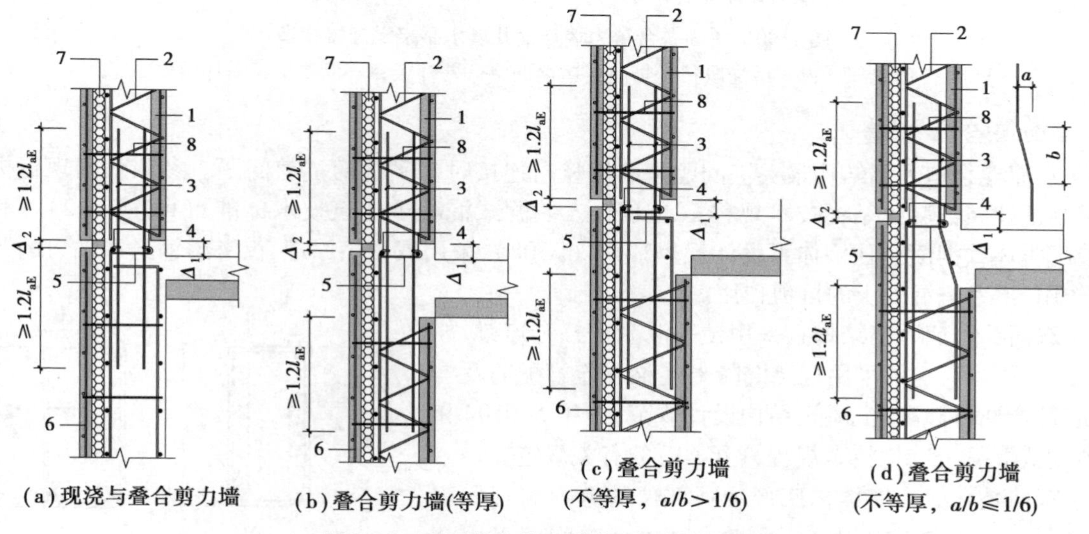

(a) 现浇与叠合剪力墙　(b) 叠合剪力墙(等厚)　(c) 叠合剪力墙(不等厚，$a/b>1/6$)　(d) 叠合剪力墙(不等厚，$a/b\leqslant 1/6$)

图 7.29　单面叠合剪力墙水平接缝连接构造

1—预制部分；2—后浇段；3—竖向连接钢筋；4—2Φ8；5—Φ8@200；6—外叶板；7—保温层；8—连接件；Δ_1—内叶板拼缝高度；Δ_2—外叶板拼缝高度

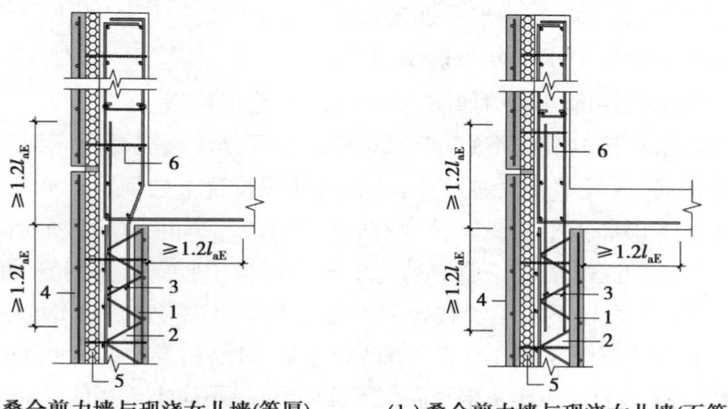

(a) 叠合剪力墙与现浇女儿墙(等厚)　(b) 叠合剪力墙与现浇女儿墙(不等厚)

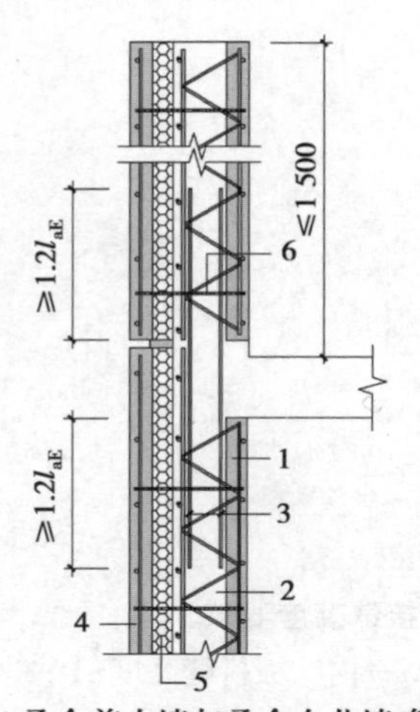

(c)叠合剪力墙与叠合女儿墙(等厚)

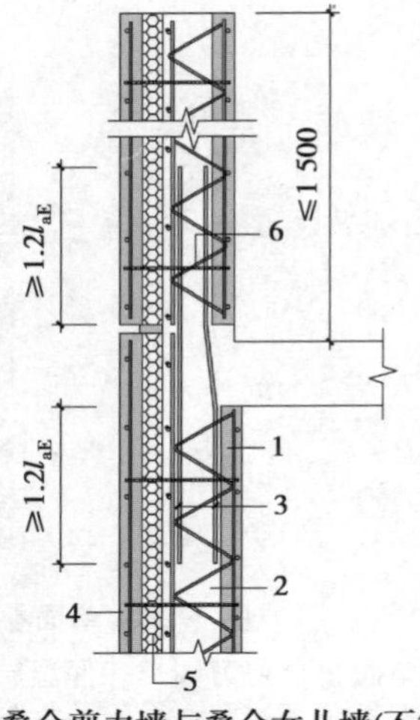

(d)叠合剪力墙与叠合女儿墙(不等厚)

图7.30　单面叠合剪力墙与女儿墙水平接缝连接构造

1—预制部分;2—后浇段;3—竖向连接钢筋;4—外叶板;5—保温层;6—连接件

2)双面叠合剪力墙

双面叠合剪力墙结构最关键问题是墙板竖向连接时水平缝的抗剪问题。参照我国现行标准《高层建筑混凝土结构技术规程》(JGJ 3)、《装配式混凝土建筑技术标准》(GB/T 51231)和《装配整体式混凝土住宅体系设计规程》(DG/T J08),采用减摩擦原理,仅考虑钢筋和轴力的共同作用,不考虑混凝土的抗剪作用。

双面叠合剪力墙结构宜采用预制混凝土叠合连梁,如图7.31所示。也可采用现浇混凝土连梁。连梁配筋及构造应符合现行标准《混凝土结构设计规范》(GB 50010)和《装配式混凝土结构技术规程》(JGJ 1)的有关规定。

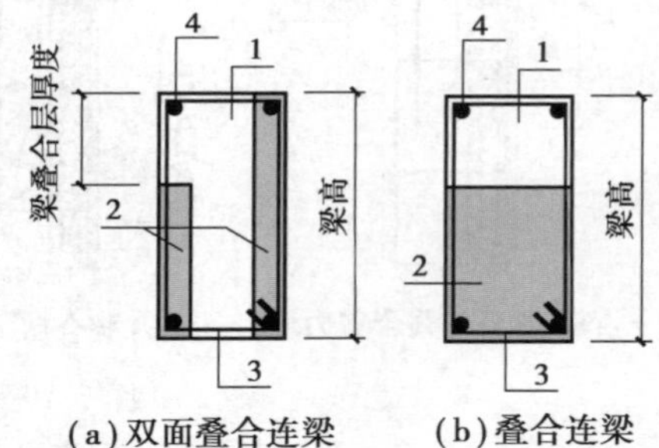

(a)双面叠合连梁　　(b)叠合连梁

图7.31　预制叠合连梁示意图

1—后浇部分;2—预制部分;

3—连梁箍筋;4—连梁纵筋

双面叠合剪力墙结构底部加强部位的剪力墙宜采用现浇混凝土。楼层内相邻双面叠合剪力墙之间应采用整体式接缝连接,后浇混凝土与预制墙板应通过水平连接钢筋连接,水平连接钢筋的间距宜与预制墙板中水平分布钢筋的间距相同,且不宜大于200 mm;水平连接钢筋的直径不应小于叠合剪力墙预制板中水平分布钢筋的直径。

双面叠合剪力墙水平接缝可采用如图7.32所示的连接构造。

双面叠合剪力墙水平接缝高度不宜小于50 mm,接缝处现浇混凝土应浇筑密实。水平接缝处应设置竖向连接钢筋,连接钢筋应通过计算确定,并应符合下列规定:

①连接钢筋在上下层墙板中的锚固长度不应小于$1.2l_{aE}$,如图7.33所示。

②竖向连接钢筋的间距不应大于叠合剪力墙预制墙板中竖向分布钢筋的间距,且不宜大于200 mm;竖向连接钢筋的直径不应小于叠合剪力墙预制墙板中竖向分布钢筋的直径。

非边缘构件位置,相邻双面叠合剪力墙之间应设置后浇段,后浇段的宽度不应小于墙厚且不宜小于200 mm,后浇段内应设置不少于4根竖向钢筋,钢筋直径不应小于墙体竖向分布筋直径且不应小于8 mm;两侧墙体与后浇段之间应采用水平连接钢筋连接,水平连接钢筋应符合下列规定:

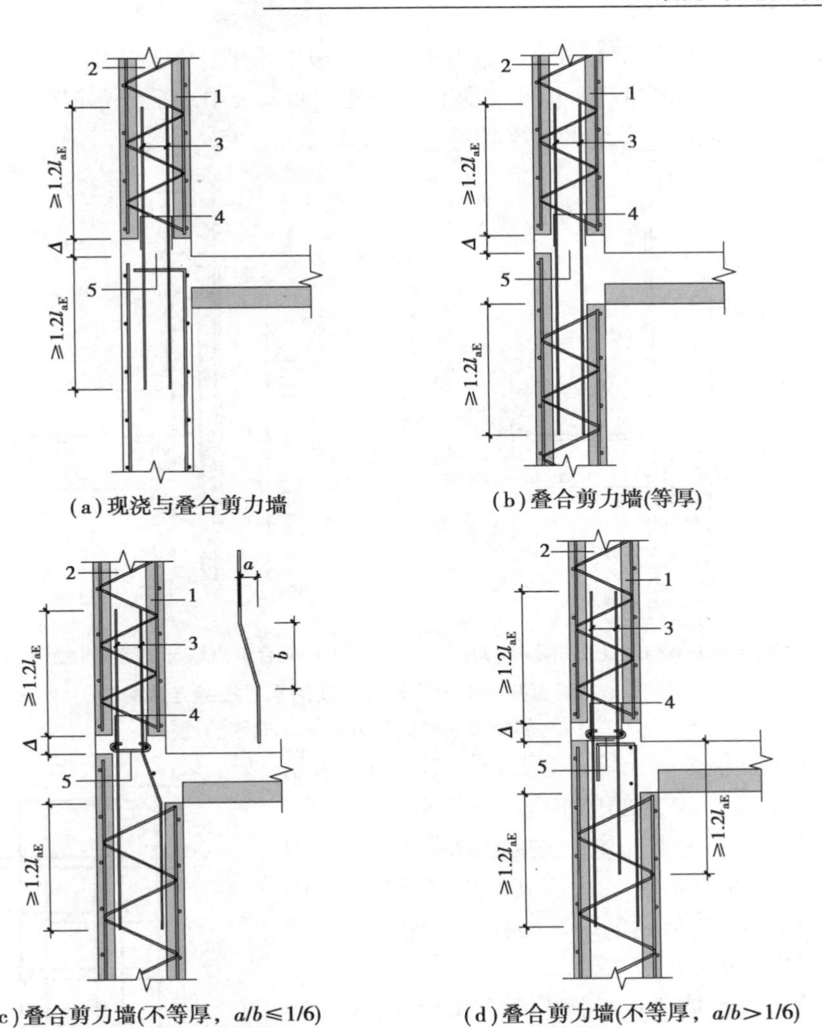

图 7.32 双面叠合剪力墙水平接缝连接构造

1—预制部分;2—后浇段;3—竖向连接钢筋;4—2Φ8;5—Φ8@200

①水平连接钢筋在双面叠合剪力墙中的锚固长度不应小于 $1.2l_{aE}$,如图 7.34 所示。

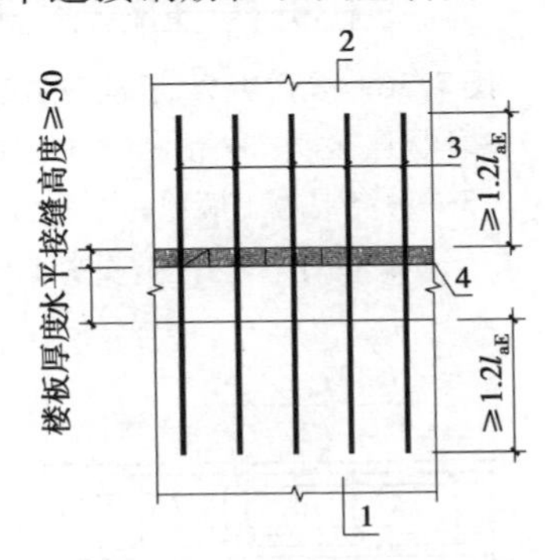

图 7.33 竖向连接钢筋搭接构造

1—下层叠合剪力墙;2—上层叠合剪力墙;
3—竖向连接钢筋;4—楼层水平接缝

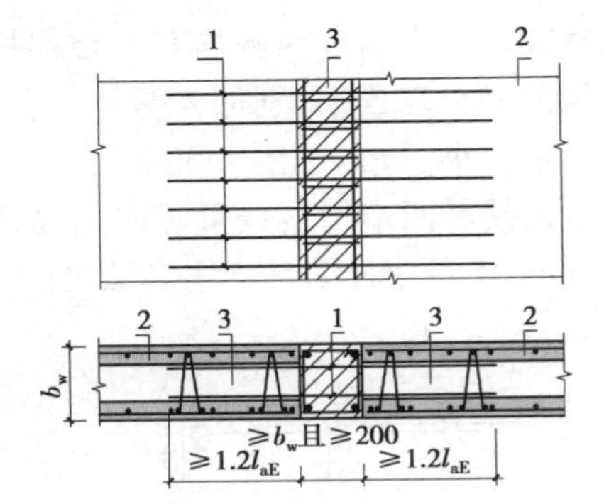

图 7.34 水平连接钢筋搭接构造

1—连接钢筋部分;2—预制部分;3—现浇部分

②水平连接钢筋的间距宜与叠合剪力墙预制墙板中水平分布钢筋的间距相同，且不宜大于200 mm；水平连接钢筋的直径不应小于叠合剪力墙预制墙板中水平分布钢筋的直径。

双面叠合剪力墙与女儿墙的水平接缝连接构造如图7.35所示。

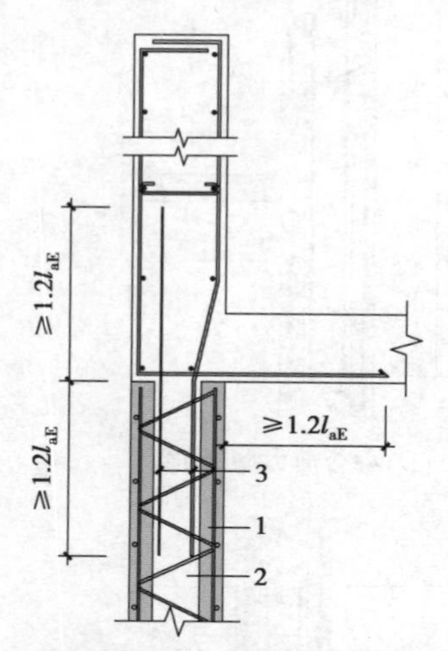

(a)叠合剪力墙与现浇女儿墙(等厚)

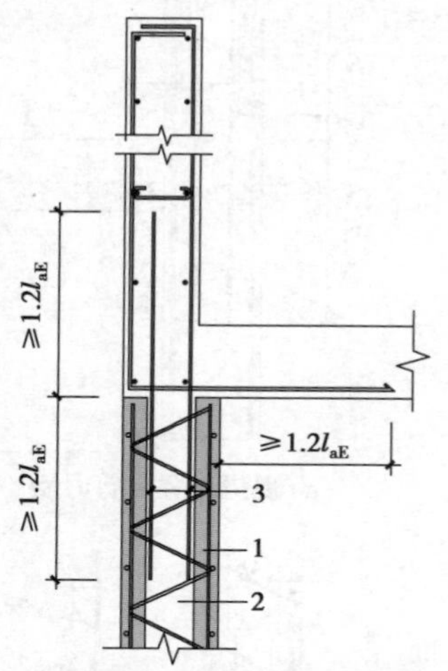

(b)叠合剪力墙与现浇女儿墙(不等厚)

图7.35　双面叠合剪力墙与女儿墙的水平接缝连接构造

1—预制部分；2—现浇部分；3—竖向钢筋连接

叠合剪力墙后浇混凝土墙段与叠合构件之间应采用环状连接筋进行连接，连接筋应符合下列规定：

①连接筋直径不应小于其所连接预制构件内水平钢筋的直径，连接筋间距 d_1 不应大于其所连接预制构件内水平钢筋的间距 d_2，连接钢筋应紧贴梯子形网片的水平横筋布置，如图7.36所示。

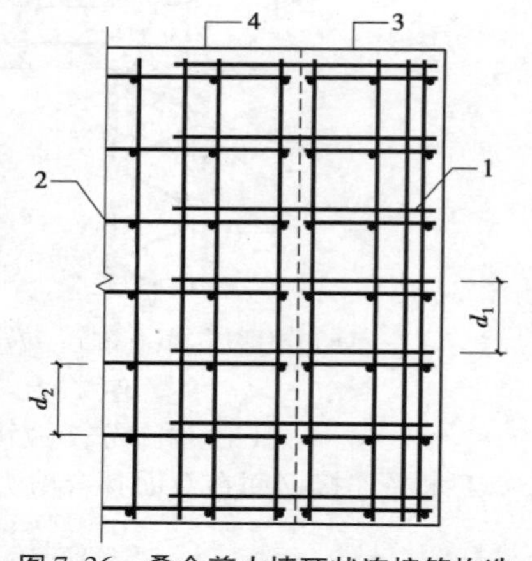

图7.36　叠合剪力墙环状连接筋构造

1—环状连接筋；2—预制构件内水平钢筋；3—后浇混凝土墙段；4—叠合构件；d_1—间接筋间距；d_2—墙体水平钢筋间距

②当后浇混凝土墙段仅一侧有叠合构件时，连接筋伸入叠合构件空腔内长度不应小于 l_{aE}，伸入后浇混凝土墙段内长度不应小于1或伸至后浇段内最外侧纵筋内侧，如图7.37所示。

③当后浇混凝土墙段两侧均有叠合构件时，连接筋宜穿过后浇混凝土墙段，分别伸入两侧叠合构件空腔内且伸入长度不应小于 l_{aE}，如图7.38所示。

④环状连接筋两端均应设置竖向插筋，插筋直径不宜小于10 mm，上下层插筋可不连接，如图7.39所示。

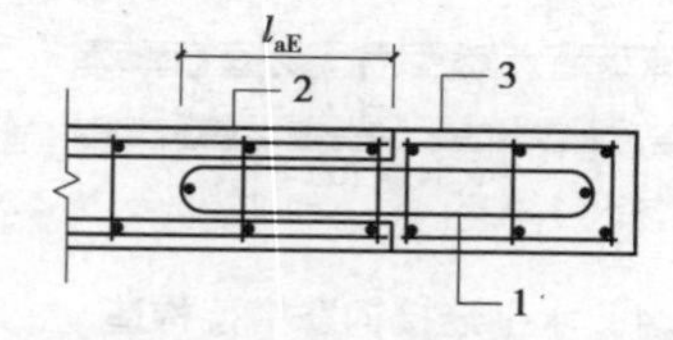

图7.37　后浇混凝土墙段一侧有叠合构件连接节点

1—环状连接筋；2—叠合构件；3—后浇混凝土墙段

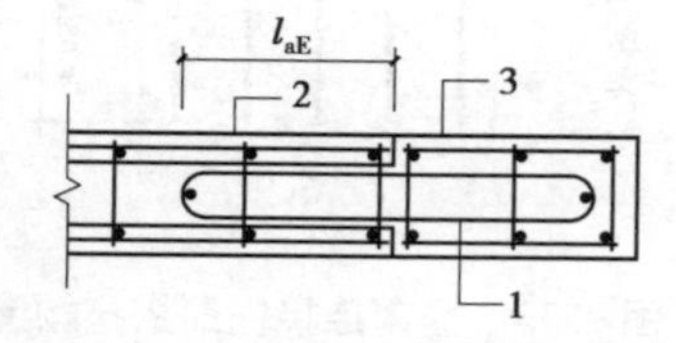

图7.38　后浇混凝土墙段两侧均有叠合构件连接节点

1—环状连接筋；2—叠合构件；3—后浇混凝土墙段

叠合剪力墙、夹心保温叠合剪力墙竖向接缝处宜设置长度不小于 200 mm 的现浇混凝土墙段，墙段内应设置成型钢筋笼，并应符合下列规定：

①钢筋笼纵筋不宜少于 4 根，且直径不宜小于 10 mm 及相应部位墙体竖向分布筋中的较大值。

②钢筋笼箍筋直径不宜小于相应部位墙体水平分布筋，间距宜与墙体水平分布钢筋一致。

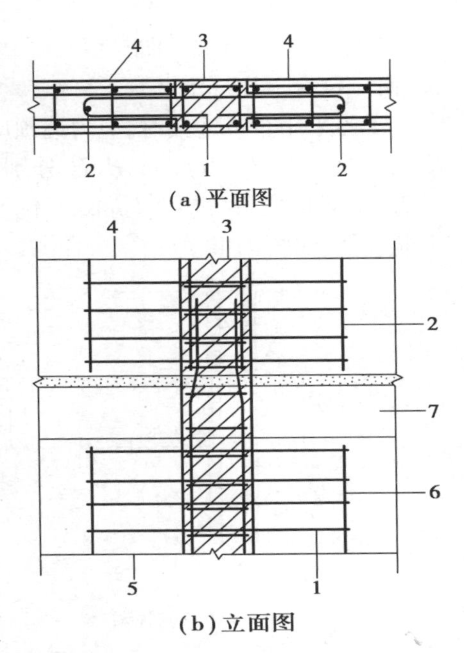

图 7.39 上下层竖向插筋构造

1—环状连接筋；2—上层竖向插筋；3—后浇混凝土墙段；4—上层剪力墙；5—下层剪力墙；6—下层竖向插筋；7—楼板厚度

空腔宽度不小于 150 mm 的叠合剪力墙与梁在平面内连接时，梁纵筋可直接锚入叠合剪力墙空腔内，同时应满足下列要求：

①剪力墙与梁之间宜预留不小于 200 mm 的现浇段，现浇段内至少应设置两道附加箍筋，箍筋肢数及直径同梁箍筋。

②当采用直线锚固时，梁主筋伸入叠合剪力墙长度应满足现行标准《混凝土结构设计规范》(GB 50010)及《高层建筑混凝土结构技术规程》(JGJ 3)关于梁直线锚固的有关要求，如图 7.40 所示。

③当剪力墙截面尺寸不满足直线锚固要求时，可采用现行国家标准《混凝土结构设计规范》(GB 50010)钢筋端部加机械锚头的锚固方式或 90°弯折锚固方式。采用机械锚固时，梁纵筋伸入叠合剪力墙水平投影锚固长度不宜小于 $0.4l_{abE}$；采用弯折锚固时，梁纵筋伸入叠合剪力墙水平投影锚固长度不宜小于 $0.4l_{abE}$ 并保证梁底纵筋向上，梁顶纵筋向下弯折，弯折长度不宜小于 $15d$，如图 7.41 所示。

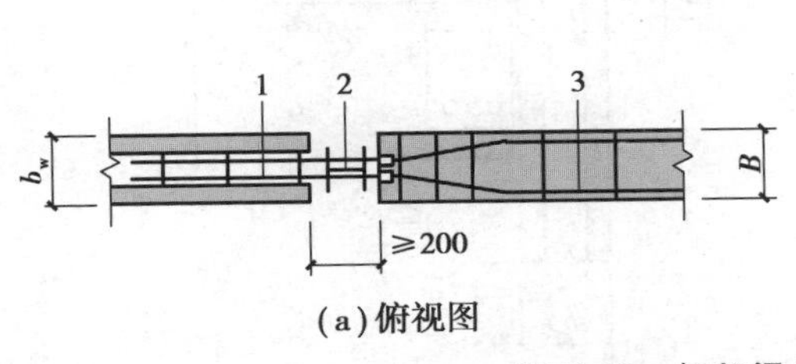

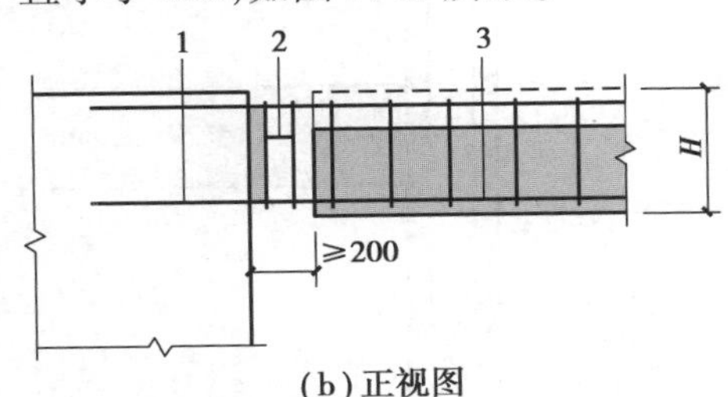

图 7.40 框架梁与叠合剪力墙连接(一)

1—梁连接钢筋；2—现浇段附加钢筋；3—梁内纵筋；b_w—叠合剪力墙宽度；H—梁高度；B—梁宽度

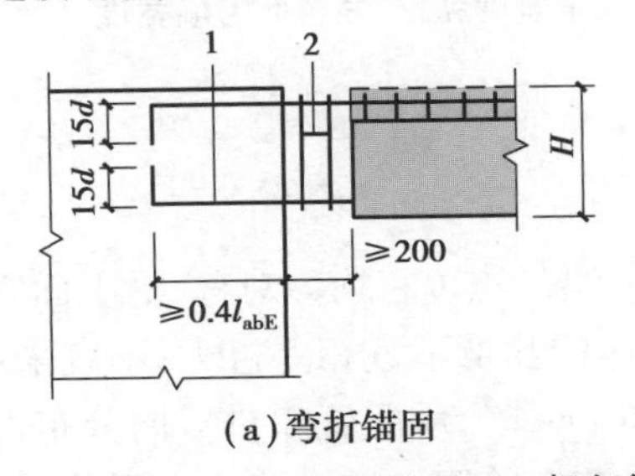

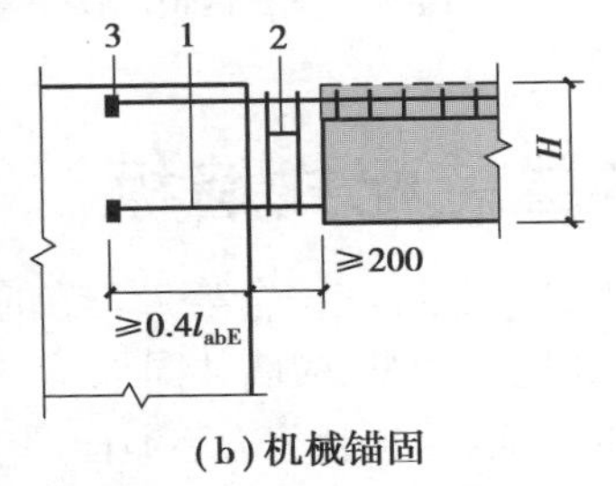

图 7.41 框架梁与叠合剪力墙连接(二)

1—梁连接钢筋；2—现浇段附加钢筋；3—机械锚头；H—梁高度

叠合剪力墙与梁平面外相交时，梁端宜设计为铰接；连接形式可采用企口连接或钢企口连接，尚应符合下列规定：

①当采用企口连接时，剪力墙顶应设置企口，企口宽度 B_w 不应小于 $(B+40)$ mm，企口高度 H_w 不应小于 $(H+20)$ mm，B、H 分别为梁宽度、梁高度，梁顶主筋伸入企口内长度不宜小于 $0.35l_{ab}$，且应向下弯折，弯折长度不宜小于 $15d$，梁底筋伸入企口内长度不宜小于 $12d$，其中 d 为钢筋直径，如图 7.42 所示。

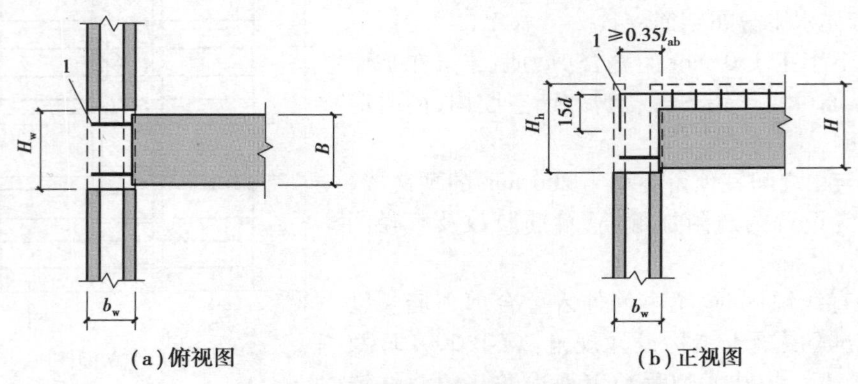

图 7.42　梁与叠合剪力墙企口连接

1—梁主筋；B—叠合梁宽度；H—叠合梁高度；b_w—叠合剪力墙宽度；B_w—企口宽度；H_h—企口高度

②当梁不直接承受动力荷载且跨度不大于 9 m 时，可采用钢企口连接。采用钢企口连接时，梁顶主筋伸入叠合剪力墙水平长度不宜小于 $0.35l_{ab}$，且应向下弯折，弯折长度不宜小于 $15d$，如图 7.43 所示，并应满足现行国家标准《装配式混凝土建筑技术标准》(GB/T 51231)的有关要求。

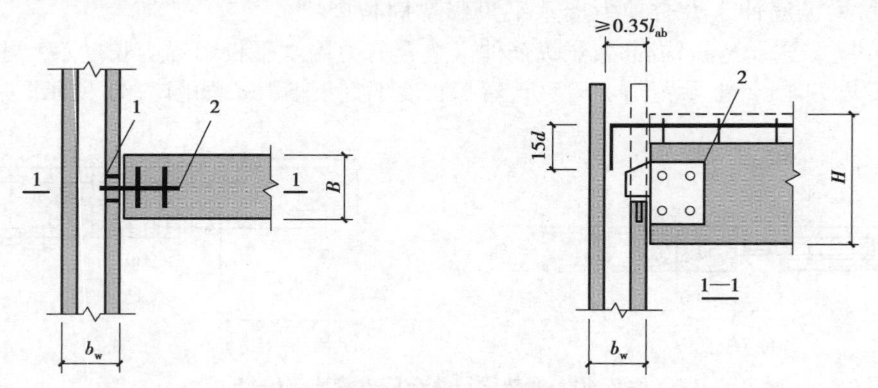

图 7.43　梁与叠合剪力墙钢企口连接

1—预埋件；2—钢企口；H—叠合梁高度；B—梁宽度；b_w—叠合剪力墙宽度

7.6　多层装配式墙板

多层装配式墙板除应符合第 7.2 节的一般规定外，墙体布置宜均匀对称，沿平面宜对齐，沿竖向应上下连续；应采用纵、横墙共同承重；且纵横向墙体的数量不宜相差过大；不宜采用平面不规则及开大洞的平面，当预制剪力墙截面厚度不小于 140 mm 时，应配置双排双向分布钢筋网；当预制剪力墙截面厚度小于 140 mm 时，可配置单排双向分布钢筋网。剪力墙中水平及竖向分布筋的最小配筋率不应小于 0.15%，钢筋直径不应小于 5 mm，间距不应大于 300 mm 的规定。

7.6.1 预制墙板设计

1）预制构件设计

当结构抗震等级为三级时，预制墙板的轴压比不应大于0.15；四级时不应大于0.2。在计算轴压比时，若墙体混凝土强度等级超过C40，按C40计算。

多层装配式墙板结构的计算可采用弹性方法进行结构分析，并应按结构实际情况建立分析模型，在计算中应考虑接缝连接方式的影响；采用水平锚环灌浆连接的墙体可作为整体构件考虑，结构刚度宜乘以0.85～0.95的折减系数；墙肢底部的水平接缝可按照整体式接缝进行设计，并取墙肢底部的剪力进行水平接缝的受剪承载力验算；在风荷载或多遇地震作用下，按弹性方法计算的楼层层间最大水平位移与层高之比 $\Delta u_e/h$ 不宜大于1/1 200。多层装配式墙板结构的预制墙板水平接缝受剪承载力设计值应按下式计算：

$$V_{uE}=0.6f_yA_{sd}+0.6N \tag{7.12}$$

式中 f_y——垂直穿过结合面的钢筋抗拉强度设计值；

N——与剪力设计值 V 相应的垂直于结合面的轴向力设计值，压力时取正，拉力时取负；

A_{sd}——垂直穿过结合面的抗剪钢筋面积。

2）构造要求

（1）墙肢的构造要求

构造边缘构件应设置在预制墙板水平或竖向尺寸大于800 mm的洞边、一字墙墙体端部及纵横交接处。采用配置钢筋的构造边缘构件时，构造边缘构件截面高度不宜小于墙厚，且不宜小于200 mm，截面宽度同墙厚。构造边缘构件内应配置纵向受力钢筋、箍筋、箍筋架立筋，构造边缘构件的纵向钢筋除应满足设计要求外，尚应满足表7.3的要求。上下层构造边缘构件纵向受力钢筋应直接连接，可采用灌浆套筒连接、浆锚搭接连接、焊接连接或型钢连接件连接，箍筋架立筋可不伸出预制墙板表面；采用配置型钢的构造边缘构件时，可由计算和构造要求得到钢筋面积并按等强度计算相应的型钢截面。型钢应在水平缝位置采用焊接或螺栓连接等方式可靠连接。型钢为一字形或开口截面时，应设置箍筋和箍筋架立筋，当型钢为钢管时，钢管内应设置竖向钢筋并采用灌浆料填实。

连梁宜与墙板整体预制。预制墙板洞口上方的预制连梁可与后浇混凝土圈梁或水平后浇带形成叠合连梁；叠合连梁的配筋及构造要求应符合现行国家标准《混凝土结构设计规范》（GB 50010）的有关规定。

表7.3 构造边缘构件的构造配筋要求

抗震等级	底层				其他层			
	纵筋最小量	箍筋架立筋最小量	箍筋（mm）		纵筋最小量	箍筋架立筋最小量	箍筋（mm）	
			最小直径	最大间距			最小直径	最大间距
三级	1Φ25	4Φ10	6	150	1Φ22	4Φ8	6	200
四级	1Φ22	4Φ8	6	200	1Φ20	4Φ8	6	250

(2)连接的构造要求

在多层装配式墙板结构中，预制墙板水平接缝和竖向接缝可采用干式连接或湿式连接，并应根据接缝的连接做法和性能，采用相应的结构整体分析及接缝分析方法。当房屋层数大于3层时，屋面、楼面宜采用叠合楼盖，叠合板与预制剪力墙的连接可参考第7.5.2节相关内容。当抗震等级为三级时，应在屋面设置封闭的后浇钢筋混凝土圈梁；当房屋层数不大于3层时，楼面可采用预制楼板，预制板在墙上的搁置长度不应小于50 mm和(1/180)L的较大值，其中L为预制板计算跨度。板端后浇混凝土接缝内应配置连续的通长钢筋，钢筋直径不应小于8 mm。当板端伸出锚固钢筋时，两侧伸出的锚固钢筋应互相可靠连接，并应与支承墙伸出的钢筋、板端接缝内设置的通长钢筋拉接。当板端不伸出锚固钢筋时，应沿板跨方向布置连系钢筋，连系钢筋直径不宜应小于10 mm，间距不应大于600 mm。连系钢筋应与两侧预制板可靠连接，并应与支承墙伸出的钢筋、板端接缝内设置的通长钢筋拉接。

预制墙板与基础连接时，基础顶面应设置现浇混凝土圈梁，圈梁上表面应设置粗糙面；预制墙板与圈梁顶面之间的接缝构造及承载力应符合《装配式多层混凝土结构技术规程》(CECS 604)的规定，连接钢筋应在基础中可靠锚固，且宜伸入到基础底部；墙板竖向接缝内的纵向钢筋应在基础中可靠锚固，且宜伸入到基础底部。

预制墙板水平接缝宜设置在楼面标高处，接缝厚度宜为20 mm，接缝应采用坐浆或者灌浆料填实；接缝处应设置连接节点，连接节点可采用单根钢筋灌浆套筒连接、浆锚搭接连接、焊接连接、螺栓连接等形式，连接节点间距不宜大于1 m；对应于构件中构造柱的位置应设置连接节点，连接钢筋或螺栓应位于构造柱的中心位置且面积不应小于构造柱的纵筋总面积；采用各种连接节点时，连接钢筋或预埋件应在墙板中可靠锚固，锚固区域宜设置横向加强筋；穿过接缝的连接钢筋数量应满足接缝受剪承载力的要求，且配筋率不应低于墙板竖向钢筋配筋率，连接钢筋直径不宜小于14 mm。

7.6.2 连接设计

1)干式连接

墙板间的干式连接主要分为螺栓连接及焊接连接两种。螺栓连接用于连接两个较薄的零件。在被连接件上开有通孔，插入螺栓后在螺栓的另一端拧上螺母。采用螺栓连接，装拆方便，应用广泛；焊接连接的连接性能好，焊缝具有良好的力学性能，能耐高温、高压、具有良好的密封性、导电性、耐磨性和耐腐蚀性等优势。

(1)螺栓连接

墙板之间采用螺栓连接时(图7.44)，拼缝处可采用一侧预埋螺纹套筒、另一侧预留安装手孔的形式，现场插入螺杆进行连接，也可采用两侧均预留手孔，现场插入螺杆进行连接的形式；预埋的螺纹套筒应在墙板内可靠锚固，手孔应采用必要的加强措施或者设置专门的连接件，并不得切断墙板边缘的构造柱竖向钢筋；预留螺栓连接手孔应采用灌浆料填实，手孔周围宜设置加强钢筋；螺栓宜采用单排居中布置，螺栓侧面边距不宜小于60 mm，距墙顶或墙底不宜大于600 mm且不宜小于300 mm，间距不宜小于300 mm且不宜大于600 mm；竖向拼缝安装间隙不宜小于5 mm且不宜大于10 mm；螺栓连接节点可设计为仅承受拉力或者同时承受拉压力和剪力，其承载力可根据试验确定。

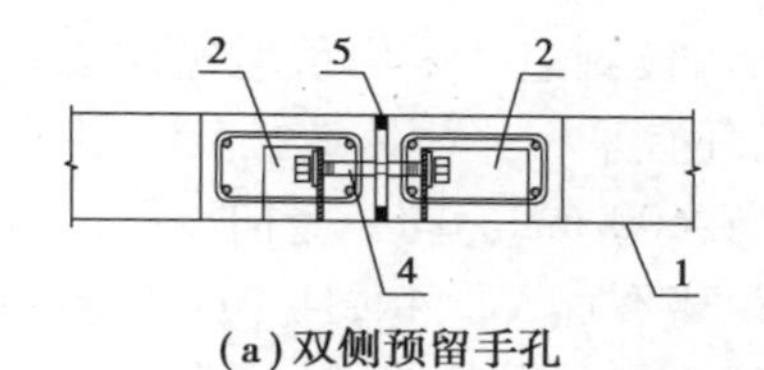

(a)双侧预留手孔

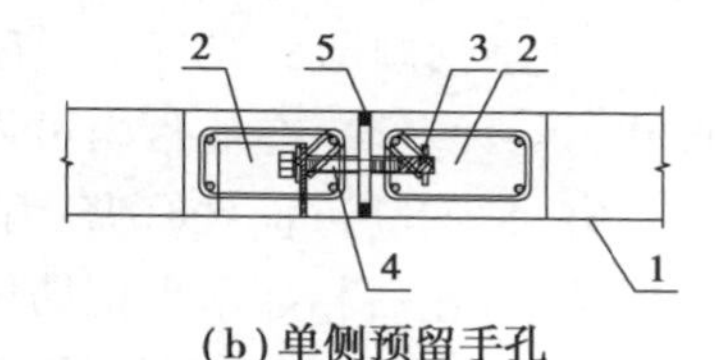

(b)单侧预留手孔

图 7.44　螺栓连接节点构造

1—墙板;2—预留手孔;3—预埋螺纹套筒;4—连接螺杆;5—预留安装间隙

钢板拼接式螺栓连接墙板体系(图 7.45)通过改变现有装配式建筑结构的连接方式,与目前装配式建筑结构体系相比,该连接方式传力路径明确,抗震性能好;现场几乎无湿作业;施工速度快;结构标准化程度高。

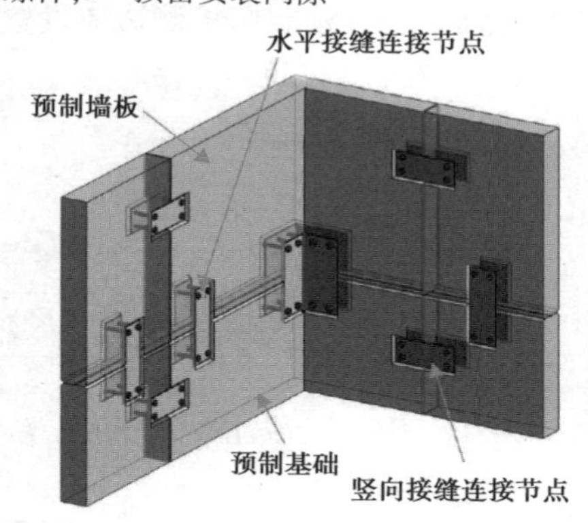

图 7.45　钢板拼接式螺栓连接

(2)焊接连接

墙板之间采用焊接连接时(图 7.46),拼缝处可采用墙板侧面预埋钢板、现场附加钢板或角钢焊接的形式连接;预埋钢板在墙内应可靠锚固,锚固承载力应大于连接钢板或角钢的承载力;连接节点宜布置在墙体的上端及下端,距墙顶或墙底不宜大于 600 mm 且不宜小于 100 mm;竖向拼缝不宜小于 10 mm 且不宜大于 20 mm;节点承载力可按照现行国家标准《钢结构设计规范》(GB 50017)进行计算。

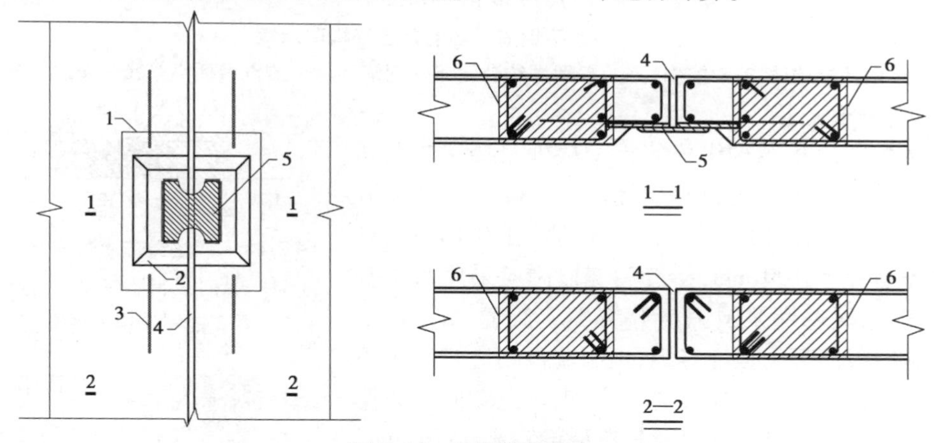

图 7.46　接缝焊接节点

1—埋连接钢板;2—凹槽;3—锚筋;4—安装缝隙;5—后焊连接钢板;6—构造柱

2)湿式连接

墙板间的湿式连接主要有钢锚环灌浆连接、钢丝绳套连接两种。钢锚环灌浆连接的钢锚环组件由钢锚环和螺纹套筒组成。该连接施工方便,现场湿作业量小,生产、安装效率高,经济性好;钢丝绳套连接具有耐磨、防腐等特点,可在潮湿或露天环境等工作场所使用。

(1)钢锚环灌浆连接

多层装配式墙板结构纵横墙板交接处及楼层内相邻承重墙板之间可采用水平钢筋锚环灌浆连接,如图 7.47 所示。竖向接缝处应设置后浇段,后浇段横截面面积不宜小于 0.01 m^2,且截面边长不宜小于 100 mm;接缝后浇段内应采用水泥基灌浆料灌实,水泥基灌浆料强度等级不应低于 C30,且不应低于预制墙板混凝土强度等级;预制墙板侧边宜采用预埋螺纹套筒并现场连接钢锚环的形式,螺纹套筒应在墙板内可靠锚固;钢锚环宜采用一体铸造且其直径不宜小于 12 mm,锚环直径不宜小于 80 mm;锚环竖向间距不宜大于 600 mm。同一竖向接缝两侧预制墙板预留水平钢筋锚环中,左右相邻水平钢筋锚环的竖向距离不宜大于 $4d$,且不应大 50 mm(d 为水平钢筋锚环的直径),竖向接缝内应配置直径不小于 10 mm 的后插纵筋,且应插入墙板侧边的钢筋锚环内,上下层节点后插筋可不相连接;穿过竖向接缝的钢锚环总面积不应小于墙体水平钢筋截面面积;预制墙板侧边应设置抗剪键槽,且键槽深度不宜小于 20 mm。

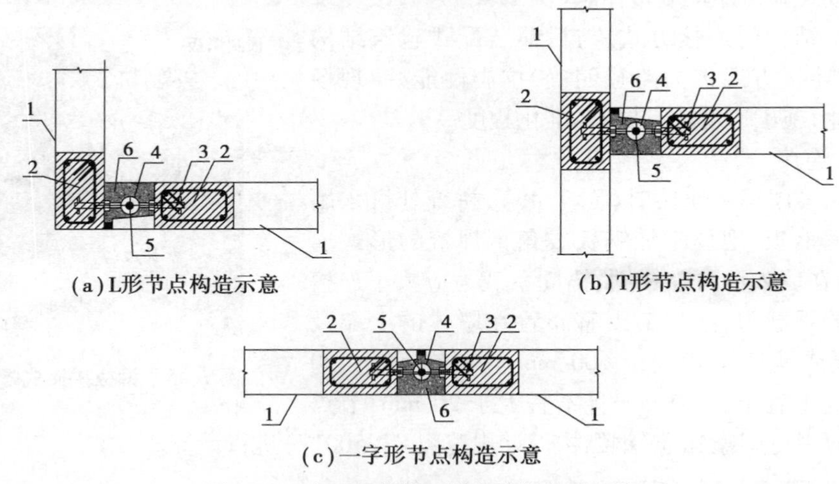
(a) L形节点构造示意

(b) T形节点构造示意

(c) 一字形节点构造示意

图 7.47 水平钢筋锚环灌浆连接构造示意

1—纵向预制墙体;2—构造柱;3—预埋螺纹套筒;4—钢锚环;5—节点后插纵筋;6—接缝灌浆

(2) 钢丝绳套连接

多层装配式墙板结构纵横墙板交接处及楼层内相邻承重墙板之间可采用钢丝绳套连接(图 7.48),竖向接缝处应设置后浇段,后浇段横截面面积不宜小于 0.01 m²,且截面边长不宜小于 100 mm;接缝后浇段内应采用水泥基灌浆料灌实,水泥基灌浆料强度等级不应低于 C30,且不应低于预制墙板混凝土强度等级;预制墙板侧边宜采用预埋钢丝绳套并在现场拉出连接的形式,钢丝绳套应在墙体边缘构造柱内可靠锚固,钢丝绳套直径不宜小于 10 mm,绳套竖向间距不宜大于 600 mm,同一竖向接缝两侧预制墙板伸出的钢丝绳套应搭接且在搭接区域内配置直径不小于 10 mm 的后插纵筋;穿过竖向接缝的钢丝绳套总面积不应小于墙体水平钢筋截面面积;预制墙板侧边应设置抗剪键槽,且键槽深度不宜小于 20 mm。

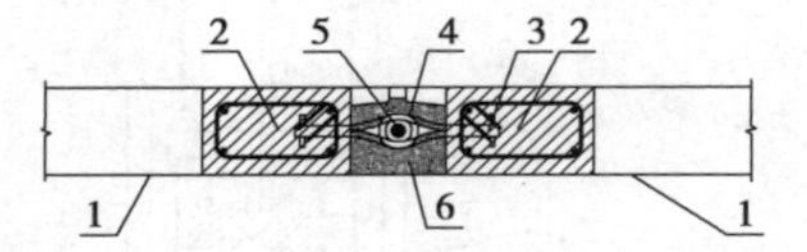
图 7.48 钢丝绳套灌浆连接节点构造

1—纵向预制墙体;2—构造柱;

3—绳套锚固端;4—绳套搭接段;

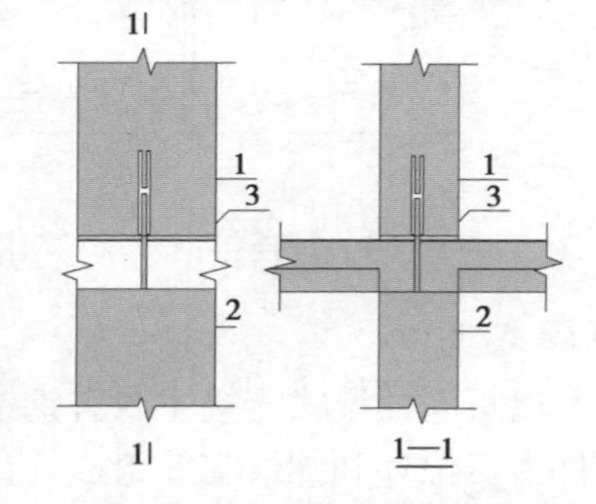

图 7.49 连接钢筋套筒灌浆连接构造

1—钢筋套筒灌浆连接;

2—连接钢筋;3—坐浆层

(3) 套筒灌浆连接

连接钢筋采用套筒灌浆连接(图 7.49)时,可在下层预制剪力墙中设置竖向连接钢筋与上层预制剪力墙内的连接钢筋通过套筒灌浆连接,连接钢筋可在预制剪力墙中通长设置,或在预制剪力墙中可靠锚固。

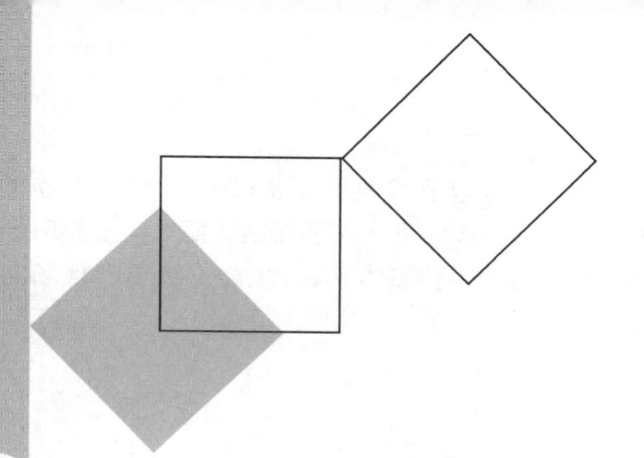

8 装配式混凝土非结构构件

8.1 概述

装配式混凝土非结构构件是指装配式建筑中除主体结构构件以外的构件，主要包括预制外墙挂板、预制内隔墙、预制楼梯、预制阳台板和预制空调板等，如图8.1所示。非结构构件与主体结构构件相比更容易实现标准化设计、工厂化生产和装配化施工。非结构构件的设计是装配式混凝土结构设计的重要组成部分。

(a)预制外墙挂板

(b)预制内隔墙

(c)预制楼梯

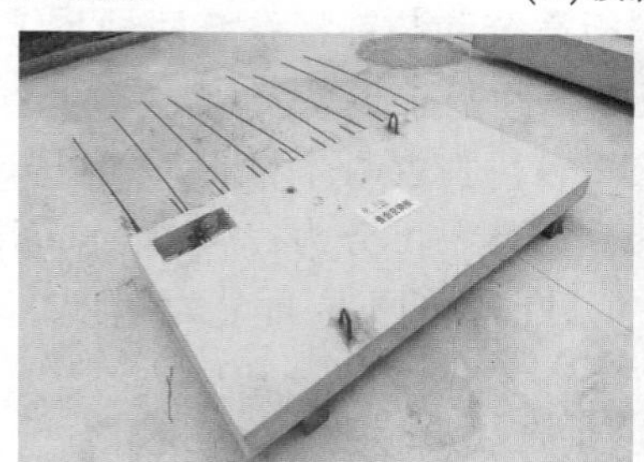

(d)预制空调板

(e)预制阳台板

图8.1 常用非结构构件

预制混凝土外墙挂板具有耐久性好、防水性能好、工厂预制快、运输方便、现场安装简单、工期短等优点，在装配式公共建筑中已经有一定的示范应用。预制内隔墙主要包含蒸压加气混凝土条板、轻集料复合增强条板、增强型发泡水泥无机复合条板、硅酸钙板夹芯复合条板、陶粒混凝土条板及装配式骨架夹芯隔墙板等，种类丰富，具有标准化程度高、质量小、安装简单、工期短等优点，在装配式建筑中已经得到了广泛应用，很多省市已经将预制内隔墙列入强制性要求。

预制楼梯在住宅中的标准化和工业化程度较高,可有效节省现场支撑和模板,减少现场现浇工作量、降底施工难度,提高施工速度,很多省市将预制楼梯也列入了强制性要求。预制阳台板和预制空调板均为主体结构以外的悬挑构件,安装施工工艺基本相似,也能有效节省现场支撑和模板,降低现场施工难度,提高施工效率。

8.2 预制外墙挂板设计

8.2.1 预制外挂墙板的定义

预制混凝土外挂墙板是安装在主体结构上,起围护、装饰作用的非承重预制混凝土外墙板,简称外挂墙板,如图 8.2 所示。由预制混凝土外挂墙板、墙板与主体结构连接节点、防水密封构造、外饰面材料等组成的预制混凝土外挂墙板系统,具有规定的承载能力、变形能力、适应主体结构位移能力、防水性能、防火性能等。

图 8.2 预制外挂墙板

外挂墙板装饰面层可采用面砖、石材、彩色混凝土、清水混凝土、露骨料混凝土等,可建造出独具特色的装配式外墙。预制混凝土外挂墙板在工厂采用工业化方式生产,运输到施工现场进行吊装,采用螺栓和焊接等可靠的连接方式与主体结构外挂,具有品质好、施工速度快等优点。

从建筑外墙功能方面来看,外挂墙板有围护板系统和装饰板系统两种系统,其中围护板系统按建筑立面特征可分为:整间板系统、横条板系统和竖条板系统(图 8.3);按保温类型可分为:夹心保温系统、内保温系统和外保温系统(图 8.4);按混凝土材料形式可分为:预制普通混凝土外墙挂板和预制轻质混凝土外墙挂板;按外立面效果可分为:预制清水混凝土外墙挂板和预制彩装混凝土外墙挂板(图 8.5);按在建筑中所处位置的不同可分为:梁式外挂板、柱式外挂板和墙式外挂板。

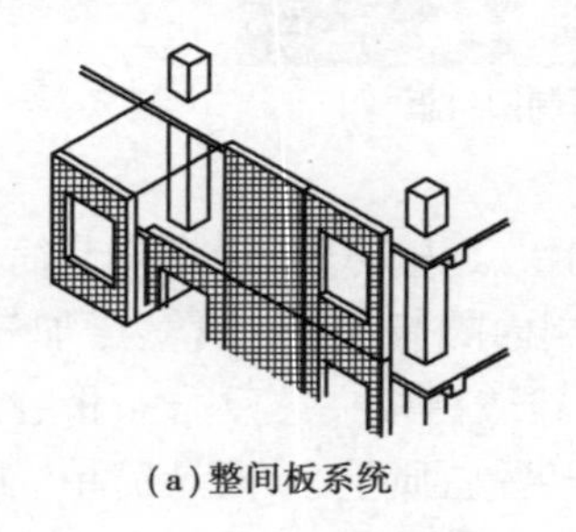

(a)整间板系统

(b)横条板系统

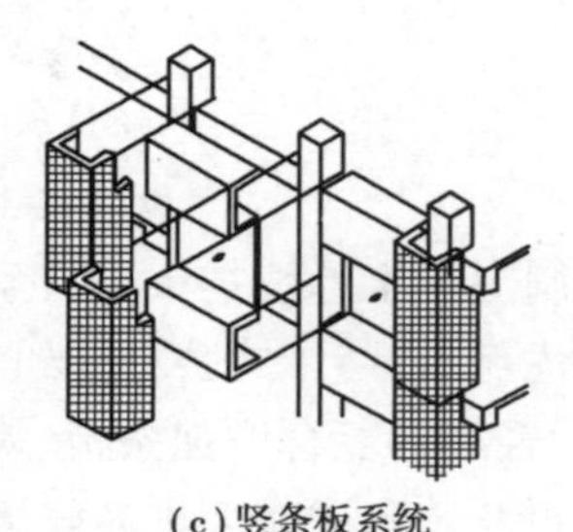

(c)竖条板系统

图 8.3 围护板系统

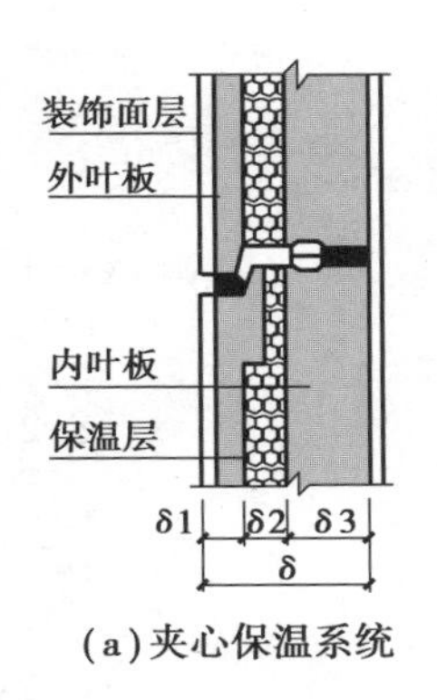

(a)夹心保温系统

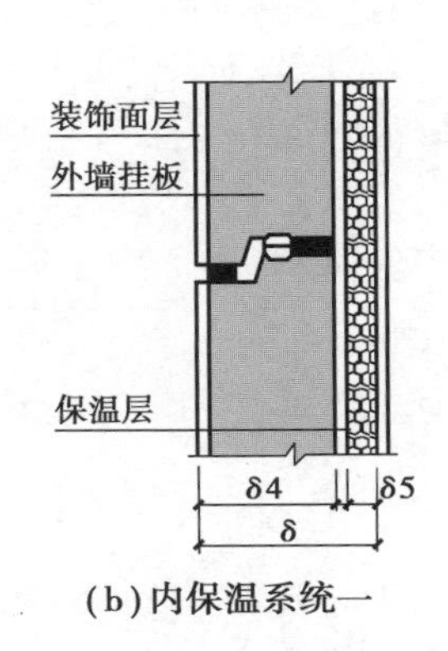

(b)内保温系统一

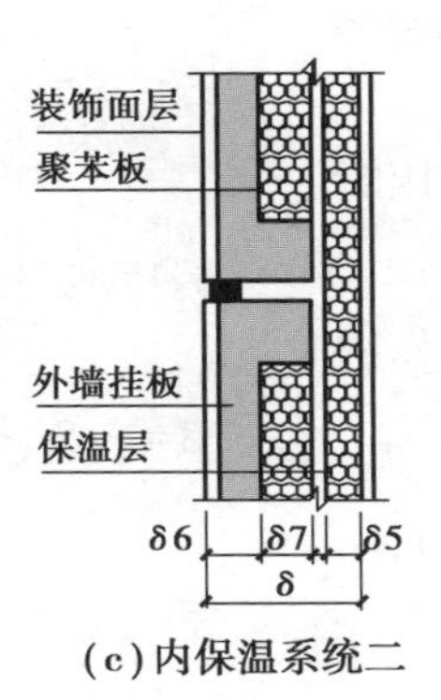

(c)内保温系统二

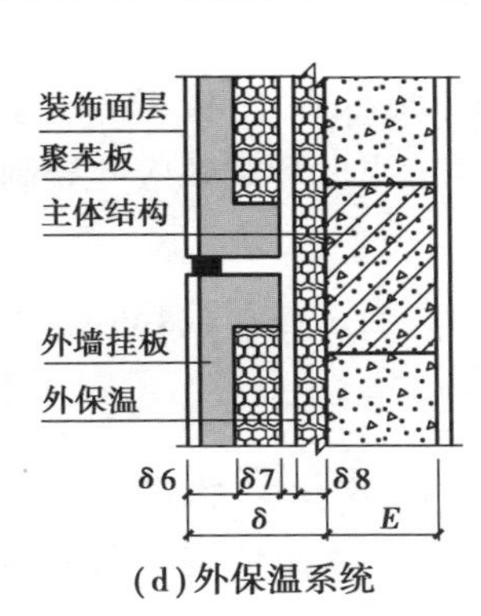

(d)外保温系统

图 8.4　墙身构造

(a)预制清水混凝土外挂墙板

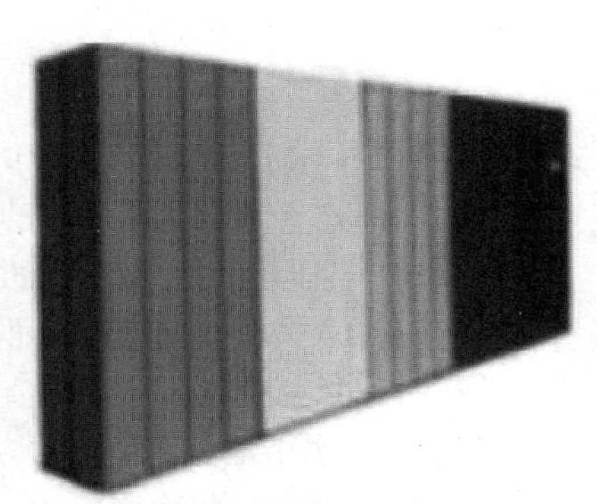

(b)预制彩装混凝土外挂墙板

图 8.5　外挂墙板外立面

8.2.2　一般规定

在正常使用状态下,外挂墙板应具有良好的工作性能。外挂墙板在多遇地震作用下应能正常使用;在设防烈度地震作用下经修理后应仍可使用;在预估的罕遇地震作用下不应整体脱落。

外挂墙板应采用合理的连接节点并与主体结构可靠连接。有抗震设防要求时,外挂墙板及其与主体结构的连接节点应进行抗震设计。连接方式宜采用柔性连接,连接节点应具有足够的承载力和适应主体结构变形的能力,并应采取可靠的防腐、防锈和防火措施。

对外挂墙板和连接节点进行承载力验算时,其结构重要性系数 γ_0 应取不小于 1.0,连接节点承载力抗震调整系数 γ_{RE} 应取 1.0。支承外挂墙板的结构构件应具有足够的承载力和刚度。

外挂墙板及其连接节点的结构分析、承载力计算、变形和裂缝验算及构造要求除应符合本节的规定外,尚应符合国家现行标准《混凝土结构设计规范》(GB 50010)、《钢结构设计标准》(GB 50017)、《建筑抗震设计规范》(GB 50011)、《装配式混凝土建筑技术标准》(GB/T 51231)和《装配式混凝土结构技术规程》(JGJ 1)的有关规定。

8.2.3　作用与作用组合

计算外挂墙板及连接节点的承载力时,荷载组合的效应设计值应符合下列规定:

1)**持久设计状况**

当风荷载效应起控制作用时:

$$S=\gamma_G S_{Gk}+\gamma_w S_{wk} \tag{8.1}$$

当永久荷载效应起控制作用时:

$$S=\gamma_G S_{Gk}+\varphi_w \gamma_w S_{wk} \tag{8.2}$$

2)**地震设计状况**

在水平地震作用下:

$$S_{Eh}=\gamma_G S_{Gk}+\gamma_{Eh} S_{Ehk}+\varphi_w \gamma_w S_{wk} \tag{8.3}$$

在竖向地震作用下:

$$S_{Ev}=\gamma_G S_{Gk}+\gamma_{Ev} S_{Evk} \tag{8.4}$$

式中 S——基本组合的效应设计值;

S_{Eh}——水平地震作用组合的效应设计值;

S_{Ev}——竖向地震作用组合的效应设计值;

S_{Gk}——永久荷载的效应标准值;

S_{wk}——风荷载的效应标准值;

S_{Ehk}——水平地震作用的效应标准值;

S_{Evk}——竖向地震作用的效应标准值;

γ_G——永久荷载分项系数;

γ_w——风荷载分项系数,取1.4;

γ_{Eh}——水平地震作用分项系数,取1.3;

γ_{Ev}——竖向地震作用分项系数,取1.3;

φ_w——风荷载组合系数,在持久设计状况下取0.6,地震设计状况下取0.2。

在持久设计状况、地震设计状况下,进行外挂墙板和连接节点的承载力设计时,永久荷载分项系数 γ 应按下列规定取值:

①进行外挂墙板平面外承载力设计时,γ_G 应取为0;进行外挂墙板平面内承载力设计时,γ_G 应取为1.2。

②进行连接节点承载力设计时,在持久设计状况下,当风荷载效应起控制作用时,γ_G 应取为1.2,当永久荷载效应起控制作用时,γ_G 应取为1.35;在地震设计状况下,γ_G 应取为1.2。当永久荷载效应对连接节点承载力有利时,γ_G 应取为1.0。

风荷载标准值应按现行国家标准《建筑结构荷载规范》(GB 50009)有关围护结构的规定确定。计算水平地震作用标准值时,按下式计算:

$$F_{Ehk}=\beta_E \alpha_{max} G_k$$

式中 F_{Ehk}——施加于外挂墙板重心处的水平地震作用标准值;

β_E——动力放大系数,可取5.0;

α_{max}——水平地震影响系数最大值,应按表8.1采用;

G_k——外挂墙板的重力荷载标准值。

表 8.1 水平地震影响系数最大值 α_{max}

抗震设防烈度	6 度	7 度	8 度
α_{max}	0.04	0.08(0.12)	0.16(0.24)

注:抗震设防烈度 7、8 度时,括号内数值分别用于设计基本地震加速度为 0.15g 和 0.30g 的地区。

竖向地震作用标准值可取水平地震作用标准值的 0.65 倍。主体结构计算时,应按下列规定计入外挂墙板的影响:

①应计入支承于主体结构的外挂墙板的自重。

②当外挂墙板相对于其支承构件有偏心时,应计入外挂墙板重力荷载偏心产生的不利影响。

③采用点支承与主体结构相连的外挂墙板,连接节点具有适应主体结构变形的能力时,可不计入其刚度影响。

④采用线支承与主体结构相连的外挂墙板,应根据刚度等代原则计入其刚度影响,但不得考虑外挂墙板的有利影响。

8.2.4 外墙挂板与连接设计

1)外墙挂板设计

外挂墙板的形式和尺寸应根据建筑立面造型、主体结构层间位移限值、楼层高度、节点连接形式、温度变化、接缝构造、运输限制条件和现场起吊能力等因素确定;板间接缝宽度应根据计算确定且不宜小于 10 mm;当计算缝宽大于 30 mm 时,宜调整外挂墙板的形式或连接方式。

①外挂墙板的高度不宜大于一个层高,厚度不宜小于 100 mm。

②外挂墙板宜采用双层、双向配筋,竖向和水平钢筋的配筋率均不应小于 0.15%,且钢筋直径不宜小于 5 mm,间距不宜大于 200 mm。

③门窗洞口周边、角部应配置加强钢筋。

④外挂墙板最外层钢筋的混凝土保护层厚度除有专门要求外,应符合下列规定:

a. 对石材或面砖饰面,不应小于 15 mm。

b. 对清水混凝土,不应小于 20 mm。

c. 对露骨料装饰面,应从最凹处混凝土表面计起,且不应小于 20 mm。

⑤外挂墙板间接缝包括水平接缝与垂直接缝,如图 8.6 所示。接缝构造应符合下列规定:

a. 接缝构造应满足防水、防火、隔声等建筑功能要求。

b. 接缝宽度应满足主体结构的层间位移、密封材料的变形能力、施工误差、温差引起变形等要求,且不应小于 15 mm。

2)连接设计

目前,国内外对外挂墙板的连接方式进行了大量研究。研究表明,外挂墙板与主体结构的连接节点主要采用柔性连接的点支承连接和一边固定的线支承连接方式,相较于线支承连接,点支承连接应用更广泛。

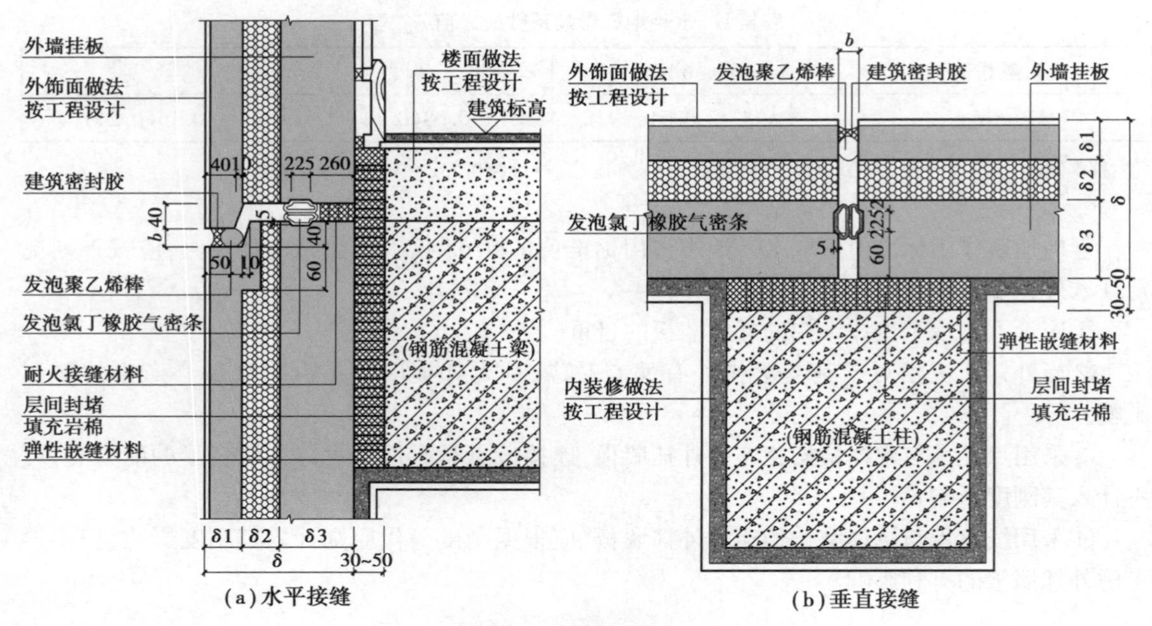

图 8.6　外挂墙板接缝

①外挂墙板与主体结构采用点支承连接时，如图 8.7 所示，节点构造应符合下列规定：

a. 连接点数量和位置应根据外挂墙板形状、尺寸确定，连接点不应少于 4 个，承重连接点不应多于 2 个。

b. 在外力作用下，外挂墙板相对主体结构在墙板平面内应能水平滑动或转动。

c. 连接件的滑动孔尺寸应根据穿孔螺栓直径、变形能力需求和施工允许偏差等因素确定。

d. 承重连接点应避开主体结构支承构件在地震作用下的塑性发展区域，且不应支承在主体结构耗能构件上；面外连接点宜避开主体结构支承构件在地震作用下的塑性发展区域且不宜连接在主体结构耗能构件上。

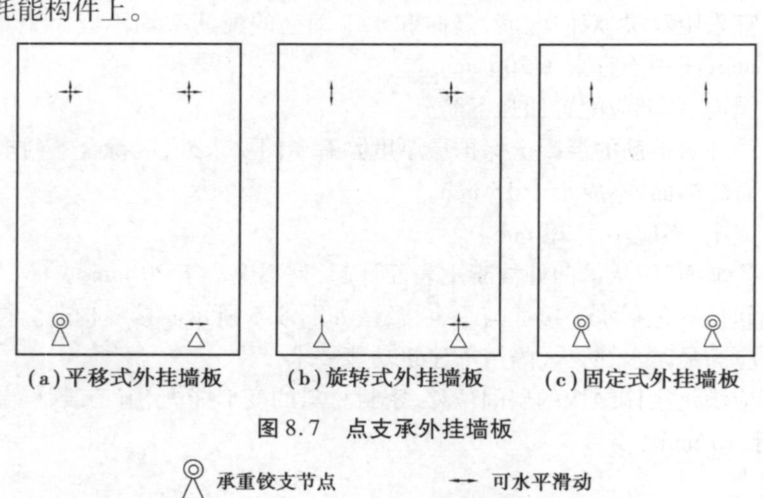

图 8.7　点支承外挂墙板

②外挂墙板与主体结构采用线支承连接时(图8.8),节点构造应符合下列规定:

a.外挂墙板顶部与梁连接,且固定连接区段应避开梁端1.5倍梁高长度范围。

b.外挂墙板与梁的结合面应采用粗糙面并设置键槽;接缝处应设置连接钢筋,连接钢筋数量应经过计算确定且钢筋直径不宜小于10 mm,间距不宜大于200 mm,连接钢筋在外挂墙板和楼面梁后浇混凝土中的锚固应符合现行国家标准《混凝土结构设计规范》(GB 50010)的有关规定。

c.外挂墙板的底端应设置不少于2个仅对墙板有平面外约束的连接节点。

d.外挂墙板的侧边不应与主体结构连接。

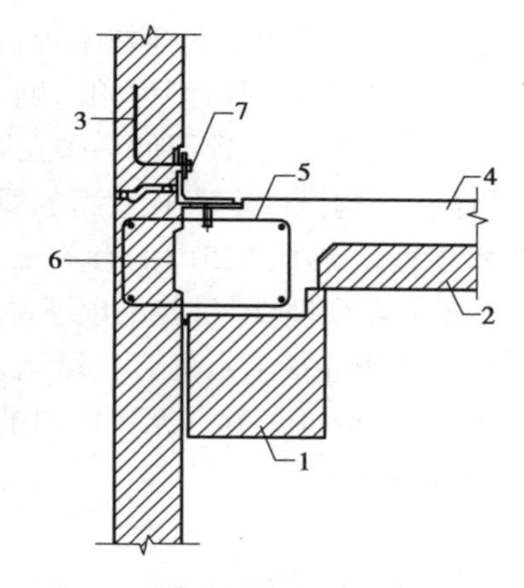

图8.8　外挂墙板线支承连接示意

1—预制梁;2—预制板;3—预制外挂墙板;4—后浇混凝土;5—连接钢筋;6—剪力键槽;7—面外限位连接件

外挂墙板不应跨越主体结构的变形缝。主体结构变形缝两侧的外挂墙板的构造缝应能适应主体结构的变形要求,宜采用柔性连接设计或滑动型连接设计,并采取易于修复的构造措施。

③外挂墙板与主体结构连接常用节点连接件和预埋件,如图8.9所示,且应采取可靠的防火和防腐蚀措施,并应符合下列规定:

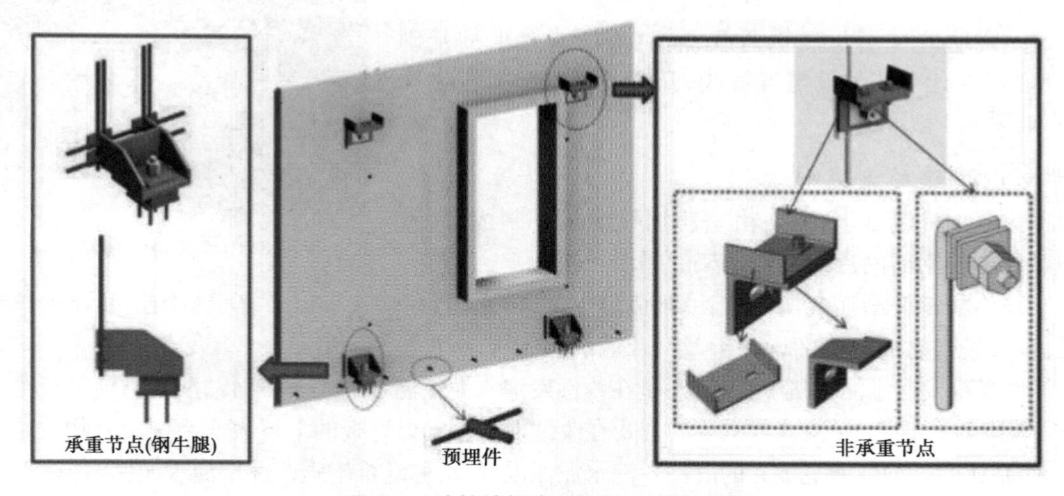

图8.9　外挂墙板常用连接件及预埋件

a.节点连接件和预埋件的抗火设计应符合现行国家标准《建筑设计防火规范》(GB 50016)的有关规定;外挂墙板与主体结构承重连接点处的节点连接件及预埋件的耐火极限不应低于主体结构支承梁或板的耐火极限。

b.节点连接件和预埋件应根据环境条件、使用要求、施工条件和维护管理条件等进行防腐蚀设计,并应符合国家现行标准《钢结构设计标准》(GB 50017)和《建筑钢结构防腐蚀技术规程》(JGJ/T 251)的有关规定。

c.节点连接件和预埋件的防腐蚀保护层设计使用年限不宜低于15年。

d.节点连接件和预埋件的防腐蚀保护层可采用涂料涂层或金属热喷涂系统,并应符合现行行业标准《建筑钢结构防腐蚀技术规程》(JGJ/T 251)的有关规定;防腐蚀保护层应完全覆盖钢材表面和无端部封板闭口型材的内侧。

e. 当节点连接件和预埋件暴露在腐蚀性环境中或使用期间不易重新涂装时,宜采用耐候结构钢,并应在结构设计中留有适当的腐蚀裕量,腐蚀裕量应符合现行行业标准《建筑钢结构防腐蚀技术规程》(JGJ/T 251)的有关规定。

f. 连接节点预埋件、吊装用预埋件以及临时支撑预埋件均宜分别设置,不宜兼用。

g. 外挂墙板连接节点处有变形能力要求时,宜在节点连接件或主体结构预埋件接触面上涂刷聚四氟乙烯,也可在节点连接件和主体结构预埋件之间设置滑移垫片,滑移垫片口采用聚四氟乙烯板或不锈钢板。

8.3 预制内隔墙设计

8.3.1 预制内隔墙概述

1)预制内隔墙的定义

预制内隔墙是由工厂预制生产的预制构件或由构件组成,在现场直接安装的墙板。隔墙应为集成产品,并便于现场安装。隔墙应在满足建筑荷载、隔声等功能要求的基础上,合理利用其空腔敷设电气管线、开关、插座、面板等电气元件,如图 8.10 所示。

图 8.10 预制内隔墙

2)预制内隔墙的常见种类

①蒸压加气混凝土条板:由蒸压加气混凝土制成,内敷经防腐处理的钢筋网片或钢筋网架的隔墙条板。

②轻集料复合增强条板:采用模具成型工艺,由水泥、粉煤灰等以及轻集料为主要材料拌和而成,内敷设经防锈处理的增强钢丝网片的隔墙条板。

③增强型发泡水泥无机复合条板:是在改性发泡水泥保温板的上下表面铺贴耐碱玻璃纤维网格布,并用喷涂、辊涂、浸浆或者刮浆的方式在改性发泡水泥保温板的上下表面涂刷聚合物胶浆增强层,而制成的一种性能更优异的改性发泡水泥保温板,也称纤维增强改性发泡水泥保温板。

④硅酸钙板夹芯复合条板:由水泥、聚苯乙烯颗粒、膨胀珍珠岩等轻集料作为芯材,利用板两面复合纤维增强硅酸钙板,采用模具浇筑而成的隔墙条板。

⑤陶粒混凝土条板:以普通硅酸盐水泥为胶结材料,陶粒、工业灰渣等轻质材料为骨料,加水搅拌成浆料,内配钢丝网片制成的条形板材。

⑥装配式隔墙大板:按隔墙整体设计尺寸、规格(预留门、窗洞口)在工厂预制,可按设计要求切割成不同规格的隔墙构件,目前常用的装配式隔墙大板为纤维石膏空心大板。装配式纤维石膏空心大板是指采用玻璃纤维、石膏粉、水、添加剂等材料在工厂生产的空腔隔墙大板。

⑦装配式骨架夹芯隔墙板:在工厂制作夹芯隔墙的龙骨、面板和支撑卡等部件以及连接件,在施工现场装配安装的墙体。

8.3.2 预制内隔墙连接

①当单层隔墙墙板采取接板安装时，竖向接板不宜超过一次，且相邻隔墙墙板接头位置应至少错开 300 mm。隔墙墙板对接部位应设置连接件或定位件，做好定位、加固和防裂处理。双层隔墙墙板宜按单层隔墙墙板的施工工法进行设计，且相邻隔墙条板接头位置应至少错开 300 mm。

②预制隔墙墙板下端与楼地面结合处应预留 10 mm 安装空隙，且预留空隙应采用专用砂浆填实，如图 8.11 所示。

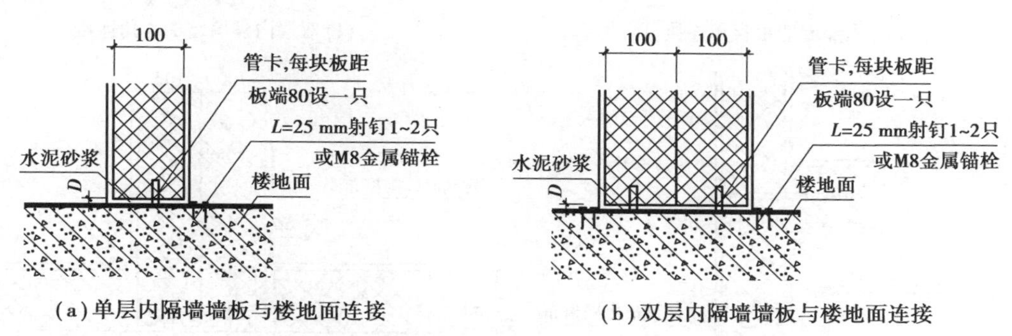

(a) 单层内隔墙墙板与楼地面连接　　(b) 双层内隔墙墙板与楼地面连接

图 8.11　内隔墙连接

③预制隔墙墙板的板与板之间可采用平接、双凹槽对接方式，并应根据不同材质、不同构造、不同部位的隔墙采取下列防裂措施：

a. 应在板与板之间对接缝隙内填满、灌实专用黏结砂浆，如图 8.12 所示。

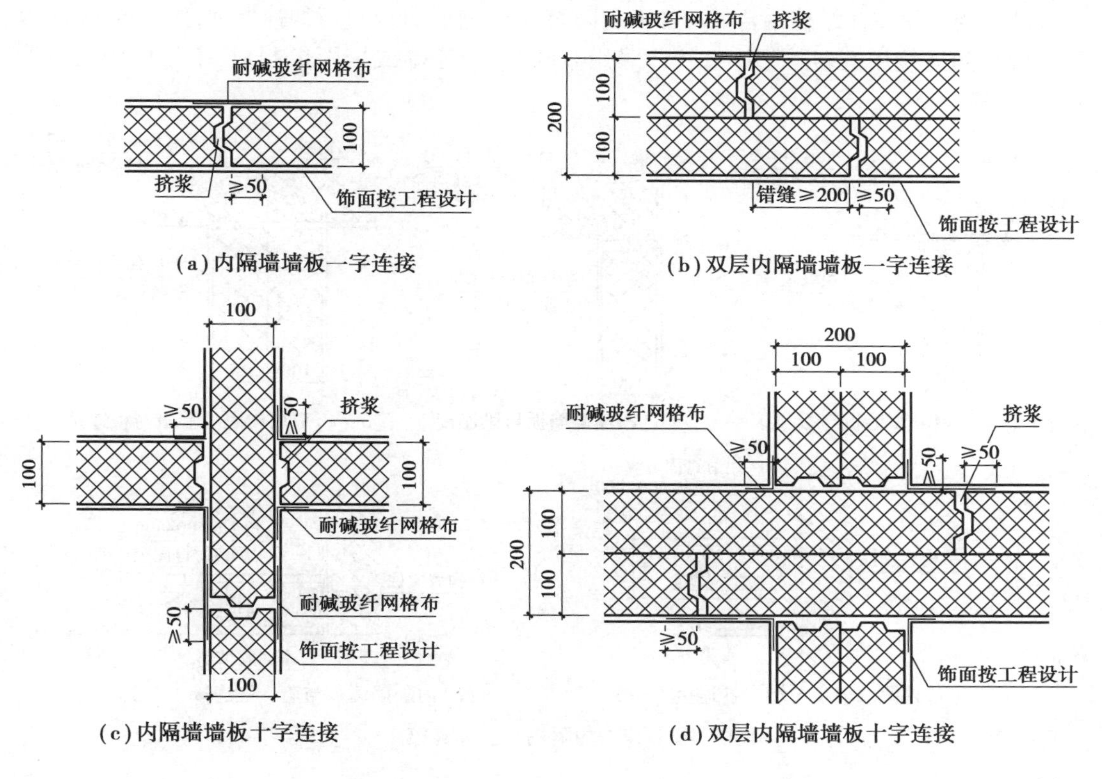

(a) 内隔墙墙板一字连接　　(b) 双层内隔墙墙板一字连接

(c) 内隔墙墙板十字连接　　(d) 双层内隔墙墙板十字连接

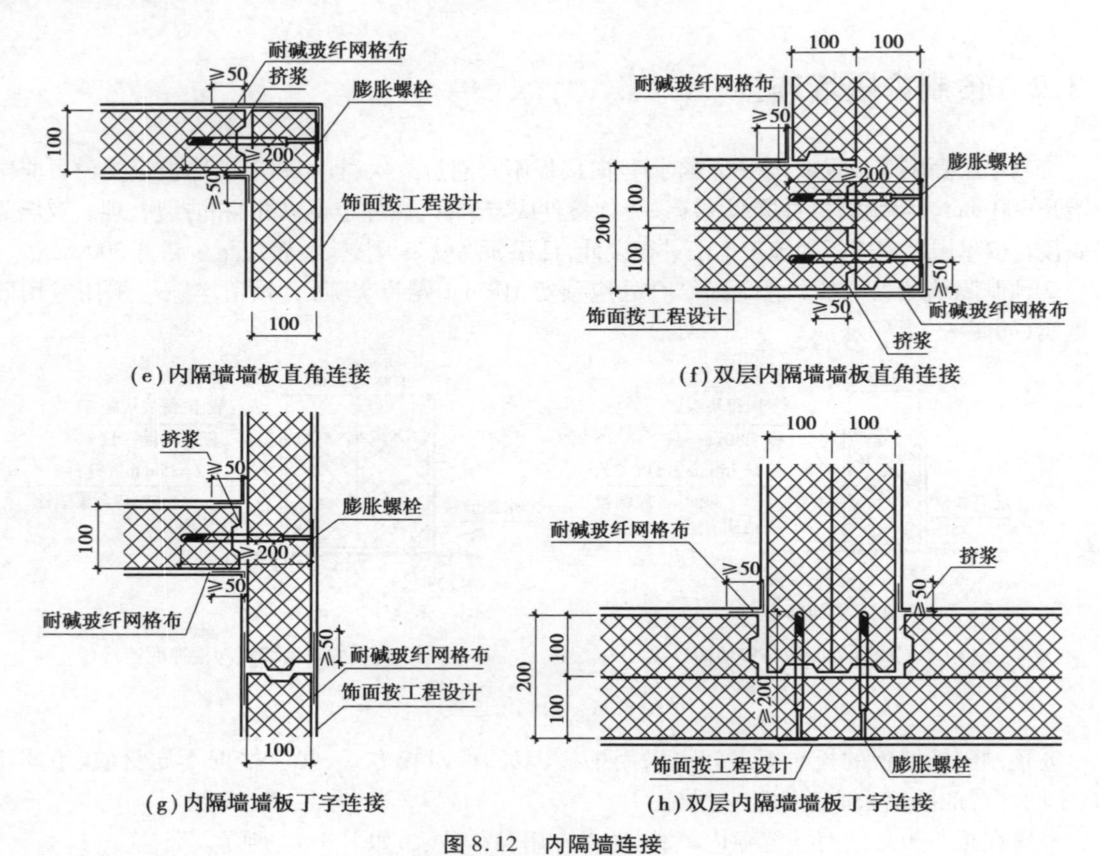

(e)内隔墙墙板直角连接

(f)双层内隔墙墙板直角连接

(g)内隔墙墙板丁字连接

(h)双层内隔墙墙板丁字连接

图 8.12 内隔墙连接

b. 墙板与建筑主体结构结合处应作专门防裂处理，连接处应进行加强处理，如图 8.13 所示。

c. 墙板间连接用的塑料膨胀套管应采用聚酰胺、聚乙烯或聚丙烯制成，不得使用回收的再生材料。

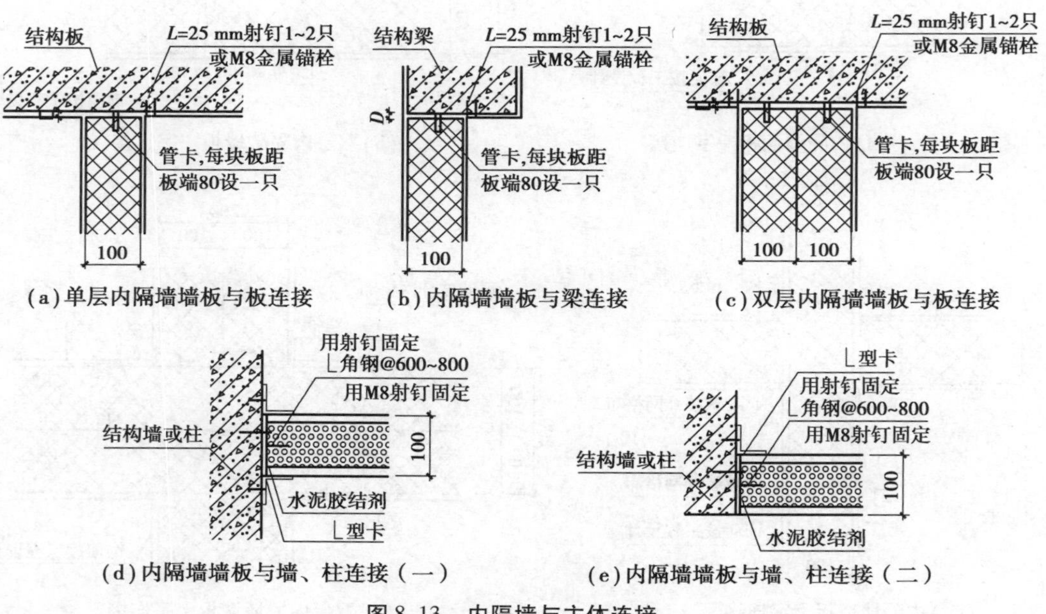

(a)单层内隔墙墙板与板连接

(b)内隔墙墙板与梁连接

(c)双层内隔墙墙板与板连接

(d)内隔墙墙板与墙、柱连接（一）

(e)内隔墙墙板与墙、柱连接（二）

图 8.13 内隔墙与主体连接

8.4 预制楼梯设计

8.4.1 预制楼梯概述

楼梯是建筑主要的竖向交通通道和重要的逃生通道，是现代产业化建筑的重要组成部分。在工厂预制楼梯远比现浇更方便、精致，安装后马上就可以使用，给工地施工带来了很大的便利，提高了施工安全性，预制楼梯如图 8.14 所示。

图 8.14 预制楼梯

预制楼梯的设计应在满足建筑使用功能的基础上，符合标准化和模数化的要求。板式楼梯有双跑楼梯和剪刀楼梯。双跑楼梯一层楼两跑，长度较短；剪刀楼梯一层楼一跑，长度较长，如图 8.15 所示。对于板式楼梯，可参考国家建筑标准设计图集《预制钢筋混凝土板式楼梯》(15G367-1)。

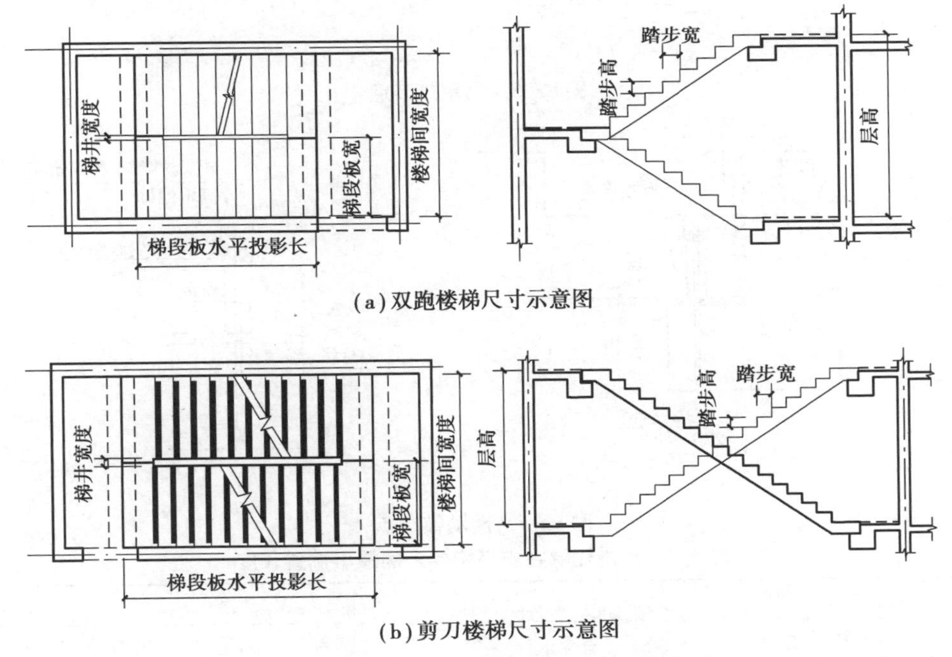

图 8.15 双跑楼梯与剪刀楼梯

8.4.2 预制楼梯连接

在火灾、地震等危险情况下，楼梯间疏散能力的大小直接影响着人民生命的安全。2008 年汶川地震，大量震害资料显示了楼梯的重要性，楼梯不倒塌就能保证人员有疏散通道，更大程度保证人民生命安全。《建筑抗震设计规范》(GB 50010)中规定：楼梯构件与主体结构整浇时，应计入楼梯构件对地震作用及其效应的影响,应进行楼梯构件的抗震承载力验算;宜采取构造措施,减少楼梯构件对主体结构刚度的影响。

预制楼梯与支承构件连接有两种方式:一端固定铰节点、一端滑动铰节点的简支方式和一端固定支座一端滑动支座的方式。

1)简支方式

预制楼梯一端设置固定铰如图 8.16 所示,另一端设置滑动铰如图 8.17 所示。其中,预制楼梯设置滑动铰的一端应采取防止滑落的构造措施,其转动及滑动变形能力应满足结构层间位移的要求且预制楼梯端部在支承构件上的最小搁置长度应符合表 8.2 的规定。

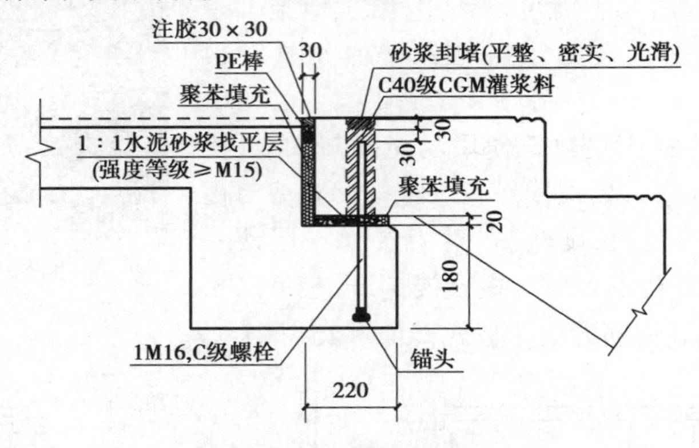

图 8.16 固定铰节点

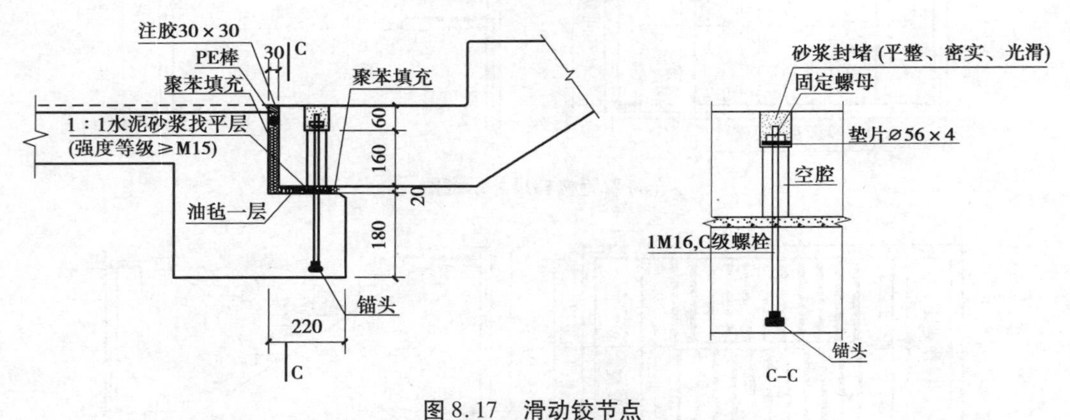

图 8.17 滑动铰节点

表 8.2 预制楼梯在支撑构件上的最小搁置长度

抗震设防烈度	6 度	7 度	8 度
最小搁置长度(mm)	75	75	100

2)固定与滑动方式

预制楼梯上端设置固定端,与支撑结构现浇混凝土连接(图 8.18);下端设置滑动支座,放置在支撑体系上(图 8.19)。滑动支座也可作为耗能支座,根据实际情况选择软钢支座、高阻尼橡胶支座等减隔震支座。地震时滑动支座可限量伸缩变形,既消耗了地震能量,又保证了梯段的安全性。滑动支座能减少楼梯段对主体结构的影响,这种连接形式是减少主体结构的震动对楼梯的损伤最常见的设计方式。

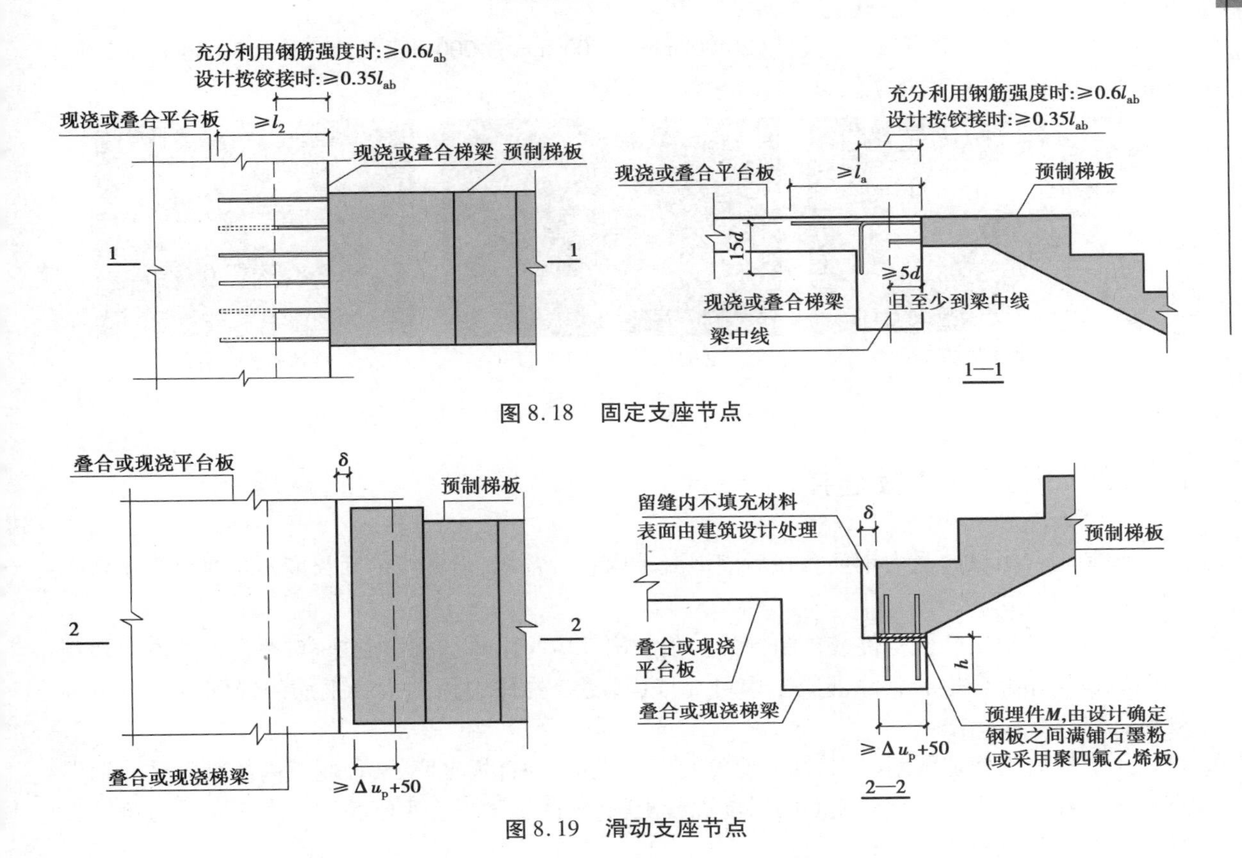

图 8.18　固定支座节点

图 8.19　滑动支座节点

8.5　预制阳台板设计

8.5.1　预制阳台板概述

装配式预制阳台是装配式预制构件中的重要组成部分,主要由预制阳台底板、阳台底梁与侧梁、阳台前栏板和两个侧栏板及栏杆等部分构成。

预制阳台按构件形式分类包括全预制式阳台和半预制(叠合)式阳台。全预制阳台按照承重方式可分为全预制梁式阳台和全预制板式阳台。

全预制梁式阳台[图 8.20(a)]是指将阳台板及其上的荷载通过挑梁传递到主体结构的预制梁、预制墙体、预制柱等结构上,一般将底梁与侧梁同主体结构的圈梁等绑扎并焊接后进行现浇处理。全预制板式阳台[图 8.20(b)]在其根部与主体结构的预制梁、叠合板等现浇在一起,预制阳台板及其上的荷载通过悬挑板传递到主体结构的梁板上。半预制(叠合)式阳台[图 8.20(c)]底板厚度设计较小,底梁布置仅做连接功能,预制底板仅做支撑作用,生产时按设计要求设计一定数量的外露分布钢筋,在预制阳台吊装完成后,在阳台底板上按设计要求布置受力筋,而后进行现浇。

预制阳台板沿悬挑长度方向按建筑模数 2M 设计(半预制(叠合)式阳台、全预制板式阳台 1 000 mm、1 200 mm、1 400 mm;全预制梁式阳台 1 200 mm、1 400 mm、1 600 mm、1 800 mm);沿房间开间方向按建筑模数 3M 设计(2 400 mm、2 700 mm、3 000 mm、3 300 mm、3 600 mm、3 900 mm、4 200 mm、4 500 mm)。

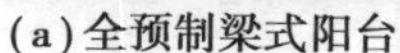

(a)全预制梁式阳台

(b)全预制板式阳台

(c)预制叠合阳台

图 8.20　预制阳台

8.5.2　预制阳台板连接

预制阳台板纵向受力钢筋宜在后浇混凝土内直线锚固,当直线锚固长度不足时可采用弯钩和机械锚固方式。

阳台板宜采用叠合构件或预制构件。预制构件应与主体结构可靠连接;叠合构件的负弯矩钢筋应在相邻叠合板的后浇混凝土中可靠锚固,叠合构件中预制板底钢筋的锚固应符合下列规定:

①当板底为构造配筋时,其钢筋应符合以下规定:叠合板支座处,预制板内的纵向受力钢筋宜从板端伸出并描入支承梁或墙的后浇混凝土中,锚固长度不应小于 $5d$ (d 为纵向受力钢筋直径),且宜伸过支座中心线;

②当板底为计算要求配筋时,钢筋应满足受拉钢筋的锚固要求。

预制混凝土阳台板的吊点用于工厂制作搬运和现场施工吊运的连接点,根据《预制钢筋混凝土阳台板、空调板及女儿墙》(15G368-1)所述,阳台板共有 4 处吊点,一般设置于阳台板的正面,吊点位置如图 8.21 所示。不同规格的阳台板有不同的质量,因此吊点的位置也有所变化。图中 a_1 数值根据阳台板规格确定,预埋吊件类型有两种,分别是吊杆与吊环,构造做法如图 8.22 所示。

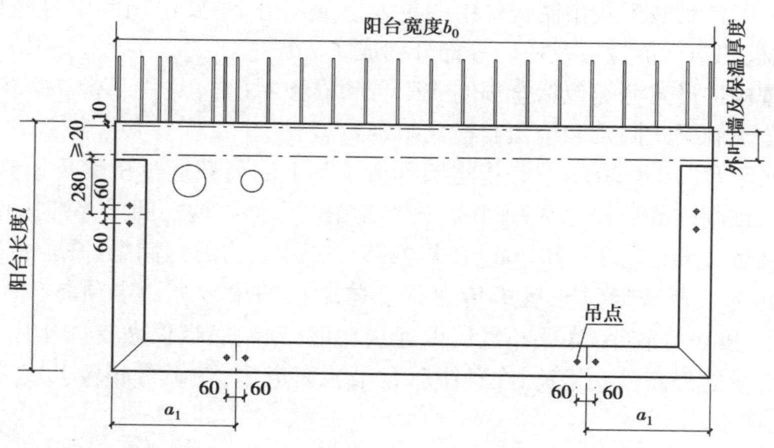

图 8.21　全预制板式阳台洞口排布图

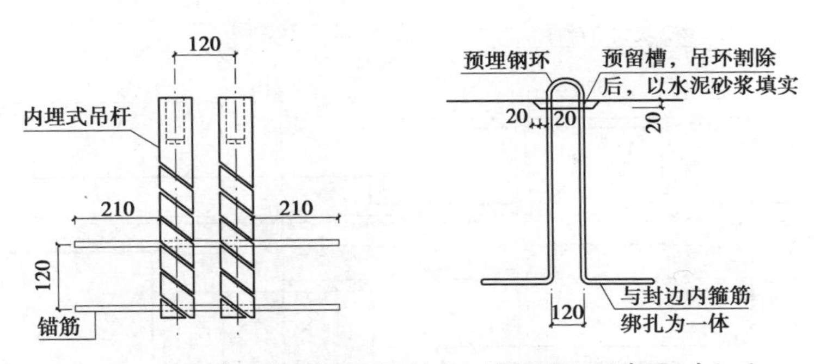

图 8.22　内埋式吊杆示意图(左)；预埋吊环示意图(右)

阳台板与建筑主体结构是通过锚固钢筋和现浇混凝土来进行固定和连接的,根据《预制钢筋混凝土阳台板、空调板及女儿墙》(15G368-1)和《装配式混凝土结构技术规程》(JGJ 1)的要求,阳台板内钢筋需深入主体结构锚固,深入长度需满足相关要求。阳台板与主体结构连接如图 8.23 所示。

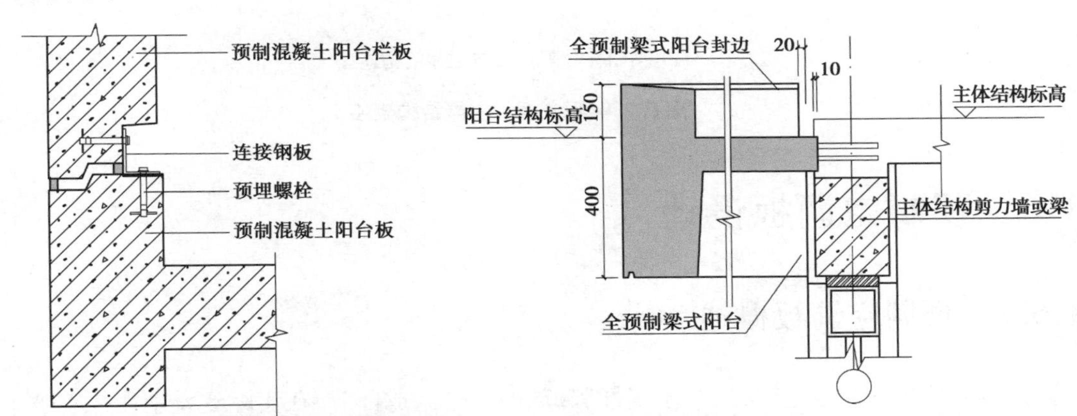

(a)预制混凝土阳台板通过连接件与栏板、墙板连接　(b)全预制梁式阳台板与主体结构连接

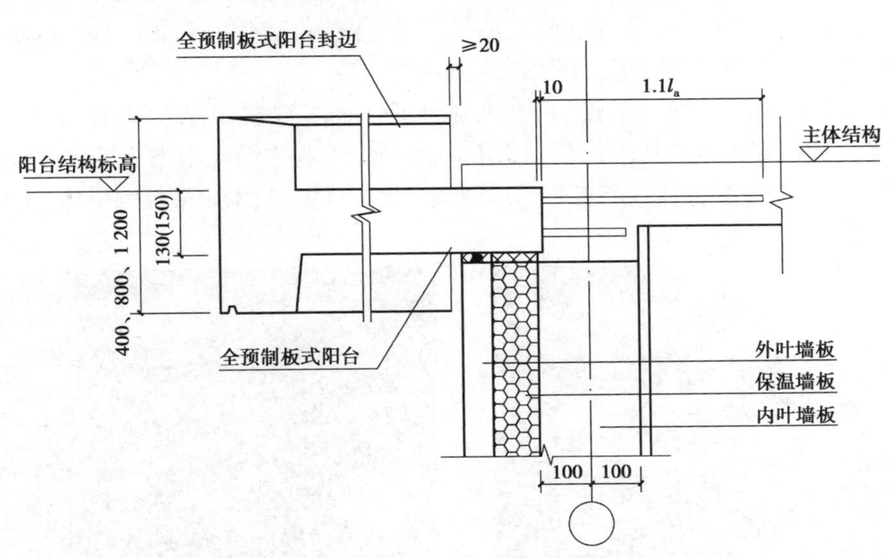

(c)全预制板式阳台板与主体结构连接

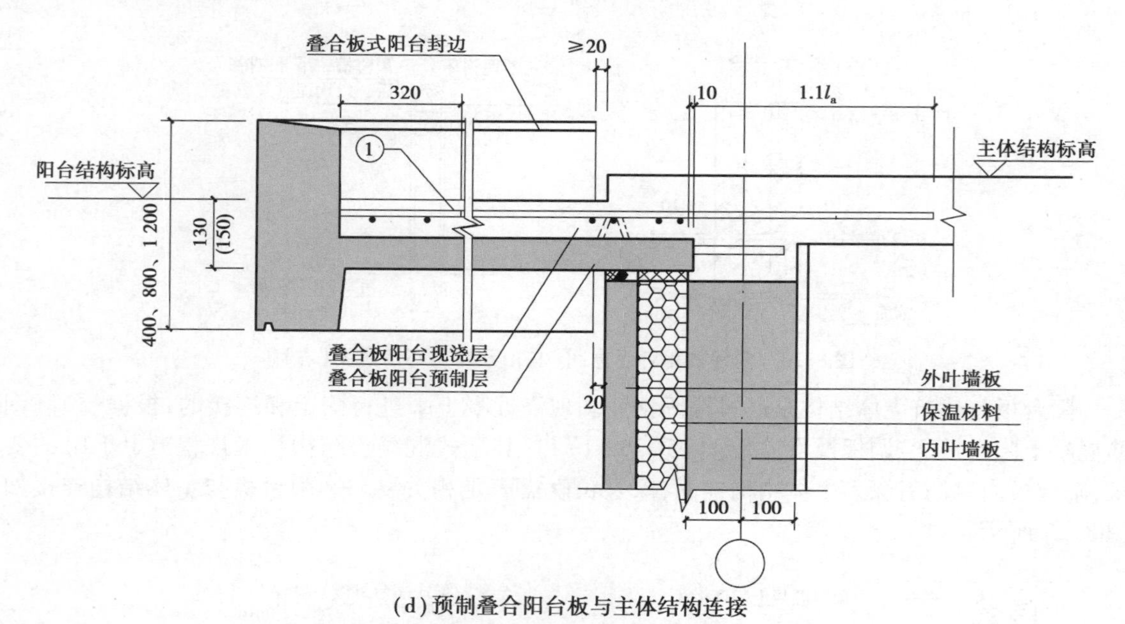

(d)预制叠合阳台板与主体结构连接

图 8.23　阳台板与主体结构连接

8.6　预制空调板设计

8.6.1　预制空调板概述

预制空调板作为住宅建设中"附属性"较高的一个组成部分,在实际建设中往往不被重视,不利于构件精细化水平和对住宅整体品质的提升。并且,空调板作为一个规格尺寸较为统一的构件,装配式混凝土住宅中,通过将空调板在工厂进行统一预制,可有效控制空调板的整体规格,在社会范围内实现使用普遍化,如图 8.24 所示。

预制空调板的制作、堆放、运输、吊装及施工应符合《混凝土结构工程施工规范》(GB 50666)及《装配式混凝土结构技术规程》(JGJ 1)的规定。制作前应根据设计方案及质量要求编制生产方案。生产方案包括生产工艺、模具方案、生产计划、技术质量控制措施、成品保护、堆放、运输及养护方案。

图 8.24　预制空调板

预制混凝土空调板挑出长度一般为 600 mm、700 mm，宽度一般为 1 100 mm、1 200 mm、1 300 mm，净尺寸优先选用 700 mm（长）×1 300 mm（宽），预制混凝土空调板有雨水管时宽度应增加 300 mm。实际预制混凝土空调板的尺寸应在净尺寸的基础上，增加结构安装搭接尺寸，并进行整体设计。

8.6.2 预制空调板连接

预制空调板对于采用外墙的装配式建筑而言，能实现丰富的立面效果。预制空调板按照设计要求可以做成一个整体，与主体结构的具体连接方式由设计确定。预制空调板广泛应用于钢筋混凝土结构，常用连接方式为预制空调板与钢筋混凝土主体结构的连接。

预制空调板与混凝土结合面应进行粗糙面处理，粗糙面凹凸应不小于 4 mm。安装前应设置支撑架，防止构件倾覆。施工过程中，应连续两层设置支撑架，待上一层预制空调板结构施工完成后，并与连接部位的主体结构（梁、墙）混凝土强度达到 100% 设计强度，并应在装配式结构能达到后续施工承载要求后，才可以拆除下一层支撑架，上下层支撑架应在一条竖直线上，临时支撑的悬挑部分不允许有施工堆载，如图 8.25 所示。

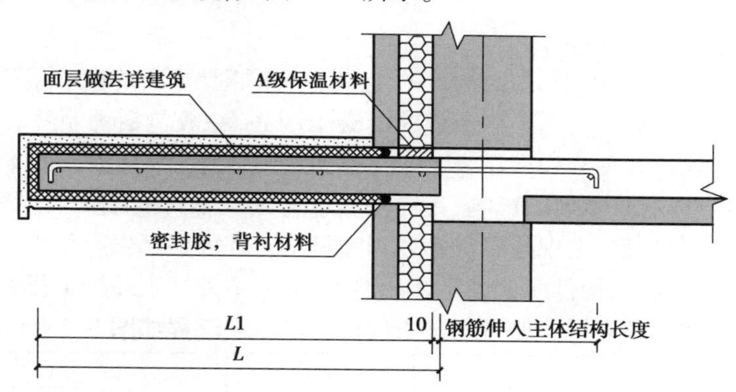

图 8.25 预制空调板与钢筋混凝土主体结构的连接

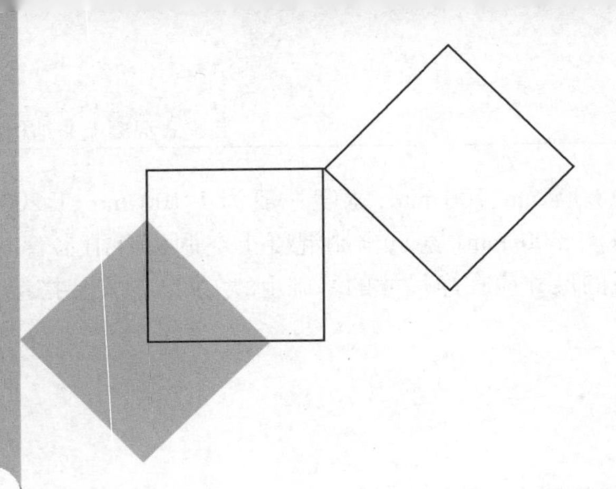

9 装配式混凝土结构预制构件生产与质量控制

在装配式结构建筑产业链中,预制构件的生产是一个非常重要的环节。预制构件是在生产车间中通过标准化、机械化方式加工生产成的混凝土制品,一般包括预制柱、预制梁、预制剪力墙、预制板及预制楼梯等。预制构件作为工业化建筑的基本组件,其生产成本和交付时间对建筑工程成本和建设周期有着重要的影响,其构件质量与建筑本身的施工质量密切相关,所以对于构件生产工厂的生产计划、效率与质量管理研究显得尤其重要。生产作为连接设计与施工的桥梁,要高效完成使命,确保构件质量满足客户需求,既离不开基于并行工程理念的可制造性设计,也离不开标准化施工的支持。典型的预制构件生产工艺流程如图 9.1 所示。

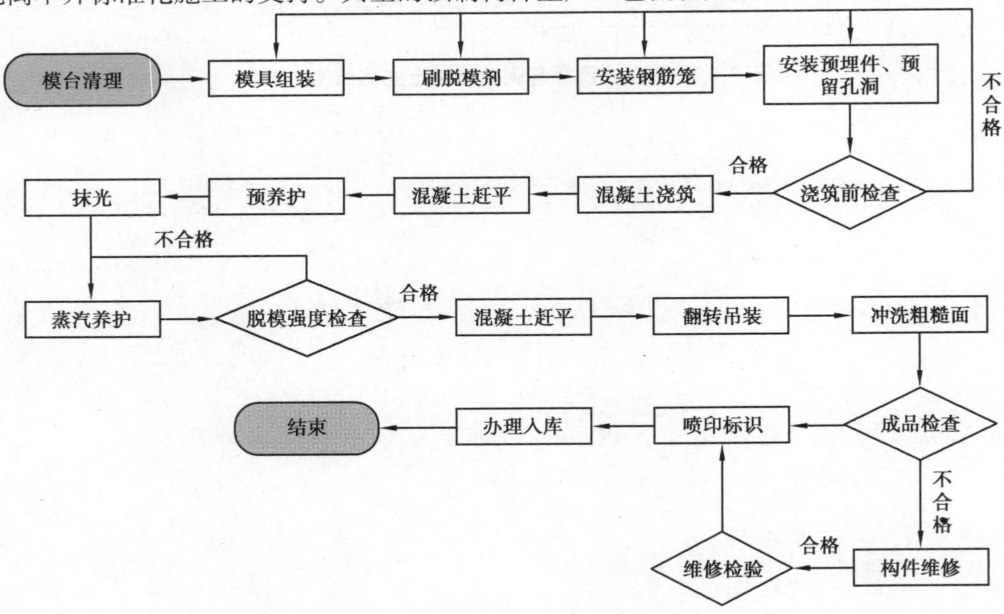

图 9.1 预制构件生产工艺流程

9.1 预制构件生产准备

9.1.1 一般规定

预制构件生产前,建设单位应组织设计、生产、施工单位进行技术交底。如预制构件制作详图无法满足制作要求,应进行深化设计和施工验算,完善预制构件制作详图和施工装配详图,避免在构件加工和施工过程中,出现错、漏、碰、缺等问题。对应预留的孔洞及预埋部件,应在构件加工前进行认真核对,以免现场剔凿,造成损失。

预制构件生产前应编制生产方案,生产方案宜包括生产计划及生产工艺、模具方案及计划、技术质量控制措施、成品存放、运输和保护方案等。

预制构件生产前,生产单位应根据预制构件的混凝土强度等级、生产工艺等选择制备混凝土的原材料,并进行混凝土配合比设计。对带饰面砖或饰面板的构件,应绘制排砖图或排板图;对夹心外墙板,应绘制内外叶墙板的拉结件布置图及保温板排板图。

9.1.2 生产设备

预制构件生产设备系统具有加工精度好、效率高、自动化程度高等特点,按功能可分为钢筋系统、循环系统、布料系统、养护系统、脱模系统、运输系统六大生产设备系统。

1)钢筋系统

钢筋系统用于钢筋原材料加工,通过电脑参数输入,可加工出预制构件生产所需的各种型号的钢筋半成品。钢筋系统的设备包括弯箍机、调直机、网片机,如图9.2(a)所示。

2)循环系统

循环系统是预制构件生产线的纽带,它使钢台车在生产线上流转,让各工序紧密衔接在一起,循环系统包括钢轨轮输送线、液压横移车等,如图9.2(b)所示。

3)布料系统

布料系统用于向混凝土构件模具中进行均匀定量的混凝土布料,为预制构件生产提供混凝土,并进行浇筑及振捣。它包括搅拌站、运料循环系统、布料机、高频振动台等,如图9.2(c)所示。布料系统的生产流程为:搅拌站进行混凝土加工,通过运料循环系统将混凝土送达浇捣工位,布料机将混凝土均匀浇筑到预制构件模具中,经过振动平台对混凝土进行高频振捣,使混凝土密实且表面平整。

4)养护系统

养护系统为预制构件提供恒温恒湿的养护环境。它主要由窑体、蒸汽系统(或散热片系统)、温度控制系统组成,如图9.2(d)所示。养护窑采用立体抽屉式设计,提升机将浇捣后的钢台车从流水线提升到养护窑的库位。

5)脱模系统

脱模系统使已达到脱模强度的预制构件从模具中翻转脱离,并将其转移到构件综合运输架中。脱模系统包括翻转台和起吊设备等,如图 9.2(e)所示。

6)运输系统

运输系统用于预制构件从生产线到成品区的自动转运。它包括综合工位架、综合运输架和综合运输车等,如图 9.2(f)所示。综合工位架是摆放综合运输架的载具。综合运输架是存放预制构件的货架,综合运输车则可将综合运输架从综合工位架转运到预制构件成品存放区。

(a)钢筋系统—网片机

(b)循环系统

(c)布料系统—布料机

(d)养护系统

(e)脱模系统—翻转台

(f)运输系统

图 9.2　预制构件生产设备系统

9.1.3　模具设计

预制构件模具,是以特定的结构形式通过一定方式使材料成型的一种工业产品,同时也是能成批生产出具有一定形状和尺寸要求的工业产品零部件的一种生产工具。预制构件采用的模具以钢模为主,面板主材一般选用常见的 Q235 钢板,支撑结构可选型钢或钢板,规格可根据模具的形式进行选择,典型预制预制构件模具如图 9.3 所示。

(a)预制墙模具

(b)预制柱模具

(c)预制梁模具

(d)预制叠合板模具

(e)楼梯模具

(f)阳台板模具

图9.3　典型预制构件模具

模具精度是保证构件制作质量的关键。对于新制、改制或生产数量超过一定数量的模具，生产前应按要求进行尺寸偏差检验，合格后方可投入使用。制作构件用钢筋骨架或钢筋网片的尺寸偏差应按要求进行抽样检验。模具的尺寸偏差应符合现行行业标准《装配式混凝土结构技术规程》(JGJ 1)的规定。

模具方案直接决定构件的质量，因此，模具设计是影响构件大规模、高质量生产的关键因素。模具的设计除需满足现行国家标准《装配式混凝土建筑技术标准》(GB/T 51231)的规定外，还需满足行业标准《装配式混凝土结构技术规程》(JGJ 1)的规定。

9.1.4　钢筋加工

对于预制混凝土构件，钢筋加工与安装质量对构件质量起着决定性作用。钢筋的加工与安装的主要流程如图9.4所示。钢筋的加工与安装属于隐蔽工程，因此，对钢筋加工与安装必须进行严格的质量控制，以确保构件的质量。

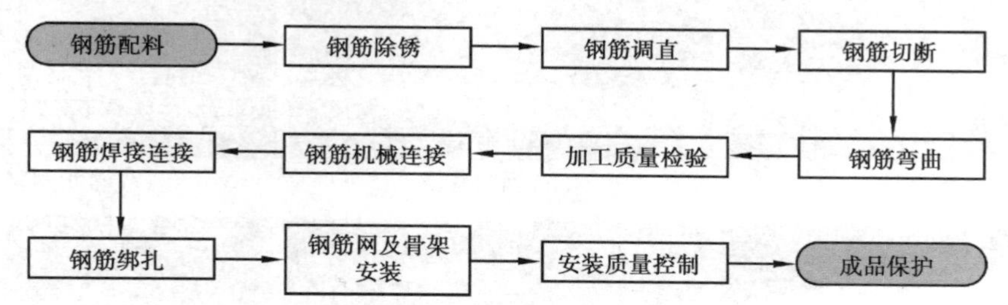

图9.4　钢筋加工与安装流程

如图9.5所示，钢筋宜采用自动化机械设备加工，并应符合现行国家标准《混凝土结构工程施工规范》(GB 50666)的有关规定。钢筋连接、钢筋成品的尺寸偏差除应满足上述有关规定外，尚应符合现行国家标准《装配式混凝土建筑技术标准》(GB/T 51231)的相关规定。

(a)数控弯箍机

(b)弯铁机

(c)自动焊网机

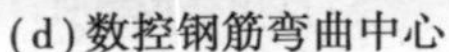

(d)数控钢筋弯曲中心　　(e)钢筋桁架焊接机　　(f)钢筋骨架成型

图9.5　钢筋加工设备

钢筋加工设备收到信息管理系统提供的物料加工指令后,会自动对钢筋进行加工。工人对已加工的钢筋进行打包并配送至生产线,生产线依据预制混凝土构件工艺详图,针对构件所含的钢筋进行铺设与绑扎。钢筋布置过程中,留出钢筋与模具挡边 2 ~ 2.5 mm 的保护层厚度。绑扎钢筋时,扎丝方向统一朝构件内侧,不得漏出预制混凝土表面。

9.2　典型预制构件生产工艺

常见典型预制构件包括预制柱、预制墙板、预制梁、预制叠合板、预制楼梯和预制阳台等,如图9.6所示。为进一步了解典型构件的制作过程,下面简单描述各类构件的制作生产工艺流程。

(a)预制柱　　(b)预制墙板　　(c)预制梁

(d)预制叠合板　　(e)预制楼梯　　(f)预制阳台

图9.6　典型预制构件

9.2.1　预制柱

预制柱一般采用平卧生产方式,且常用固定的模台生产,其重点在于灌浆套筒的安装,预制柱的生产流程如图9.7所示。

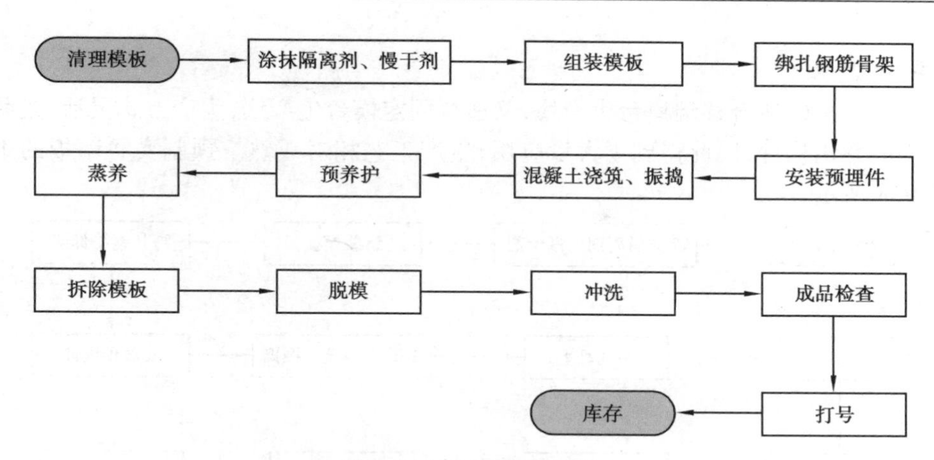

图9.7　预制柱生产流程

预制柱在生产过程中应注意：

①柱模板调整清理、刷脱模剂过程中，根据柱的尺寸调节柱底横梁高度侧模位置，配好柱底模板尺寸，封好橡胶条；由人工对柱线钢模板进行清理、刷脱模剂，确保柱线模板光滑、平整。

②在每两节柱中间另配 8 根ϕ14 斜向钢筋以保证柱在运输及施工阶段的承载力及刚度，同时焊接于柱主筋上；柱间模板采用易固定、易施工、易脱模的拼装组合模板加橡胶衬组成，连接件采用套管。

③在柱间模板、连接件、插筋固定过程中，待柱间模板、连接件、插筋制作完毕后，分别安放于柱钢筋骨架中相应位置，进行支撑固定，确保其在施工过程中不变形、不移位；柱间模板外口用顶撑固定，并在柱间模板里口点焊住定位箍筋；连接件、插筋在柱里部分用电焊焊接于主筋上，外口固定于特制定型钢模上；吊装入模后通过螺栓与整体钢模板相连固定。

④调整固定柱模板、校正钢筋笼过程中，柱钢筋骨架入模后，通过柱模上调节杆，分别对柱模尺寸进行定位校正，对柱间模板、钢筋插筋、钢管连接件进行重新校正、固定，核查其长度、位置、大小等，同时对柱插筋、预留钢筋的方向进行核查，预留好吊装孔。

⑤浇筑混凝土过程中，预制柱的混凝土坍落度控制在(12±2) cm，通过运输车、桁车吊送于柱模中：一般采用人工振捣棒振捣混凝土；混凝土浇筑完成后可覆盖苫布，再通蒸汽养护。由于柱截面较大，为防止混凝土温度应力差过大，梁混凝土养护时可不进行预热，直接从常温开始升温，即混凝土浇筑完成后，直接控制温度阀使之处于升温状态，每小时均匀升温 20 ℃，直至 80 ℃后通过梁线模板中的温度感应器触发温控器来控制蒸汽的打开与关闭。在预制柱混凝土强度达到脱模强度(约为 75% 混凝土设计强度)后，停止供汽，使混凝土缓慢降温，避免柱因温度突变而产生裂缝。

⑥混凝土强度达到起吊强度后，即可进行拆模，松开紧固螺栓，拆除端部模板，即时起吊出模，编号，标明图示方向；拆除柱间模板进行局部修理，按柱出厂先后顺序进行码放，堆放层数不得超过 3 层。

9.2.2　预制墙板

预制墙板按照其产品特点，主要包括预制实心墙板、叠合墙板等。

1)预制实心墙板

预制实心墙板既适合移动模台生产线,又适合固定模台生产线,生产方式灵活,是我国住宅建筑结构中的常用构件,因此得到了大量应用,生产工艺相对成熟。预制实心墙板的生产工艺流程如图9.8所示。

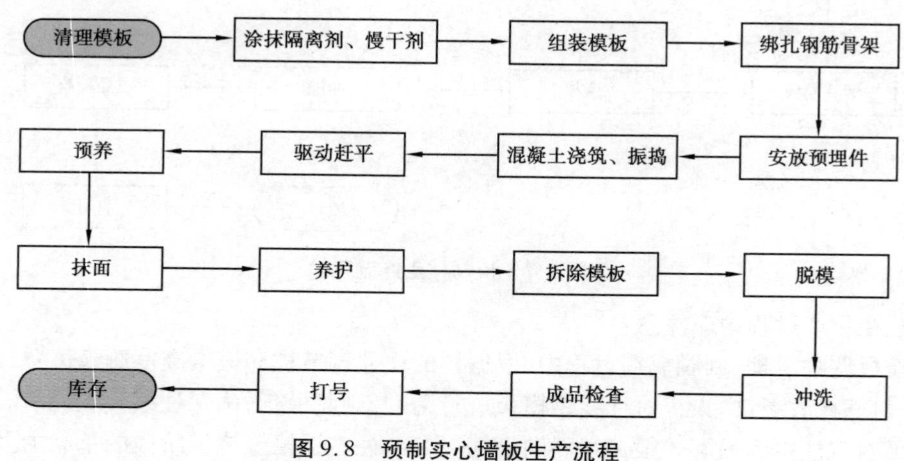

图9.8　预制实心墙板生产流程

预制实心墙板在生产过程中应注意:

①模具工序中,认真完成模具、模台的清理工作;在模台上按照剪力墙工艺图上表示的外形画线,将模具按照位置摆放;确认模具部件无误后利用螺栓组合连接;检验合格后将模具固定在模台上;按要求涂刷脱模剂。

②钢筋工序中,下层钢筋按照工艺图纸要求放置到模具内,严格控制混凝土保护层厚度;剪力墙连接钢筋按照灌浆套筒的要求连接到套筒上,灌浆套筒用橡胶塞固定到剪力墙底模,将注、出浆孔朝向工艺图要求方向;上层钢筋按照工艺图纸要求放置到模具内,在模具外侧按照工艺图上外露钢筋的长度布置钢筋限位工装,通过工装控制好外露钢筋尺寸后,再进行绑扎及后续操作;上下层钢筋用拉筋连接,扎丝绑扎牢固;钢筋安装完毕,将侧模上部压板部件通过螺栓等方式固定好。

③安装预留预埋时,用工装将剪力墙用螺纹套筒固定在工艺图指定位置;用工装将通孔用PVC管固定至工艺图指定位置;线盒用工装固定,线管一端与线盒连接好,另一端穿过模具或插入手孔预留工装处,用扎丝与钢筋固定;注、出浆孔用波纹管或PVC管连接固定,将管线使用磁铁等与模具面贴合,或将管线伸出浇筑面并用胶带封口;检查预埋件的位置满足工艺图要求,安装稳固,与钢筋等不碰撞。

④混凝土浇筑工序中,模台移动至布料区,操作布料机进行均匀布料;操作振动台夹紧模台,采用合适的振动频率进行振捣;浇筑及振捣过程中注意检查混凝土是否振捣密实,检查预埋件等是否有移位和倾斜情况,及时调整发生偏移的预埋件。

⑤混凝土抹平养护工序中,清理表面异物,刮平混凝土不平的区域;通过预养窑或静置处理,使混凝土达到初凝;采用工具进行精抹光处理,平整度控制在3 mm以内;运送至养护窑进行蒸汽养护,保证养护时间。

⑥脱模起吊工序中,拆除模具上部工装,露出预埋件,拆除固定磁盒,松开螺栓拆除模具;确认模具与构件脱离,采用专用吊具进行连接,确认操作空间安全,缓慢起吊;清理构件表面与预

留预埋管洞口的混凝土残渣，采用泡沫等临时封闭预埋管洞口，剪力墙侧面有水洗要求的运至专门区域进行处理。

⑦入库工序中，布置构件标识，并进行记录；对构件质量要求进行检查，制定后续处理方案；按照工厂存放要求，选择堆叠平放或竖直摆放。

2）叠合墙板

叠合墙板分为单面叠合墙板和双面叠合墙板，本小节只简单介绍双面叠合墙板的生产流程，如图9.9所示。双面叠合墙的预制在工厂分两阶段进行：首先在布置好钢筋骨架的钢模具上浇筑一侧混凝土预制板并养护成型，其钢筋骨架由焊接钢筋网和格构式钢筋桁架组成；再浇筑另一侧预制板的混凝土，通过翻板机将养护好的混凝土板露钢筋骨架一侧压在新浇筑的混凝土上，在工厂养护成型。在施工现场吊装完成后临时固定，并浇筑两侧预制混凝土壁板间的后浇层，就形成了双面叠合墙板。

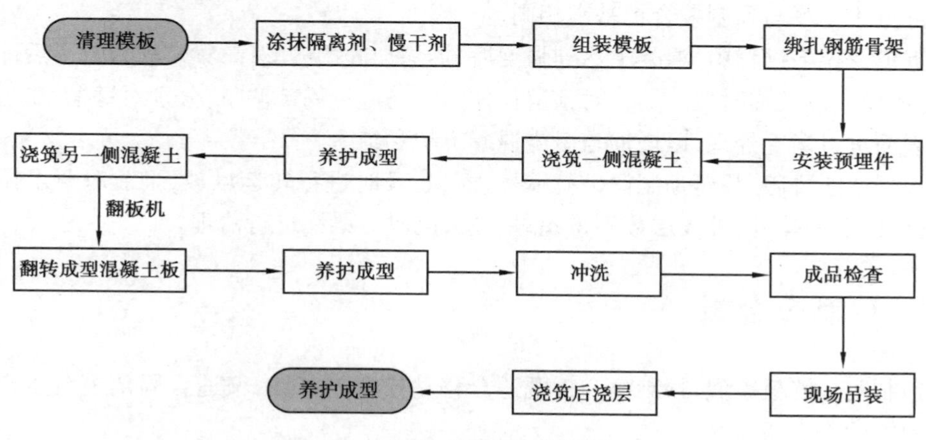

图9.9 双面叠合墙板生产流程

9.2.3 预制梁

如图9.10所示，预制梁的生产工艺流程与预制柱类似，预制梁一般采用固定模台生产。

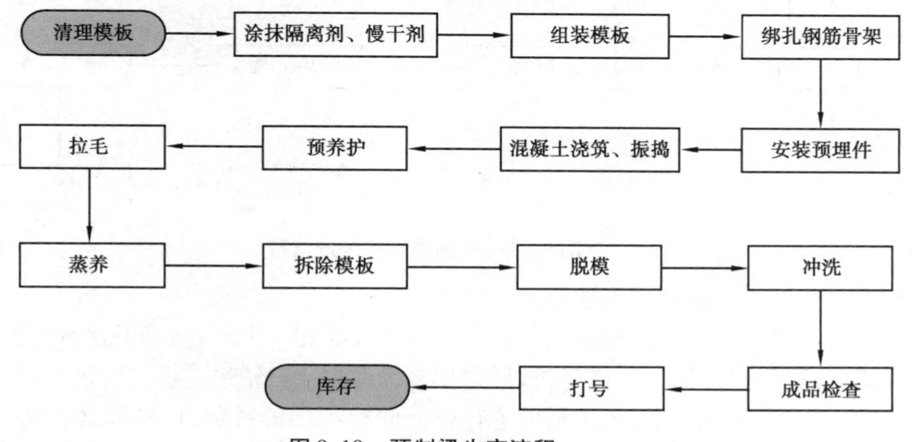

图9.10 预制梁生产流程

预制梁在生产过程中应注意：

①模板清理过程中，由人工对梁线钢模板进行清理、刷脱模剂，确保模板光滑、平整。

②钢筋笼绑扎过程中，根据梁排版表，针对每一个梁的型号、编号、配筋情况进行钢筋笼绑扎，梁上口另配2根ϕ12钢筋作为临时架立筋，同时增配几根ϕ8圆钢筋(长度700 mm)斜向固定钢筋笼，并点焊加固以防止钢筋笼在穿拉过程中变形。另根据图纸预埋情况，在梁钢筋骨架绑扎过程中进行预埋，如临时支撑预埋件等。

③钢筋笼入模过程中，按梁排版方案中的钢筋根数，进行钢筋断料穿放；按梁线排版顺序从后至前穿钢筋笼，每条钢筋笼按挡头钢模板→梁端木模板、钢筋笼、梁端木模板→挡头钢模板顺序进行穿笼；钢筋笼全部穿好就位后，合起梁模板，并上好销子与紧固螺栓进行固定。对已变形的钢筋笼进行调整，同时固定预留缺口模板；再次调整安装中变形的钢筋笼以及走位的模板，对梁长进行重新校正，并固定。

④混凝土工序与预制叠合板基本相同。

⑤拆模及拉毛过程中，混凝土达到强度后，拆除加固用的支撑，梁从模板起吊后即可拆除钢挡板、键槽模板以及临时架立筋。对预留在外的箍筋进行局部调整，分别对键槽里口、预留缺口混凝土表面进行凿毛处理，以增加与后浇混凝土的黏结力。

⑥根据梁线排版表，对预制梁进行编号、标识，及时进行转运堆放，堆放时要求搁置点上下垂直，统一位于吊钩处，堆放层数不得超过3层，同时对梁端进行清理。

9.2.4 预制叠合板

与预制实心墙板类似，预制叠合板既适合移动模台生产线，又适合固定模台生产线。预制叠合板的生产流程如图9.11所示。

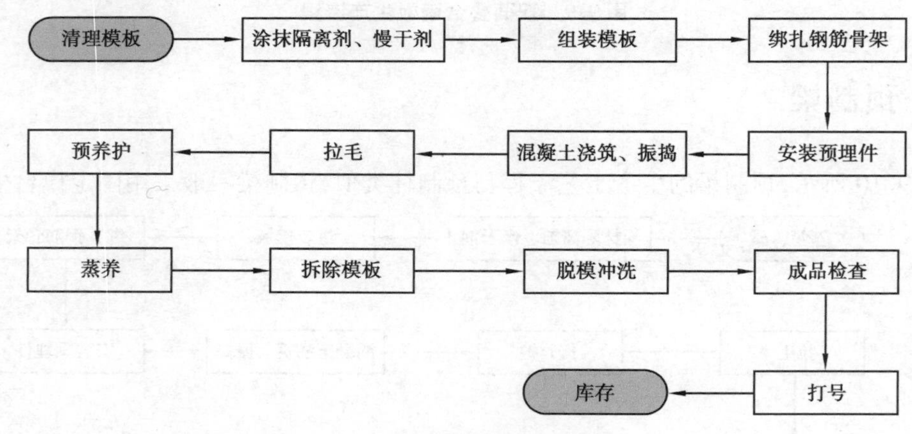

图9.11 预制叠合板生产流程

预制叠合板在生产过程中应注意：

①模台清理、组装过程中，检查固定模台的稳固性能和水平高差，确保模台牢固和水平。对模台表面进行清理后，采用手动抹光机进行打磨，确保无任何锈迹。模具清理干净，确保无残留混凝土和砂浆；在吊机配合下，人工辅助进行模板侧模和端模拼装，用紧固螺栓将其固定，保证模具侧模的拼装尺寸及垂直度，组模尺寸偏差应满足相关要求；在将成型钢筋笼吊装入模之前

涂刷模板和模台脱模剂,严禁涂刷到钢筋上,过多流淌的脱模剂必须用抹布或海绵吸附清理干净。

②绑扎钢筋骨架前应仔细核对钢筋料尺寸,绑扎制作完成的钢筋骨架禁止再次割断。检查合格后,将钢筋骨架吊装放入模具,按梅花状布置混凝土保护层垫块,调整好钢筋位置,保证足够的保护层厚度。

③预埋件安装过程中,根据构件加工图依次安装各类预埋件并固定牢固。严禁预埋件的漏放和错放。在浇筑混凝土之前,检查所有固定装置是否有损坏变形现象。

④浇筑混凝土过程中,浇筑前应检查混凝土坍落度是否符合要求,浇筑时避开预埋件及预埋件工装。车间内混凝土的运输采用悬挂式输送料斗或采用叉车端送混凝土布料斗的运输方式。在现场布置固定模台浇筑时,可采用泵车输送,或用吊车吊运布料斗浇筑混凝土。振捣方式采用振捣棒或振动平台振捣,振捣至混凝土表面不再下沉、无明显气泡溢出为止。

⑤混凝土抹面过程中,待振捣密实后,使用木抹抹平,保证混凝土表面无裂纹、无气泡、无杂质、无杂物。

⑥混凝土养护过程中,根据季节、施工工期、场地不同,叠合板可采用覆盖薄膜自然养护、蒸汽养护等方式,无养护窑时,可采用拱形棚架、拉链式棚架进行养护。

⑦拆模、脱模、翻转起吊过程中,拆模之前,根据同条件养护试块的抗压试验结果确定是否拆模。先将可以提前解除锁定的预埋件工装拆除,解除螺栓紧固,再依次拆除端模、侧模。可借助撬棍拆解,但不得使用铁锤锤击模板,防止造成模板变形。拆模后,再次清理打磨模板,以备下次使用。暂时不用时,可涂防锈油,分类放置,以备下次使用。

9.2.5 预制楼梯、预制阳台

预制楼梯、预制阳台以及预制空调板等预制构件,其生产流程如图 9.12 所示。其详细工艺控制应注意符合前述要求。

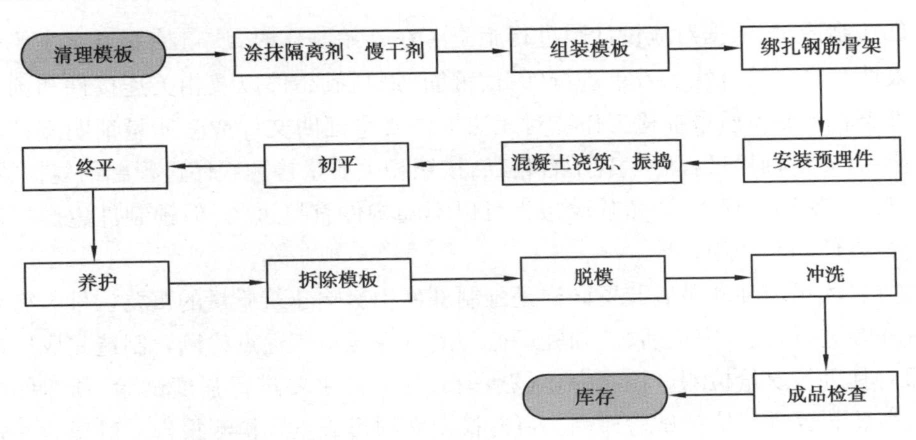

图 9.12 预制楼梯、阳台生产流程

9.3 预制构件质量控制

预制构件质量控制贯穿生产全过程,是生产和交付合格产品的保障。通过有效的质量监控,发现并消除各个环节引起不合格的因素,才能确保生产出合格的产品。预制构件的质量控制主要包括原材料进场检验、生产过程质量检验和成品质量检验,3 个过程均需符合现行标准《装配式混凝土建筑技术标准》(GB/T 51231)和《装配式混凝土结构技术规程》(JGJ 1)的规定。

9.3.1 原材料进场检验

预制构件生产企业应明确原材料进货检验的取样、检验、记录、报告、入库、资料归档等作业程序和作业要求。

所有原材料进场需先检验材料的产品合格证、出厂检验报告、使用说明书等文件,查验生产日期是否在质保期内,资料齐全后,再进行目测检验原材料的外观质量及包装质量,以上项目均检验合格后,再复验数量,取样送检。

原材料的检验与试验均需按要求进行检验,做好检验记录,开具检验报告,检验合格后才允许使用。各类原材料、产品堆放标识及检验状态标识清晰,避免造成不同品种、规格的材料混堆。

原材料进场检验项目包括外观检验,尺寸、结构检验,功能、特性检验以及质量证明文件检查等。它是生产线生产品质控制的第一道关卡,通常由来料不良导致的产品不良占比高达50%,后期对工厂造成的损失大,因此务必高度重视原材料的品质管控。进场材料应检验合格后方可使用,检验不合格可视情况采取让步接收或作退货处理,同时需要对物料做好标识。

9.3.2 生产过程质量检验

预制件在制造时,依据对应设计图进行施工。在开始制作时,质量控制要点主要是原材料的市场准入性和设计符合性。着重进行砂石、钢筋、钢制成品件以及相关连接件和预埋件的质量证明文件查看和原料质量抽检工作。对无法提供质量证明文件或者质量证明文件不合格的一律禁止使用,质量抽检过程中发现不合格品,按照相关质量检测程序进行翻倍复检或者隔离。在重要建筑构件使用过程中,质量检验报告可以不随构件直接进场,但预制件生产厂家需要保留检测报告,以便随时调用。

钢筋连接件、预埋件和吊装装置同样是预制部件中影响建筑质量的重要构件。需要在生产前,工厂首先要进行自检,完成后,通知驻厂监理进行隐蔽工程逐点检测。制造完成后进行养护工作,然后对其进行质量检测。检测内容包括钢筋连接件主要进行强度试验,预埋件进行外观尺寸检测,吊装装置进行抗拉试验检测。所有检测必须形成正式检测报告。对于装配式建筑的预制件,在生产阶段的质量检测点主要是影响预制件质量及使用功能的工序,检测手段一般是各种理化实验,并要求形成对应的报告,保证各预制件生产阶段的质量。

9.3.3　成品质量检验

预制混凝土构件脱模后进行成品质量检验。检验项目包括外观质量，外形尺寸，预埋件、预留孔洞和预留插筋规格、数量、位置尺寸，粗糙面或键槽成型质量，混凝土强度等。经检验的预制混凝土构件应按要求做好标识，以便于追溯。对已产生的一般外观质量缺陷，应修补合格，严重缺陷则需出具专门的修补方案并重新检验；对超过尺寸允许偏差且影响预制混凝土构件结构性能和安装使用功能的部位，应取得设计的认可，然后制订技术处理方案进行处理，处理完成再重新进行检验。成品质量检验是拦截不良品流出工厂的重要一环，不良漏检极易造成客诉，对公司的形象产生负面影响。

进场时应检查的质量证明文件包括产品合格证、混凝土强度检验报告、各类原材料及构件制作过程中按相关规范进行检验的报告。需要进行结构性能检验的预制构件，尚应提供有效的结构性能检验报告，结构性能检验要求和检验方法参照现行国家标准《混凝土结构工程施工质量验收规范》（GB 50204）的有关规定以及设计和生产方案的要求。

预制构件上的预埋件、预留插筋、预埋管线以及预留孔洞等的规格和数量，粗糙面或键槽成型质量，内外叶墙板之间的拉结件、保温板规格、数量、使用位置及性能应符合设计要求。预制构件饰面砖施工质量应符合设计要求和现行行业标准《外墙饰面砖工程施工及验收规程》（JGJ 126）的有关规定。

成品质量检验合格后，在出货前需进行出货检验，即在构件装车发货前对出货构件的型号、数量、构件质量、构件堆码、插销固定、保护衬垫及货柜绑扎固定等的正确性进行检查，确保构件出厂无质量问题。在构件运往工地的过程中，可能由于某些因素造成构件破损、开裂，出货检验在确保运输安全的同时，也有助于后续质量争议的处理。产品出货检验合格，则执行发货；若检验不合格，对于一般缺陷执行返工返修，在复检合格后发货，严重缺陷则应更换构件发货。

9.4　预制构件的堆放、运输和吊装

预制构件的堆放与运输是保证装配式混凝土结构建造有序进行的前提条件，如图 9.13 所示。堆放与运输涉及质量和安全要求，应按工程或产品特点制订运输堆放方案，策划重点控制环节，对于特殊构件还要制订专门的质量安全保证措施。构件临时码放场地可合理布置在吊装机械可覆盖范围内，避免二次搬运。预制构件的堆放、吊装与运输需符合现行行业规范《装配式混凝土结构技术规程》（JGJ 1）的有关规定。

（a）堆放

（b）运输

（c）吊装

图 9.13　预制构件堆放、运输和吊装

预制构件堆放场地应为混凝土硬化地面或经人工处理的自然地坪，满足平整度、变形和承载力要求，并应有排水措施。预制构件堆放库区应采用信息化方式进行分区管理。

预制构件堆放应符合以下规定：

①应按照产品品种、规格型号、检验状态分类存放，产品标识应明确、耐久，预埋吊件应向上，标识应向外。

②应合理设置垫块支点，确保预制构件存放稳定。

③与清水混凝土面接触的垫块应采取防污染措施。

④预制构件多层叠放时，每层构件间的垫块应上下对齐；预制楼板、阳台板和空调板等构件宜平放，叠放层数不宜超过6层；长期存放时，应采取措施控制预应力构件起拱值和叠合板翘曲变形。

⑤预制柱、梁等细长构件宜平放且用两条垫木支撑。

⑥预制内外墙板、挂板宜采用专用支架直立存放，支架应有足够的强度和刚度，薄弱构件、构件薄弱部位和门窗洞口应采取防止变形开裂的临时加固措施。

9.4.1 预制构件吊装

典型预制剪力墙、预制梁、预制楼梯和预制柱的吊装如图9.14所示。

(a)预制剪力墙

(b)预制梁

(c)预制楼梯

(d)预制柱

图9.14 典型预制构件吊装

预制构件吊装应符合下列要求：

①应根据预制构件的形状、尺寸、重量和作业半径等要求选择吊具和起重设备，所采用的吊具和起重设备及其操作，应符合国家现行有关标准及产品应用技术手册的规定。

②吊点数量、位置应经计算确定，应保证吊具连接可靠，应采取保证起重设备的主钩位置、吊具及构件重心在竖直方向上重合的措施。

③吊索水平夹角不宜小于60°，不应小于45°。

④应采用慢起、稳升、缓放的操作方式，吊运过程应保持稳定，不得偏斜、摇摆和扭转，严禁吊装构件长时间悬停在空中。

⑤吊装大型构件、薄壁构件或形状复杂的构件时，应使用分配梁或分配桁架类吊具，应采取避免构件变形和损伤的临时加固措施。

预制构件起吊安全要求：

①预制构件起吊时的混凝土强度应符合设计要求。当设计未提出要求时，混凝土强度不应小于设计强度的75%，且吊点应通过设计确定。

②预制构件吊点设置应满足平稳起吊的要求，平吊吊运不宜少于4个，侧吊吊运不宜少于2个且不宜多于4个吊点。

③预制构件应按吊装存放的受力特征选择卡具、索具、托架等吊装和固定措施，满足吊装的安全要求。

9.4.2　预制构件运输

常见的预制构件运输如图9.15所示。预制构件运输应符合下列要求：

①构件运输应结合本地区交通条件及相关交通法律，编制运输方案。

②对于超高、超宽、形状特殊的大型预制构件的运输，应制定专门的质量安全保证措施。

③与现场共同确定装车次序，编制装车顺序方案，合理搭配装车，尽量减少车次、节省成本。

④预制构件装车时要充分考虑每个构件的合理位置，尤其要注意确保车辆平衡度，构件装架和(或)装车均以架、车的纵心为重心，按两侧重量平衡的原则摆放。积极采取防止构件移动或倾覆的可靠固定措施，确保车辆与构件安全。

⑤运输墙板等竖向构件时，宜设置专用运输架；其他构件宜采用平放或叠放的方式进行。

⑥装车工人在装车前，应熟知并严格遵守装车计划以及各项安全保护措施，科学作业。

(a)预制外墙板

(b)预制叠合梁

(c)预制叠合板

(d)预制楼梯

图9.15　典型预制构件运输

10 装配式混凝土结构施工与质量验收

10.1 一般规定

装配式结构施工前应制订施工组织设计、施工方案；施工组织设计的内容应符合现行国家标准《建筑工程施工组织设计规范》(GB/T 50502)的规定；施工方案的内容应包括构件安装及节点施工方案、构件安装的质量管理及安全措施等。

在装配式结构的施工全过程中，应采取防止预制构件及预制构件上的建筑附件、预埋件、预埋吊件等损伤或污染的保护措施。装配式结构施工过程中应采取安全措施，并应符合现行行业标准《建筑施工高处作业安全技术规范》(JGJ 80)、《建筑机械使用安全技术规程》(JGJ 33)和《施工现场临时用电安全技术规范》(JGJ 46)等的有关规定。

10.2 预制构件进场检验

进入施工现场的每批预制构件都需要全数进行质量验收，并经监理单位抽检合格后才能使用。进场检验不仅是对预制构件出厂检验的复核，也是为了检查构件在运输过程中是否受到损坏，进场检验可由现场监理人员和技术人员直接在运输车上进行，检验合格后可直接吊运。预制构件进场检验主要包括数量与规格型号核实、质量证明文件检查、质量检验、尺寸及偏差检验、结构性能检验 5 部分。

预制构件、安装用材料及配件等应符合设计要求及国家现行有关标准的规定。钢筋套筒灌浆前，应在现场模拟构件连接接头的灌浆方式，每种规格钢筋应制作不少于 3 个套筒灌浆连接接头，进行灌注质量以及接头抗拉强度的检验；经检验合格后，方可进行灌浆作业。未经设计允许，不得对预制构件进行切割、开洞。

10.2.1 数量与规格型号核实

①检验人员应核对进场构件的规格型号和数量，将清点核实结果与发货单对照，如果有误

应及时与预制构件厂联系。

②构件到达施工现场应当在构件计划总表或安装图样上用醒目的颜色标记,并据此统计出工厂尚未发货的构件数量,避免出错。

③如有随机件配制的安装附件,必须对照发货清单一并验收,预制构件的预埋件、插筋、预留孔的规格、数量应以观察和量测法进行全数检验。

10.2.2 质量证明文件检查

质量证明文件检查属于主控项目,必须全数检查每一个构件的质量证明文件。装配式混凝土结构构件质量证明文件包括:①装配式混凝土结构构件产品合格证明书;②混凝土强度检验报告;③钢筋套筒与灌浆料拉力试验报告;④其他重要检测报告。

装配式混凝土结构构件的钢筋、混凝土原材料、预应力材料、套筒、预埋件等检验报告和构件制作过程的隐蔽工程记录,在构件进场时可不提供,应在装配式混凝土结构构件制作企业存档。对于总承包企业自行制作预制构件的情况,没有进场的验收环节,其质量证明文件为构件制作过程中的质量验收记录。

需要做结构性能检验的构件,应有检验报告。施工单位或监理单位代表驻厂监督时,构件进场的质量证明文件应经监督代表确认;无驻厂监督时,应有相应的实体检验报告。埋入灌浆套筒的构件,如预制剪力墙构件,尚应提供套筒灌浆接头形式检验报告、套筒进场外观检验报告、灌浆料进场检验报告、接头工艺检验报告以及套筒进场接头力学性能检验报告。以上资料在进场检验时应当齐全,如果欠缺工厂应及时补交,否则不予验收。

10.2.3 质量检验

预制构件生产时应采取措施避免出现外观质量缺陷。外观质量缺陷根据其影响结构性能、安装和使用功能的严重程度,可按表 10.1 的规定划分为严重缺陷和一般缺陷。预制构件外观质量不应有缺陷,对已经出现的严重缺陷应制订技术处理方案进行处理并重新检验,对出现的一般缺陷应进行修整并达到合格。

对装配式混凝土结构构件外伸钢筋、套筒、浆锚孔、钢筋预留孔、预埋件、预埋避雷带等进行检验。此项检验是主控项目,全数检查。如果不符合设计要求不得安装。套筒检验如图 10.1 所示。

图 10.1　套筒检验(冲击回波法检测)

表 10.1　构件外观质量缺陷分类

名称	现象	严重缺陷	一般缺陷
露筋	构件内钢筋未被混凝土包裹而外露	纵向受力钢筋有露筋	其他钢筋有少量露筋
蜂窝	混凝土表面缺少水泥砂浆而形成石子外露	构件主要受力部位有蜂窝	其他部位有少量蜂窝
孔洞	混凝土中孔穴深度和长度均超过保护层厚度	构件主要受力部位有孔洞	其他部位有少量孔洞
夹渣	混凝土中夹有杂物且深度超过保护层厚度	构件主要受力部位有夹渣	其他部位有少量夹渣
疏松	混凝土中局部不密实	构件主要受力部位有疏松	其他部位有少量疏松
裂缝	缝隙从混凝土表面延伸至混凝土内部	构件主要受力部位有影响结构性能或使用功能的裂缝	其他部位有少量不影响结构性能或使用功能的裂缝
连接部位缺陷	构件连接处混凝土缺陷及连接钢筋、连结件松动,插筋严重锈蚀、弯曲,灌浆套筒堵塞、偏位,灌浆孔洞堵塞、偏位、破损等缺陷	连接部位有影响结构传力性能的缺陷	连接部位有基本不影响结构传力性能的缺陷
外形缺陷	缺棱掉角、棱角不直、翘曲不平、飞出凸肋等,装饰面砖黏结不牢、表面不平、砖缝不顺直等	清水或具有装饰的混凝土构件内有影响使用功能或装饰效果的外形缺陷	其他混凝土构件有不影响使用功能的外形缺陷
外表缺陷	构件表面麻面、掉皮、起砂、沾污等	具有重要装饰效果的清水混凝土构件有外表缺陷	其他混凝土构件有不影响使用功能的外表缺陷

10.2.4　尺寸及偏差检验

预制构件的外观质量不应有严重缺陷,且不宜有一般缺陷。对已出现的一般缺陷,应按技术方案进行处理,并应重新检验。预制构件的允许尺寸偏差及检验方法应符合表 10.2 规定。预制构件有粗糙面时,与粗糙面相关的尺寸允许偏差可适当放松。

表 10.2　预制构件尺寸允许偏差及检验方法

<table>
<tr><th colspan="3">项目</th><th>允许偏差(mm)</th><th>检验方法</th></tr>
<tr><td rowspan="4">长度</td><td rowspan="3">板、梁、柱、桁架</td><td><12 m</td><td>±5</td><td rowspan="4">尺量检查</td></tr>
<tr><td>≥12 m 且<18 m</td><td>±10</td></tr>
<tr><td>≥18 m</td><td>±20</td></tr>
<tr><td colspan="2">墙板</td><td>±4</td></tr>
<tr><td rowspan="2">宽度、高(厚)度</td><td colspan="2">板、梁、柱、桁架截面尺寸</td><td>±5</td><td rowspan="2">钢尺量一端及中部,取其中偏差绝对值较大处</td></tr>
<tr><td colspan="2">墙板的高度、厚度</td><td>±3</td></tr>
<tr><td rowspan="2">表面平整度</td><td colspan="2">板、梁、柱、墙板内表面</td><td>5</td><td rowspan="2">2 m 靠尺和塞尺检查</td></tr>
<tr><td colspan="2">墙板外表面</td><td>3</td></tr>
</table>

续表

项目		允许偏差(mm)	检验方法
侧向弯曲	板、梁、柱	l/750 且≤20	拉线、钢尺量最大侧向弯曲处
	墙板、桁架	l/1 000 且≤20	
翘曲	板	l/750	调平尺在两端量测
	墙板	l/1 000	
对角线差	板	10	钢尺量两个对角线
	墙板、门窗口	5	
挠度变形	梁、板、桁架设计起拱	±10	线、钢尺量最大弯曲处
	梁、板、桁架下垂	0	
预留孔	中心线位置	5	尺量检查
	孔尺寸	±5	
预留洞	中心线位置	10	尺量检查
	洞口尺寸、深度	±10	
门窗口	中心线位置	5	尺量检查
	宽度、高度	±3	
预埋件	预埋件锚板中心线位置	5	尺量检查
	预埋件锚板与混凝土面平面高差	0,-5	
	预埋螺栓中心线位置	2	
	预埋螺栓外露长度	+10,-5	
	预埋套筒、螺母中心线位置	2	
	预埋套筒、螺母与混凝土面平面高差	0,-5	
	线管、电盒、木砖、吊环在构件平面的中心线位置偏差	20	
	线管、电盒、木砖、吊环与构件表面混凝土高差	0,-10	
预留插筋	中心线位置	3	尺量检查
	外露长度	±5	
键槽	中心线位置	5	尺量检查
	长度、宽度、深度	±5	

注:①l 为构件最长边的长度,mm;

②检查中心线、螺栓和孔道位置偏差时,应沿纵横两个方向量测,并取其中偏差较大值。

10.2.5　结构性能检验

预制构件进场时,构件的结构性能检验应符合下列规定:

①梁板类简支受弯构件进场时应进行结构性能检验,其中钢筋混凝土构件和允许出现裂缝

的预应力混凝土构件应进行承载力、挠度和裂缝宽度检验；不允许出现裂缝的预应力混凝土构件应进行承载力、挠度和抗裂度检验；对大型构件及有可靠应用经验的构件，可只进行裂缝宽度或抗裂度和挠度检验。国家标准《混凝土结构工程施工质量验收规范》（GB 50204）对受弯预制构件结构性能检验给出了结构性能检验要求与方法。

②对于不可单独使用的叠合板预制底板，可不进行结构性能检验。对叠合梁构件，是否进行结构性能检验、结构性能检验的内容或指标应根据设计要求确定。

③不做结构性能检验的预制构件，应采取以下措施：施工单位或监理代表应驻厂监督生产过程；当无驻厂监督时，预制构件进场时应对其主要受力钢筋数量、规格、间距、保护层厚度及混凝土强度进行实体检验。

10.3 预制构件吊装准备

10.3.1 技术交底

应合理规划构件运输通道和临时堆放场地，并应采取成品堆放保护措施。安装施工前，应做好以下准备：

①核对已施工完成结构的混凝土强度、外观质量、尺寸偏差等符合现行国家标准《混凝土结构工程施工规范》（GB 50666）的有关规定，并应核对预制构件的混凝土强度及预制构件和配件的型号、规格、数量等符合设计要求。

②施工单位应进行图纸会审、工艺性分析，做好施工技术准备，掌握有关技术要求及细部构造。并根据施工特点和要求，对分项工程施工逐项进行交底。

③会同设计、监理确认选择有代表性的单元进行预制构件试安装，并应根据试安装结果及时调整施工工艺，完善施工方案。

④连接节点施工、密封防水施工等关键工序应制作样板，并进行样板交底，形成交底记录。

⑤确认已完工序质量及设计符合现行国家标准《混凝土结构工程施工质量验收规范》（GB 50204）和相关规程的规定，并应核对预制构件及配件的强度、型号、规格、数量等。

⑥进行测量放线、设置构件安装定位标识。

⑦复核构件装配位置、节点连接构造及临时支撑方案等。

⑧检查复核吊装设备及吊具处于安全操作状态，如图10.2所示。

⑨核实现场环境、天气、道路状况等满足吊装施工要求。

图10.2 预制构件吊装设备

⑩宜选择有代表性的单元进行预制构件试安装，并应根据试安装结果及时调整完善施工方案和施工工艺。

10.3.2　施工人员

装配式混凝土结构建筑施工管理组织构架和工程性质、工程规模有关，与施工企业的管理习惯和模式有关。相关人员应符合以下要求：

①装配式混凝土结构施工前，应对管理人员及安装人员进行专项培训和相关交底。

②施工现场必须选派具有丰富吊装经验的信号指挥人员、挂钩人员，作业人员施工前必须检查身体，对患有不宜高空作业疾病的人员不得安排高空作业。特种作业人员必须经过专门的安全培训，经考核合格，持特种作业操作资格证书上岗。特种作业人员应按规定进行体检和复审。

③起重吊装作业前，应根据施工组织设计要求划定危险作业区域，在主要施工部位、作业点、危险区，须设置醒目的警示标志，设专人加强安全警戒，防止无关人员进入。还应视现场作业环境设置监护人员，防止高处作业或交叉作业。

④宜根据项目具体情况，以吊装作业组为单位进行人员安排。

⑤施工单位应按照装配式混凝土结构施工的特点和要求设置项目部的机构和配置人员，构件装配工、灌浆工、打胶工等应进行职业培训。

10.3.3　吊装机械

1）场内水平转运机械

根据现场的实际道路情况，当场地大时，可以选择托板运输车；当场地小时，可以采用拖拉机托盘车。在塔式起重机难以覆盖的情况下，可以采用随车起重机转运墙板，如图 10.3 所示。

(a) 托板运输车

(b) 拖拉机托盘车

(c) 随车起重机

图 10.3　水平转运机械

2）垂直吊装机械

装配式混凝土工程中选用的起重机械，根据设置形态可以分为固定式和移动式，施工时要根据施工场地和建筑物形状进行灵活选择。常用起重机类型有履带式起重机、汽车式起重机、轮胎式起重机、塔式起重机等，如图 10.4 所示。安装施工前，应复核吊装设备的吊装能力，并应按现行行业标准《建筑机械使用安全技术规程》（JGJ 33）的有关规定，检查复核吊装设备及吊具处于安全操作状态，并核实现场环境、天气、道路状况等满足吊装施工要求。

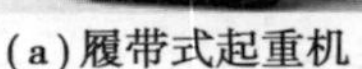

(a)履带式起重机

(b)塔式起重机

(c)汽车式起重机

图 10.4　垂直吊装机械

构件的存放架应具有足够的抗倾覆性能。竖向构件宜采用专用存放架进行存放，专用存放架应根据需要设置安全操作平台。防护系统应按照施工方案进行搭设、验收，并宜符合下列规定：

①工具式外防护架应试组装并全面检查，附着在构件上的防护系统应复核其与吊装系统的协调。

②防护架应经计算确定。

③高处作业人员应正确使用安全防护用品，宜采用工具式操作架进行安装作业。

④利用预制外墙板作为工具式防护架受力点，在防护架使用中应采取成品保护措施防止外墙板损坏。

施工单位应根据预制构件的形状、尺寸、重量和作业半径等要求选择吊具和起重设备，宜采用标准化、模数化吊具，所采用的吊具和起重设备及其操作，应符合国家现行有关标准及产品应用技术手册的规定。

新购、大修、改造以及停用 1 个月以上的机械设备，应按规定进行检验。吊装用钢丝绳、吊装带、卸扣、吊钩等吊具应根据预制构件形状、尺寸及重量等参数进行配置。

10.4　预制构件吊装施工

施工前，应根据当天的作业内容进行班前技术安全交底并进行吊装验算。验算时应将构件自重乘以相应的动力系数；构件吊运、运输时宜取 1.5；构件翻转及安装过程中就位、临时固定时宜取 1.2。施工验算应符合现行国家标准《混凝土结构工程施工规范》(GB 50666)的有关规定。

正式吊装作业前，应先试吊。吊装作业应根据工期要求及工程量、机械设备的条件，组织有效的流水施工。

10.4.1　预制剪力墙、柱

1)施工工艺流程

预制剪力墙安装时，应先完成施工面清理，即在墙板吊装就位之前应将混凝土表面和钢筋表面清理干净，不得有混凝土残渣、油污、灰尘等，防止构件灌浆后产生隔离层影响结构性能。预制剪力墙及预制柱安装流程相同：测量放线→竖向预留钢筋校正→吊具安装→吊运及就位→安装及校正→连接节点施工→支撑体系拆除，如图 10.5 和图 10.6 所示。

图 10.5　预制剪力墙安装

图 10.6　预制柱安装

2)预制柱安装顺序应满足设计要求,且宜符合下列规定

①构件安装前,应清理结合面。

②宜进行单元划分,按顺序进行安装,与现浇部分连接的柱宜先行吊装。

③预制柱的就位以轴线和外轮廓线为控制线;对于边柱和角柱,应以外轮廓线控制为准。

④就位前应设置柱底调平装置,控制柱安装标高。

⑤预制柱安装就位后应在至少两个方向设置可调节的临时固定措施,并应进行垂直度、扭转调整。

⑥采用灌浆套筒连接的预制柱调整就位后,柱脚连接部位应采用可靠措施封堵。

3)预制剪力墙板安装宜符合下列规定

①钢筋绑扎前与现浇部分连接的墙板宜先行吊装,其他宜按照外墙先行吊装的原则进行吊装。

②每件墙板底部限位装置应不少于 2 个,间距不宜大于 4 m。

③就位前,应在墙板底部设置调平装置。相邻墙板安装过程宜设置 3 道平整度控制装置,平整度控制装置可采用预埋件焊接或螺栓连接方式。

④采用灌浆套筒连接、浆锚搭接连接的夹芯保温外墙板应在保温材料部位采用弹性密封材料进行封堵。

⑤采用灌浆套筒连接、浆锚搭接连接的墙板需要分仓灌浆时,应采用座浆料进行分仓;多层剪力墙采用座浆时应均匀铺设座浆料;座浆料强度应满足设计要求。

⑥墙板以轴线和轮廓线为控制线,外墙应以轴线和外轮廓线双控制。

⑦安装就位后应设置可调斜撑临时固定,测量预制墙板的水平位置、垂直度、高度等,通过墙底垫片、临时斜支撑进行调整。

⑧预制墙板调整就位后,墙底部连接部位应采用可靠措施封堵。

⑨叠合墙板安装就位后进行叠合墙板拼缝处附加钢筋安装,附加钢筋应与现浇段钢筋网交叉点全部绑牢固。

10.4.2 预制梁

1)施工工艺流程

预制梁在吊装前,应检查柱顶标高并修正柱顶标高,确保梁底标高一致。预制梁的安装流程如下:测量放线→支撑体系搭设→吊运及就位→安装及校正→节点连接→面层钢筋绑扎及验收→节点及面层混凝土浇筑→养护→支撑体系拆除,如图10.7所示。

图10.7 预制梁安装

2)预制梁安装规定

①梁安装时,主梁和次梁深入支座的长度与搁置长度应符合设计要求。

②安装顺序宜遵循先主梁后次梁、先低后高的原则。

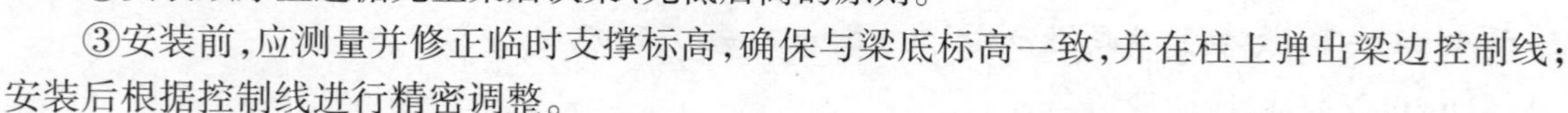

③安装前,应测量并修正临时支撑标高,确保与梁底标高一致,并在柱上弹出梁边控制线;安装后根据控制线进行精密调整。

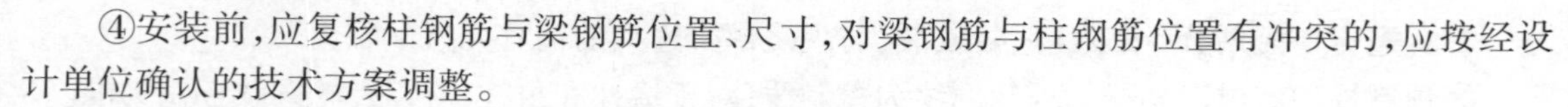

④安装前,应复核柱钢筋与梁钢筋位置、尺寸,对梁钢筋与柱钢筋位置有冲突的,应按经设计单位确认的技术方案调整。

⑤安装就位后应对水平度、安装位置、标高进行检查。

⑥预制梁的临时支撑,应在后浇混凝土强度达到设计要求后方可拆除。

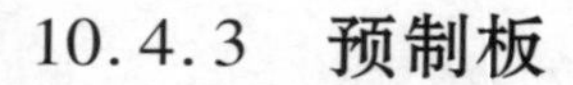

10.4.3 预制板

1)施工工艺流程

预制板在施工前应清理施工层地面,检查预留洞口部位的覆盖防护,检查支承材料规格、辅助材料;检查预制板构件编号及质量。预制板的安装流程如下:测量放线→支撑体系搭设→吊运及就位→安装及校正→节点连接→预埋管线→面层钢筋绑扎及验收→板间拼缝处理→节点及面层混凝土浇筑→养护→支撑体系拆除,如图10.8所示。

图10.8 预制板安装

2)楼板构件的安装规定

①楼板安装时,应按设计图纸要求进行水电预埋管安装。

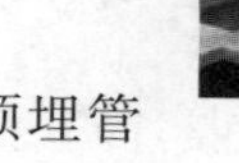

②楼板起吊时,吊点不应少于4点。

③楼板安装应控制水平标高,可采用找平软座浆或粘贴软性垫片进行安装。

3)预制楼板的安装规定

①预制楼板安装应按设计要求设置临时支撑系统,并应控制相邻板缝的平整度。

②预制底板吊装完后应对板底接缝高差进行校核;当预制楼板板底接缝高差不满足设计要求时,应将构件重新起吊,通过可调托座进行调节。

③预制底板的接缝宽度应满足设计要求。

④临时支撑应在后浇混凝土强度达到设计要求后方可拆除。

⑤施工集中荷载或受力较大部位应避开拼接位置。

⑥当管线在叠合楼板现浇层中暗敷设时,面层钢筋应与预埋管线同时施工,预埋管线应固定,并应设置在桁架上弦钢筋下方,管线之间不宜交叉。

10.4.4 预制楼梯

1)施工工艺流程

采用预制混凝土楼梯可节省现场施工时间,结构可先行施工,楼梯在结构施工后进行安装,省去了现场设计、支模、浇筑和二次修整的工序,节约了工期和工程成本。预制楼梯的安装流程如下:测量放线→定位钢筋预埋及吊具安装→吊运→安装及校正→节点处理→预留洞口及施工缝隙填补,如图 10.9 所示。

图 10.9 预制楼梯安装

2)预制楼梯的安装规定

①安装前,应检查楼梯构件平面定位及标高,并宜设置调平装置。

②楼梯起吊时,吊点不应少于 4 点,宜在生产前通过计算确定楼梯吊点位置。

③预制楼梯与现浇梁板采用预埋件焊接连接时,应先施工梁板后搁置并焊接楼梯梯段;采用锚固钢筋连接时,应先放置楼梯梯段,后施工梁板。

④就位后,应及时调整并固定。

10.4.5 预制阳台和空调板

1)施工工艺流程

预制阳台和空调板的安装流程如下:测量放线→支撑体系搭设→吊运及就位→安装及校正→节点连接施工→支撑体系拆除,如图 10.10 和图 10.11 所示。

图 10.10 预制阳台安装

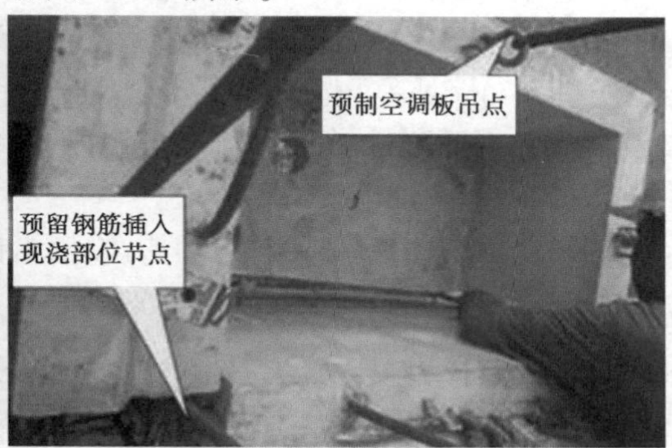

图 10.11 预制空调板安装

2)预制阳台板的安装规定

①安装前,应检查支座顶面标高及支撑面的平整度。

②悬挑阳台板安装前应设置防倾覆支撑架,支撑架应在结构楼层混凝土达到设计强度要求时,方可拆除支撑架。

③悬挑阳台板施工荷载不得超过其设计施工荷载。

④预制阳台板预留锚固钢筋应深入现浇结构内,并应与现浇混凝土结构连成整体。

⑤预制阳台与侧板采用灌浆连接方式时,阳台预留钢筋应插入孔内后进行浇筑。

⑥临时支撑应在后浇混凝土强度达到设计要求后方可拆除。

3)预制悬挑空调板的安装规定

①安装前,应检查支座顶面标高及支撑面的平整度。

②预制空调板安装时,板底应采用临时支撑措施,支撑架应在结构层混凝土强度达到设计强度要求后方可拆除支撑。

③预制空调板与现浇结构连接时,预留锚固钢筋应伸入现浇结构部分,并应与现浇结构连成整体。

④预制空调板采用插入式安装方式时,连接位置应设预埋连接件,并应与预制墙板的预埋连接件连接,空调板与墙板交接的四周防水槽应嵌填防水密封胶。

10.4.6 预制飘窗

1)施工工艺流程

预制飘窗的安装流程如下:结构标高复核→预埋连接件复检→预制飘窗起吊及安装→安装临时承重铁件及斜撑→调整预制飘窗位置、标高、垂直度→安装永久连接件→吊钩解钩,如图10.12所示。

图10.12 预制飘窗安装

2)工艺控制要点

①构件起吊时要严格执行"522制",即先将预制外挂板吊起距离地面500 mm的位置后停稳20 s。

②构件吊至预定位置附近后,应缓放,在距离作业层上方500 mm处停止。吊装人员通过地面上的控制线,将构件尽量控制在边线上。若偏差较大,需重新吊起距地面50 mm处,重新调整后再次下放,直到基本达到吊装位置为止。

③构件就位后,需要进行测量确认,测量指标主要有高度、位置、倾斜。调整顺序建议是按"先高度再位置后倾斜"进行调整。

3)外门窗的安装规定

铝合金门窗安装应符合现行行业标准《铝合金门窗工程技术规范》(JGJ 214)的规定;塑料门窗安装应符合现行行业标准《塑料门窗工程技术规程》(JGJ 103)的规定。

10.4.7 预制内隔墙

1)施工工艺流程

常用预制内隔墙采用 ALC 条板,混凝土结构单体应用比例可达 60% 以上。结构内墙全部采用 ALC 条板。预制内隔墙的安装流程如下:结构面清理→放线、分档→固定 U 型卡→安装隔墙板→板缝处理,如图 10.13 所示。

图 10.13 预制内隔墙安装

2)工序控制要点

①安装前,结构面上的砂浆块等杂物应清理干净。

②根据排板图,严格进行分档放线。

③用射钉枪将 U 型卡固定在楼板面上,配置胶粘剂,配好的胶粘剂必须在 20 min 内使用完。

④立板时,采用上粘、侧粘、下顶、背木楔为基本做法。将隔墙板顶部及相邻侧面用胶粘剂铺满。

3)轻质隔墙部品的安装规定

条板隔墙的安装应符合现行行业标准《建筑轻质条板隔墙技术规程》(JGJ/T 157)的有关规定。

4)龙骨隔墙的安装规定

①龙骨骨架应与主体结构连接牢固,并应垂直、平整、位置准确。

②龙骨的间距应满足设计要求。

③门、窗洞口等位置应采用双排竖向龙骨。

④壁挂设备、装饰物等的安装位置应设置加固措施。

⑤隔墙饰面板安装前,隔墙板内管线应进行隐蔽工程验收。

⑥面板拼缝应错缝设置,当采用双层面板安装时,上下层板的接缝应错开。

10.5 预制构件连接施工

10.5.1 钢筋套筒灌浆连接

1)施工工艺流程

钢筋套筒灌浆连接是装配式结构连接中的重要方式之一,其灌浆作业的施工质量关系到整个装配建筑的安全。钢筋套筒灌浆连接流程如下:工作面清理→灌浆料制备→灌浆料检查→灌浆连接→灌浆后节点保护。现场施工工艺如图 10.14 所示。

图 10.14 钢筋套筒灌浆连接

2)钢筋套筒灌浆连接的规定

钢筋套筒灌浆连接接头应及时灌浆,灌浆作业应符合现行行业标准《钢筋套筒灌浆连接应用技术规程》(JGJ 355)的有关规定,且宜符合下列规定:

①套筒灌浆连接施工应编制专项施工方案。

②对于首次施工,宜选择有代表性的单元或部位进行试制作、试安装、试灌浆。

③施工现场灌浆料宜储存在室内,并应采取防雨、防潮、防晒措施。

④灌浆施工时,环境温度与养护温度应符合现行国家标准《水泥基灌浆材料应用技术规范》(GB/T 50448)的相关规定。

⑤灌浆前应对连接孔道及灌浆孔和排气孔全数检查,确保孔道畅通,内表面无污染。

⑥灌浆操作应由培训合格的专业人员实施,及时形成施工质量检查记录,每工作班应制作不少于1组且每层不应少于3组试件。

⑦灌浆施工前应对填充部分进行清洁,并洒水润湿。

⑧应按产品使用说明书的要求计量灌浆料和水的用量,宜采用电动搅拌器等工具来搅拌均匀。搅拌时间从开始加水到搅拌结束应不少于5 min,灌浆料拌合物应在制备后30 min内用完,每次拌制的灌浆料拌合物应进行流动度的检测。

⑨灌浆作业应采用机械压力注浆法从下口灌注,当浆料从上口流出后应及时封堵,持压30 s后再封堵下口;灌浆施工应连续进行;每个构件灌浆总时间应控制在30 min以内。

⑩灌浆结束后应及时将灌浆孔及构件表面的浆液清理干净,并将灌浆孔表面抹压平整。

10.5.2 浆锚搭接连接

1)施工工艺流程

浆锚搭接连接流程如下:工作面清理→灌浆料制备→模具制作→预留孔洞→灌浆连接→灌浆后节点保护,现场施工工艺如图10.15所示。

2)钢筋浆锚搭接连接的规定

钢筋浆锚搭接连接时,接头灌浆料的物理、力学性能应满足要求,氯离子含量应符合现行国家标准《混凝土结构设计规范》(GB 50010)的有关规定。

图10.15 浆锚搭接连接接

钢筋套筒灌浆连接接头、钢筋浆锚搭接连接接头应按检验批划分要求及时灌浆,灌浆作业应符合国家现行有关标准及施工方案的要求,并应符合下列规定:

①灌浆施工时,环境温度不应低于5 ℃;当连接部位养护温度低于10 ℃时,应采取加热保温措施。

②灌浆操作全过程应有专职检验人员负责旁站监督并及时形成施工质量检查记录。

③应按产品使用说明书的要求计量灌浆料和水的用量,并搅拌均匀;每次拌制的灌浆料拌合物应进行流动度的检测,且其流动度应满足本规程的规定。

④灌浆作业应采用压浆法从下口灌注，当浆料从上口流出后应及时封堵，必要时可设分仓进行灌浆。

⑤灌浆料拌合物应在制备后30 min内用完。

⑥灌浆料的强度达到设计要求后，方可拆除临时固定措施。

10.5.3　螺栓连接

螺栓连接可以选择使用普通螺栓连接以及高强度螺栓连接的方式，其可以用来传递轴力、弯矩以及剪力的形式进行连接，对梁柱连接性能的提升有着重要的作用，如图10.16所示。螺栓连接的主要优势就是在现场操作更加方便，但是要保证预制构件结构的质量合格，工作人员应掌握足够的施工技术，可以防止在装配式建筑应用中发生误差，受力效果得到提升；而其缺点就是后期进行维护和管理的难度较大，也容易产生资金浪费。螺栓连接流程如下：接头组装→安装临时螺栓→安装高强螺栓→高强螺栓紧固→检查验收。

图10.16　螺栓连接

螺栓连接的施工应符合国家现行标准《钢筋焊接及验收规程》(JGJ 18)、《钢结构焊接规范》(GB 50661)、《钢结构工程施工规范》(GB 50755)和《钢结构工程施工质量验收规范》(GB 50205)的有关规定。钢筋机械连接的施工应符合现行行业标准《钢筋机械连接技术规程》(JGJ 107)的有关规定。

10.6　质量控制与验收

装配式混凝土结构工程应按混凝土结构子分部工程进行验收；装配式混凝土结构部分应按混凝土结构子分部工程的分项工程验收。混凝土结构子分部中其他分项工程应符合现行国家标准《混凝土结构工程施工质量验收规范》(GB 50204)的有关规定；预制构件的进场质量验收应符合现行国家标准《混凝土结构工程施工质量验收规范》(GB 50204)的有关规定；装配式结构焊接、螺栓等连接用材料的进场验收应符合现行国家标准《钢结构工程施工质量验收规范》(GB 50205)的有关规定；装配式结构的外观质量除设计有专门的规定外，尚应符合现行国家标准《混凝土结构工程施工质量验收规范》(GB 50204)中关于现浇混凝土结构的有关规定；装配式建筑的饰面质量应符合设计要求，并应符合现行国家标准《建筑装饰装修工程质量验收规范》(GB 50210)的有关规定。

装配式混凝土结构验收时，除应按现行国家标准《混凝土结构工程施工质量验收规范》(GB 50204)的要求提供文件和记录外，尚应提供下列文件和记录：

①工程设计文件、预制构件制作和安装的深化设计图。

②预制构件、主要材料及配件的质量证明文件、进场验收记录、抽样复验报告。

③预制构件安装施工记录。

④钢筋套筒灌浆、浆锚搭接连接的施工检验记录。

⑤后浇混凝土部位的隐蔽工程检查验收文件。

⑥后浇混凝土、灌浆料、坐浆材料强度检测报告。

⑦外墙防水施工质量检验记录。

⑧装配式结构分项工程质量验收文件。

⑨装配式工程的重大质量问题的处理方案和验收记录。

⑩装配式工程的其他文件和记录。

10.6.1 主控项目

①后浇混凝土强度应符合设计要求。

检查数量:按批检验,检验批应符合现行标准《装配式混凝土结构技术规程》(JGJ 1)的有关要求。

检验方法:按现行国家标准《混凝土强度检验评定标准》(GB/T 50107)的要求进行。

②钢筋套筒灌浆连接及浆锚搭接连接的灌浆应密实饱满。

检查数量:全数检查。

检验方法:检查灌浆施工质量检查记录。

③钢筋套筒灌浆连接及浆锚搭接连接用的灌浆料强度应满足设计要求。

检查数量:检查数量:按批检验,以每层为一检验批;每工作班应制作一组且每层不应少于3组40 mm×40 mm×160 mm的长方体试件,标准养护28 d后进行抗压强度试验。

检验方法:检查灌浆料强度试验报告及评定记录。

④剪力墙底部接缝坐浆强度应满足设计要求。

检查数量:按批检验,以每层为一检验批;每工作班应制作1组且每层不应少于3组边长为70.7 mm的立方体试件,标准养护28 d后进行抗压强度试验。

检验方法:检查坐浆材料强度试验报告及评定记录。

⑤钢筋采用焊接连接时,其焊接质量应符合现行行业标准《钢筋焊接及验收规程》(JGJ 18)的有关规定。

检查数量:按现行行业标准《钢筋焊接及验收规程》(JGJ 18)的规定确定。

检验方法:检查钢筋焊接施工记录及平行加工试件的强度试验报告。

⑥钢筋采用机械连接时,其接头质量应符合现行行业标准《钢筋机械连接技术规程》(JGJ 107)的有关规定。

检查数量:按现行行业标准《钢筋机械连接技术规程》(JGJ 107)的规定确定。

检验方法:检查钢筋机械连接施工记录及平行加工试件的强度试验报告。

⑦预制构件采用焊接连接时,钢材焊接的焊缝尺寸应满足设计要求,焊缝质量应符合现行国家标准《钢结构焊接规范》(GB 50661)和《钢结构工程施工质量验收规范》(GB 50205)的有关规定。

检查数量:全数检查。

检验方法:按现行国家标准《钢结构工程施工质量验收规范》(GB 50205)的要求进行。

⑧预制构件采用螺栓连接时,螺栓的材质、规格、拧紧力矩应符合设计要求及现行国家标准

《钢结构设计规范》(GB 50017)和《钢结构工程施工质量验收规范》(GB 50205)的有关规定。

检查数量:全数检查。

检验方法:按现行国家标准《钢结构工程施工质量验收规范》(GB 50205)的要求进行。

10.6.2　一般项目

①装配式结构尺寸允许偏差应符合设计要求,并应符合表10.3中的规定。

检查数量:按楼层、结构缝或施工段划分检验批。在同一检验批内,对梁和柱,应抽查构件数量的10%,且不少于3件;对墙和板,应按有代表性的自然间抽查10%,且不少于3间;对大空间结构,墙可按相邻轴线间高度5 m左右划分检查面,板可按纵、横轴线划分检查面,抽查10%,且均不少于3面。

表10.3　装配式结构尺寸允许偏差及检验方法

<table>
<tr><th colspan="3">项目</th><th colspan="2">允许偏差(mm)</th><th>检验方法</th></tr>
<tr><td rowspan="3">构件中心线对轴线位置</td><td colspan="2">基础</td><td colspan="2">15</td><td rowspan="3">尺量检查</td></tr>
<tr><td colspan="2">竖向构件(柱、墙、桁架)</td><td colspan="2">10</td></tr>
<tr><td colspan="2">水平构件(梁、板)</td><td colspan="2">5</td></tr>
<tr><td>构件标高</td><td colspan="2">梁、柱、墙、板底面或顶面</td><td colspan="2">±5</td><td>水准仪或尺量检查</td></tr>
<tr><td rowspan="3">构件垂直度</td><td rowspan="3">柱、墙</td><td>墙板外表面</td><td colspan="2"><5</td><td rowspan="3">经纬仪或全站仪量测</td></tr>
<tr><td>≥5 m且<10 m</td><td colspan="2">10</td></tr>
<tr><td>≥10 m</td><td colspan="2">20</td></tr>
<tr><td>构件倾斜度</td><td colspan="2">梁、桁架</td><td colspan="2">5</td><td>垂线、钢尺量测</td></tr>
<tr><td rowspan="5">相邻构件平整度</td><td colspan="2">板端面</td><td colspan="2">5</td><td rowspan="5">钢尺、塞尺量测</td></tr>
<tr><td colspan="2" rowspan="2">梁、板底面</td><td>抹灰</td><td>5</td></tr>
<tr><td>不抹灰</td><td>3</td></tr>
<tr><td colspan="2" rowspan="2">柱墙侧面</td><td>外露</td><td>5</td></tr>
<tr><td>不外露</td><td>10</td></tr>
<tr><td>构件搁置长度</td><td colspan="2">梁、板</td><td colspan="2">±10</td><td>尺量检查线</td></tr>
<tr><td>支座、支垫中心位置</td><td colspan="2">板、梁、柱、墙、桁架</td><td colspan="2">10</td><td>尺量检查</td></tr>
<tr><td rowspan="2">墙板接缝</td><td colspan="2">宽度</td><td colspan="2" rowspan="2">±5</td><td rowspan="2">尺量检查</td></tr>
<tr><td colspan="2">中心线位置</td></tr>
</table>

②外墙板接缝的防水性能应符合设计要求。

检查数量:按批检验。每1 000 m^{2}外墙面积应划分为一个检验批,不足1 000 m^{2}时也应划分为一个检验批;每个检验批每100 m^{2}应至少抽查一处,每处不得少于10 m^2。

检验方法:检查现场淋水试验报告。

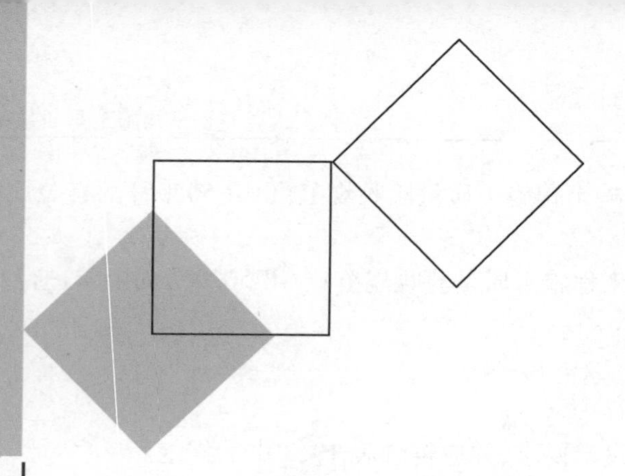

11 装配式混凝土结构BIM技术应用

11.1 BIM技术简介

11.1.1 BIM技术的概念

BIM是Building Information Modeling的缩写,直译为建筑信息化模型,它以建筑工程项目的各项相关信息数据作为模型的基础,进行建筑模型的建立,通过数字信息仿真模拟建筑物所具有的真实信息。BIM技术的概念是2002年美国Autodesk公司提出的。BIM技术概念的提出,实现了建筑技术利用三维模型展示建筑项目的全过程,这使建筑行业实现了质的飞跃。如图11.1所示,BIM三维模型可直观表现出建筑中五位一体(设计、生产、施工、装修和管理)的各项信息,整合建筑全产业链,实现全过程、全方位的信息化集成。

图11.1 BIM三维模型

BIM 技术可以服务于设计、建设、运维、拆除全生命周期,模型包含的几何图形和相关数据可以支持实现建筑所需的设计、采购、制造和施工等活动,并在建设完成后用于日常维护。同时,BIM 技术可以可数字化虚拟、信息化描述各种系统要素,实现信息化协同设计、可视化装配、工程量信息的交互和节点连接模拟及检验等全新运用。

11.1.2 BIM 技术的特点

1)可视化

可视化是 BIM 技术最直观的优势,如图 11.2 所示。BIM 技术不仅能够将建筑的二维平面图转换成三维空间模型,实现建筑主体结构的可视化、立体化,清晰地表达出建筑之间的逻辑关系,能够使人们更加直观地接受建筑信息;还能体现在工程计算清单、用量、管理等方面,从而达到由难变易,由繁到简、深入浅出、由抽象到直观的目的。

图 11.2 可视化示意

2)信息完备性与关联性

BIM 技术不仅包括几何信息的空间关系,还包括非空间关系,即工程从设计阶段、施工阶段和最后的运营阶段的完整的工程数据信息,以及对象之间的逻辑关系,可以说包括了项目全生命周期内产生的所有信息;把前期策划、设计、施工和运营维护这几个阶段连接起来的同时,还能够把各个阶段产生的信息存储进 BIM 技术模型,为之后的更新和共享提供便利。

3)协调性

项目进行时,各专业的设计经常会出现相互碰撞,但是在传统 CAD 时代,一些关键问题只有在施工时才会被发现,这也会造成频繁的设计变更。BIM 技术将不同专业的信息集中到一个模型中,这样有利于项目的参与方及时进行沟通协调、建筑进度计划协调、工程量估算和成本预算协调以及运维协调。例如:利用 BIM 技术,可及时发现管线、设备以及结构构件之间存在的冲突矛盾,通过碰撞检查,可以在 BIM 模型中显示碰撞点并生成检测报告,避免了因设计问题造成工程变更的情况,如图 11.3 所示。

图 11.3　BIM 碰撞检查

4) 模拟性

在建筑性能方面,BIM 技术更贴近人们的日常生活,尤其在人们关注度高的光照、消防疏散、噪声、地震模拟等方面更凸显 BIM 技术的先进。BIM 技术能够通过三维模型对项目各阶段的情况和真实操作进行模拟。例如,日照、风环境、建筑节能等;在施工阶段,模拟现场场地,优化空间,基于 BIM 3D 建筑信息模型,加上工程进度信息,实现 BIM 4D 信息模型,实现对工程进度的动态控制,在此 4D 模型基础上再增加成本维度,实现 BIM 5D 模拟。

5) 优化性

从规划到设计,生产加工和使用维护,BIM 技术的优化存在于每一个步骤和节点,再加上工程项目的优化是贯穿整个项目的始终。现代建筑物越来越复杂,远超过人们的可控范围,而 BIM 技术中包含有建筑物的真实信息、几何数据和建造规则等,工程人员可通过 BIM 技术及与其配套的优化工具对复杂项目进行全方位分析和优化,从而控制投资成本,如综合管线的优化、施工方案的合理性和经济性、建筑能耗分析等。

6) 一体化

BIM 技术贯穿在前期策划、中期施工建造、后期维护运营每个环节,所以它不仅被设计单位、施工单位所应用,更得到建设单位、监理单位、勘察单位的青睐。在 BIM 技术的平台上,参建各方能够及时有效地进行信息交流,使各方都能及时了解项目动态和项目走向,更好地使参加各方成为一个整体。

7) 参数化

按照前期的数据和准备工作,系统形成后,若遇到不同之处,在 BIM 模型中只需要重新修改输入新的指标就能建立新的建筑模型,方便快捷。BIM 技术的应用,不仅仅是建造技术的进步,也表现出了组织模式和管理方式的转型。从建筑的全寿命周期来进行高度集成化的管理,不仅很大程度地提高了工作效率和工程项目质量,同时还能够降低成本,节约资源,为建筑业在新时代的发展提供了明确的方向。

11.1.3 常用的 BIM 软件

在运用 BIM 技术进行工程项目设计时,会运用到大量的相关软件进行协同工作。为满足装配式建筑结构深化设计需求,国内外众多研究机构致力于开发基于 BIM 平台的装配式结构深化设计软件,例如 BeePC、Planbar、Tekla Structures PKPM、YJK、鸿业等,详见表 11.1。

表 11.1 BIM 软件

软件名称	软件厂商	主要功能
BeePC(基于 Revit)	杭州嗡嗡科技	可视化操作;构件智能编号;构件一键出图;自动生成钢筋明细表、加工模板图
Planbar	德国 Nemetschek 集团	支持 2D/3D 同平台工作;支持构件全流程、一体化设计;快速创建物料清单;碰撞检查;一键生成构件详图
Tekla Structures	芬兰 Tekla 公司	钢结构深化设计;预制构件拆分设计;设备管线、预埋件精准预埋;3D 钢结构细部设计;3D 钢筋混凝土设计;自动生成钢筋加工图、加工模板图
PKPM-PC	中国建筑科学研究院	预制构件库建立;预制构件加工详图;三维拆分与预拼装;结构整体性分析计算;预制率统计;碰撞检查;算量统计;施工图出图
YJK-AMCS	北京盈建科公司	三维构件拆分;施工模拟及碰撞检测;预制构件单构件验算;材料清单;预制构件加工详图
鸿业装配式 BIM(基于 Revit)	鸿业科技	预制构件智能化拆分;参数化钢筋、预埋件布置;自动生成预制构件详图;预制率统计

11.2 设计阶段 BIM 技术应用

相比于现浇建筑,装配式建筑需要对建筑结构体系进行预制构件的拆分,以达到工厂生产、现场组装的目的。传统的二维设计方法无法在构件拆分阶段充分考虑构件的可生产性、可运输性、可吊装性及安装性。

装配式建筑建造全生命周期中,装配式有标准化、模块化等特性,若信息频繁交换、缺乏协同设计会导致项目变更、施工工期延长以及成本提高。装配式建筑最大的特点是工作前置,生产、安装单位需要提前参与到设计的过程中。BIM 技术可应用于装配式建筑的全生命周期,集装配式建筑的设计、生产、施工安装、运维于一体,具有可视化、完备性、协调性、互用性的显著特点。因此,装配式体系中使用 BIM 技术设计、生产、施工和管理是自然而又必然的选择。基于 BIM 技术的装配式结构设计,是通过面向预制构件 BIM 模型构建、模型分析优化和 BIM 模型建造应用 3 个阶段完成的设计方法。

BIM 技术在建筑设计阶段的应用手段是建立模型。在此基础上,模型可自由组合,为业主提供不同的方案选择,并通过 BIM 技术基本功能的模拟、经济性分析对方案进行优选。还可通过建立协同机制、构件拆分、碰撞检测实现协同设计,完成深化设计,得到深化设计模型的图纸,构造节点详图等。BIM 技术的应用可有效控制建造成本,提高构件工厂生产的质量,确保构件施工安装的精度。

11.2.1 模数化设计

装配式建筑模数化设计是指使用基本模数、扩大模数、分模数等方法设计预制构件、建筑组合件、建筑部品等的尺寸。模数化设计是实现建筑工业化、标准化、智能化的前提,通过模数设计能够协调装配式建筑各构配件(部品)的尺寸关系,确保主体结构与内装修和内装部品之间的整体协调。同时,模数化设计可以保证建筑构件的规格化及通用化,满足建筑多样化和批量化建造要求,降低成本。

装配式建筑的设计应符合《建筑模数协调标准》(GB/T 50002)以及各相关模数协调标准的规定。其中模数化设计的具体要求包括:

①在装配式建筑平面设计时,可采用的方法为基本模数或扩大模数,以保证构件从设计、生产到最后的组装等阶段的尺寸协调。

②由于构配件可能采用多种材料,建筑的整体与构配件之间的尺寸关系需要采用模数数列调整。

③设计师要考虑构配件组合时的便利性、高效性和经济性,明确各构配件的尺寸与位置。

④建筑的主体结构应采用基准面定位,用模数网格表示其平面布局,其中主体结构构件尺寸与模数网格可叠加。

⑤对于建筑平面和结构平面,宜采用中心线定位法,而建筑剖面和结构剖面宜采用界面定位法。

⑥在确定内装界面定位和接口尺寸时,应在总体模数空间网格控制下,根据构件的尺寸和设备管线的位置进行协调。

11.2.2 标准化设计

建筑工业化发展的基础是构件标准化设计,包括户型、部品部件、设计的标准化。标准化设计是提升建筑工程质量和品质的关键因素。装配式建筑部品部件的精细度要求较为严格,标准化建模与后期生产施工紧密相连。美国建筑师学会针对不同阶段的 BIM 工程对模型详细程度提出了模型深度等级表,用于定义模型中组件元素的级别和精度的标准,如表 11.2 所示。

表 11.2 模型深度划分等级

深度等级		最小直径/mm
LOD100	方案设计阶段	表现建筑整体类型分析的建筑体量,分析包括体积,建筑朝向,每平方米造价等
LOD200	初步设计阶段	构件的数量、大小、尺寸、材质、形状、位置以及方向 LOD200 模型通常用于系统分析以及一般性表现目的
LOD300	施工图设计阶段	用于成本估算以及施工协调包括碰撞检查,施工进度计划以及可视化。LOD300 模型应当包括业主在 BIM 提交标准里规定的构件属性和参数等信息

续表

深度等级		最小直径/mm
LOD400	施工阶段	用于构件的加工和制造,构件信息包括几何尺寸、材质,还应包括生产、运输、安装,以及水暖电系统等方面
LOD500	竣工交付阶段	作为中心数据整合到建筑运营和维护系统中去,应包括竣工资料提交时所需的信息。LOD500 模型将包含业主 BIM 提交说明里制定的完整的构件参数和属性

建筑全专业建模时,各类构件按照 LOD 标准的 5 个等级进行划分,建筑、结构、水暖电所表达的建模精细度有所不同,并且同一个构件在不同标准下表达的精细程度有所不同。以柱、梁、板为例,如表 11.3 所示。

表 11.3　柱、梁、板模型深度等级

详细等级	LOD100	LOD200	LOD300	LOD400	LOD500
梁	梁厚、板长、宽、表面材质颜色	梁材质、尺寸等详细信息,二维填充表示	材料信息,梁标识,附带节点详图	概算信息,梁材质供应商,材质价格	运营信息,物业管理所有详细信息
板	板长、宽、高,表面材质颜色	材质,二维填充表示	材料信息,分层做法,楼板详图,附带节点详图	概算信息,梁材质供应商,材质价格	运营信息,物业管理所有详细信息
柱	柱长、宽、高,表面材质颜色	梁材质、尺寸等详细信息,二维填充表示	材料信息,柱标识,附带节点详图	概算信息,柱材质供应商,材质价格	运营信息,物业管理所有详细信息

预制构件标准化在装配式建筑中起着至关重要的作用。预制构件标准化和统一化,有利于节约相关设计人员的时间,从而可分配更多的时间进行建筑风格以及建筑形式布局的设计。受运输条件、气候环境、各地习性等因素的影响,装配式建筑具有很强的地域性,因此标准化并不是要求完全统一。其中,配件、连接节点和接口可以实施大范围的标准化,而构件只能在小范围内实施标准化。例如,我国南北方由于气候条件差异大,对建筑物外墙的保温、抗渗、抗腐蚀等性能的要求差异较大,外墙板没必要实现全国范围的标准化,可按照地区制订各自的标准,而对于连接时采用的螺栓可实现全国范围的标准化。

此外,在开展装配式建筑的标准化设计时还需要关注以下 3 个方面:第一,标准化设计并不代表着要牺牲建筑物的艺术性,追求标准化需要兼具艺术性和个性化;第二,标准化不等于照搬标准,设计师要依据项目的建筑功能、风格、结构等要求进行标准化设计;第三,标准化的实现需要标准的制订者来推动,设计师只是规范的遵守者。

11.2.3　协同设计

装配式建筑协同设计是指各个单位(建设、设计、生产、施工和管理单位)精心配合、协同工作,实现各个专业(建筑、结构、机电、装修等专业)和各个环节(设计、生产和施工环节)一体化设计。装配式建筑的协同设计有助于保证设计的质量,及时发现设计存在的问题,提升各专业的配合度。

与传统混凝土现浇建筑相比,协同设计对于装配式建筑尤为重要。装配式建筑的现场组装方式决定了构件内可能存在预埋件,如果设计阶段没有准确设置预埋件,现场将很难补救。同时,我国要求装配式建筑实施全装修,这就要求提前装修设计,因为需要在构件中设计装修需要的预埋件。此外,国家标准规定装配式建筑需要实现管线分离、同层排水,这就需要相关专业进行协同设计。

在开展协同设计时,应该组建以建筑师和结构工程师的团队为主导,由他们负责协同,明确各方的协同责任。为方便各参与单位之间的信息沟通,可以利用 BIM 技术搭建平台,不同专业在同一平台上设计并共享设计成果,以便及时发现设计之间的冲突。另外,在设计早期,生产工厂和施工企业就应该加入互动,避免后期更改造成不必要的损失。

11.2.4 流程分析

为了发挥 BIM 技术在装配式建筑设计阶段的作用,将设计流程分为 4 个阶段:方案设计、预制构件库形成与完善、BIM 模型构建与优化阶段和构件深化设计,如图 11.4 所示。

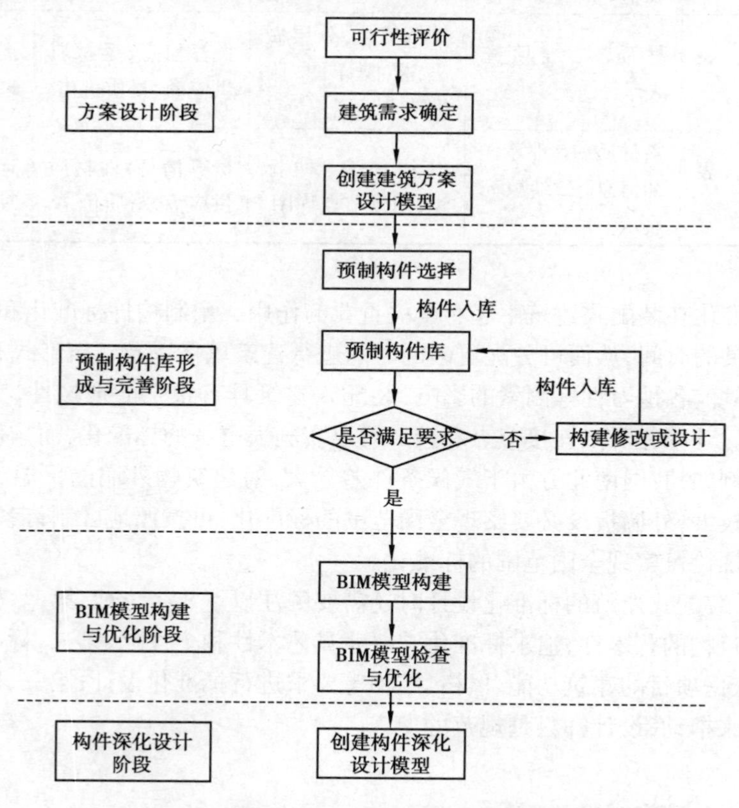

图 11.4　基于 BIM 技术的装配式建筑设计流程

1) 方案设计阶段

在方案设计阶段,设计单位的主要工作是与业主一同对装配式建筑进行可行性评价,确定装配式建筑的需求，初步确定建筑的建筑设计和结构设计，优化建筑布局，达到受力合理、连接简单、施工方便、少规格、多组合的目的；利用 BIM 技术制订相应装配式方案专篇，帮助业主更好地理解设计方案；同时，该模型将成为后续设计的依据及指导性文件。

2）预制构件库形成与完善阶段

BIM 模型的构建和构件的生产均需要以预制构件库为基础，预制构件库的创建是设计阶段的核心工作之一。在预制构件库形成与完善阶段，设计人员根据建筑物的功能和外观需求，创建项目的预制构件库。随后，在创建初步设计模型时，设计人员可根据具体需要对预制构件库进行补充；同时，生产单位可要求设计人员调整预制构件库中难以满足工厂技术要求的构件。

3）BIM 模型构建与优化阶段

在 BIM 模型构建阶段，设计人员在方案设计模型的基础上，通过调用预制构件库中的构件创建装配式建筑的 BIM 模型，而后采用碰撞检查等方式对设计模型进行优化。在模型优化方面，利用冲突检查、三维管线综合、净高检查等 BIM 手段找出设计中存在的问题，利用协同作业优化各专业的 BIM 模型。

4）深化设计阶段

预制构件的设计思路是：先设计轮廓，然后布置钢筋，随后放置预埋件，最后检查碰撞。BIM 软件中设计出模型并不难，难点在于复杂构件的快速建模。对于预制构件模型建议造型复杂、重复率低、连接烦琐的构件，不宜直接对此进行构件拆分和设计建模，宜从设计源头出发，优化并简化预制构件，复杂造型及节点宜结合新材料、新型连接节点等技术，使其适合装配式建筑的生产和施工，从而能提高设计效率并增加模型的准确性，为后端方便实施提供真实的物料信息。

在构件的深化设计阶段，构件生产商、施工单位和设计单位要加强交流，合作完成构件加工图的设计。施工单位应该将施工现场各种固定和临时设施的安装孔、吊钩的预埋预留等要求向设计单位反映，构件生产商针对自身的构件加工的技术要求向设计单位提出需求。在完成深化设计后，各专业根据各自的需求对模型进行审核，形成可供生产的深化设计模型。

11.2.5 数据传递与交付

数据传递与交付的原则：保证数据能准确且及时被全流程管理的下游单位使用，保证数据交付是结构化和易于执行的。

①预制构件设计单位在 BIM 交付时必须保证交付的准确性，符合双方合同规定的具体内容和设计要求，同时符合现行的设计规范，满足设备加工使用。各专业以模型为基础交付的施工图纸，要进行必要的修改和标注，以达到图纸交付的要求。

②以结构化模型数据为主的交付物在交付时要进行交付审查，以达到交付的标准，在项目实施之初就应确定交付物的审查方法和流程，交付审查过程中要特别关注模型的信息内容和模型深度是否一致。

③交付物在交付中必须考虑信息的有效传递。根据交付物的使用目的，确保能使几何数据信息和非几何数据信息为应用者有效使用，如：转换成浏览模型以供可视化应用，转换成分析模型以供性能分析使用，输出二维施工图纸供交付图纸使用，输出统计、计算表格以辅助提高工程

量计算的准确性。

④在交付要求中需确定文件保存和交换的具体格式的通用性,以利于各阶段使用。

⑤在交付要求中要注重知识产权的划定,并应在合同或约定中详细确定。

⑥将预制构件的预装配模型数据导出后进行编号标注,从而生成预制加工图及配件表,经施工单位审定复核后送厂家加工生产。

11.3 生产阶段 BIM 技术应用

生产管理人员根据 BIM 构建模型的材料归类整合信息,实现与财务系统的对读,精确控制物料的统计、归类、采购和用量。根据工厂设备条件利用 BIM 模型设计模具,根据 BIM 模型三维可视结合 CAD 图纸指导工人施工、下料、组装。

11.3.1 深化设计阶段

1)预制构件加工模型

装配式模型经过构件拆分,细化到每个构件的加工模型,工作量较大,如图 11.5 所示。因此,在构件加工阶段需对预制构件深化设计单位提供的包含完整设计信息的预制构件信息模型进一步深化,并添加生产、加工与运输所需的必要信息,如生产顺序、生产工艺、生产时间、临时堆场位置等,形成预制构件加工信息模型,从而完成模具设计与制作、材料采购准备、模具安装、钢筋下料、埋件定位、构件生产、编码及装车运输等工作。

图 11.5 装配式建筑部件拆分

2)预制构件模具设计

模具设计加工单位可以基于构件 BIM 模型对预制构件的模具进行数字化设计。构件模具模型对构件的外观质量起着非常重要的作用,构件模具的精细程度决定了构件生产的精细程度,构件生产的精细程度又决定了构件安装的准确度和可行性。借助 BIM 技术,可以利用已建好的预制构件 BIM 模型提供构件模具设计所需要的三维几何数据以及相关辅助数据，实现模具设计的自动化。

3）预制构件材料准备

BIM 的价值贯穿建筑全生命期，建筑工程所有的参与方都有各自关心的问题需要解决。但是不同参与方关注的重点不同，基于每一环节上的每一个单位需求，整个建筑工程行业希望提前能有一个虚拟现实作为参考。例如利用 BIM 软件建模，将 ALC 条板排列在模型中，能快捷提取到 ALC 条板的数据，如图 11.6 所示。

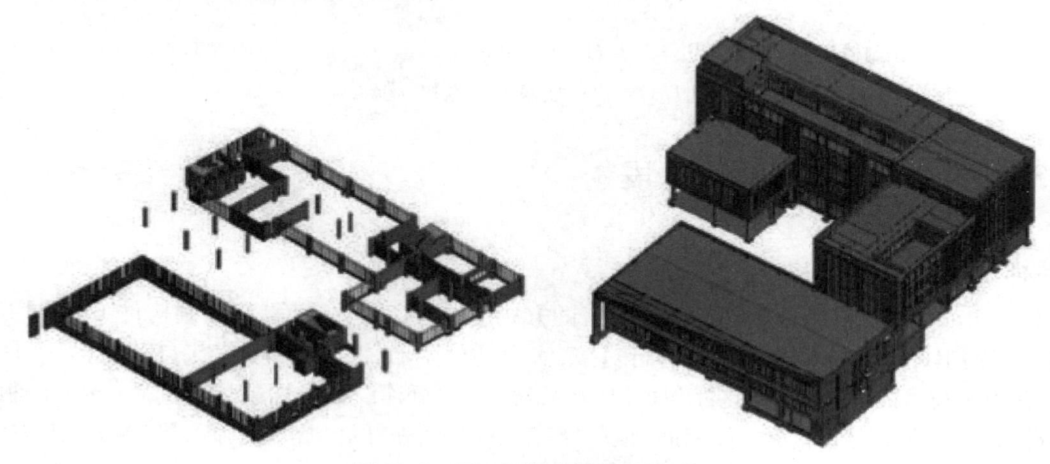

图 11.6　BIM 预制内隔墙数据提取

11.3.2　生产方案的确定阶段

1）典型构件工业化加工设备与工艺选择

PC 构件的加工，涉及的工业化加工设备种类主要有混凝土搅拌、运输、布料、振捣、蒸养设备，钢筋加工设备，构件模具等其他设备；而涉及的工艺流程主要有固定台座法、半自动流水线法、高自动流水线法。对于不同类型的预制构件需要结合不同的工艺流程和设备来完成构件的加工。

2）主要生产工艺模拟与分析

PC 构件的生产加工工艺大部分采用的是半自动流水线生产，也可以选择传统固定台座法或高自动流水线法。固定台座法是在构件的整个生产过程中，模台保持固定不动，工人和设备围绕模台工作，构件的成型、养护、脱模等生产过程都在台座上进行。该方法适用于构件比较复杂，有一定的造型要求的外墙板、阳台板、楼梯等，如图 11.7 所示。

采用半自动流水线法生产，整个生产过程中生产车间按照生产工艺的要求将划分工段，人员设备不动，模台绕生产工段线路循环运行。每个工段配备专业设备和人员，构件的成型、养护、脱模等生产过程分别在不同的工段完成。半自动流水线法在设备初期投入成本高，机械化程度高，工作效率高，可以生产多品种的预制构件，如内墙板、叠合板等。

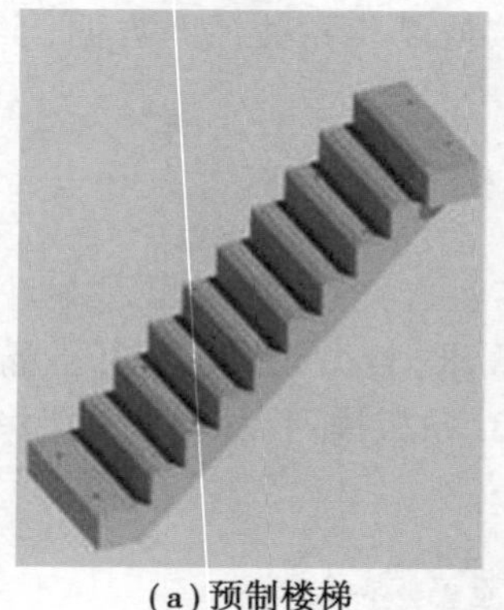

(a)预制楼梯

(b)预制阳台

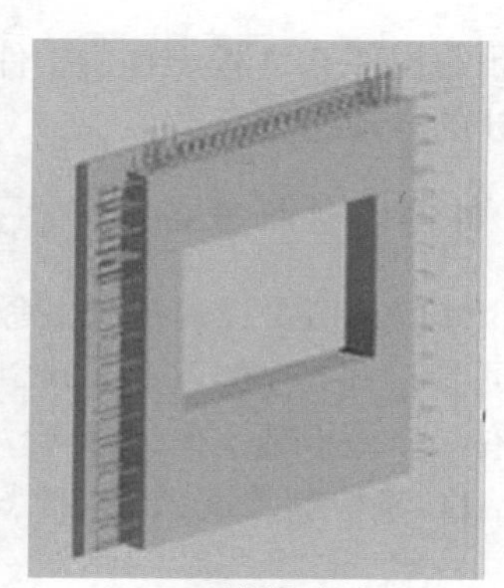

(c)预制剪力墙

图 11.7　BIM 技术生产的 PC 构件

11.3.3　生产方案的执行阶段

1)构件加工

借助 BIM 技术,辅助预制构件生产加工的方式主要有两种:一种是将预制构件 BIM 加工模型与工厂加工生产信息化管理系统进行对接,实现构件生产加工的数字化与自动化;另一种便是借助 BIM 技术的模拟性、优化性和可出图性,对构件、模具设计数据进行优化后,导出预制构件深化设计后的加工图纸及构件钢筋、预埋件等材料明细表,以供技术操作人员按图加工构件,构件加工如图 11.8 所示。

图 11.8　预制构件加工

2)构件生产管理

(1)构件编码及加工

将模型导出的材料清单传输至 BIM 数据库中,构件编号严格根据“构件命名原则”制订,以便于构件定位、查询。可以录入构件规格、材质、属性,便于加工、质量验收。可以根据“材料堆放分区方案”输入楼层区域、堆放位置,便于安装定位。利用 BIM 技术可以快速、准确统计工程量,便于构件加工、下料。

(2)构件运输

结合 BIM 四维仿真进度安排构件运输时间,材料出厂、进场时,工作人员扫描条码,将出厂时间、进场时间录入到 BIM 数据库中,可实时查看构件状态,便于运输管理与验收并做出相应预警,如图 11.9 所示。

(3)构件堆放

利用 BIM 模型进行场地平面布置,可以规划材料堆放分区、施工分区,施工人员根据扫描结果依分区堆放构件,如图 11.10 所示。

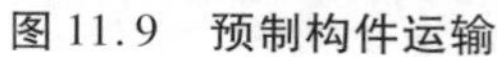

图 11.9　预制构件运输

图 11.10　预制构件堆放

(4)物料跟踪

生产与施工协同作用才能产生应用价值,通过 BIM 软件可以对当前工程的所有建筑材料进行管理,包括对材料编号、材料分类、材料名称、材料进出库数量和时间、下一施工阶段所需材料量,可以随时查看材料情况,及时了解材料消耗、建材采购资金需求。

11.3.4　库存与交付阶段

在生产运输规划中需要考虑几个方面的问题:

①住宅工业化的建造过程中,现场湿作业减少,主要采用预制构件,由于工程的实际需要,一些尺寸巨大的预制构件往往受到当地的法规或实际情况的限制,需要根据构件的大小以及精密程度规划运输车次,做好周密的计划安排。

②在制定构件的运输路线时,应该充分考虑构件存放的位置以及车辆的进出路线。

③根据施工顺序编制构件生产运输计划,实现构件在施工现场零积压。

要解决以上几个问题,就需要 BIM 信息控制系统与 ERP 进行联动,实现信息共享。利用 RFID 技术根据现场的实际施工进度,自动将信息反馈给 ERP 系统,以便管理人员能够及时做好准备工作,了解自己的库存能力,并且实时反映到系统中,提前完成堆放等作业。在运输过程中,需要借助 BIM 技术相关软件根据实际环境进行模拟装载运输,以减少实际装载过程中出现的问题。

11.3.5　基于 BIM 技术的预制构件生产管理

1)实现了设计信息和生产信息的共享

平台可接收来自 PKPM-PC 装配式建筑设计软件导出的设计数据实现无缝对接。平台和生产线或者生产设备的计算机辅助制造系统进行集成,不仅能从设计软件直接接收数据,而且能够将生产管理系统的所有数据传送给生产线或者某个具体生产设备,使得设计信息通过生产系统与加工设备信息共享,实现设计、加工生产一体化。

2)实现了物资的高效管理

平台接收构件设计信息,自动汇总生成构件 BOM(Bill of Material,物料清单),从而得出物资需求计划,然后结合物资当前库存和构件月生产计划,编制材料清购单,采购订单从清购单中选择材料进行采购,根据采购订单入库。物资管理还提供了强大的报告报表和预告预警功能。系统能够按照每种材料设定最低库存量;低于库存底线便自动预警,实时显示库存信息,通过库存信息为采购部门提供依据,保证了日常生产原材料的正常供应,同时使企业不会因原材料的库存数量过多而积压企业的流动资金,从而提高企业的经济效益。

3)实现构件信息的全流程查询与追踪

平台贯穿设计、生产、物流、装配 4 个环节,以 PC 构件全生命周期为主线,打通了装配式建筑各产业链环节的壁垒。基于 BIM 的预制装配式建筑全流程集成应用体系,集成 PDA、RFID 及各种感应器等物联网技术,实现了对构件的高效追踪与管理。

11.4 施工阶段 BIM 技术应用

利用 BIM 技术模拟施工过程,确定场地平面布置,制订施工方案,确定吊装顺序,进而决定预制构件的生产顺序、运输顺序、构件堆放场地等,实现施工周期的可视化模拟和可视化管理,为各参建方提供一个通畅、直观的协同工作平台,业主可以随时了解、监督施工进度并降低建筑的建造和管理的成本。

11.4.1 构件运输阶段

预制构件在工厂加工生产完成后,在运输到施工现场的过程中,需要考虑时间与空间两个方面的问题。首先,考虑到工程的实际情况有的预制构件可能受当地的法律法规的限制,无法及时运往施工现场,故应提前规划好运输时间。其次,由于一些预制构件尺寸存在巨大甚至异形等问题,需提前根据构件尺寸类型安排运输卡车,规划运输车次与路线,做好周密的计划安排,以实现构件在施工现场零积压。要解决以上两个问题,就需要 BIM 技术的信息控制系统与构件管理系统相结合,实现信息互通。

11.4.2 构件储存管理阶段

装配式建筑施工过程中,预制构件进场后的储存是个关键问题,其与塔吊选型、运输车辆路线规划、构件堆放场地等因素有关,信息化的手段可以很好地解决这个问题。利用 BIM 技术与 RFI 技术的结合,在预制构件的生产阶段,植入 RFI 芯片,如图 11.11 所示。物流配送、仓储管理等相关工作人员则只需读取芯片即可直接验收,避免了传统模式下存在的堆放位置、数量出现偏差等相关问题,进而令成本、时间得以节约。

图 11.11 RFI 芯片植入

11.4.3　构件布置阶段

1)机械设备布置方案确定

①塔吊布设:通过物料垂直、水平运输范围、竖穿结构工况及屋面钢构件运输效能的分析可以合理准确定位现场塔吊的布设位置,如图 11.12 所示。利用 BIM 进行塔吊布置方案的运行模拟演示,分析塔吊的周转半径、运力等,调整塔吊位置、数量及塔吊选型,可以降低塔吊租赁成本。

图 11.12　塔吊布置

②其他施工机具布设:施工机械不仅仅包含塔吊,还包括推土机类、装载机类、自卸汽车、挖掘机类、凿岩掘进机类、拌和设备等。基于 BIM 技术的施工机具布置可以真实地模拟挖掘机出土步骤、渣土车运输过程以及桩基施工顺序等。

2)预制构件存放场地布置

①场地分析与规划:在施工准备阶段场地布置不仅仅是施工用地的合理利用,还包含前期的场地分析和划分。BIM 结合地理信息系统对现场及拟建的建筑物空间数据进行建模分析,结合场地使用条件和特点利用计算机可分析出不同坡度的分布及场地坡向,建设地域发生自然灾害的可能性,区分可适宜建设与不适宜建设区域,对前期场地设计可起到至关重要的作用。

②车流分析:对施工期间场地周边交通流量需要进行分析、模拟,规划出进场道路、施工现场大门设置、施工车辆进场路线等,得到最理想的现场规划、交通流线组织关系。通过 BIM 技术提前进行模拟规划可以保证场地内交通流畅。

③标准化构件库建立:将现场布置所需模型构件根据相关标准建立标准化构件族库,可以方便重复使用调取,如临建板房、施工场地大门、公司标志、机械设备、CI 标准设施、办公设施、生活设施、安全设施、卫生设施、临水临电及施工样板等。

④临建设施可视化应用:利用 BIM 技术可以进行临建设施综合布置与合理规划。临建设施包括办公及生活区临建、临水、临电、库房、材料临时加工场地、运输道路、绿化区、停车位等。

⑤施工用地动态管理:施工场地布置是项目施工组织设计的重要内容,也是项目施工的前提和基础。合理科学的场地布置方案能够降低项目成本、确保工期、减少安全隐患,最终支撑项目目标的实现。

⑥空间安全冲突:空间安全冲突主要是指施工过程中具有能动性或者活动中的机械设备与人员的工作空间发生冲突因而产生危险。在初期策划场地布置阶段可以利用模型对现场监控布置点进行确定,通过模拟现场监控布置位置查看监控布置视角范围及效果,从而取得良好的预监控效果。

11.4.4 基于 BIM 的装配式建筑施工阶段的施工项目管理

1)BIM 技术在施工过程进度控制中的应用

将 BIM 技术引入施工进度计划编制中可以使得工程管理工作变得简单和快捷。借助动态的 4D 施工模拟过程使得项目各方都可以快速、准确地理解计划,然后根据自己的经验提出建议,使计划编制更加完善。

传统的施工进度计划的编制和应用多适用于技术人员和管理层人员,不能被参与工程的各级各类人员广泛理解和接受,而 4D 模型将施工过程通过 BIM 的虚拟建造过程来展示,使建筑工程的信息交流更直观全面,如图 11.13 所示,根据模拟情况,调整施工顺序,修改存在冲突的时间、流程。

图 11.13 模拟实际施工图

2)BIM 技术在施工过程质量控制中的应用

(1)技术交底

根据质量通病及控制点的信息重视对关键、复杂节点、防水工程、预留预埋、隐蔽工程及其他重、难点项目的技术交底。传统的施工交底是在二维 CAD 图纸基础上进行空间想象来完成。但人的空间想象能力有限,而利用 BIM 模型可视化、虚拟施工过程及动画漫游进行技术交底,可使一线工人更直观地理解复杂节点,能有效提升与工程质量相关人员的协同沟通效率,如图 11.14 所示。

(a)机电检讨预埋

(b)楼板点位预留

图 11.14 技术交底

(2)安全交底

以往安全交底只是安全负责人对现场工作人员耳提面命,工人的接受程度并不高,不能在现场工作人员的脑海中形成较深的印象。结合 BIM 技术可以将施工现场中容易发生危险的地方进行标识,告知现场人员在此处施工过程中应该注意的问题,将安全施工的方式方法进行展示,从而达到更好的安全交底效果。

3)BIM 技术在施工过程成本控制中的应用

传统模式下,工程量信息是基于 2D 图纸建立的,造价数据掌握在分散的预算员手中,数据很难准确对接,不能进行精确的资源分析。而具有构件级的 BIM 模型,关联成本信息和资源计划形成构件级 5D 数据库,根据工程进度的需求,选择相对应的 BIM 模型进行框图,调取数据,分类汇总,形成框图出量,然后快速输出各类统计报表,形成进度造价文件,最后提取所需数据进行多算对比分析,提高成本管理效率,加强成本管控。

11.5　运维阶段 BIM 技术应用

BIM 技术应用于运维阶段,建筑内部的构件移位,或者对管线进行更新、更改都可以实现及时准确地在 BIM 模型里得到反馈,可为之后的再次修改调整提供指导,也可以为运维人员提供可视化的图纸指导。

11.5.1　BIM 技术在设施管理中的应用

1)设备管理

运营阶段的设施管理大部分的工作是对设备的管理。随着智能建筑的不断涌现,设备的成本在设施管理中占的比例越来越大,在设施管理中必须注重设备的管理。将 BIM 技术运用到设施管理系统中,使系统包含设施所有的基本信息,可以实现三维动态的观察设施的实时状态,从而使设施管理人员了解设备的使用状况;也可以根据设备的状态提前预测设备将要发生的故障,从而在设备发生故障前就对设备进行维护,降低维护费用,如图 11.15 所示。

2)应急管理

传统的灾害应急管理只关注灾害发生后的响应和救援,而 BIM 技术对应急事件的管理还包括预防和警报。BIM 技术在应急管理中的显著用途主要体现在 BIM 在消防事件中的应用。灾害发生后,BIM 系统可以三维的形式显示着火的位置;BIM 系统还可以使相关人员及时查询设备情况,为及时控制灾情提供实时信息。

3)空间管理

BIM 通过对空间进行规划分析,可以合理整合现有的空间,有效地提高工作场所的利用率。采用 BIM 技术,可以很好地满足企业在空间管理方面的各种分析及管理需求,更好地为企业内部各部门对空间分配的请求做出响应,同时可以高效地处理日常相关事务,准确计算空间相关成本,然后在企业内部进行合理的成本分摊,不但有效地降低了成本,还增强了企业各部门对非经营性成本的控制意识,提高了企业收益。

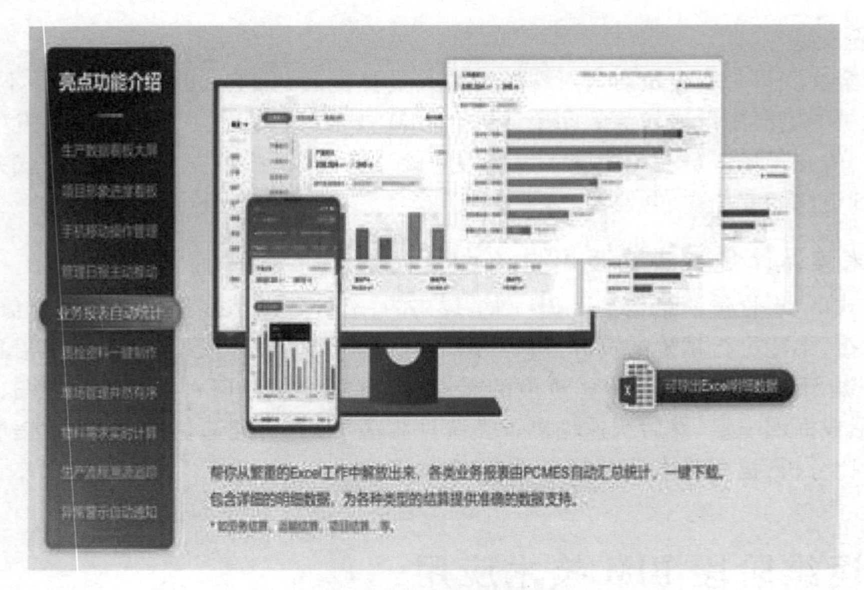

图 11.15　运维管理

11.5.2　BIM 技术在既有建筑改造中的应用

1) BIM 技术在既有建筑改造前期的应用

旧建筑前期资料的调研和收集相对新建筑更为复杂,因此设计者需要对原有的建筑进行深入的调研和分析。旧建筑需检测材料性能、缺少原始设计能量分析项且保存的资料也不全,只能依赖现场的测量。在 BIM 技术的大环境下,将 BIM 技术介入既有建筑改造复杂的设计过程中,不仅提高了前期测绘的效率,也使得前期调研更加客观,准确性也更高。

2) BIM 技术在既有建筑改造设计过程中的应用

传统的既有建筑改造设计方法缺乏科学性以及系统性。在改造设计之初利用旧建筑 BIM 建筑信息模型进行改造设计,借助模型可视化特性,可方便甲方尽早做出修改决策,减少设计的反复。在设计过程中,充分利用 BIM 模型所含信息进行协同工作,可实现各专业、各改造设计阶段间信息的有效传递,最后将建好的 Revit 模型导入 Navisworks 软件后,进行碰撞检查,可以发现并解决专业间及专业内的冲突问题。

3) BIM 技术在既有建筑性能改造设计中的应用

设计师在用传统方法改造旧建筑的时候,往往是凭主观经验来判断建筑改造的性能和优劣,其判断存在较大的不可确定性。基于 BIM 技术的特性,设计师在改造设计过程中创建的建筑信息模型已经包含了大量的数据信息,包括各种材料的性能。建筑师只要将模型导入相关的能量分析软件,就可以得到相应的分析结果,并对建筑做出评价,从而帮助建筑师在改造设计中选择高效且节能的方案。

4) BIM 技术在既有建筑改造预算中的应用

在 BIM 软件中,Revit 软件具有明细表功能,可对结构构件的类别、类型、材质进行分类和汇总。这对建筑改造设计来说是一个非常强大的功能,因为改造前期不仅需要对原始的建筑图纸进行抄绘,还需要对原始的旧建筑的构件(门、窗、柱、楼梯等)进行统计,如此繁杂的工作,需要花费设计师大量的工作时间,而 BIM 技术通过计算机自动列表生成,同时生成的明细表中包括整个项目的工程量。因此,通过明细表能核算出整个工程的预算。

11.6 BIM 实际工程案例

重庆两江新区某高端住宅项目(图 11.16),位于两江新区高新技术产业园区水土组团,总建筑面积约 20 万 m^2,容积率约 1.3,规划为 4F、6F 多层叠墅、9F 多层洋房和 10 ~ 13 层高层住宅等建筑业态。项目整体采用装配式建筑进行建造,装配率达到国家 AA 级标准(装配率 76%),为重庆市建筑产业现代化示范工程,本项目中采用了预制剪力墙、预制柱、预制叠合梁、预制叠合板、预制楼梯、预制内隔墙等多种装配式预制构件。4F 叠墅建筑平面图、4F 叠墅建筑正立面图、4F 叠墅建筑侧立面图、4F 叠墅建筑 BIM 模型、4F 叠墅深化设计 BIM 模型及施工阶段 BIM 模型如图 11.17 所示。

图 11.16 项目整体鸟瞰图

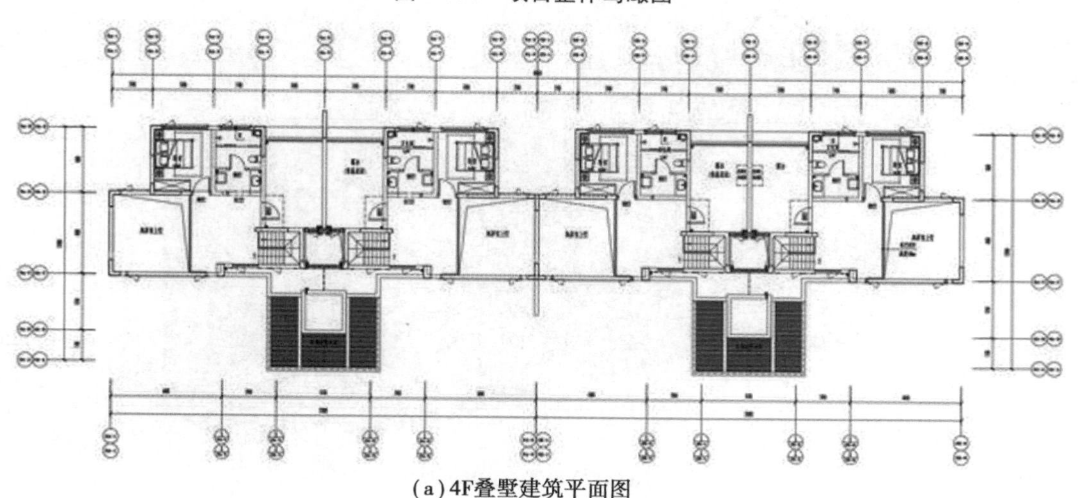

(a)4F叠墅建筑平面图

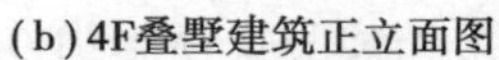

(b) 4F叠墅建筑正立面图

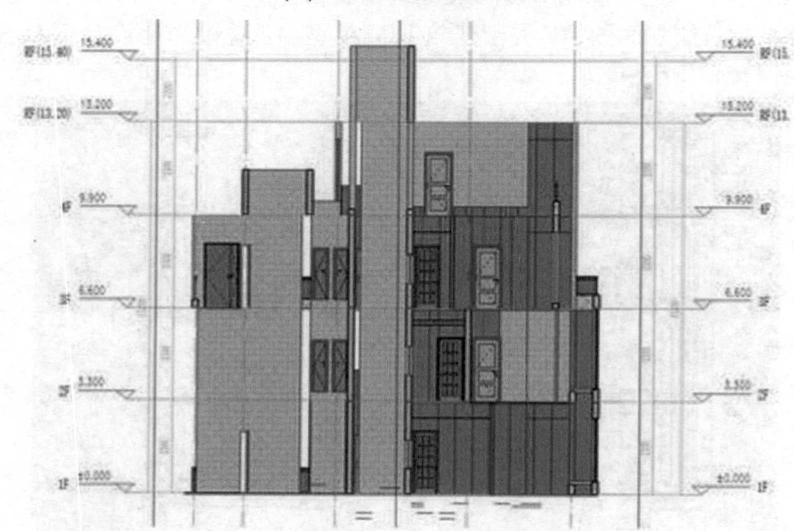

(c) 4F叠墅建筑侧立面图

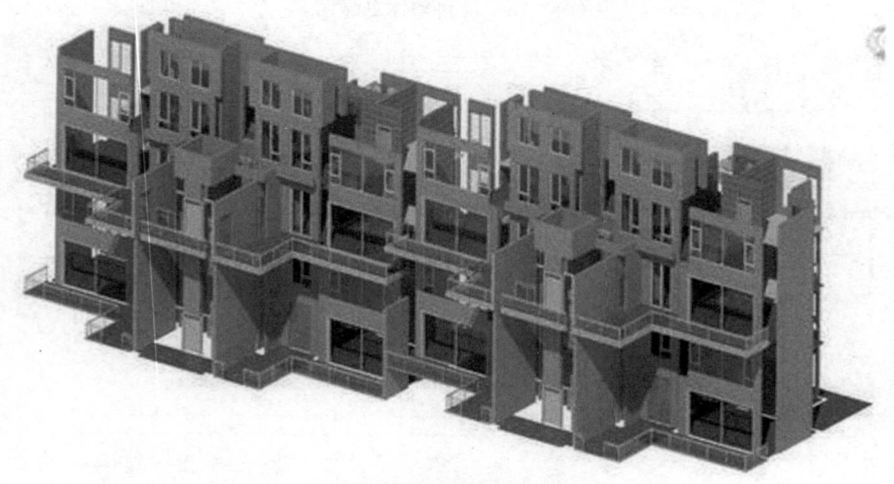

(d) 4F叠墅建筑BIM模型

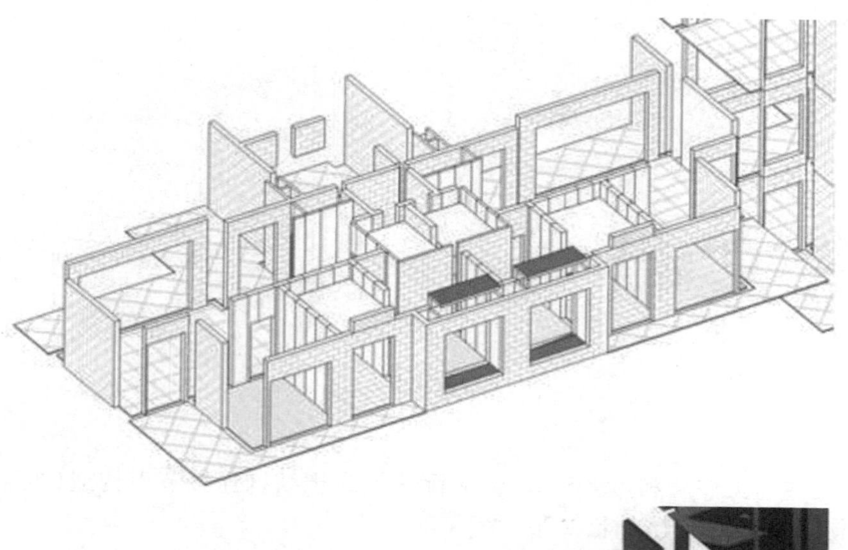

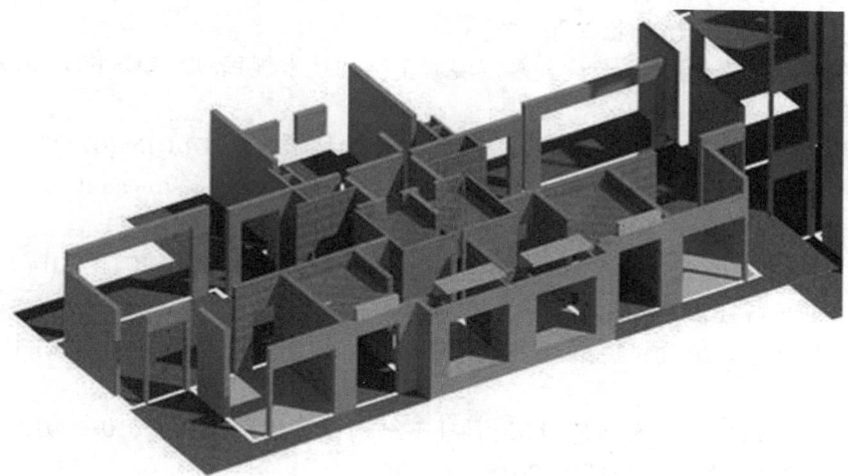

(e) 4F叠墅深化设计BIM模型

(f) 施工阶段BIM模型

图 11.17 重庆两江新区某住宅项目

参考文献

[1] 中华人民共和国住房和城乡建设部. 装配式混凝土结构连接节点构造(框架). 20G310-3[S]. 北京:中国计划出版社,2020.

[2] 中国工程建设标准化协会. 装配式多层混凝土结构技术规程. T/CECS 604-2019[S]. 北京:中国建筑工业出版社,2019.

[3] 广东省住房和城乡建设部. 装配式混凝土建筑结构技术规程. DBJ 15-107,2016.

[4] ACI(American Concrete Institute). Building code requirements for structural concrete and commentary[S]. Farmington Hills:American Concrete Institute,2011.

[5] 中华人民共和国住房和城乡建设部. 装配式混凝土结构技术规程. JGJ 1-2014[S]. 北京:中国建筑工业出版社,2014.

[6] 深圳市住房和建设局. 预制装配整体式钢筋混凝土结构技术规范[S]. 北京:中国建筑工业出版社,2009.

[7] 中华人民共和国住房和城乡建设部. 混凝土结构设计规范. GB 50010—2010(2015 年版)[S]. 北京:中国建筑工业出版社,2015.

[8] 中华人民共和国住房和城乡建设部. 钢结构焊接规范. GB 50661—2011[S]. 北京:中国建筑工业出版社,2012.

[9] 中华人民共和国住房和城乡建设部. 钢筋焊接及验收规程. JGJ 18—2012[S]. 北京:中国建筑工业出版社,2012.

[10] 中华人民共和国国家质量监督检验检疫总局,中国国家标准化管理委员会. 预应力混凝土用钢绞线. GB/T 5224—2014[S]. 北京:中国标准出版社,2015.

[11] 中华人民共和国住房和城乡建设部. 无粘结预应力钢绞线. JG/T 161—2016[S]. 北京:中国标准出版社,2017.

[12] 中华人民共和国住房和城乡建设部. 装配式混凝土结构连接节点构造(楼盖结构和楼梯). 15G310-1[S]. 北京:中国计划出版社,2015.

[13] 中华人民共和国住房和城乡建设部. 装配式混凝土结构连接节点构造(剪力墙结构). 15G310-2[S]. 北京:中国计划出版社,2015.

[14] 中华人民共和国住房和城乡建设部. 装配式混凝土建筑技术标准. GB/T 51231—2016[S]. 北京:中国建筑工业出版社,2017.

[15] 中华人民共和国住房和城乡建设部. 钢筋连接用灌浆套筒. JG/T 398—2019[S]. 北京:中

国标准出版社,2019.
[16] 中华人民共和国住房和城乡建设部. 钢筋套筒灌浆连接应用技术规程. JGJ 355—2015[S]. 北京:中国建筑工业出版社,2015.
[17] 中华人民共和国住房和城乡建设部. 钢筋连接用套筒灌浆料. JG/T 408—2019[S]. 北京:中国标准出版社,2019.
[18] 中国工程建设标准化协会. 装配式混凝土结构套筒灌浆质量检测技术规程. T/CECS 683—2020[S]. 北京:中国建筑工业出版社,2020.
[19] 中华人民共和国住房和城乡建设部. 装配式住宅建筑检测技术标准. JGJ/T 485—2019 北京:中国建筑工业出版社,2019.
[20] 中华人民共和国住房和城乡建设部. 钢筋机械连接技术规程. JGJ 107—2016[S]. 北京:中国建筑工业出版社,2016.
[21] 中华人民共和国住房和城乡建设部. 钢筋机械连接用套筒. JG/T 163—2013[S]. 北京:中国标准出版社,2013.
[22] 中华人民共和国住房和城乡建设部. 钢筋锚固板应用技术规程. JGJ 256—2011[S]. 北京:中国建筑工业出版社,2012.
[23] 中国土木工程学会. 预制混凝土构件用金属预埋吊件. T/CCES 6003—2021[S]. 北京:中国建筑工业出版社,2021.
[24] 中华人民共和国住房和城乡建设部. 钢结构工程施工规范. GB 50755—2012[S]. 北京:中国建筑工业出版社,2012.
[25] 中华人民共和国住房和城乡建设部. 预应力筋用锚具、夹具和连接器应用技术规程. JGJ 85—2010[S]. 北京:中国建筑工业出版社,2010.
[26] 中国工程建设标准化协会. 建筑工程预应力施工规程. CECS 180—2005[S]. 北京:中国计划出版社,2005.
[27] 中华人民共和国国家质量监督检验检疫总局,中国国家标准化管理委员会. 预应力筋用锚具、夹具和连接器. GB/T 14370—2015[S]. 北京:中国标准出版社,2016.
[28] 中华人民共和国住房和城乡建设部. 钢结构高强度螺栓连接技术规程. JGJ 82—2011[S]. 北京:中国建筑工业出版社,2011.
[29] 中华人民共和国住房和城乡建设部. 高层建筑混凝土结构技术规程. JGJ 3—2010[S]. 北京:中国建筑工业出版社,2011.
[30] 中华人民共和国住房和城乡建设部. 建筑抗震设计规范. GB 50011—2010[S]. 北京:中国建筑工业出版社,2010.
[31] 中华人民共和国住房和城乡建设部. 钢结构设计标准. GB 50017—2017[S]. 北京:中国建筑工业出版社,2018.
[32] 中华人民共和国住房和城乡建设部. 预应力混凝土用金属波纹管. JG/T 225—2020[S]. 北京:中国建筑工业出版社,2020.
[33] 中华人民共和国住房和城乡建设部. 水泥基灌浆材料应用技术规范. GB/T 50448—2015[S]. 北京:中国建筑工业出版社,2015.
[34] 中华人民共和国住房和城乡建设部. 建筑与市政工程抗震通用规范. GB 55002—2021[S]. 北京:中国建筑工业出版社,2021.

[35] 中华人民共和国住房和城乡建设部. 混凝土结构工程施工规范. GB 50666—2011[S]. 北京:中国建筑工业出版社,2012.
[36] 中华人民共和国住房和城乡建设部. 建筑结构可靠性设计统一标准. GB 50068—2018[S]. 北京:中国建筑工业出版社,2019.
[37] 湖北省质量技术监督局. 装配整体式混凝土叠合剪力墙结构技术规程. DB42/T1483—2018[S]. 武汉:武汉理工大学出版社,2018.
[38] 中华人民共和国住房和城乡建设部. 混凝土结构通用规范. GB 55008—2021[S]. 北京:中国建筑工业出版社,2021.
[39] 中华人民共和国住房和城乡建设部. 工程结构通用规范. GB 55001—2021[S]. 北京:中国建筑工业出版社,2021.
[40] 中国工程建设标准化协会. 钢筋桁架混凝土叠合板应用技术规程. T/CECS 715—2020[S]. 北京:中国建筑工业出版社,2020.
[41] 中国工程建设标准化协会. 钢管桁架预应力混凝土叠合板技术规程. T/CECS 722—2020[S]. 北京:中国计划出版社,2020.
[42] 中华人民共和国住房和城乡建设部. 桁架钢筋混凝土叠合板(60 mm 厚底板). 15G366-1[S]. 北京:中国计划出版社,2015.
[43] 中国工程建设标准化协会. 大跨度预应力混凝土空心板. T/CECS 10132[S]. 北京:中国标准出版社,2021.
[44] 中华人民共和国住房和城乡建设部. 大跨度预应力空心板(跨度 4.2 m ~ 18.0 m). 13G440[S]. 北京:中国计划出版社,2014.
[45] 中华人民共和国住房和城乡建设部. 预应力混凝土双 T 板. 18G432-1[S]. 北京:中国计划出版社,2018.
[46] 中国土木工程学会. 预应力混凝土双 T 板. T/CCES 6001[S]. 中国建筑工业出版社,2021.
[47] Precast/Prestressed Concrete Institute. PCI design handbook: Precast and prestressed concrete[M]. Precast/Prestressed Concrete Institute, 1992.
[48] Standard B. Eurocode 8: Design of structures for earthquake resistance[J]. Part, 2005, 1: 1998-1.
[49] Bull D K. Guidelines for the use of structural precast concrete in buildings[M]. Centre for Advanced Engineering, University of Canterbury, 2000.
[50] 崔瑶,范新海. 装配式混凝土结构[M]. 中国建筑工业出版社,2016.
[51] 郝际平,孙晓岭,薛强,等. 绿色装配式钢结构建筑体系研究与应用[J]. 工程力学,2017,34(01):1-13.
[52] 陈宜虎. 装配式混凝土建筑技术[M]. 武汉理工大学出版社,2021.
[53] 吕志涛,张晋. 法国预制预应力混凝土建筑技术综述[J]. 建筑结构,2013,43(19):1-4.
[54] 朱洪进. 预制预应力混凝土装配整体式框架结构(世构体系)节点试验研究[D]. 南京:东南大学,2006.
[55] 徐有邻. 由地震引发对预制预应力圆孔板的思考[J]. 建筑结构,2008(07):7-9.
[56] 范丛昕. 碳达峰碳中和视域下装配式建筑节能减碳研究[J]. 工业建筑,2022,52(4):257.
[57] 郭晓. 装配式建筑在建筑工业化发展中的研究与实践[D]. 深圳:深圳大学,2018.

[58] 秦翔宇. 基于 BIM 的装配式社会保障性住房设计研究[D]. 济南:山东建筑大学,2022.
[59] 胡晨. 风电塔筒装配式混凝土基础节点受力性能研究[D]. 重庆:重庆交通大学,2021.
[60] 刘传卿,崔士起,石磊,等. 基于剪摩擦理论的结合面抗剪性能的研究综述[J]. 建筑技术,2015,46(S2):112-116.
[61] 黄靓,冯鹏,张剑. 装配式混凝土结构[M]. 北京:中国建筑工业出版社,2020.
[62] 兰天晴,赵少楠,薛艺鹏,等. 预制钢筋混凝土剪力墙结构抗震性能研究综述[J]. 土木建筑与环境工程,2015(S2):71-77.
[63] 刘宇航. 装配整体式剪力墙结构的标准化设计与施工模拟分析[D]. 太原:太原理工大学,2021.
[64] 吴敦军,李宁,汪杰,等. 高层预制装配整体式框架—现浇剪力墙结构设计[J]. 建筑结构,2015,45(12):54-57+33.
[65] 周云. 高层建筑结构设计[M]. 3 版. 武汉:武汉理工大学出版社,2021.
[66] 陈才华. 高层建筑框架—核心筒结构双重体系的刚度匹配研究[D]. 中国建筑科学研究院有限公司,2020.
[67] 芦静夫,樊则森,孙占琦,等. 装配式混凝土铰接框架结构体系抗震性能分析[J]. 建筑结构,2022,52(1):93-101.
[68] 吴刚,冯德成,徐照,等. 装配式混凝土结构体系研究进展[J]. 土木工程与管理学报,2021,38(4):41-51.
[69] 张再华. 新型装配式组合楼盖体系平面内变形与刚性性能的试验研究与分析[D]. 湖南:湖南大学,2017.
[70] 马祥林. 桁架钢筋混凝土叠合板的受力性能研究[D]. 南京:东南大学,2017.
[71] 聂建国,姜越鑫,聂鑫,等. 叠合板中桁架钢筋对预制板受力性能的影响[J]. 建筑结构学报,2021,42(01):151-158.
[72] 曹高硕. 桁架钢筋混凝土叠合板底板开裂影响因素研究[D]. 济南:山东建筑大学,2020.
[73] 卢家森. 装配整体式混凝土框架实用设计方法[M]. 湖南大学出版社,2016.
[74] 王文彬. 重载 SP 空心叠合板的设计与试验研究[D]. 重庆:重庆大学,2018.
[75] 那振雅,王晓锋,赵广军. 预应力混凝土双 T 板端部连接方式综述与发展[J]. 建筑结构,2020,50(13):7-12.
[76] 伏焕昌,吴从晓,张玉凤,等. 预制装配式混凝土框架结构金属消能减震连接体系抗震性能分析研究[J]. 工程抗震与加固改造,2016,38(1):89-97.
[77] Priestley M J N. Overview of PRESSS research program[J]. PCI journal,1991,36(4):50-57.
[78] 刘烨. 附加耗能杆预应力装配式混凝土结构抗震性能研究[D]. 南京:东南大学,2019.
[79] 本书编著委员会. 新型预应力装配式框架体系(PPEFF 体系):理论试验研究、建造指南与工程案例[M]. 北京:中国建筑工业出版社,2019.
[80] 梁培新,郭正兴. 不对称混合连接的抗震性能模拟及关键参数研究[J]. 工业建筑,2011,41(4):21-25+132.
[81] 吴刚,冯德成,王春林. 新型装配式混凝土结构[M]. 南京:东南大学出版社,2020.
[82] 赵斌,吕西林,刘丽珍. 全装配式预制混凝土结构梁柱组合件抗震性能试验研究[J]. 地震工程与工程振动,2005,25(1):81-87.

[83] Li D, Wu C, Zhou Y, et al. A precast beam-column connection using metallic damper as connector: Experiment and application [J]. Journal of Constructional Steel Research, 2021, 181:106628.
[84] 张锡治,赵冬,李星乾,等. 考虑节点刚度的预制混合梁框架抗侧刚度研究[J]. 天津大学学报(自然科学与工程技术版),2021,54(3):228-236.
[85] Englekirk R E. Development and testing of a ductile connector for assembling precast concrete beams and columns[J]. PCI journal,1995,40(2):36-51.
[86] 金豪. 全预制装配式混凝土框架结构新型梁柱节点研究[D]. 重庆:重庆大学,2019.
[87] Huang H, Yuan Y, Zhang W, et al. Seismic behavior of a replaceable artificial controllable plastic hinge for precast concrete beam-column joint [J]. Engineering Structures, 2021, 245:112848.
[88] 王振营. 预制预应力自复位钢筋混凝土框架结构抗震性能研究[D]. 哈尔滨:哈尔滨工业大学,2021.
[89] Zhu Y, Wu J, Xie L. Experimental investigation on hysteretic performance and deformation patterns of single-side yielding precast concrete beam-column connection with energydissipation bars[J]. Engineering Structures,2021,245:112841.
[90] 韦玮. 全预制装配式混凝土结构节点研究[D]. 沈阳:东北大学,2014.
[91] 刘立平,殷尧日,余杰,等. 钢法兰-榫式连接的装配式 RC 柱抗震性能试验研究[J]. 建筑钢结构进展,2021,23(3):42-53.
[92] 汪梅. 新型全装配式混凝土干式连接框架柱的研究[D]. 南京:东南大学,2008.
[93] Pampanin S. Damage-control self-centering structures: from laboratory testing to on-site applications [M]//Advances in Performance-Based Earthquake Engineering. Springer, Dordrecht, 2010:297-308.
[94] 潘从建. 全装配式预应力混凝土框架结构抗震性能研究[D]. 中国建筑科学研究院有限公司,2021.
[95] Cui Y, Lu X, Jiang C. Experimental investigation of tri-axial self-centering reinforced concrete frame structures through shaking table tests[J]. Engineering Structures,2017,132:684-694.
[96] 朱筱俊,庞瑞,许清风. 全装配式钢筋混凝土楼盖竖向受力性能试验研究[J]. 建筑结构学报,2013,34(1):123-130.
[97] 中华人民共和国住房和城乡建设部. JGJ/T 283 自密实混凝土应用技术规程[S]. 北京:中国建筑工业出版社,2012.
[98] 中华人民共和国住房和城乡建设部. JGJ 126 外墙饰面砖工程施工及验收规程[M]. 北京:中国建筑工业出版社,2015.
[99] 中国工程建设标准化协会. CECS 5799 装配整体式钢筋焊接网叠合混凝土结构技术规程[M]. 北京:中国建筑工业出版社,2019.
[100] 陈定球,刘斌. 低多层装配式混凝土墙板结构体系研究综述[J]. 建筑结构,2016,46(S1):633-636.
[101] 武立华. Y 公司预制构件生产线优化研究[D]. 北京交通大学,2021.
[102] 班丹梅. 装配式建筑预制混凝土构件生产优化方法研究[D]. 西安建筑科技大学,2020.

[103] 李健. 基于 BIM 的装配式框架结构深化设计应用研究[D]. 安徽建筑大学,2020.
[104] 赵辉余. 基于 BIM 技术的装配式建筑施工进度管理研究[D]. 沈阳建筑大学,2021.